U0199859

江西财经大学信毅学术文库

基于法律约束的电子产品回收再制造决策研究

徐 杰 著

中国财经出版传媒集团
中国财政经济出版社
北京

图书在版编目（CIP）数据

基于法律约束的电子产品回收再制造决策研究 / 徐杰著. -- 北京：中国财政经济出版社，2024.1
（江西财经大学信毅学术文库）
ISBN 978-7-5223-2789-1

Ⅰ.①基…　Ⅱ.①徐…　Ⅲ.①电子产品－废物回收－研究－中国　Ⅳ.①X76

中国国家版本馆 CIP 数据核字（2024）第 036094 号

责任编辑：彭　波　　责任印制：史大鹏
封面设计：王　颖　　责任校对：胡永立

基于法律约束的电子产品回收再制造决策研究
JIYU FALU YUESHU DE DIANZI CHANPIN
HUISHOU ZAI ZHIZAO JUECE YANJIU

中国财政经济出版社 出版
URL：http：//www.cfeph.cn
E-mail：cfeph@cfeph.cn
（版权所有　翻印必究）
社址：北京市海淀区阜成路甲 28 号　邮政编码：100142
营销中心电话：010-88191522
天猫网店：中国财政经济出版社旗舰店
网址：https：//zgczjjcbs.tmall.com
中煤（北京）印务有限公司印刷　各地新华书店经销
成品尺寸：170mm×230mm　16 开　21 印张　304 000 字
2024 年 1 月第 1 版　2024 年 1 月北京第 1 次印刷
定价：88.00 元
ISBN 978-7-5223-2789-1
（图书出现印装问题，本社负责调换，电话：010-88190548）
本社图书质量投诉电话：010-88190744
打击盗版举报热线：010-88191661　QQ：2242791300

总　序

书籍是人类进步的阶梯。通过书籍出版，由语言文字所承载的人类智慧得到较为完好的保存，作者思想得到快速传播，这大大地方便了知识传承与人类学习交流活动。当前，国家和社会对知识创新的高度重视和巨大需求促成了中国学术出版事业的新一轮繁荣。学术能力已成为高校综合服务水平的重要体现，是高校价值追求和价值创造的关键衡量指标。

科学合理的学科专业、引领学术前沿的师资队伍、作为知识载体和传播媒介的优秀作品，是高校作为学术创新主体必备的三大要素。江西财经大学较为合理的学科结构和相对优秀的师资队伍，为学校学术发展与繁荣奠定了坚实的基础。近年来，学校教师教材、学术专著编撰和出版活动相当活跃。

为加强我校学术专著出版管理，锤炼教师学术科研能力，提高学术科研质量和教师整体科研水平，将师资、学科、学术等优势转化为人才培养优势，我校决定分批次出版高质量专著系列；并选取学校“信敏廉毅”校训精神的前尾两字，将该专著系列命名为“信毅学术文库”。在此之前，我校已分批出版“江西财经大学学术文库”和“江西财经大学博士论文文库”。为打造学术品牌，突出江财特色，学校在上述两个文库出版经验的基础上，推出“信毅学术文库”。在复旦大学出版社的大力支持下，“信毅学术文库”已成功出版两期，获得了业界的广泛好评。

“信毅学术文库”每年选取10部学术专著予以资助出版。这些学术专著囊括经济、管理、法律、社会等方面内容，均为关注社会热点论题或有重要研究参考价值的选题。这些专著不仅对专业研究人员开展研究工作具有参考价值，也贴近人们的实际生活，有一定的学术价值和现实指导意义。专著的作者既有学术领域的资深学者，也有初出茅庐的优秀博士。资深学者因其学术涵养深厚，他们的学术观点代表着专业研究领域的理论前沿，对他们专著的出版能够带来较好的学术影响和社会效益。优秀博士作为青年学者，他们学术思维活跃，容易提出新的甚至是有突破性的学术观点，从而成为学术研究或学术争论的焦点，出版他们学术成果的社会效益也不言自明。一般而言，国家级科研基金资助项目具有较强的创新性，该类研究成果常常在国内甚至国际专业研究领域处于领先水平，基于以上考虑，我们在本次出版的专著中也吸纳了国家级科研课题项目研究成果。

“信毅学术文库”将分期分批出版问世，我们将严格质量管理，努力提升学术专著水平，力争将“信毅学术文库”打造成为业内有影响力的高端品牌。

王　乔

2016年11月

前　言

近年来，随着科学技术的发展以及消费者观念的转变，传统的产品功能已无法满足消费者的需求。以电子产品为例，人们希望这类产品具有外观漂亮、功能多样、电池续航能力强、屏幕分辨率高等特点。这一需求直接导致产品生命周期缩短，更新速度加快，同时也带来了更多的电子垃圾，随之而来的是环境问题。在此背景下，不同国家和地区纷纷出台了针对废旧电子产品回收的法律法规。相关条例要求制造商承担生产者责任延伸制[①]，即要求企业对自己生产的产品进行回收处理。本书在现有研究基础之上，以电子产品为研究对象，运用运筹学知识建立企业决策模型，分析不同情形下法律约束对企业决策的影响。

（1）模型 *DR*：在不失一般性的情况下，本书假设旧产品再制造率为1，即所有旧产品均能用于再制造。制造商的决策分为四个阶段：第一，制造商首先决定新产品价格；第二，决策旧产品回收率；第三，决策再造品产量；第四，决定再造品价格。

（2）模型 *DCR*：在模型 *DR* 的基础之上，考虑新产品和再造品存在竞争的情形。制造商的决策分为三个阶段：第一，制造商决策新产品价格（第一阶段只有新产品）；第二，决定旧产品回收率；第三，同时决策新产品和再造品价格。

（3）模型 *SR*：放松模型 *DR* 中的假设，考虑旧产品再制造率为随机变

① 生产者责任延伸制是指生产者应承担的责任，除产品的生产过程之外，还要延伸到产品的整个生命周期，特别是废弃后的回收和处置。

量的情形。本书假设旧产品再制造率服从 0 到 1 上的均匀分布。与模型 *DR* 一样，制造商的决策分为四个阶段。

（4）模型 *SCR*：结合模型 *DCR* 和模型 *SR*，研究再制造率随机且存在产品竞争时制造商的最优决策问题。与模型 *DCR* 一样，制造商的决策分为三个阶段。

针对多阶段的问题，本书运用逆向推导法，得出了不同情形下制造商的最优决策。研究发现：

（1）再制造率确定情形（模型 *DR* 和模型 *DCR*）。

①当旧产品逆向运营成本低于再造品残值时，制造商愿意回收所有旧产品，此时制造商的最优决策不受法律约束的影响；当新产品和再造品不存在市场竞争且逆向运营成本高于二级市场容量时，制造商没有经济动力回收旧产品；然而，当运营成本的取值不那么极端时，研究表明制造商最优回收率的选择不仅与逆向运营成本有关，还与新产品生产成本有关。具体而言，根据新产品生产成本和旧产品逆向运营成本的不同组合，存在法律约束时制造商拥有五个决策区间。每个区间存在唯一决策组合。②当新产品和再造品存在市场竞争且逆向运营成本大于替代强度与新产品生产成本之积时，回收旧产品会损害企业的利益。

（2）再制造率随机情形（模型 *SR* 和模型 *SCR*）。

①当逆向运营成本小于旧产品残值与再造品残值之和时，制造商愿意回收所有旧产品；当新产品和再造品不存在市场竞争且运营成本大于旧产品残值与二级市场容量之和时，回收旧产品对企业不利。在法律约束的情形下，企业选择政府制定的最小回收率；类似于确定情形，当逆向运营成本取两个极端值时，制造商要么选择不回收，要么选择回收所有旧产品。然而当运营成本的取值适中时，最优回收率的选择同时与新产品生产成本与运营成本有关。具体而言，根据新产品生产成本和旧产品逆向运营成本的不同组合，存在法律约束时制造商拥有六个决策区间。②当存在市场竞争且逆向运营成本大于替代强度与新产品生产成本乘积与旧产品残值之和时，企业没有意愿回收旧产品。

（3）确定及随机情形（模型 *DR* 和模型 *DCR*、模型 *SR* 和模型 *SCR*）。

①旧产品回收率是关于二级市场容量、新产品生产成本、旧产品残值、再造品残值以及替代强度的单调递增函数。②无论是确定情形还是随机情形，无法律约束时制造商的最优利润总是不低于存在法律约束时制造商的最优利润。③当最优回收率取非极端值时，新产品最优价格与无法律约束时的情形一致，完全独立于回收率与逆向运营成本，仅与其自身的生产成本有关。

最后，本书以苹果产品 iPad mini 2 Wi - Fi + Cellular 32GB for AT&T 为例验证模型 *SR* 与模型 *SCR* 的应用性。实例分析表明，模型具有较强的稳健性与实用性，可为企业管理决策提供科学合理的依据。

本书出版得到了国家自然科学基金项目（72161015）和江西省教育厅科学技术研究项目（GJJ200520）的资助，以及江西财经大学的大力支持。此外，本书的出版还得到中国财政经济出版社的支持，在此一并表示感谢。

由于作者水平有限，本书难免出现不足之处，请读者批评指正。

作 者

2024 年 1 月

目　　录

第1章 绪　　论

1.1 研究背景

随着信息技术的发展以及经济全球一体化进程的加快，人们对产品个性化及功能多样性的需求越来越高。这一需求导致产品生命周期缩短，更新速度加快，同时也带来了更多的废弃产品。根据联合国2014年的报告，全世界每小时大概能够产生4000吨电子垃圾。仅仅在美国，每年就有300万吨电子垃圾，然而只有15%得到了合理的循环利用（ETBC，2014）。对于另一个电子产品大国日本，尽管政府明文规定废旧家电必须由原经销商或指定的回收专营店负责回收，但数据显示，通过规定渠道回收的比例还不到10%，其他大多流入了发展中国家（环球网，2013）。

2013年联合国的一份报告指出："全球大约70%的电子垃圾流向了中国，中国似乎成了全世界最大的电子垃圾倾倒场"（CNN，2013）。例如，在中国广东省汕头市的贵屿镇，每年会有超过300万吨的电子垃圾从世界各地走私到这里。无论是电脑、手机还是显示器，在这里都会被以极其野蛮粗暴的方式进行拆解。人们通过焚烧的方式提炼出电子垃圾中的贵重金属。CNN的记者曾经报道说，当地人还在用19世纪的技术处理21世纪的产品。据悉，贵屿镇深度提炼的黄金产量占全国的5%，甚至会对国际金价造成影响。然而，获取黄金的代价，就是当地生态环境被重度污染（搜狐科技，2016）。无独有偶，在中国浙江省台州市的温桥镇，人们用强酸甚至剧毒氰化物的方式来提炼电子垃圾中的贵重金属。数据显示，1吨电脑部件平均要用去约 0.9 公斤黄金、270 公斤塑料、128.7 公斤铜、1 公斤铁、58.5 公斤铅、39.6 公斤锡、36 公斤镍、19.8 公斤锑，还有钯、铂等贵重金属（腾讯·大浙网，2013）。含有有毒物质的塑料随处可见。土壤以及饮用水大面积被污染，这给当地人的健康带来了巨大的威胁。

面对如此严峻的环境问题，不同国家和地区基于生产者责任延伸制（Extended Producer Responsibility）分别出台了相应的法律、法规。例如，欧盟推出《废弃电气电子设备条例》，要求原始设备制造商（OEM）对废旧电子产品进行回收，并且设定最小回收率（Toyasaki et al.，2011）。在欧洲，已经有 27 个国家颁布了电子垃圾回收法（Atasu and Souza，2013）。《回收条例》指出，到 2016 年废旧产品的回收率须达到 45%。到 2019 年，这一数字将增长到 65%（Esenduran et al.，2015）。在美国，虽然没有联邦法律要求回收电子垃圾，但是到 2011 年底已经有 25 个州建立了电子垃圾回收法（ETBC，2011）。例如，明尼苏达州要求制造商以产品重量为指标，回收其中的 80%。在印第安纳州，这一数字为 60%。同样，华盛顿州制定的电子垃圾回收法每年可以为政府节约数百万美元。作为世界上规模最大的高科技产品供应商之一的戴尔（DELL），明确提出对电子垃圾进行合理处理，并且禁止向发展中国家出口有毒的电子垃圾（Ekumakad，2009）。

在中国，电子产品换代速度频繁，报废或“被报废”的各类计算机、手机、家用电器等电子垃圾增量惊人。自 2003 年起，中国每年至少报废 500 万台电视机、400 万台电冰箱、500 万台洗衣机、500 万台电脑及上千万部手机，成为仅次于美国的世界第二大电子垃圾生产国（搜狐网，2015）。2008 年 8 月 20 日，中华人民共和国国务院第 23 次常务会议通过《废弃电器电子产品回收处理管理条例》（以下简称《条例》），自 2011 年 1 月 1 日起施行。《条例》第十五条明确要求：“处理废弃电器电子产品，应当符合国家有关资源综合利用、环境保护、劳动安全和保障人体健康。禁止采用国家明令淘汰的技术和工艺废弃电器电子产品”。违反本条例规定的相关人员将承担相应的法律责任。与此同时，中国“十二五”规划纲要将“大力发展循环经济”作为经济体制改革的重点。回收再制造已经成为中国经济发展中备受瞩目的新增长点。2013 年 3 月 5 日，温家宝在两会上的政府工作报告指出要大力加强生态文明建设和环境保护。要坚持节约资源和保护环境的基本国策，着力推进绿色发展、循环发展、低碳发展。促进生产方式和生活方式的转变，改善环境质量，维护人民健康（中国新闻网，2013）。同年5月24日，习近平在主持政治局第六次集体学习会议时指出："生态环境保护是功在当代、利在千秋的事业。要清醒认识保护生态环境、治理环境污染的紧迫性和艰巨性，清醒认识加强生态文明建设的重要性和必要性，以对人民群众、对子孙后代高度负责的态度和责任，真正下决心把环境污染治理好、把生态环境建设好，努力走向社会主义生态文明新时代，为人民创造良好生产生活环境"（中国经济网，2013）。可见，环境问题已成为当前国内乃至国际迫切需要解决的问题之一。随着消费者生活水平日益提升，环保意识逐渐增强，制造企业要想在竞争激烈的市场中得以生存，必须将环境保护纳入供应链管理中，实现经济利益和绿色利益的双丰收。

在此背景下，国内外各大企业纷纷开始对电子垃圾实施回收处理。例如，"联想"于2006年12月宣布在中国全面开展旧电脑回收服务，且回收范围广泛，包括Lenovo品牌的笔记本电脑、台式电脑、服务器和ThinkPad笔记本电脑等联想主要产品。这也是中国历史上规模最大的一次旧电脑回收活动。绿色和平组织称国际化的联想集团对环保意识有了根本性的改变（王京，2006）。类似地，美国苹果公司在2013年开启了旧产品的再使用计划。苹果能够对使用过的旧产品如iPhones、iPads、Macs以及PC computers进行有效合理的处理。以产品重量为指标，苹果实现了对旧产品90%的再利用（Apple Recycling Program，2013）。同样地，从保护环境的角度出发，2009~2011年，中国政府采取以旧换新的方式处理废旧家电。该项目回收了数以百万的废旧家电。

总的来说，在政府制定的废旧电子产品回收法律约束下，电子产品的回收处理活动已初见成效。不同企业依据自身生产能力对回收的旧电子产品采取不同的处理方式。再制造作为产品循环方式之一，不仅可以挖掘产品潜在价值，还可以起到环境保护的作用。基于此，本书从废旧电子产品回收法的角度分析电子产品回收再制造问题，探讨政府制定的法律约束对企业决策的影响。

1.2 研究意义

1.2.1 理论意义

本书以电子产品为研究对象，在政府制定的法律约束情形下，用运筹学知识建立相关模型，研究制造商的最优决策问题，是对回收再制造理论的有益补充。与此同时，废旧产品回收再制造问题隶属于闭环供应链管理框架之下，因此，本书的研究贡献对闭环供应链理论基础的丰富与完善将起到一定的推动作用。在此基础上也可对闭环供应链理论进行更加深入的研究，以拓展该领域的发展。

1.2.2 现实意义

传统的经济发展方式导致自然资源短缺与枯竭，同时在生产加工和消费过程中又把污染和废物大量地排放到自然环境中，对资源的利用常常是粗放的和一次性的，对生态环境产生了严重威胁。基于生产者责任延伸制，政府要求企业必须对其所生产的产品进行回收再利用，即从传统的供应链管理模式转变到闭环供应链管理模式上来。回收再制造不仅可以挖掘废旧产品中潜在的价值，还可以减少对环境的危害。基于此，本书从法律约束的视角分析制造商的决策问题，以期为企业管理提供科学合理的依据。

1.3 研究内容与研究方法

1.3.1 研究内容

本书借助相关领域现有研究基础，采取定性与定量相结合的方法研究法律约束对制造商最优决策的影响。研究内容主要包括以下几个部分：

第一部分：在确定情形下，即制造商回收的旧产品中能够用于再制造的比例是一个确定的值。新产品和再造品分别在两个不同的市场销售，研究制造商的决策问题。

第二部分：在第一部分的基础之上，考虑新产品和再造品在同一个市场销售，研究当两种产品存在市场竞争时制造商的决策将发生怎样的变化。

第三部分：在随机情形下，即制造商回收的旧产品中能够用于再制造的比例是一个随机变量（废旧电子产品分散面比较广，且磨损程度也不尽相同，因此从终端市场上回收的电子产品在数量、质量以及时间上均具有随机性）。研究当两种产品不存在市场竞争时法律约束对制造商最优决策的影响。

第四部分：在第三部分的基础之上，探讨当存在市场竞争时制造商的决策问题。

以上研究采取层层深入、逐步递进的方式对不同情境下制造商的决策问题进行分析，研究不同外部因素对企业决策的影响，以期帮助企业解决实际问题。

1.3.2 研究方法

（1）通过实地调研，与企业负责人反复沟通了解企业的回收再制造运作模式。结合相关领域文献中的观点，基于国内的《废弃电器电子产品回收处理管理条例》、欧盟的《废弃电气电子设备条例》以及美国25个州设立的电子产品回收法，利用运筹学知识构建相关数理模型。

（2）采取逆向推导、KKT条件，同时借助Maple和Matlab等数学计算软件求解制造商的决策问题，并得到了问题的解析解。

1.4 技术路线与结构安排

1.4.1 技术路线

通过实地调研以及文献整理，同时与导师反复讨论之下，最终确定了本书的研究框架。基于国内外颁布的废旧电子产品回收条例，本书探讨法律约束对制造商最优决策的影响，并获得了制造商取得最优决策时所需满足的条件。总的来说，本书的技术路线如图 1.1 所示。

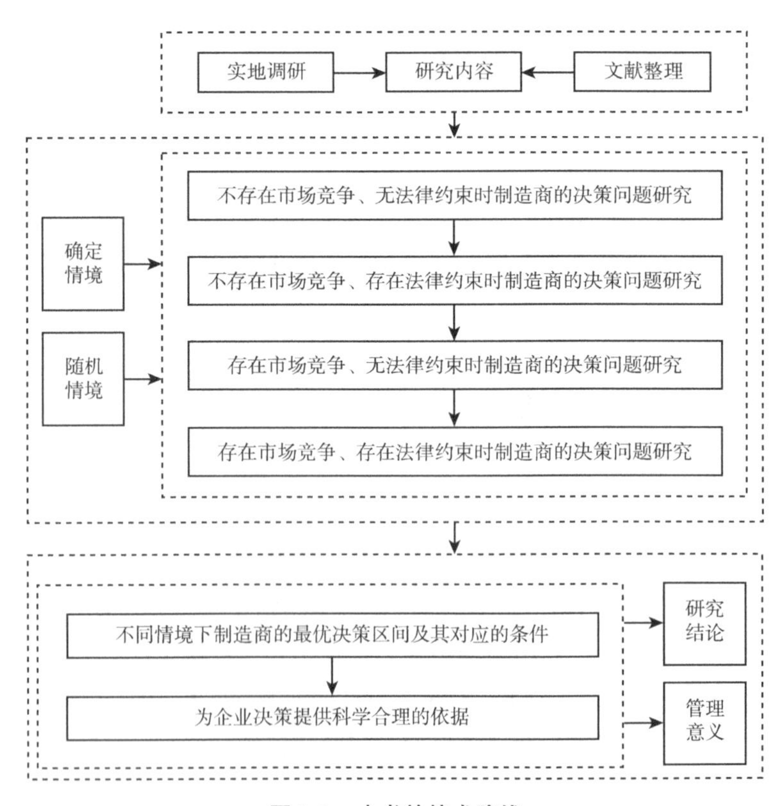

图 1.1　本书的技术路线

1.4.2 结构安排

第1章：绪论。介绍本书的研究背景、研究意义、研究内容、研究方法、技术路线、结构安排以及创新点。

第2章：文献综述。该部分首先对书中重要概念进行界定；其次介绍当前国内外学者在电子产品回收再制造领域中所作出的贡献；最后对当前研究进行归纳总结，分析其中的优缺点，引出本书研究内容。

第3章：确定情形下电子产品回收再制造决策模型研究。本章研究当新产品和再造品不存在市场竞争时，从法律约束的角度研究制造商的最优决策。

第4章：确定及竞争情形下电子产品回收再制造决策模型研究。本章研究当新产品和再造品存在市场竞争时法律约束对制造商最优决策的影响。

第5章：随机情形下电子产品回收再制造决策模型研究。本章研究再制造率随机时制造商的最优决策问题。

第6章：随机及竞争情形下电子产品回收再制造决策模型研究。本章在第5章的基础上研究当存在产品竞争时法律约束对制造商决策的影响。

第7章：实例应用。以苹果公司的产品为例验证模型的可用性。

第8章：研究总结、管理启示与展望。本章对全书研究成果进行总结，以获得管理上的启示及对策，最后提出未来可能的研究方向。

本书的结构安排如图1.2所示。

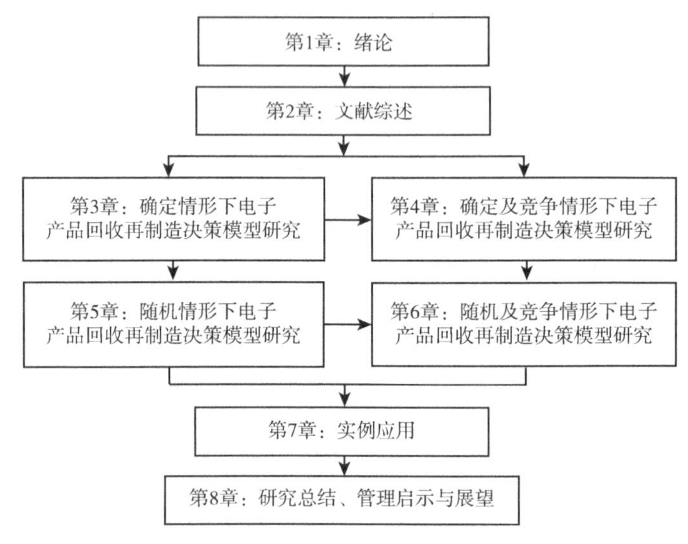

图 1.2　本书的结构安排

1.5　本书创新点

本书创新点主要包括三个方面，具体如下：

（1）在现有相关文献中，尽管部分文献考虑了法律约束的情形，但很少把政府制定的最小回收率作为约束条件处理。注意到回收率约束会影响再造品的产量，进一步影响再制造带来的利润。因此，本书研究当面对回收率约束时，制造商的最优决策将发生怎样的变化。

（2）现有文献大多把旧产品回收率看作是给定的参数。然而，在法律约束情形下，企业必须对旧产品进行回收处理。当回收处理成本较高时，企业没有经济动力选择回收；相反，企业愿意选择回收。换言之，回收率的选择与旧产品逆向运营成本息息相关。因此，本书研究回收率为决策变量的情形，分析不同情形下法律约束对制造商回收决策的影响。

（3）由于旧产品的回收在数量以及质量方面均存在不确定性，因此本书把再制造率看成随机变量。现有文献中，同时考虑再制造率随机以及回收率约束的文献比较少见。此外，本书得到了制造商问题的解析解，确定了制造商的最优决策区间及其对应的条件。现有文献中关于随机情境的研究，往往难以得到问题的解析解，一般都是求助于数值分析获得管理上的启示。本书应用实际案例对模型计算结果进行验证，研究表明模型具有较强的稳健性与实用性。

第2章　文献综述

2.1　相关概念界定

本书中涉及的几个重要概念（电子产品、电子垃圾、再制造）是本书的研究基础，在此分别加以界定。首先，介绍电子产品的概念与特征；其次，介绍电子垃圾的概念与特征；最后，介绍再制造的概念与特征。

2.1.1　电子产品的定义

电子产品的种类繁多，常见的有手机、电脑、数码相机以及复印机等。2003年2月，由欧盟制定的《废弃电器电子设备条例》（以下简称《条例》）对电子产品进行了明确定义。《条例》指出：依靠电流或电磁场才能够正常工作的产品，其使用的交流或自流电压分别不能超过1000V或1500V。2006年4月，我国环境保护部发布了《废弃家用电器与电子产品污染防治技术政策》的通知。通知对废弃家用电器与电子产品的定义为：已经失去使用价值或因使用价值不能满足要求而被丢弃的家用电器与电子产品，以及其元（器）件、零（部）件和耗材，包括：（1）消费者（用户）废弃的家用电器与电子产品；（2）生产过程中产生的不合格产品及其元（器）件、零（部）件；（3）维修、维护过程中废弃的元（器）件、零（部）件和耗材；（4）根据有关法律法规，视为电子废物的（环保部，2006）。

2.1.2　电子产品的特征

电子产品更新速度快、生命周期短，其中蕴藏着许多可再生资源，具有很大的再利用价值。具体特征如下（黄祖庆等，2010）。

（1）物理特征。

物理特征主要包括外形、尺寸、零部件构成以及原材料构成等。通常情况下，电子产品体积小、价值高。相应地，其产生的运输成本在总物流成本中所占比例相对较小。从原材料的构成来看，电子产品含有砷、铜、铅和阻热化学物等有毒材料。因此，需要用专业的技术对废旧电子产品进行科学处理。传统的焚烧和填埋将会产生重大的环境问题。

（2）经济特征。

通常而言，电子产品具有较高的经济价值。与此同时，技术的进步以及消费者对产品功能多样性需求直接导致电子产品生命周期缩短。因此对废旧电子产品进行及时有效的回收处理可以为企业节约大量成本。

（3）技术特征。

电子产品一般采取模块化设计，具有良好的可拆卸性能。电子元器件、零部件之间的机械磨损程度小，大多情形下废旧电子产品中零部件的性能并未完全失效。除此之外，还有一部分被淘汰的电子产品是由于产品更新速度加快导致，这就为零部件的循环使用提供了可能。因此，从技术性能上分析，大多数电子产品具有回收再利用价值。

（4）市场特征。

市场特征主要体现在两个方面：一是消费者对电子产品需求量的增加导致电子垃圾增加；二是技术的进步加快了电子产品的淘汰速度。

2.1.3　电子垃圾的定义

余福茂（2014）认为电子垃圾是指被使用者弃置的电子产品，这类电子产品与欧盟规定的废弃电器电子产品（WEEE）含义相同。童昕

（2016）认为电子垃圾是各种接近其“使用寿命”终点的电子产品总称，主要包括手机、电脑、数码相机、复印机、传真机等常用电子产品。

随着电子技术的发展，电子产品已经深入人类生活的各个方面，并且在不断扩展。因此，对电子垃圾的具体内容给出一个准确的界定相对较难。目前，大家比较认可的电子产品分类来自欧盟制定的废旧电器电子设备条例。

2.1.4 电子垃圾的特征

事实上，电子垃圾属于固体废弃物的一种。但是，近年来发达国家纷纷把电子垃圾从一般的城市生活废弃物中分离出来，作为一种特殊的废弃物进行回收处理，主要是考虑到电子垃圾的产生、回收以及处理存在特殊性（余福茂，2014；童昕，2016）。

（1）快速增长。

电子行业的竞争特点导致电子垃圾快速增长。全世界每年产生的电子垃圾数量惊人。

（2）危害环境。

电子产品在制造过程中所使用的材料，在废弃以后如果不进行合理处置，将对生态环境造成危害。

（3）资源性。

电子产品更新速度快，生命周期短。通常情况下，被消费者弃置的电子产品具有巨大的再利用价值。

总的来说，当前被淘汰的电子产品具有很大的再利用价值。与此同时，如果这些被淘汰的电子产品没有被科学处理的话将会造成严重的环境问题。基于此，本书从法律约束的角度研究电子垃圾再制造问题。

2.1.5 再制造的概念

再制造作为再循环的最佳形式，近年来引起了国内外学者的广泛关注。相关定义如下。

Debo等（2005）从生产战略的角度出发将再制造解释为挖掘旧产品中潜在的残值。Steinhilper（2006）认为再制造是将旧产品制造成“如新品一样好（like-new）”的过程，并指出再制造过程主要分为五个步骤：（i）产品全部进行拆解；（ii）所有零件进行彻底清洗；（iii）对零件进行检测分类；（iv）对失效的零部件进行再制造或替换；（v）产品的再装配。Ferrer和Swaminathan（2006）认为再制造是指对旧产品进行拆卸，对零部件进行修复并用于再制造的过程，且再造品在性能上可以达到和新产品一样的要求。Atasu等（2008）认为再制造是对零部件进行修复或者再加工，使其达到新产品的性能要求。Wu（2012）认为再制造是指对旧产品中的零部件进行清洗、再加工、检测，然后进行再次组装的过程。

徐滨士等（2007）认为再制造是指将同类的废弃产品回收到工厂进行拆卸，对零部件进行分类、清洗和检测，把有剩余寿命的零部件作为再制造毛坯，采用高新技术对其进行修复、升级，所获得的再造品在质量和技术性能上均能达到甚至超越原机新品的水平。朱胜和姚巨坤（2010）认为再制造是指采用高科技手段对废旧产品进行专业化修复或升级改造，使其质量和性能达到甚至超越新品的制造过程。与此同时，再制造使产品全寿命周期由开环变为闭环，由单一寿命周期变为循环多寿命周期。

尽管学者们对再制造的定义有不同的表述，但大多倾向于认为再制造是对旧产品进行拆解、清洗、检测、加工以及替换，最终使再造品在质量和性能上达到甚至优于新产品的标准。

2.1.6 再制造的特征

传统的新产品制造是以新的原材料作为输入源，经过加工最后成为产成品，供应是一个典型的内部变量。而再制造是以旧产品中那些有剩余寿命的零部件作为再制造毛坯，供应基本上是一个外部变量，难以预测。因为供应源从消费者向制造商逆向流动。相对于新产品生产，再制造具有如下特征（徐滨士等，2007）。

（1）回收产品到达的时间和数量不确定。

影响回收率的因素很多，如产品的更新速度、销售状况以及产品处于生命周期的哪一个阶段。针对该问题，通常的处理办法就是对产品到达的时间和数量进行预测。回收不确定性要求企业内部各部门相互协调，尽可能实现旧产品回收量与新部件购买量之间的平衡。因为新部件的替换量取决于旧产品的损坏程度。

（2）回收产品再制造率不确定。

旧产品的损耗程度不尽相同，因此拆卸后能够用于再制造的零部件往往不同。对于不能用于再制造的零部件，可以通过循环的形式获取挖掘其中价值。

（3）再造品产量与市场需求匹配不确定。

企业要想获利，就必须将再造品的产量与市场需求平衡起来。由于旧产品再制造率的不确定，如果回收产品库存量大，则将导致市场需求过剩。如果回收产品库存量小，则将供不应求。这两种情况对于企业来说都未实现收益最大化。

2.2 国内外研究现状

本书的文献综述主要包括两部分：再制造和法律约束下产品回收问题。

在过去二十年里，不管是在学术界还是企业界，再制造都是一个比较热门的词汇。经过几年的文献阅读积累，本书发现关于再制造的研究经历了这样一个过程。

起初，学者们关注的是新产品与再造品之间的竞争问题。换言之，企业是否应该对旧产品进行再制造。如果企业选择再制造，那么再造品势必会冲击新产品的市场需求。此时，制造商该如何决策？除此之外，市场还可能存在独立的第三方再制造商，再制造商专门回收旧产品用于再制造。

这时不管传统制造商[①]是否选择再制造，都将面临产品竞争问题。面对上述问题，传统制造商又该如何应对呢（Majumder and Groenevelt，2001；Debo et al.，2005；Vorasayan and Ryan，2006；Ferrer and Swaminathan，2006；Debo et al.，2006；Ferguson and Toktay，2006；Atasu et al.，2008；Ferrer and Swaminathan，2010；Jung and Hwang，2011；Ovchinnikov，2011；Chen et al.，2012；Wu，2012；Wu，2013；Orsdemir et al.，2014；Bulmus et al.，2014；Mitra，2016；曹俊等，2010；黄永和达庆利，2012；黄永等，2013；王文宾等，2013；申成然等，2013；郭军华等，2013；高鹏等，2016）？

对于产品回收再制造，中间必然要经历回收过程。回收意味着逆向渠道选择。也就是说，对制造商而言，应该选择谁来担当此任。制造商自身？最接近消费者的零售商？抑或是专业的第三方机构（Savaskan et al.，2004；Savaskan et al.，2006；Atasu et al.，2013；Huang et al.，2013；Shi et al.，2015；Xu and Liu，2017；韩小花，2010；洪宪培等，2012；孙嘉轶等，2013；宋敏等，2013；樊松和张敏洪，2008；聂佳佳，2013；舒秘和聂佳佳，2015；李晓静等，2016）？Savaskan 等（2004）在这方面做了开创性的研究。在市场需求确定以及制造商担任博弈的领导者时，选择零售商回收对整个供应链系统来说是最优的。因为零售商不仅可以利用接近消费者的优势，还可以通过调整零售价获利。

然而，在现实生活中，随着市场竞争的加剧以及企业自身的发展，供应链中成员的权力结构也可能随之发生相应的变化。例如，在沃尔玛（Wal－Mart）成立初期，宝洁（Procter & Gamble）作为其供应商且在市场中占有绝对的主导权。但是近年来沃尔玛的飞速发展帮助其迅速占据市场主导者的地位。因此，学者们开始考虑当供应链中不同成员担任博弈的主导者时，供应链成员的决策会发生怎样的变化（Choi et al.，2013；王文宾等，2011；聂佳佳，2012；李新然等，2013；赵晓敏等，2012；李新然等，2013；梁喜和马春梅，2015）？除此之外，逆向渠道结构也可能发生变化。

① 在本书中，称生产原始新产品的制造商为传统制造商。

传统的逆向渠道为单渠道的情形。事实上，逆向渠道结构也可能是混合的，如制造商和零售商同时选择回收（直接渠道和间接渠道），或者制造商和专业的第三方机构同时选择回收。面对这种双渠道的情形，供应链成员该如何调整自己的策略呢（胡燕娟和关启亮，2009；易余胤和袁江，2012；张成堂和杨善林，2013；许茂增和唐飞，2013；黄宗盛等，2013；林杰和曹凯，2014）？

尽管提倡再制造的初衷是资源节约和环境保护，但是随着消费者环保意识的加强，他们除了希望制造商能够对旧产品进行回收再处理外，还希望产品能够做到绿色环保。也就是说，希望制造商在产品设计之初就把绿色环保等特征考虑进去。基于此，学者们结合环境意义考虑新产品的质量设计问题。对产品创新而言，成本是一个巨大的挑战。如果一味追求环境意义，那么成本必然提高，随之而来的是产品价格上升，同时市场需求缩减。面对这样的问题，制造商如何在成本与环境之间保持一个合理的平衡呢（Galbreth et al.，2013；Gu et al.，2015）？

然而，仅从新产品的质量设计角度来解决环境问题还远远不够。事实上，存在不少这样的企业，他们虽然愿意响应政府的号召以及消费者的诉求，研发出更加绿色环保的产品。但是产品质量创新需要消耗大量的人力与财力，对一般的小企业而言，这几乎不可能。与此同时，地球上每年产生的电子垃圾给人类赖以生存的土壤以及水资源带来了严重的污染。在此背景之下，有关电子垃圾回收法在不同国家、地区应运而生。因此，学者们开始从法律约束的角度研究产品回收再处理问题。法律约束意味着制造商需要执行政府规定的最小回收率。如果回收再制造有利可图，那么对制造商而言，法律约束没有任何意义。但是当回收再制造会损害自身利益时，制造商该如何决策呢？调整产品价格？改变产量？还是加大设计投入，减少产品再制造的成本（Atasu et al.，2009；Subramanian et al.，2009；Karakayali et al.，2011；Jacobs and Subramanian，2012；Atasu and Subramanian，2012；Atasu et al.，2013；Atasu and Souza，2013；Raz et al.，2014；Esenduran and Kemahlioglu－Ziya，2015；Esenduran et al.，2015；Huang et al.，2015；Esenduran，2016；周海云，2013；张威，2014；余福茂和徐玉军，2014；张念，2015；高艳红等，2015；马祖军等，2016；公彦德等，2016）？

由于电子产品分散面比较广，磨损程度也不尽相同，因此从终端市场上回收的产品在数量、质量以及时间上均具有不确定性。基于此，一些学者把再制造率看成随机变量。注意到旧产品回收不确定性这一特征贯穿产品再制造的整个发展历程且与本书研究密切相关。因此，本书在2.2.5小节对该领域相关文献单独综述。

2.2.1 新产品与再造品之间的竞争决策研究

学者们分别研究了单阶段、两阶段、多阶段以及无穷阶段情形下新产品与再造品之间的竞争问题。本节按阶段类型一一进行综述。

单阶段情形：Jung 和 Hwang（2011）研究了当市场中同时存在传统制造商和再制造商时，分析了竞争与协调两种情形下传统制造商和再制造商的最优定价决策。结果表明，两者之间的竞争有利于提高废旧品的回收率，从而获取更多的利润。Chen 等（2012）研究了单阶段情形下传统制造商是选择自己生产再造品（合作情形）还是让第三方生产再造品（竞争情形）的决策问题，并假设产品的市场需求为随机情形。由于未能得到解析解，他们通过数值分析发现，当再造品的替代强度比较弱或第三方的再制造成本比较低时，竞争情形优于合作情形。此外，数值分析结果还表明竞争情形下的产量和定价更低。其原因在于选择第三方制造带来的成本节约和再造品的替代效应。Wu（2012）研究了由两个制造商和一个零售商组成的二级供应链，其中传统制造商只生产新产品，再制造商只生产再造品。两个制造商的产品均通过零售商销售，且同时考虑价格竞争和服务竞争。Wu 分析了四种不同的情形：第一，同时出现价格和服务竞争；第二，只有价格竞争；第三，只有服务竞争；第四，没有竞争。研究结果表明，当再制造带来的成本节约较大时，相对于传统制造商而言，再制造商愿意提供更高的服务水平；回收成本和服务投资对均衡决策的影响与竞争强度有关，这一点在传统制造商身上体现得尤为明显。此外，通过对有无竞争的情形进行比较，Wu还发现：（1）当出现竞争时，传统制造商有经济动力选择再制造，然而没有竞争时，情况刚好相反；（2）对零售商而言，价格竞争往往可以使其通过销售再造品获利，同样也能使再制造商受益；（3）服务竞争对零售商有利，对制造商不利，但是当再制造带来的成本节约较大或回收成本较低时，再制造商很可能会参与服务竞争；（4）即使在没有竞争的情形下，在一个对价格高度敏感的市场时，再制造是一种有效的战略。类似地，Wu（2013）从产品设计的角度分析传统制造商和再制造商之间的竞争问题，认为如果传统制造商设计的产品比较容易拆解，那么可以降低相应的生产成本。但与此同时也降低了再制造商的生产成本，从而导致出现更加激烈的市场竞争。研究结果表明，当再制造商参与竞争时，产品设计对传统制造商而言是一个很好的应对策略，但并不总是损害再制造商的利益。

Orsdemir等（2014）从产品质量设计的角度研究传统制造商和再制造商之间的产量竞争问题。假设传统制造商只生产新产品，再制造商生产再造品。传统制造商先决策新产品的质量，然后和再制造商进行产量竞争。研究结果表明，当传统制造商具有成本优势时，传统制造商可以通过质量设计来阻止再制造商进入市场；当再制造商具有成本优势时，传统制造商可以通过调整产量来阻止再制造商。类似地，关于产品设计的文献还有Coase（1972），Mussa和Rosen（1978），Bulow（1982，1986），Moorthy（1984），Kim（1989），Shu和Flowers（1993），Ulrich（1995），Waldman（1996），Hendel和Lizzeri（1999），Kim和Chhajed（2000），Huang等（2001），Maukhopadhyay和Setoputro（2005），Hoetker等（2007），Chung和Wee（2008），Yayla-Kullu等（2011），Agrawal等（2012，2016）。

两阶段情形：Majumder和Groenevelt（2001）讨论了两阶段情形下再制造商与传统制造商之间竞争的问题。他们发现在第二阶段存在子博弈纳什均衡。研究结果表明，传统制造商希望通过调节产量来影响再制造商的回收成本，而再制造商却试图降低传统制造商的生产成本。其原因是通过降低传统制造商的成本，传统制造商可以在第一阶段生产出更多的新产品，这样有利于再制造商回收更多的废旧产品进行再制造以获得更多利润。他们最后提出政府若想增加再造品的数量，必须给传统制造商提供激励机制或减少其再制造成本。Ferguson 和 Toktay（2006）研究了两阶段情形下制造商的产量决策问题。他们假设：（1）市场中只有一方能选择再制造；（2）传统制造商可以优先选择再制造。当市场中不存在第三方再制造商时，他们得出了传统制造商选择再制造的条件；当市场中存在第三方再制造商时，传统制造商的利润会下降。但是传统制造商可以采取两种战略（优先选择再制造或只回收旧产品但不选择再制造）阻止第三方制造商进入市场。

然而，在现实中还应考虑一个很重要的主体——消费者。同样是研究两阶段问题，Atasu 等（2008）将消费者的偏好纳入其中。他们研究了市场中存在绿色消费者的情形，绿色消费者对新产品和再造品有相同的感知价格，即在质量相同时偏好价格较低的产品。显然绿色消费者更加倾向于再造品，因为通常情况下新产品的价格高于再造品。他们发现绿色消费者在市场中所占比例存在一个临界值。当实际值低于或高于临界值时，可以得出制造商生产新产品和再造品的最优产量。研究最后讨论了在第二阶段市场容量发生变化以及存在外部竞争者的情形。结论表明，当市场中存在竞争者时，传统制造商可以通过调整产品价格来抢占市场份额。Bulmus 等（2014）研究传统制造商和第三方再制造商之间的竞争。在第一阶段，传统制造商只生产新产品。在第二阶段，传统制造商和第三方再制造商通过竞争回收旧产品。当新产品和再造品价格相同时，研究表明，在第二阶段，对传统制造商而言，旧产品的回收价格只与自身的成本结构有关，与第三方制造商的回收价格无关。在第一阶段，由于无法得到解析解，通过数值分析发现当再制造带来的收益不太显著时，此时再制造对传统制造商而言并不是最好的选择。当再造品价格低于新产品价格时，结果表明，再制造产生的利润低于价格相同时的情形。

多阶段以及无穷阶段的情形：上述研究主要集中在单阶段和两阶段情境下新产品和再造品之间的竞争。然而在现实中，新产品和再造品之间的竞争很可能发生在多阶段情形之下。Ferrer 和 Swaminathan（2006）分别研究了垄断制造商和市场中存在竞争者的情形，并假设消费者不能识别新产品和再造品，故制造商可以对这两种产品收取相同的价格。他们分析了两阶段、多阶段以及无穷阶段的情形。其结果表明，对制造商而言，如果再制造是有利可图的，那么制造商会在第一阶段收取较低的零售价格以销售更多的产品，目的是可以在未来阶段生产出更多的再造品以获取利润。以两阶段情形为例，模型计算结果表明，再制造节约成本存在一个临界值。当实际值低于临界值时，制造商会同时生产新产品和再造品。当实际值大于临界值时，制造商在第二阶段只生产再造品，不生产新产品。其原因是生产再造品带来的成本节约远远高于替代新产品销量所带来的损失。Ferrer和Swaminathan（2010）在Ferrer和Swaminathan（2006）的基础上进行了扩展，对新产品和再造品进行差别定价。他们得到了再造品成本节约的临界值及其对应的新产品和再造品的产量与价格。除此之外，他们还发现在有限多阶段情形之下，制造商的最优战略并不是关于再制造成本节约的单调函数。

在国内，有关新产品和再造品之间竞争的研究近年来也开始大量涌现。曹俊等（2010）从产品质量水平的角度考虑了传统制造商与再制造商竞争的问题，得到了传统制造商均衡利润存在下限的充分条件。谢家平等（2012）把产品质量作为内生变量研究新产品和再造品之间的竞争问题。黄永和达庆利（2012）考虑了两阶段情形下存在竞争制造商时产品的定价问题，运用逆向推导法求解出闭环供应链中各成员的最优决策。黄永等（2013）在黄永和达庆利（2012）的基础上进行了扩展，研究了多周期和无限周期的情形。研究结果表明，随着再造品成本节约的增大，传统制造商的利润增大，竞争制造商的利润减小。王文宾等（2013）从奖惩机制的角度考虑存在竞争制造商的情形。研究结果表明，相对无奖惩机制的情形，奖惩机制会降低新产品价格、增加旧产品的回收率，从而提升整个闭环供应链的利润。申成然等（2013）研究专利保护与政府补贴情形下传统制造商与第三方再制造商的竞争问题。郭军华等（2013）采用演化博弈分析传统制造商和再制造商之间的竞争问题。高鹏等（2016）从新产品质量设计的角度研究不同权力结构下传统制造商和再制造商之间的产量竞争问题。

2.2.2　回收渠道选择研究

关于回收渠道选择的研究主要包括两个方面：一方面，比较不同的回收渠道，找出最适合制造商的回收渠道，即逆向渠道选择。Savaskan 等（2004）的研究是该领域最具代表性的文献。另一方面，在不同的回收渠道模式下，比较不同的权力结构（如在主从博弈中，由谁担任博弈的领导者）对供应链成员最优决策的影响，即权力结构分析。接下来从这两个方面分别进行综述。

（1）逆向渠道选择。

关于逆向渠道选择的研究最早来自 Savaskan 等（2004）。他们提出了三种不同的回收渠道，即分别由：（a）制造商直接从消费者手中回收废旧产品；（b）制造商支付那些已经具备分销渠道的零售商一定报酬帮助其回收废旧产品；（c）制造商以合同的形式外包给专业的第三方帮助其回收废旧产品。在上述三种情形中均由制造商担任博弈领导者的角色。研究发现，由零售商负责回收废旧产品是制造商的最优策略。其原因是零售商除了制定合理的零售价外，还能够利用其接近消费者的便利性以更低的成本回收废旧产品。而选择让第三方回收对整个供应链是最不利的。因为对第三方而言，所有的利润都来自旧产品的回收。然而对制造商和零售商而言，他们还可以通过调整产品的批发价和零售价来获利。Savaskan 等（2006）把该问题扩展到一个制造商、两个竞争型零售商的情形，提出分别由制造商回收的直接渠道以及委托给零售商回收的间接渠道。结论表明，当零售商竞争比较激烈时，制造商会选择间接渠道回收；然而当竞争不那么激烈时，制造商采取直接回收渠道。同样是关于回收渠道的选择问题，Atasu 等（2013）从回收成本结构的角度构建了三种不同的回收模型（制造商回收、零售商回收以及独立的第三方回收）且分析了不同的成本结构对回收渠道选择的影响。结果表明，面对不同的回收渠道，制造商可以自己回收或者委托零售商回收，但不可能选择第三方回收。Shi 等（2015）从负责分担的角度研究逆向渠道选择问题。假设三种不同的负责分担方式：（a）当选择零售商回收时，制造商与零售商共同分担；（b）当制造商自己回收时，制造商与零售商共同分担；（c）当选择第三方回收时，制造商和第三方共同分担。研究结果表明，对零售商而言，选择第三方回收对其最不利；对制造商而言，当成本参数的值较小时，制造商自行回收是最好的选择；反之，零售商回收是最好的选择。Xu 和 Liu（2017）研究参考价格效应对逆向渠道选择的影响。类似于 Savaskan 等（2004），对制造商而言，选择零售商回收可以使整个供应链系统的利润最大。他们通过与无参考价格效应的情形对比，发现存在价格效应时会损害整个供应链系统的利润。Huang 等（2013）对上述研究进行了扩展，提出了双渠道的回收方式，即由零售商和第三方采取竞争的方式同时进行旧产品回收工作。结果表明，模型参数（第三方和零售商的竞争系数）取值的不同，单渠道与双渠道的优势也随之发生相应的变化。

类似于 Savaskan 等（2004），洪宪培等（2012）考虑由一个制造商和一个零售商组成的二级供应链逆向渠道选择问题，且制造商作为博弈的领导者。通过模型求解，他们得出了制造商选择不同回收渠道所应满足的条件。韩小花（2010）研究了两个竞争制造商和一个零售商的情形且制造商作为博弈的领导者。研究结果表明，最优回收渠道由制造商的竞争强度决定，当竞争强度较低时，制造商选择零售商回收；当竞争强度较高时，制造商不考虑回收。孙嘉轶等（2013）研究了由一个制造商和两个竞争零售商组成的二级供应链且制造商作为博弈的领导者。通过对比三种不同回收渠道，研究结果表明，当再制造产生的成本节约较大时，制造商选择由两个竞争零售商共同回收；当成本节约较小时，制造商要么自己回收要么选择其中一个零售商回收。宋敏等（2013）从链链竞争的角度研究企业的逆向渠道选择问题且制造商作为博弈的领导者。研究结果表明，逆向渠道选择与竞争强度息息相关。具体而言，当竞争强度较小时，集中化渠道优于分散化渠道；反之，分散化渠道优于集中化渠道。关于逆向渠道选择的文献还有，樊松和张敏洪（2008），聂佳佳（2013），舒秘和聂佳佳（2015），李晓静等（2016）。

（2）不同回收渠道模式下，权力结构比较。

单回收渠道模式：王文宾等（2011）研究由一个制造商和一个零售商组成的二级闭环供应链，由零售商负责回收旧产品。他们分析由：（a）制造商作为博弈领导者；（b）零售商作为博弈领导者；（c）制造商和零售商同时决策的情形。聂佳佳（2012）研究由一个制造商、一个零售商和独立的第三方组成的供应链，且由第三方负责回收。研究分别分析了四种成员结盟方式对闭环供应链成员最优决策的影响。赵晓敏等（2012）考虑不同权力结构对供应商和制造商最优决策的影响。研究结果表明，当供应商作为博弈领导者时，整个供应链的绩效最差；当供应商和制造商权力相同时，情况正好相反。李新然等（2013）研究由一个制造商和一个零售商组成的二级供应链，由制造商负责回收旧产品。研究分别分析了制造商和零售商担任博弈领导者的情形，并得到各自情形下闭环供应链成员的最优决策。梁喜和马春梅（2015）分析不同回收模式对旧产品回收水平的影响。研究结果表明，制造商和零售商组成的混合模式使整个供应链系统的利润最大，回收水平最高；当选择零售商和第三方组成的混合模式时，结论正好相反。Choi 等（2013）讨论分别由制造商、零售商以及第三方主导的供应链模型且由第三方负责回收。通过对比分析发现，零售商主导的模型对整个供应链是最优的。其原因是回收方与消费市场的亲近程度和再制造系统的效率高度相关。该结论与 Savaskan（2004）的结论一致。

双回收渠道模式：胡燕娟和关启亮（2009）考虑双渠道回收（制造商和零售商共同回收）的两级供应链问题。由制造商作为博弈的领导者，并求解出供应链成员的最优定价决策。类似地，张成堂和杨善林（2013）考虑双渠道回收（制造商和零售商同时回收）情形下由一个制造商和一个零售商构成的二级供应链，同样由制造商担任博弈的领导者。研究表明，相对于分散决策而言，集中决策可以回收更多的旧产品，且整个闭环供应链系统的利润最大。

同样是双渠道的问题，许茂增和唐飞（2013）考虑由零售商和第三方进行共同回收，制造商为博弈的领导者。他们分别分析了集中决策和分散决策的情形。易余胤和袁江（2012）考虑存在渠道冲突（直接渠道和间接渠道同时存在）时的双渠道回收问题（制造商和零售商同时回收），且制造商为博弈的领导者。他们分析了渠道上冲突对供应链成员最优决策的影响。黄宗盛等（2013）考虑在动态环境下分别由制造商和零售商负责回收，且制造商为博弈的领导者。他们通过微分对策理论求解不同渠道下供应链成员的最优决策。通过对两种回收渠道进行对比，他们发现，相对于零售商负责的回收渠道，制造商负责回收时回收率更高、产品价格更低。林杰和曹凯（2014）研究双回收渠道以及不同权力结构对供应链成员决策的影响。研究结果表明，制造商作为博弈领导者时产品零售价以及批发价低于零售商作为市场主导者时的情形。

2.2.3 产品再制造设计研究

Galbreth 等（2013）从产品设计的角度考虑研究单阶段情形下垄断制造商销售三种产品：新产品、再造品以及创新产品（对旧产品进行再制造并升级到当前最新版本，亦称为升级产品）。假设存在一定比例 β，旧产品可用于创新。他们分析三种投资方式对新产品设计的影响：第一，不投资；第二，投资仅用于再制造；第三，投资用于再制造和产品升级。研究发现再造品和升级产品的产量是关于创新率 β 的减函数。进一步，他们提出可以通过两种方式鼓励产品再利用：增加产品生命周期成本以及加大产品设计时投资力度。最后他们从原材料使用的角度研究了产品再利用（再制造和升级）产生的环境影响，并分析了当创新率不确定时制造商的决策将发生怎样的变化。Gu 等（2015）研究两阶段情形下产品再制造设计及其环保意义。假设企业有两种产品设计方式：第一，设计的产品可用于再制造，但是生产成本相对较高。市场上有部分绿色消费者倾向于这种产品。第二，设计的产品不可用于再制造，此时生产成本相对较低。在第一阶段，企业决策新产品的质量设计及其价格，然后，企业自行回收旧产品以决定是否进行再制造；在第二阶段，企业同时决策新产品和再造品的价格。换言之，在第二阶段新产品和再造品存在竞争。他们分析在第二阶段（不）进行再制造的情形，并得到各自情形下企业的最优战略。通过对上述两种情形进行比较，作者得出了企业执行以下决策所需满足的条件：是否应该再制造；再制造所有旧产品；产品设计之初就考虑产品的再制造性，但在第二阶段不考虑再制造。最后，他们分析可用于再制造的新产品设计对环境的影响。研究发现，当可用于再制造的产品生产成本较低时，在其他条件相同的情况下，相对于旧产品回收再制造，企业更愿意提供这类可用于再制造的产品，结果是对环境造成更大的危害。类似文献还有 Stuart 等（1999）、Chen（2001）和 Raz 等（2013）。

2.2.4 法律约束下产品回收再处理研究

近年来，资源的枯竭以及日益严重的环境问题导致不同国家和地区纷纷出台相关法律、法规，要求制造商承担生产者责任延伸制的义务。基于此，学者们开始从法律约束的角度研究产品回收再处理问题。早期涉及法律约束的研究来自 Atasu 等（2009）。Atasu 等从整个社会福利的角度分析了法律约束产生的影响并指出：制造商应该承担生产者责任延伸制的义务；制造商应从生态的角度设计对环境更有利的产品；回收法律的效率与产品环保类别、回收成本结构以及消费者的参与度有关。此后，有关回收法律的研究开始大量涌现。具体来说，主要来自以下两个方面：第一，回收机制设计；第二，新产品质量设计。

（1）回收机制设计角度。

目前主要有两种回收设计机制。第一，Individual Producer Responsibility（IPR），即每个制造商只负责回收自己生产的产品。第二，Collective Producer Responsibility（CPR），即所有制造商共同回收所有旧产品，然后每个制造商根据自己的销量来承担回收成本。两种机制的优缺点如下：

考虑到每个制造商对自己产品的设计投入不一样。有的制造商加大设计成本让自己的产品更加环保，同时减少对旧产品的回收处理成本。

然而有的制造商在这方面的投入比较少。显然，CPR 机制对那些设计成本投入比较大的制造商来说是非常不公平的。因此这部分制造商更青睐 IPR。然而从政府的角度来看，由于废旧产品的量非常大，对回收的旧产品进行识别与分类会大大增加运作成本，还可能失去规模经济效应。此时 CPR 是更为有效的办法。现有文献中关于这方面的研究还比较少，主要来自 Atasu 和 Subramanian（2012）、Esenduran 和 Kemahlioglu – Ziya（2015）。

Atasu 和 Subramanian（2012）研究了在法律约束条件下 CPR 和 IPR 两种回收机制对产品设计和社会经济福利的影响。他们考虑市场上存在高端和低端两种产品相互竞争的情形，并假设回收率为外生变量，即常量。通过对两种回收机制的比较，他们发现：第一，相对于 CPR，IPR 回收机制下企业更愿意增加对产品设计的投入。第二，在 CPR 回收机制下，存在“搭便车”的行为，即存在部分企业减少自己产品设计投入，通过回收那些增加产品设计投入的企业生产的产品牟取利润。第三，相对于 IPR，CPR 回收机制下产生的消费者剩余往往更高。第四，从整个社会经济福利的角度来看，两种回收机制的优劣与成本效益密切相关。同样是研究回收机制设计问题，Esenduran 和 Kemahlioglu – Ziya（2015）从回收成本的角度研究了两种企业回收机制带来的管理意义。一方面，IPR，即每个企业单独建设回收点，只负责回收自己生产的产品；另一方面，CPR，即所有相关企业共同出资建设回收点，按照各自的市场份额回收旧产品（企业共同回收机制下所回收来的产品也包括其他同行企业生产的产品）。他们把回收率看作是一个决策变量。通用对两种回收机制进行比较，研究结果表明，当共同回收机制中的参与企业所占的市场份额较大时，由多家企业参与的共同回收机制比单独回收机制有更高的回收率。最后，从环境效益的角度对比了两种回收机制并找到了各自回收机制下应该满足的条件。

比较不同法律约束的研究还有 Atasu 等（2013）和 Raz 等（2014）。

Atasu 等（2013）从政府、制造商、零售商以及环境的角度研究了两种回收法产生的法律意义：第一，生产者负责延伸制，即由政府规定制造商必须回收一定比例的旧产品，称为回收率模式；第二，政府根据市场上产品的销量对制造商收取费用，称为税收模式。通过对上述两种法律进行比较发现：从社会福利的角度来看，税收模式总是优于回收率模式；从制造商、零售商以及环境收益的角度来看，在某些特定条件下，回收率模式优于税收模式；反之，税收模式优于回收率模式。最后，Atasu 等分析了外部环境对各个成员选择偏好的影响，研究发现外部环境的变化会改变成员的选择偏好。Raz 等（2014）研究两种法律约束（生产者责任延伸制与产品使用阶段的最小能耗量）对产品创新设计以及总社会成本的影响。假设新产品和再造品分别在不同的市场销售，即两种产品不存在市场竞争。Raz 等发现生产者责任延伸制可以促使企业在产品设计之初就考虑对旧产品的处理（再制造）问题，而最少能耗法可以促使企业在设计产品之初就考虑产品在使用时能耗最少。Raz 等以手机行业的数据为例分析了生产市场、主要市场和次要市场的社会成本，结果表明，两种法律对绝对社会成本均有负面影响，然而对相对社会成本产生正面影响。除此之外，生产者责任延伸制可以促进企业加大创新投资，以减少产品使用时消耗的能量。最后，Raz 等建议可以采取多种法律结合在一起的方式来改善环境影响，降低社会成本。类似文献还有 Krass 等（2013）、Cohen 等（2015）、Chamama 等（2015）。

（2）法律约束下新产品设计问题。

Subramanian 等（2009）研究由一个制造商和消费者所组成的供应链，基于生产者责任延伸制考虑产品设计问题。制造商从两个维度考虑产品设计：第一，使用过程中产生的环境影响；第二，产品生命周期到达后产生的环境影响。他们分别分析了分散决策和集中决策的情形。研究表明，制造商和消费者应该共同承担产品生命周期内所产生的环境成本，并且可用该责任分配方式作为杠杆以鼓励设计出更多环境友好型的产品。Atasu 和 Souza（2013）研究了废旧产品的回收处理方式对新产品质量选择的影响。企业对旧产品可以采取三种处理方式：第一种，企业把回收的旧产品用于再制造；第二种，回收的旧产品不能再制造，但是可以通用提取里面的金属获利；第三种，回收旧产品无利可图，但企业受到法律约束必须回收处理。他们发现回收处理方式、回收成本结构以及法律约束对产品的质量选择有重要影响。具体而言，第二种处理方式导致企业降低新产品的质量，而第一种处理方式和第三种却有助于企业提升产品质量；进一步，发现第二种处理方式可以同时使企业和消费者受益，而第三种处理方式却恰好相反。除此之外，从环境影响的角度分析了三种回收处理方式。结果表明，第一种处理方式和第三种会降低消费但是会改善环境；而第二种处理方式却恰好相反。最后，从整个社会福利的角度来看，第一种处理方式是最好的选择，即选择再制造。这意味着法律约束把再制造作为对旧产品的主要处理方式。

与以往文献不同，Esenduran 等（2015）假设对旧产品的再处理可使企业获利，在市场上存在第三方回收商竞争的情形下，研究了对旧产品再处理带来的经济与环境意义。研究对象包含五个成员，分别是：旧产品持有者（终端消费者）、制造商、第三方回收商、环境以及政府。由政府制定最小回收率，制造商和第三方分别决策自己的回收价格。当不存在第三方竞争时，研究发现：回收法不仅可以增加旧产品的回收量，还可以促使制造商增加对新产品设计的投入，以便对旧产品的处理成本；回收法有助于改善经济福利。当市场上存在来自第三方回收商的竞争时，作者发现一些非直观结论：政府强加给制造商的回收率越高，制造商的回收量越少；较高的回收率导致制造商减少对新产品设计的投入。

上述研究仅从一个维度来考虑新产品的质量问题。事实上，从新产品的设计角度来看，质量问题应该是多维度的。Huang 等（2015）从两个维度（可循环性和耐用性）来研究新产品的设计问题，认为可循环性可以减少循环成本，而耐用性可以减少回收量。如果在设计产品之初没有同时考虑这两种因素的话，那么生产者责任延伸制（EPR）的作用就不会那么明显。研究表明，严格的回收法并不总是能够保证同时提升产品的可循环性与耐用性。从多个维度考虑产品质量设计的文献还有 Kim 和 Chhajed（2002）、Krishnan 和 Zhu（2006）、Lacourbe 等（2009）。

注意到上述研究所涉及的法律约束只规定了最小回收率。然而有些环保组织提倡对旧产品的回收率和再制造率同时约束，这方面的研究主要有：Karakayali 等（2011）、Jacobs 和 Subramanian（2012）、Esenduran 等（2016）。

Karakayali 等（2011）考虑两种法律约束对经济与环境效益的影响。（a）仅考虑最小回收率，主是指提取里面有用的零部件；（b）同时考虑最小回收率和最小再制造率，即对回收的旧产品用于再制造处理。文中假设两个比例均为外生变量。他们找出了在两种不同法律约束下企业实施再制造所需满足的条件。通过对比两种法律后发现，从企业与消费者的角度来看，法律（a）总是优于法律（b）；从旧产品的转移处理与原材料的使用情况来看，法律（b）往往带来更好的环境效益。最后，研究发现使用税收补贴（政府对提取零部件的产品再处理方式收税，而对再制造的处理方式提供补贴）可以实现法律（a）和法律（b）同样的效率。Jacobs 和 Subramanian（2012）研究由一个原材料供应商和一个制造商组成的二级闭环供应链问题，同时考虑由供应商负责的最小回收率和制造商负责的最小再制造率。假设制造商不区分供应商提供的新原材料和回收的材料。他们分别考虑了分散决策与集中决策的情形。研究结果表明，对分散决策而言，在供应商和制造商共同承担责任的前提下，可以通过契约改善整个供应链的利润。最后，他们从社会福利的角度分析共同责任下的环境与经济意义，并得出环境改善所需满足的条件。Esenduran 等（2016）考虑一个制造商同时生产新产品和再造品的情形，分析三种法律约束所带来的环境意义。假设旧产品回收率与再制造率均为外生变量（本书将回收率与再制造率分别作为决策变量和随机变量）。他们分别得出了不同法律约束下企业的最优决策。另外，从新产品和再造品所产生的总体环境影响来看，增加再造品的产量可能无法改善环境。但是当满足一定条件时，在法律约束下增加再造品的产量可以起到改善环境的作用。最后，他们分析了法律约束对经济福利（制造商利益和消费者剩余）的影响并得出整体福利变差及其对应的条件。

国内学者周海云（2013）研究政府干涉下不同渠道结构与不同竞争模式问题。其中政府约束是指基于生产者责任延伸制，制造商应该承担回收处理旧产品的义务。由政府制定最小回收量，若制造商的回收量高于政府制定的最小回收量，政府则给予奖励；反之，给予惩罚。研究分析了政府奖惩力度对供应链成员竞争决策以及渠道选择的影响。张念（2015）研究政府规制下由制造商、零售商和独立的第三方组成的闭环供应链电子产品回收再制造问题。其中政府规制是指生产企业需要事先向政府交纳处理基金，然后政府对回收处理企业给予相应的补贴。他按照层层递进的方式研究了供需确定、成本信息不对称、零售商竞争以及供需均不确定的情形。张威（2014）研究政府约束下不同渠道结构问题，分析了不同渠道模式下政府约束对制造商和零售商最优决策的影响。余福茂和徐玉军（2014）分析零售商作为博弈领导者时（无）政府奖惩机制对供应链成员决策的影响。高艳红等（2015）研究保证金退还制度对电子垃圾回收定价的影响。马祖军等（2016）研究电子产品回收法律约束对企业回收价格与回收量的影响。公彦德等（2016）从处理基金与拆解补贴的角度研究不同回收模式下制造商的最优决策。

2.2.5 回收不确定性研究

对于再制造问题，产品回收环节必不可少。由再制造的特征可以知道，旧产品分散面比较广，磨损程度也不尽相同，因此从终端市场上回收的旧产品在数量、质量以及时间上均具有不确定性。这样的不确定性直接导致回收产品再制造率不确定（Guide and Srivastava，1997；Inderfurth，1997；van der Laan et al.，1999；Fleischmann et al.，2000；Guide，2000；Guide and Jayaraman，2000；Toktay et al.，2000；Inderfurth et al.，2004；Ferrer and Ketzenberg，2004；Inderfurth，2005；Ketzenberg et al.，2006；Fleischmann et al.，2010；Ferrer，2010；Zhou et al.，2011；Mutha et al.，2016）。

一些学者把回收的旧产品分成两类：一类可用于再制造，并假设再制造成本相同；另一类不能用于再制造，以残值的方式作循环处理（Ferrer，2003；Galbreth and Blackburn，2006；Bakal and Akcali，2006；Zikopoulos and Tagaras，2007；Li et al.，2015）。

Ferrer（2003）从信息价值的角度研究了单周期情形下旧产品再制造率随机和供应商响应对企业实施再制造的影响。Ferrer分析了四种情形：第一，旧产品再制造率随机情形下，企业同时决策旧产品的拆卸数量以及零部件的购买数量；第二，企业先决策旧产品的拆卸数量，待旧产品再制造率的值实现之后，决策零部件的购买量；第三，在第一种的基础上，考虑零部件缺货的情形，此时企业向生产能力受限的供应商订货，同时考虑供应链的响应能力；第四，旧产品再制造率是一个确定的值，此时企业不需考虑缺货成本和库存持有成本。研究比较了企业的两个优势：拥有一个快速响应的供应商（优势1）和拥有熟练的拆卸能力以及确定再制造率（优势2）。研究结果表明：当再制造率的方差较小时，优势2可以降低企业的运营成本，对企业更有利；当再制造率的方差较大时，优势1对企业更有利。Galbreth和Blackburn（2006）从再制造成本的角度研究了单周期下旧产品回收再制造问题。再制造商的决策变量为旧产品的回收量。研究还分别考虑了确定需求和随机需求的情形，并得出不同情形下的最优回收和分类策略。最后研究还分析了再造品的成本结构（回收成本函数为线性和非线性的情形）对再制造商最优策略的影响。Bakal和Akcali（2006）研究垄断再制造商对废旧车辆发动机进行回收再制造的定价问题。决策变量分别为旧产品的回收价格和再造品的销售价格。他们分析三种不同的定价情形：情形1，再造品的产量确定，同时决策回收价格与销售价格；情形2，再造品的产量随机，先决策旧产品的回收价格，产量确定之后再决定再造品的价格；情形3，产量确定之前同时决策旧产品的回收价格和再造品的销售价格。通过数值分析发现情形1对再制造商最有利。情形2好于情形3，原因在于当再制造商观察到再造品的产量后更有利于定价，即推迟定价带来的优势。Zikopoulos和Tagaras（2007）研究在单周期和需求不确定情形下两个回收商和一个再制造商组成的供应链。制造商分别决策从两个回收商处需购买的旧产品数量以及自身生产的再造品数量。他们发现制造商的期望利润函数有唯一最优解，并得出制造商仅向一个回收商购买旧产品时所需满足的条件。最后，他们通过数值计算进一步分析了再制造率对制造商最优决策和系统利润的影响。Zikopoulos和Tagaras（2008）

在 Zikopoulos 和 Tagaras（2007）的基础上进行了扩展。他们认为对旧产品的分类可能会犯两类错误：第一类错误是指把一个可用于再制造的产品归为不能用于再制造，这个概率为 α；第二类错误是指把一个不可用于再制造的产品归为能用于再制造，这个概率为 β。他们得出了旧产品拆卸前进行分类运作的最优条件。Li 等（2015）在 Bakal 和 Akcali（2006）的基础上同时考虑再造品的产量和需求均不确定的情形。数值分析结果表明，当再制造的成本较低、市场价格灵敏度不高、需求的波动不大，或缺货惩罚力度大、剩余品的残值高、再造品的产量波动较大时，FPTR 战略优于 FRTP 战略，即先定价更有利；反之，后者优于前者，即先确定产量更有利。

此外，一些学者对旧产品做了更加详细的分类（Guide et al.，2003；Galbreth and Blackburn，2010；Teunter et al.，2011）。

Guide 等（2003）认为再造品的利润与旧产品的数量、质量以及再造品的市场需求有关。基于此，他们认为通过回收管理，即调整回收价格的形式来提升所回收的旧产品质量。通过销售价格来匹配市场需求。他们考虑了在单周期情形下旧产品的质量存在 N 个等级，假设在同一个等级内具有相同的再制造成本。他们分别从回收价格和回收量两个角度构建再制造商的目标函数模型，并得出了目标函数为凹所需满足的条件及其对应的最优解。基于行业历史数据估计模型中的参数，对最优解进行灵敏度分析。Galbreth 和 Blackburn（2010）对 Galbreth 和 Blackburn（2006）的研究进行了扩展。假设旧产品分为 K 个等级，每个回收的旧产品用于再制造的可能性都是一个随机变量，且服从 0～1 上的均匀分布。Teunter 和 Flapper（2011）从回收成本与再制造成本的角度研究了单周期情形下旧产品回收不确定性问题。假设旧产品存在 1～K 共 K 个等级，等级 K 表示最低等级。企业的决策变量分别为旧产品的回收数量以及每个等级中用于再制造的数量。他们分别分析了市场需求确定和随机的情形。研究结果表明，当市场需求确定时，旧产品质量的不确定性会导致最优回收量大于实际需求量，以便应对旧产品总体质量水平偏低的情形；当市场需求随机时，较大的需求波动同样会导致过多的回收量，即安全库存。

注意到上述研究主要集中在单周期的情形，部分学者考虑了多周期情形下产品再制造问题。Ferguson 等（2011）基于 IBM 的行业背景分别分析了单周期和多周期情形下随机优化模型，并假设对旧产品有两种处理方式：再制造、拆卸以提取其中的零部件。Tao 等（2012）从成本的角度考虑市场需求随机情形下多周期多类别的产品再制造问题。由于模型极其复杂难以求解，他们采取三种近似算法对模型进行求解：第一，确定启发式算法，即把随机看成确定的情形；第二，近似启发式算法，即忽略未来值；第三，混合式启发式算法，即用确定产量替代随机产量对未来值近似。

再制造使产品全寿命周期由开环变为闭环，由单一寿命周期变为循环多寿命周期。事实上，产品回收再制造隶属于闭环供应链管理范畴。通俗地讲，闭环供应链是指商品从生产地流通到消费者手中，当产品到达生命周期时，废旧产品又以特定的方式流通到生产者手中。Guide 和 Van Wassenhove（2009）认为闭环供应链聚焦在从消费者手中回收旧产品，通过对产品及其零部件的再使用来增加附加值。Souza（2013）认为在正向供应链中，产品是单向流动的，即从供应商到制造商到分销商到零售商最后到消费者手中。然而在闭环供应链中，还应包括旧产品的逆向流动，即把旧产品从消费者手中转移到制造商手中。总的来说，闭环供应链是对正向供应链与逆向供应链进行有效整合，形成一个完整的闭环。其实质是通过对废旧产品进行回收再利用以挖掘其潜在的价值，同时降低环境危害。

Guide 等（2000）认为闭环供应链中对旧产品通常有三种再生处理方式：第一，修复，即对旧产品进行简单的修复，或花费比较低的维护费用就可以达到新产品的质量标准；第二，再制造，对旧产品进行拆卸，对零部件进行检测、更新，最终把它们用于新产品的制造过程；第三，再循环，指用物理、化学的方法对废旧产品进行处理，不再保留物品原来的任何结构。具体流程如图 2.1 所示。

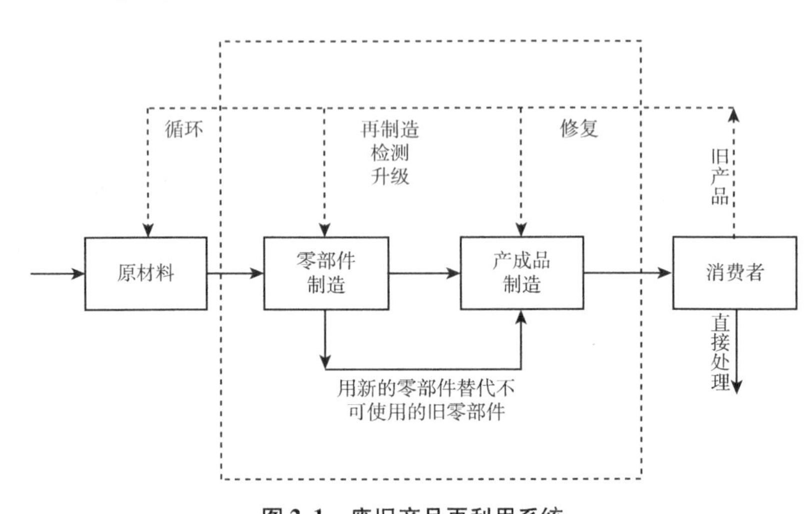

图 2.1　废旧产品再利用系统

2.3　现有研究总结

通过分析现有文献发现，关于再制造的研究主要集中在以下几个方面：(1) 新产品和再造品之间的竞争；(2) 逆向渠道选择；(3) 产品设计；(4) 法律约束。

产品竞争方面：这方面的研究主要集中在当（不）存在独立的第三方制造商时，传统制造商是否应该选择再制造。

逆向渠道选择方面：主要集中在选择最适合制造商的逆向渠道，以使整个供应链系统的利润最大。同时部分学者分析了不同权力结构对闭环供应链成员绩效的影响。

产品设计方面：这部分研究主要集中在从环境意义的角度来设计产品。例如，在产品设计之初就把绿色环保，可用于再制造等特征考虑进去。同时对产品生命周期内产生的环境成本进行评估，并分析相关参数对环境的影响。

法律约束方面：这部分研究主要集中在当面对由政府制定的法律约束时，企业如何进行产品设计、确定回收率、调整价格或产量来应对。少数学者研究了双法律约束的情形，即同时满足最小回收率和最小再制造率。

前人的这些工作不管是从理论层面还是实际应用层面都为再制造领域的发展作出了巨大的贡献。然而，与本书相关的研究，特别是把政府制定的最小回收率看作是决策变量的文献还比较少。考虑到回收率的大小与制造商的利润有着十分密切的关系，因为再造品的产量由回收率的大小确定。基于此，本书把回收率看作是内生变量。此外，由再制造的特征可以知道旧产品的再制造率是一个不确定的值，因此，本书把再制造率看作是随机变量。总的来说，本书结合再制造的特征研究电子产品回收法对制造商决策的影响。

第3章　确定情形下电子产品回收再制造决策模型研究

3.1　背景与假设

3.1.1　背景

本章基于生产者责任延伸制研究确定情形下电子产品回收再制造问题。首先，制造商生产新产品并在主要市场销售。当新产品的生命周期到达时，由制造商负责回收旧产品用于再制造，再造品放在二级市场销售。具体而言，制造商的决策顺序如下：第一，制造商首先决策新产品的价格 p_n；第二，制造商决定旧产品回收率 α；第三，制造商决策再造品产量 X；第四，制造商决策再造品价格p_r。决策顺序如图3.1所示。

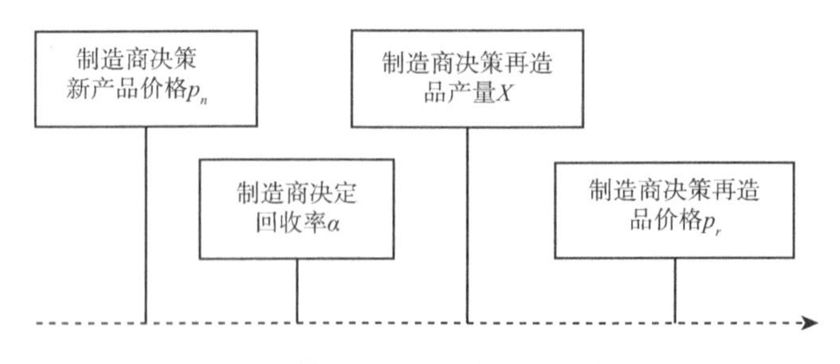

图3.1　模型*DR*：制造商的决策顺序

3.1.2 假设

在模型建立之前，需要做一些必要的假设，具体如下：

（1）新产品和再造品分别在两个不同的市场销售，也就是说，两种产品不存在市场竞争（Raz et al.，2014）。

（2）新产品和再造品的市场需求分别为确定情形（Savaskan et al.，2004；Savaskan et al.，2006；Atasu et al.，2008；Raz et al.，2014；Xu and Liu，2017）。

（3）基于生产者责任延伸制，制造商需要完成政府制定的最小回收率 α_0，且制造商有能力完成这个最小回收率。

（4）旧产品的最大回收率为 α_1。现有文献大部分假设回收率的上限值为1。然而在现实生活中，制造商往往不能回收到所有旧产品。因为有部分消费者通常会把旧产品保留在家里，如有人把旧手机存放在家里，一是为了以备不时之需，二是可能担心手机中安装的支付软件导致信息泄漏。还有部分旧产品会被非法走私到发展中国家（Esenduran et al.，2015）。基于此，本章假设回收率的上限值为 α_1，且 $\alpha_1 \leqslant 1$。

（5）在不失一般性的前提下，假设市场容量为1（Raz et al.，2014）。消费者对产品的质量表现出不同的偏好。在主要市场中，假设消费者对新产品的支付意愿服从0到1上的均匀分布。相应在二级市场中，假设消费者对再造品的支付意愿服从0到 u 上的均匀分布，且 $u \leqslant 1$[①]。基于上述讨论，可以推导出新产品和再造品的市场需求函数。其分别为 $D_n = 1 - p_n$ 和 $D_r = u - p_r$。

（6）假设所有回收的旧产品都能用于再制造（Savaskan et al.，2004；Xu and Liu，2017），第5章和第6章将考虑再造率为随机变量的情形。

本章模型中所用到的符号及其意义如表3.1所示。

---

① 一般情况下，消费者认为再造品的质量低于新产品，因此愿意支付购买再造品的价格低于新产品。

表 3.1 模型符号

	符号	定义
决策变量	p_n	新产品价格
	p_r	再造品价格
	α	回收率
	X	再造品产量
参数	c_n	新产品生产成本
	c_r	再造品生产成本
	k	再造品残值
	c_c	旧产品回收成本
	u	二级市场容量
其他符号	D_n	新产品市场需求
	D_r	再造品市场需求

3.2 模型构建与分析

3.2.1 模型构建

基于上述背景与假设，制造商面临如下问题：

$$max\ \pi(p_n, p_r, \alpha, X) = (p_n - c_n)D_n + (p_r - c_r)min(X, D_r) + (k - c_r)(X - D_r)^+ - c_c\alpha D_n \tag{3.1}$$

$$s.t.\ \alpha_0 \leqslant \alpha \leqslant \alpha_1 \tag{3.2}$$

$$0 \leqslant X \leqslant \alpha D_n \tag{3.3}$$

式（3.1）为制造商的利润函数。其中，第一项表示主要市场中新产品的利润；第二项表示二级市场中再造品的利润；第三项表示当再造品的产量超过市场需求时产生的利润；第四项表示旧产品的回收成本。约束式（3.2）表示制造商的回收率必须满足政府规定的要求，但不超过上限值 α_1。约束式（3.3）保证再造品的产量不超过旧产品的回收量。

3.2.2 模型分析

本模型的标准解法为逆向推导，即从第四阶段开始分析，以此类推直到第一阶段。

第四阶段分析：给定新产品价格p_n、旧产品回收率 α 以及再制造品产量 X 时，求解再造品价格p_r。注意到式（3.1）中存在 $min(X, D_r)$ 和 $(X-D_r)$，因此需要考虑 X 与 D_r的大小关系。计算发现，当 $X\leqslant D_r$时，再造品的最优价格为$p_r=u-X$，即 $X=D_r$。$X=D_r$是 $X\geqslant D_r$的特殊情况。因此，$X\leqslant D_r$的情形比 $X\geqslant D_r$的情形占优（详见附录 A）。因此，接下来仅考虑 $X\geqslant D_r$的情形。相应地，制造商的问题为：

$$max\ \pi(p_r \mid p_n,\alpha,X) = -p_r^2+(u+k)p_r+(p_n-c_n-c_c\alpha)(1-p_n) + (k-c_r)X-uk \tag{3.4}$$

$$s.t.\ D_r\leqslant X\leqslant \alpha D_n \tag{3.5}$$

由式（3.4）可知，制造商的利润函数是关于再造品价格p_r的二次函数且为凹$\left(\frac{\partial^2\pi}{\partial p_r^2}=-2\right)$。为方便表示，记$A_1=\frac{H}{2}$，$A_2=\alpha D_n$，$H=u-k$。定理 3.1 给出了再造品的最优价格。

定理 3.1：给定新产品价格p_n、旧产品回收率 α 以及再制造品产量 X 时，再造品价格及对应的市场需求如表 3.2 所示。

表 3.2 确定情形下制造商第四阶段最优决策

$A_2\leqslant A_1$	p_r	D_r	$\pi(X,p_r(X)\mid p_n,\alpha)$
$X\leqslant A_2\leqslant A_1$	$u-X$	X	$-X^2+(u-c_r)X+(p_n-c_n-c_c\alpha)D_n$
$A_1\leqslant A_2$	p_r	D_r	$\pi(X,p_r(X)\mid p_n,\alpha)$
$X\leqslant A_1$	$u-X$	X	$-X^2+(u-c_r)X+(p_n-c_n-c_c\alpha)D_n$
$A_1\leqslant X\leqslant A_2$	$\frac{u+k}{2}$	$\frac{u-k}{2}$	$(k-c_r)X+\frac{(u-k)^2}{4}+(p_n-c_n-c_c\alpha)D_n$

定理 3.1 表明，再造品的价格与其所对应的产量存在一一对应的关系。具体而言，（1）再造品的价格与二级市场容量呈正比例关系。当二级市场

的容量足够大、再造品的产量有限（再造品的产量不能超过旧产品的回收量）且缺乏市场竞争时，制造商会适当提高产品的价格以获取更多的收益。同时，再造品的价格与产量呈反比例关系。(2) 再造品的价格与其所对应的残值呈正比例关系。其原因在于，当再造品的残值较高时，制造商即使不能把再造品销售出去，也可以通过获得残值来保障自己的利益。因此，残值越高，再造品的价格越高，制造商的利润也越大。

第三阶段分析：在求解出第四阶段的最优决策后，接下来求解制造商第三阶段最优决策，即最优产量。

定理 3.2：在获得再造品的最优价格后，同时给定新产品价格、旧产品回收率时，再造品的最优产量如表 3.3 所示。

表 3.3　确定情形下制造商第三阶段最优决策

$k \geqslant c_r$	p_r	D_r	X	$\pi(\alpha, p_r(\alpha), X(\alpha) \mid p_n)$
$X \leqslant A_2 \leqslant A_1$	$u-\alpha D_n$	αD_n	αD_n	$-D_n^2\alpha^2+(u-c_r)\alpha D_n+(p_n-c_n-c_c\alpha)D_n$
$A_1 \leqslant X \leqslant A_2$	$\frac{u+k}{2}$	$\frac{u-k}{2}$	αD_n	$(k-c_r)\alpha D_n+\frac{(u-k)^2}{4}+(p_n-c_n-c_c\alpha)D_n$
$k \leqslant c_r$	p_r	D_r	X	$\pi(\alpha, p_r(\alpha), X(\alpha) \mid p_n)$
$X \leqslant A_2 \leqslant \frac{u-c_r}{2} \leqslant A_1$	$u-\alpha D_n$	αD_n	αD_n	$-D_n^2\alpha^2+(u-c_r)\alpha D_n+(p_n-c_n-c_c\alpha)D_n$
或 $X \leqslant \frac{u-c_r}{2} \leqslant A_2 \leqslant A_1$	$\frac{u+c_r}{2}$	$\frac{u-c_r}{2}$	$\frac{u-c_r}{2}$	$(p_n-c_n-c_c\alpha)D_n+\frac{(u-c_r)^2}{4}$
$A_1 \leqslant X \leqslant A_2$	$\frac{u+c_r}{2}$	$\frac{u-c_r}{2}$	$\frac{u-c_r}{2}$	$(p_n-c_n-c_c\alpha)D_n+\frac{(u-c_r)^2}{4}$

定理3.2 表明，(1) 当$k \geqslant c_r$，即当再造品的残值不低于其对应的生产成本时，再造品的产量总是大于或等于市场需求。其原因在于，当再造品的残值较高时，制造商有经济动力生产所有旧产品，此时再造品的最优产量为其上限值，即 $X=\alpha D_n$。(2) 当 $k \geqslant c_r$，即当再造品的残值不高于其对应的生产成本时，面对确定的市场需求，再造品的产量总是等于市场需求量。这是因为当产品的残值较低时，任何一个理性的制造商都不愿意生

产多于市场需求的产量。在本章中，仅考虑 $k \geqslant c_r$ 的情形。事实上，当 $k \leqslant c_r$ 时，可以用类似的方法得出制造商的最优决策。

第一阶段和第二阶段分析：在求解出制造商的第三、第四阶段的最优决策后，现在分析制造商第一阶段和第二阶段的最优决策（注意到，在求解过程中发现最优回收率和新产品价格与模型 *DNA* 和模型 *DNB* 均有关，需要对模型 *DNA* 和模型 *DNB* 中的所有可能解进行比较，然后从中找出唯一最优。因此把第一阶段和第二阶段的决策放在一起分析）。

在表3.3中，当 $A_2 \leqslant A_1$，即 $m = \frac{H}{2D_n \alpha} \geqslant 1$ 时，称其为情形 A，此时制造商的利润函数为：

$$\pi(\alpha) = -D_n^2 \alpha^2 + (u - c_r)\alpha D_n + (p_n - c_n - c_c \alpha) D_n \tag{3.6}$$

当 $A_2 \geqslant A_1$，即 $m = \frac{H}{2D_n \alpha} \leqslant 1$ 时，称其为情形 B，此时制造商的利润函数为：

$$\pi(\alpha) = (k - c_r)\alpha D_n + \frac{(u-k)^2}{4} + (p_n - c_n - c_c \alpha) D_n \tag{3.7}$$

3.3　基准情形：模型 *DN*

本节讨论没有法律约束的情形，以作为存在法律约束时的基准情形。在该情形下，政府没有给制造商制定最小回收比例 α_0，此时 $\alpha_0 = 0$。本章研究的是确定情境，即回收的旧产品中能够用于再制造的比例是一个常量。在不失一般性的前提下，假设这个比例为1，即所有回收的旧产品都可以用于再制造（Savaskan et al.，2004）。在本章中，用字母 *D*（Deterministic）表示确定性的情形，用字母 *N*（No regulation）表示没有法律约束的情形，用字母 *R*（Regulation）表示存在法律约束的情形。即模型 *DN* 表示确定情形下不存在法律约束；模型 *DR* 表示确定情形下存在法律约束。

3.3.1 模型 DNA

首先考虑情形 A，即 $m=\frac{H}{2D_n\alpha}\geqslant 1$，在没有法律约束时称为模型 DNA。为方便表示，记 $s_0=u-ccr$，$ccr=c_c+c_r$。相应地，制造商的利润函数为：

$$\pi(\alpha)=-D_n^2\alpha^2+s_0D_n\alpha+(p_n-c_n)D_n \tag{3.8}$$

其中 ccr 表示旧产品的逆向运营成本，即回收与再制造成本之和。显然，逆向运营成本对制造商的决策起着非常关键的作用。当逆向运营成本很高时，制造商发现回收旧产品无法获利，因此没有意愿从事旧产品的回收活动。当逆向运营成本较低时，制造商愿意回收所有的旧产品，然而，当逆向运营成本取非极端值时，制造商该如何选择呢？

在决策最优回收率时，通过求式（3.8）关于 α 的导数，可以得到：

$$\frac{\partial\pi(\alpha)}{\partial\alpha}=-2D_n^2\alpha+s_0D_n$$

当$s_0\leqslant 0$ 时，$\frac{\partial\pi(\alpha)}{\partial\alpha}\leqslant 0$。此时制造商的利润函数是关于回收率 α 的减函数。注意到$s_0\leqslant 0$ 等价于 $ccr\geqslant u$，也就是说，当逆向运营成本高于二级市场容量时，在没有法律约束的情形下，制造商选择不回收旧产品，$\alpha^{DNA*}=0$。此时制造商仅通过新产品获利。相应地，制造商的问题如下：

$$\pi(p_n)=(p_n-c_n)D_n \tag{3.9}$$

其中 $D_n=1-p_n$。此时新产品的最优价格为$p_n^{DNA*}=\frac{1+c_n}{2}$。

接下来考虑一般情形，$s_0\geqslant 0$。此时回收率 α 可以取到除 0 之外的其他值。注意到 $m=\frac{H}{2D_n\alpha}\geqslant 1$ 可以转化成关于 α 的约束，即 $\alpha\leqslant\frac{H}{2D_n}=t$。同时，$\alpha$ 还应满足 $\alpha\leqslant\alpha_1$。因此，关于 α 的约束需要分别考虑$\alpha\leqslant t\leqslant\alpha_1$ 和$\alpha\leqslant\alpha_1\leqslant t$。注意到制造商的利润函数与式（3.8）相同。综上所述，制造商面临如

下两个决策问题：

$$DNA-1: \pi(\alpha) = -D_n^2\alpha^2 + s_0 D_n \alpha + (p_n - c_n) D_n$$

$$s.t.\ \alpha \leqslant t \leqslant \alpha_1 \tag{3.10}$$

$$DNA-2: \pi(\alpha) = -D_n^2\alpha^2 + s_0 D_n \alpha + (p_n - c_n) D_n$$

$$s.t.\ \alpha \leqslant \alpha_1 \leqslant t \tag{3.11}$$

3.3.2 模型 *DNB*

类似地，称情形 B，即 $m = \dfrac{H}{2D_n\alpha} \leqslant 1$，在没有法律约束时为模型 *DNB*。同样，该约束可转化为关于 α 的约束，即 $\alpha \geqslant \dfrac{H}{2D_n} = t$。由于回收率不能超过其上限值。因此，在模型 *DNB* 中，回收率 α 的约束为$t \leqslant \alpha \leqslant \alpha_1$。为方便表示，记 $s_1 = k - ccr$。相应地，制造商的利润函数可以转换为：

$$\pi(\alpha) = s_1 \alpha D_n + \frac{(u-k)^2}{4} + (p_n - c_n) D_n \tag{3.12}$$

$$s.t.\ t \leqslant \alpha \leqslant \alpha_1 \tag{3.13}$$

3.4 求解模型 *DN*

注意到模型 *DN* 包含模型 *DNA* 和模型 *DNB*。因此，在本节中，需要分别计算模型 *DNA* 和模型 *DNB* 的所有可能解。在求解过程中发现最优回收率和新产品价格与模型 *DNA* 和 *DNB* 均有关。因此需要对模型 *DNA* 和 *DNB* 中的所有可能解进行比较，然后从中找出唯一最优。基于此，本节同时给出第一阶段和第二阶段的最优解。为方便表示，记$s_{00} = \dfrac{(\alpha_0^2+1)H - H_0}{\alpha_0^2}$，$s_{01} = \dfrac{(\alpha_0^2+1)H - H_1}{\alpha_0\alpha_1}$，$s_{11} = \dfrac{(\alpha_1^2+1)H - H_1}{\alpha_1^2}$，$s_{10} = \dfrac{(\alpha_0\alpha_1+1)H - H_0}{\alpha_0\alpha_1}$。

3.4.1 求解模型 *DNA*

对于模型 DNA，存在两个关于 α 的约束，$\alpha \leqslant t \leqslant \alpha_1$ 和 $\alpha \leqslant \alpha_1 \leqslant t$。先考虑第一个约束。由 3.3.1 节可知，制造商面临的问题如下：

$DNA-1$：$\pi(\alpha) = -D_n^2\alpha^2 + s_0 D_n\alpha + (p_n - c_n)D_n$；

s.t. $\alpha \leqslant t \leqslant \alpha_1$。

注意到制造商的利润函数是关于 α 的二次函数且为凹。求解利润函数对 α 的导数并令其为 0 $\left(\frac{\partial \pi(\alpha)}{\partial \alpha} = -2D_n^2\alpha + s_0 D_n = 0\right)$，可以得到 $\alpha_{DNA} = \frac{s_0}{2D_n}$。易发现 α 的最优值包含两种情况：当 $\alpha_{DNA} \leqslant t$ 时，$\alpha^{DNA*} = \alpha_{DNA}$；当 $\alpha_{DNA} \geqslant t$ 时，$\alpha^{DNA*} = t$。针对上述两种情况，现在分析新产品价格的取值情况。

（i）$\alpha_{DNA} \leqslant t$，$\alpha^{DNA*} = \alpha_{DNA}$。

$$\pi(p_n) = -D_n^2\alpha_{DNA}^2 + s_0 D_n \alpha_{DNA} + (p_n - c_n)D_n \tag{3.14}$$

$$s.t.\begin{cases}\alpha_{DNA} \leqslant t \\ t \leqslant \alpha_1 \\ m \geqslant 1\end{cases} \tag{3.15}$$

通过对式（3.14）和式（3.15）进行化简，制造商的问题如下：

$$\pi(p_n) = -p_n^2 + (1 + c_n)p_n + \frac{s_0^2}{4} - c_n \tag{3.16}$$

$$s.t.\begin{cases}p_n \leqslant p_{H1} \\ 0 \leqslant s_0 \leqslant H\end{cases} \tag{3.17}$$

其中 $p_{H1} = 1 - \frac{H}{2\alpha_1}$，$s_0 = u - ccr$，$H = u - k$。由式（3.16）可知，制造商的利润函数是关于新产品价格的二次函数且为凹 $\left(\frac{\partial^2 \pi(p_n)}{\partial p_n^2} = -2 < 0\right)$。计算式（3.16）对价格的一阶导数并令其等于 0 可以得到 $p_{nA}^{DNA*} = \frac{1 + c_n}{2}$。类

似于求解最优回收率，此时新产品的最优价格存在两种情况：当$p_{nA}^{DNA*} \leqslant p_{H1}$时，$p_n^{DNA*} = p_{nA}^{DNA*}$；当$p_{nA}^{DNA*} \geqslant p_{H1}$时，$p_n^{DNA*} = p_{H1}$。接下来分析新产品价格取不同值时所需满足的条件。

（i-1）$p_n^{DNA*} = p_{nA}^{DNA*}$，此时需要同时满足条件$p_{nA}^{DNA*} \leqslant p_{H1}$和$0 \leqslant s_0 \leqslant H$。注意到$p_{nA}^{DNA*} \leqslant p_{H1}$等价于$H \leqslant H_1$。$0 \leqslant s_0 \leqslant H$等价于$u - H \leqslant ccr \leqslant u$。因此，取得该最优解所需满足的条件为（$H \leqslant H_1$ & $u - H \leqslant ccr \leqslant u$）。

（i-2）$p_n^{DNA*} = p_{H1}$，此时需要同时满足条件$p_{nA}^{DNA*} \geqslant p_{H1}$和$0 \leqslant s_0 \leqslant H$。注意到$p_{nA}^{DNA*} \geqslant p_{H1}$等价于$H \geqslant H_1$。$0 \leqslant s_0 \leqslant H$等价于$u - H \leqslant ccr \leqslant u$。因此，取得该最优解所需满足的条件为（$H \geqslant H_1$ & $u - H \leqslant ccr \leqslant u$）。

（ii）$\alpha_{DNA} \geqslant t, \alpha^{DNA*} = t$。

$$\pi(p_n) = -D_n^2 t^2 + s_0 D_n t + (p_n - c_n) D_n \tag{3.18}$$

$$s.t.\begin{cases} \alpha_{DNA} \geqslant t \\ t \leqslant \alpha_1 \\ m \geqslant 1 \end{cases} \tag{3.19}$$

通过对式（3.18）和式（3.19）进行化简，制造商的问题如下：

$$\pi(p_n) = -p_n^2 + (1 + c_n) p_n - \frac{H^2}{4} + \frac{H s_0}{2} - c_n \tag{3.20}$$

$$s.t.\begin{cases} p_n \leqslant p_{H1} \\ s_0 \geqslant H \end{cases} \tag{3.21}$$

由式（3.20）可知，制造商的利润函数是关于新产品价格的二次函数且为凹$\left(\frac{\partial^2 \pi(p_n)}{\partial p_n^2} = -2 < 0\right)$。计算式（3.20）对价格的一阶导数并令其等于0可以得到$p_{nt}^{DNA*} = \frac{1 + c_n}{2}$。类似地，此时新产品的最优价格存在两种情况：当$p_{nt}^{DNA*} \leqslant p_{H1}$时，$p_n^{DNA*} = p_{nt}^{DNA*}$；当$p_{nt}^{DNA*} \geqslant p_{H1}$，$p_n^{DNA*} = p_{H1}$。接下来分析新产品价格取不同值时所需满足的条件。

（ii-1）$p_n^{DNA*} = p_{nt}^{DNA*}$，此时需要同时满足条件$p_{nt}^{DNA*} \leqslant p_{H1}$和$s_0 \geqslant H$。注意到$p_{nt}^{DNA*} \leqslant p_{H1}$等价于$H \leqslant H_1$。$s_0 \geqslant H$等价于$ccr \leqslant u - H$。因此，取得该最

优解所需满足的条件为（$H \leqslant H_1$ & $ccr \leqslant u-H$）。

（ii-2）$p_n^{DNA*}=p_{H1}$，此时需要同时满足条件$p_{nt}^{DNA*} \geqslant p_{H1}$和$s_0 \geqslant H$。注意到$p_{nt}^{DNA*} \geqslant p_{H1}$等价于 $H \geqslant H_1$。$s_0 \geqslant H$ 等价于 $ccr \leqslant u-H$。因此，取得该最优解所需满足的条件为（$H \geqslant H_1$ & $ccr \leqslant u-H$）。

为方便阅读，模型 DNA 满足$\alpha \leqslant t \leqslant \alpha_1$ & $s_0 \geqslant 0$ 时的所有可能解及其对应的条件见附录 A。接下来分析模型 DNA 满足$\alpha \leqslant \alpha_1 \leqslant t$ & $s_0 \geqslant 0$ 时的所有可能解。由 3.3.1 节可知，制造商的问题如下：

$$DNA-2: \pi(\alpha)=-D_n^2\alpha^2+s_0D_n\alpha+(p_n-c_n)D_n;$$

$$s.t.\ \alpha \leqslant \alpha_1 \leqslant t。$$

容易发现回收率 α 的最优值包含两种情况：当 $\alpha_{DNA} \leqslant \alpha_1$时，$\alpha^{DNA*}=\alpha_{DNA}$；当 $\alpha_{DNA} \geqslant \alpha_1$时，$\alpha^{DNA*}=\alpha_1$。针对上述两种情况，现在分析新产品的价格决策。

（i）$\alpha_{DNA} \leqslant \alpha_1, \alpha^{DNA*}=\alpha_{DNA}$。

$$\pi(p_n)=-D_n^2\alpha_{DNA}^2+s_0D_n\alpha_{DNA}+(p_n-c_n)D_n$$

$$s.t.\begin{cases}\alpha_{DNA} \leqslant \alpha_1\\ t \geqslant \alpha_1\\ m \geqslant 1\end{cases} \tag{3.22}$$

通过对上述利润函数及式（3.22）进行化简，制造商的问题如下：

$$\pi(p_n)=-p_n^2+(1+c_n)p_n+\frac{s_0^2}{4}-c_n$$

$$s.t.\begin{cases}p_{H1} \leqslant p_n \leqslant p_{n1}^{DNA}\\ 0 \leqslant s_0 \leqslant H\end{cases} \tag{3.23}$$

其中 $p_{n1}^{DNA}=1-\frac{s_0}{2\alpha_1}$。注意到制造商的利润函数是关于新产品价格的二次函数且为凹$\left(\frac{\partial^2\pi(p_n)}{\partial p_n^2}=-2 \leqslant 0\right)$。求解利润函数对价格的一阶导数并令其等于0 可以得到 $p_{nA}^{DNA*}=\frac{1+c_n}{2}$。此时新产品的最优价格存在三种情况：当 $p_{nA}^{DNA*} \leqslant p_{H1}$时，$p_n^{DNA*}=p_{H1}$；当$p_{H1} \leqslant p_{nA}^{DNA*} \leqslant p_{n1}^{DNA}$时，$p_n^{DNA*}=p_{nA}^{DNA*}$；当$p_{nA}^{DNA*} \geqslant p_{n1}^{DNA}$

时，$p_n^{DNA*}=p_{n1}^{DNA}$。接下来分析新产品价格取不同值时所需满足的条件。

（i-1）$p_n^{DNA*}=p_{H1}$，此时需要同时满足条件$p_{nA}^{DNA*}\leqslant p_{H1}$和$0\leqslant s_0\leqslant H$。注意到$p_{nA}^{DNA*}\leqslant p_{H1}$等价于$H\leqslant H_1$。$0\leqslant s_0\leqslant H$等价于$u-H\leqslant ccr\leqslant u$。因此，取得该最优解所需满足的条件为（$H\leqslant H_1$ & $u-H\leqslant ccr\leqslant u$）。

（i-2）$p_n^{DNA*}=p_{nA}^{DNA*}$，此时需要同时满足条件$p_{H1}\leqslant p_{nA}^{DNA*}\leqslant p_{n1}^{DNA}$和$0\leqslant s_0\leqslant H$。注意到$p_{H1}\leqslant p_{nA}^{DNA*}\leqslant p_{n1}^{DNA}$等价于$H\geqslant H_1$ & $s_0\leqslant H_1$。$0\leqslant s_0\leqslant H$等价于$u-H\leqslant ccr\leqslant u$。综上所述，取得该最优解所需满足的条件为（$H\geqslant H_1$ & $u-H_1\leqslant ccr\leqslant u$）。

（i-3）$p_n^{DNA*}=p_{n1}^{DNA}$，此时需要同时满足条件$p_{nA}^{DNA*}\geqslant p_{n1}^{DNA}$和$0\leqslant s_0\leqslant H$。注意到$p_{nA}^{DNA*}\geqslant p_{n1}^{DNA}$等价于$s_0\geqslant H_1$。$0\leqslant s_0\leqslant H$等价于$u-H\leqslant ccr\leqslant u$。综上所述，取得该最优解所需满足的条件为（$H\geqslant H_1$ & $u-H\leqslant ccr\leqslant u-H_1$）。

（ii）$\alpha_{DNA}\geqslant\alpha_1$，$\alpha^{DNA*}=\alpha_1$。

$$\pi(p_n)=-D_n^2\alpha_1^2+s_0D_n\alpha_1+(p_n-c_n)D_n \tag{3.24}$$

$$s.t.\begin{cases}\alpha_{DNA}\geqslant\alpha_1\\ t\geqslant\alpha_1\\ m\geqslant 1\end{cases} \tag{3.25}$$

通过对式（3.24）和式（3.25）进行化简，制造商的问题如下：

$$\pi(p_n)=-(\alpha_1^2+1)p_n^2+(2\alpha_1^2-s_0\alpha_1+1+c_n)p_n-\alpha_1^2+s_0\alpha_1-c_n \tag{3.26}$$

$$s.t.\begin{cases}p_n\geqslant p_{n1}^{DNA}\\ 0\leqslant s_0\leqslant H\end{cases} \tag{3.27}$$

$$or\ s.t.\begin{cases}p_n\geqslant p_{H1}\\ s_0\geqslant H\end{cases} \tag{3.28}$$

注意到有两组约束，先分析约束式（3.27）。由式（3.26）可知制造商的利润函数是关于新产品价格的二次函数且为凹$\left(\frac{\partial^2\pi(p_n)}{\partial p_n^2}=-2(\alpha_1^2+1)<0\right)$。计算式（3.26）对价格的一阶导数并令其等于0可以得到$p_{n1}^{DNA*}=\frac{2\alpha_1^2-s_0\alpha_1+1+c_n}{2(\alpha_1^2+1)}$。此时新产品的最优价格存在两种情况：当$p_{n1}^{DNA*}\geqslant p_{n1}^{DNA}$

时，$p_n^{DNA*}=p_{n1}^{DNA*}$；当$p_{n1}^{DNA*}\leqslant p_{n1}^{DNA}$时，$p_n^{DNA*}=p_{n1}^{DNA}$。接下来分析新产品价格取不同值时所需满足的条件。

（ii－11）$p_n^{DNA*}=p_{n1}^{DNA*}$，此时需要同时满足条件$p_{n1}^{DNA*}\geqslant p_{n1}^{DNA}$和$0\leqslant s_0\leqslant H$。注意到$p_{n1}^{DNA*}\geqslant p_{n1}^{DNA}$等价于$s_0\geqslant H_1$。$0\leqslant s_0\leqslant H$等价于$u-H\leqslant ccr\leqslant u$。综上所述，取得该最优解所需满足的条件为（$H\geqslant H_1$ & $u-H\leqslant ccr\leqslant u-H_1$）。

（ii－12）$p_n^{DNA*}=p_{n1}^{DNA}$，此时需要同时满足条件$p_{n1}^{DNA*}\leqslant p_{n1}^{DNA}$和$0\leqslant s_0\leqslant H$。注意到$p_{n1}^{DNA*}\leqslant p_{n1}^{DNA}$等价于$s_0\leqslant H_1$。$0\leqslant s_0\leqslant H$等价于$u-H\leqslant ccr\leqslant u$。综上所述，取得该最优解所需满足的条件为（$H\leqslant H_1$ & $u-H\leqslant ccr\leqslant u$）。

类似地，对于约束式（3.28），解的情况如下：

（ii－21）$p_n^{DNA*}=p_{n1}^{DNA*}$，此时需要同时满足条件$p_{n1}^{DNA*}\geqslant p_{H1}$和$s_0\geqslant H$。注意到$p_{n1}^{DNA*}\geqslant p_{H1}$等价于$s_0\leqslant s_{11}$。$s_0\geqslant H$等价于$ccr\leqslant u-H$。综上所述，取得该最优解所需满足的条件为（$H\geqslant H_1$ & $u-s_{11}\leqslant ccr\leqslant u-H$）。

（ii－22）$p_n^{DNA*}=p_{H1}$，此时需要同时满足条件$p_{n1}^{DNA*}\leqslant p_{H1}$和$s_0\geqslant H$。注意到$p_{n1}^{DNA*}\leqslant p_{H1}$等价于$s_0\geqslant s_{11}$。$s_0\geqslant H$等价于$ccr\leqslant u-H$。综上所述，取得该最优解所需满足的条件为（$H\geqslant H_1$ & $ccr\leqslant u-s_{11}$）∪（$H\leqslant H_1$ & $ccr\leqslant u-H$）。

为方便阅读，模型 *DNA* 满足$\alpha\leqslant\alpha_1\leqslant t$ & $s_0\geqslant 0$ 时的所有可能解及其对应的条件见附录 *A*。为了清晰地描述各个区间的最优解，以及方便后面进行比较，图 3.2 描述模型 *DNA* 所有可能解及对应的区间（注意，还应考虑 $s_0\leqslant 0$ 的情形）。

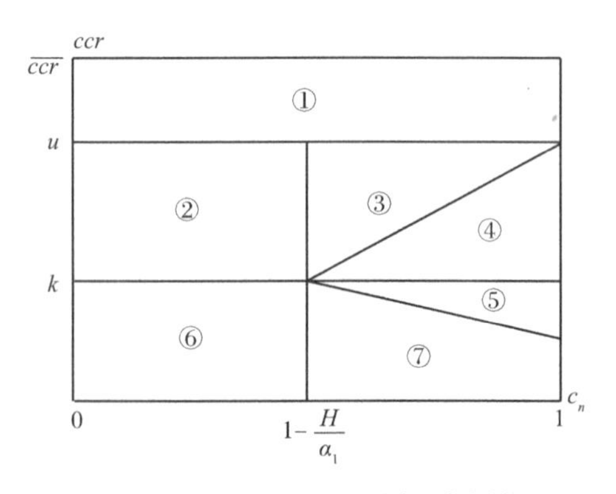

图 3.2　模型 *DNA* 所有可能解对应的区间

在区间①中，只有唯一解，$\left(\alpha^{DNA*}=0, p_n^{DNA*}=\frac{1+c_n}{2}\right)$。

在区间②中，有三组解，$(\alpha_{DNA}, p_{nA}^{DNA*})$，$(\alpha_{DNA}, p_{H1})$ 以及 (α_1, p_{n1}^{DNA})。

在区间③中，有三组解，$(\alpha_{DNA}, p_{nA}^{DNA*})$，$(\alpha_{DNA}, p_{H1})$ 以及 (α_1, p_{n1}^{DNA})。

在区间④中，有三组解，$(\alpha_1, p_{n1}^{DNA*})$，$(\alpha_{DNA}, p_{H1})$ 以及 $(\alpha_{DNA}, p_{n1}^{DNA})$。

在区间⑤中，有两组解，$(\alpha_1, p_{n1}^{DNA*})$ 和 (t, p_{H1})。

在区间⑥中，有两组解，(α_1, p_{H1}) 和 (t, p_{nt}^{DNA*})。

在区间⑦中，有两组解，(t, p_{H1}) 和 (α_1, p_{H1})。

到目前为止，已经找出模型 *DNA* 各个区间对应的所有可能解。接下来将采用同样的方法找出模型 *DNB* 各个区间对应的所有可能解，最后对两个模型中共同区间的所有可能解进行比较，从而找出各个区间中唯一最优解。

3.4.2　求解模型 *DNB*

对于模型 *DNB*，由 3.3.2 小节可知，制造商面临的问题如下：

$$\pi(\alpha)=s_1\alpha D_n+\frac{(u-k)^2}{4}+(p_n-c_n)D_n;$$

$s.t.\ t\leqslant\alpha\leqslant\alpha_1$。

在决策最优回收率时，通过求目标函数关于 α 的导数，可以得到：

$$\frac{\partial\pi(\alpha)}{\partial\alpha}=s_1D_n。$$

（i）当$s_1\geqslant0$ 时，$\frac{\partial\pi(\alpha)}{\partial\alpha}\geqslant0$。此时制造商的利润函数是关于回收率 α 的增函数。注意到 $s_1\geqslant0$ 等价于 $ccr\leqslant k$，也就是说，当逆向运营成本较低时，即使没有法律约束时，制造商也愿意回收旧产品，此时 $\alpha^{DNB*}=\alpha_1$。相应地，制造商的问题如下：

$$\pi(p_n)=-p_n^2+(1+c_n-\alpha_1s_1)p_n+\frac{(u-k)^2}{4}+\alpha_1s_1-c_n \tag{3.29}$$

$$s.t.\begin{cases}p_n \leqslant p_{H1} \\ s_1 \geqslant 0\end{cases} \tag{3.30}$$

易发现目标函数式（3.29）是关于p_n的二次函数且为凹。求解式（3.29）对p_n的一阶导数并令其为0，可以得到$p_{n1}^{DNB*}=\frac{(1+c_n-\alpha_1 s_1)}{2}$。此时$p_n$的最优解包含两种情况：当$p_{n1}^{DNB*}\leqslant p_{H1}$时，$p_n^{DNB*}=p_{n1}^{DNB*}$；当$p_{n1}^{DNB*}\geqslant p_{H1}$时，$p_{n1}^{DNB*}=p_{H1}$。接下来分析获得最优解时所需满足的条件。

（i-1）$p_n^{DNB*}=p_{n1}^{DNB*}$，此时需要同时满足条件$p_{n1}^{DNB*}\leqslant p_{H1}$和$s_1\geqslant 0$。注意到$p_{n1}^{DNB*}\leqslant p_{H1}$等价于$s_1\geqslant\frac{H-H_1}{\alpha_1^2}$。$s_1\geqslant 0$等价于$ccr\leqslant k$。因此，取得该最优解所需满足的条件为$(H\leqslant H_1\ \&\ ccr\leqslant k)\cup(H\geqslant H_1\ \&\ ccr\leqslant u-s_{11})$。

（i-2）$p_n^{DNB*}=p_{H1}$，此时需要同时满足条件$p_{n1}^{DNB*}\geqslant p_{H1}$和$s_1\geqslant 0$。注意到$p_{n1}^{DNB*}\geqslant p_{H1}$等价于$s_1\leqslant\frac{H-H_1}{\alpha_1^2}$。$s_1\geqslant 0$等价于$ccr\leqslant k$。因此，取得该最优解所需满足的条件为$(H\geqslant H_1\ \&\ u-s_{11}\leqslant ccr\leqslant k)$。

（ii）当$s_1\leqslant 0$时，$\frac{\partial\pi(\alpha)}{\partial\alpha}\leqslant 0$。此时制造商的利润函数是关于回收率$\alpha$的减函数。注意到$t\leqslant\alpha\leqslant\alpha_1$，此时，最优回收率$\alpha^{DNB*}=t$。相应地，制造商的问题如下：

$$\pi(p_n)=-p_n^2+(1+c_n)p_n+\frac{Hs_1}{2}-c_n \tag{3.31}$$

$$s.t.\begin{cases}p_n \leqslant p_{H1} \\ s_1 \leqslant 0\end{cases} \tag{3.32}$$

目标函数式（3.31）是关于p_n的二次函数且为凹。求解一阶导数并令其为0，可以得到$p_{nt}^{DNB*}=\frac{1+c_n}{2}$。此时，新产品价格的最优解有两种情况：当$p_{nt}^{DNB*}\leqslant p_{H1}$时，$p_n^{DNB*}=p_{nt}^{DNB*}$；当$p_{nt}^{DNB*}\geqslant p_{H1}$时，$p_n^{DNB*}=p_{H1}$。满足以上两种情况的条件分别为$(H\leqslant H_1\ \&\ ccr\geqslant k)$和$(H\geqslant H_1\ \&\ ccr\geqslant k)$。

为方便阅读，模型*DNB*的所有可能解及其对应的条件见附录*A*。类似于模型*DNA*，图3.3描述模型*DNB*中所有可能解（存在a，b，c，d，e五个区间）。

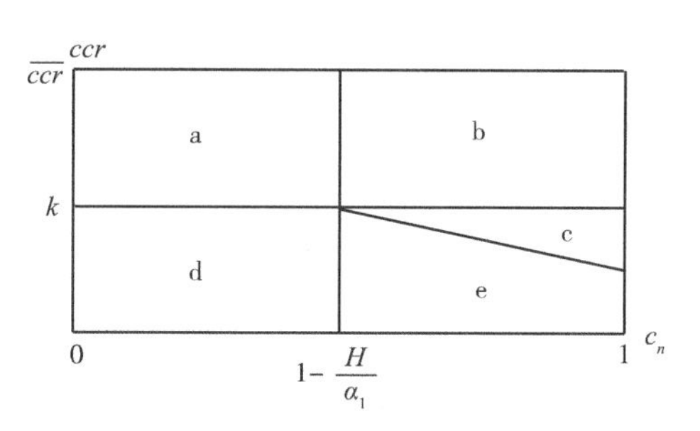

图3.3　模型 *DNB* 所有可能解对应的区间

在区间 a 中，只有唯一解，(t, p_{nt}^{DNB*})。

在区间 b 中，只有唯一解，(t, p_{H1})。

在区间 c 中，只有唯一解，(α_1, p_{H1})。

在区间 d 中，只有唯一解，$(\alpha_1, p_{n1}^{DNB*})$。

在区间 e 中，只有唯一解，$(\alpha_1, p_{n1}^{DNB*})$。

以上为模型 *DNB* 中各个区间对应的所有可能解。接下来对两个模型（*DNA* 和 *DNB*）共同区间中的所有可能解进行比较，从而找出各个区间中唯一最优解。图3.4描述了两个模型的共同区间，即模型 *DN* 的各个区间及其对应的最优解。

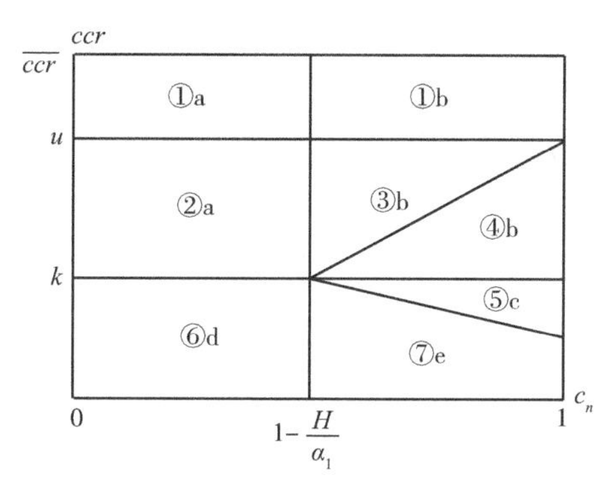

图3.4　模型 *DN* 所有可能解对应的区间

公共区间①a

在该区间中，所有可能的解分别是 $\left(0, \frac{1+c_n}{2}\right)$ 和 (t, p_{nt}^{DNB*})。其中 $\Big(0,$

$\left.\frac{1+c_n}{2}\right)$ 隶属于 $m\geqslant1$。(t,p_{nt}^{DNB*}) 隶属于 $m\leqslant1$ & $t\leqslant\alpha\leqslant\alpha_1$。对于 (t,p_{nt}^{DNB*})，最优回收率 $\alpha^{DNB*}=t,m=\frac{H}{2D_n\alpha^{DNB*}}=1$，即为 $m\geqslant1$ 的特殊情况。因此在公共区间①a 中，唯一的最优解为 $\left(0,\frac{1+c_n}{2}\right)$。

公共区间①b

在该区间中，所有可能的解分别是 $\left(0,\frac{1+c_n}{2}\right)$ 和 (t,p_{H1})。其中 $\left(0,\frac{1+c_n}{2}\right)$ 隶属于 $m\geqslant1$。(t,p_{H1}) 隶属于 $m\leqslant1$ & $t\leqslant\alpha\leqslant\alpha_1$。$m=\frac{H}{2D_n\alpha^{DNB*}}=1$，即为 $m\geqslant1$ 的特殊情况。在公共区间①b 中，唯一的最优解为 $\left(0,\frac{1+c_n}{2}\right)$。

公共区间②a

在该区间中，所有可能的解分别是 $(\alpha_{DNA},p_{nA}^{DNA*})$、$(\alpha_{DNA},p_{H1})$、$(\alpha_1,p_{n1}^{DNA})$ 以及 (t,p_{nt}^{DNB*})。其中 $(\alpha_{DNA},p_{nA}^{DNA*})$ 隶属于 $M\geqslant1$ & $\alpha\leqslant t\leqslant\alpha_1$。$(\alpha_{DNA},p_{H1})$ 和 (α_1,p_{n1}^{DNA}) 隶属于 $M\geqslant1$ & $\alpha\leqslant\alpha_1\leqslant t$。$(t,p_{nt}^{DNB*})$ 隶属于 $m\leqslant1$ & $t\leqslant\alpha\leqslant\alpha_1$。

$$\pi(\alpha_{DNA},p_{nA}^{DNA*})-\pi(\alpha_1,p_{n1}^{DNA})=\frac{(s_0-H_1)^2}{4\alpha_1^2}\geqslant0 \tag{3.33}$$

$$\pi(\alpha_{DNA},p_{nA}^{DNA*})-\pi(\alpha_{DNA},p_{H1})=\frac{(H-H_1)^2}{4\alpha_1^2}\geqslant0 \tag{3.34}$$

同理，(t,p_{nt}^{DNB*}) 被 $m\geqslant1$ 的情况占优。综上所述，在公共区间②a 中，唯一的最优解为 $(\alpha_{DNA},p_{nA}^{DNA*})$。

公共区间③b

在该区间中，所有可能的解分别是 (α_{DNA},p_{H1})、$(\alpha_{DNA},p_{nA}^{DNA*})$、$(\alpha_1,p_{n1}^{DNA})$ 以及 (t,p_{H1})。其中 (α_{DNA},p_{H1}) 隶属于 $M\geqslant1$ & $\alpha\leqslant t\leqslant\alpha_1$。$(\alpha_{DNA},p_{nA}^{DNA*})$ 和 (α_1,p_{n1}^{DNA}) 隶属于 $M\geqslant1$ & $\alpha\leqslant\alpha_1\leqslant t$。$(t,p_{H1})$ 隶属于

$m\leqslant1$ & $t\leqslant\alpha\leqslant\alpha_1$。类似于公共区间②a，在公共区间③b 中，唯一的最优解为（$\alpha_{DNA}, p_{nA}^{DNA*}$）。

公共区间④b

在该区间中，所有可能的解分别是（α_{DNA}, p_{H1}）、（α_1, p_{n1}^{DNA*}）、（$\alpha_{DNA}, p_{n1}^{DNA}$）以及（$t, p_{H1}$）。其中（$\alpha_{DNA}, p_{H1}$）隶属于 $M\geqslant1$ & $\alpha\leqslant t\leqslant\alpha_1$。（$\alpha_1, p_{n1}^{DNA*}$）和（$\alpha_{DNA}, p_{n1}^{DNA}$）隶属于 $M\geqslant1$ & $\alpha\leqslant\alpha_1\leqslant t$。（$t, p_{H1}$）隶属于 $m\leqslant1$ & $t\leqslant\alpha\leqslant\alpha_1$。

$$\pi(\alpha_{DNA}, p_{H1})-\pi(\alpha_{DNA}, p_{n1}^{DNA})=\frac{s_0^2-2H_1s_0+2HH_1-H^2}{4\alpha_1^2} \tag{3.35}$$

容易发现式（3.35）为开口向上的二次函数且有两个实根 H 和 $2H_1-H$，且 $H\geqslant2H_1-H$。另外，方程的对称轴为$H_1\geqslant0$，由于在区间④b 中，$H_1\leqslant s_0\leqslant H$，可以得出 π（α_{DNA}, p_{H1}）$\leqslant\pi$（$\alpha_{DNA}, p_{n1}^{DNA}$）。

$$\pi(\alpha_1, p_{n1}^{DNA*})-\pi(\alpha_{DNA}, p_{n1}^{DNA})=\frac{(s_0-H_1)^2}{4\alpha_1^2(\alpha_1^2+1)}\geqslant0 \tag{3.36}$$

又（t, p_{H1}）被 $m\geqslant1$ 的情况占优。综上所述，在公共区间④b 中，唯一的最优解为（α_1, p_{n1}^{DNA*}）。

公共区间⑤c

在该区间中，所有可能的解分别是（t, p_{H1}）、（α_1, p_{n1}^{DNA*}）和（α_1, p_{H1}）。其中（t, p_{H1}）和（α_1, p_{n1}^{DNA*}）分别隶属于 $M\geqslant1$ & $\alpha\leqslant t\leqslant\alpha_1$和 $M\geqslant1$ & $\alpha\leqslant\alpha_1\leqslant t$。（$\alpha_1, p_{H1}$）隶属于 $m\leqslant1$ & $t\leqslant\alpha\leqslant\alpha_1$。

对于（α_1, p_{H1}），$m=\dfrac{H}{2D_n\alpha^{DNB*}}=\dfrac{H}{2(1-p_{H1})\alpha_1}=1$，为 $m\geqslant1$ 的特殊情况。同理，（t, p_{H1}）被（α_1, p_{H1}）占优。综上所述，在公共区间⑤c 中，唯一的最优解为（α_1, p_{n1}^{DNA*}）。

公共区间⑥d

在区间⑥d 中，所有可能的解分别是（t, p_{nt}^{DNA*}）、（α_1, p_{H1}）和（α_1, p_{n1}^{DNB*}）。其中（t, p_{nt}^{DNA*}）和（α_1, p_{H1}）分别隶属于 $M\geqslant1$ & $\alpha\leqslant t\leqslant\alpha_1$和 $M\geqslant1$ & $\alpha\leqslant\alpha_1\leqslant t$。（$\alpha_1, p_{n1}^{DNB*}$）隶属于 $m\leqslant1$ & $t\leqslant\alpha\leqslant\alpha_1$。

对于解（α_1, p_{H1}），$m=\frac{H}{2D_n\alpha^{DNA*}}=\frac{H}{2(1-p_{H1})\alpha_1}=1$，即为 $m\leqslant1$ 的特殊情况。同理，（t, p_{nt}^{DNA*}）被（α_1, p_{n1}^{DNB*}）占优。综上所述，公共区间⑥d 中，唯一的最优解为（α_1, p_{n1}^{DNB*}）。

公共区间⑦e

在区间⑦e 中，所有可能的解分别是（t, p_{H1}）、（α_1, p_{H1}）和（α_1, p_{n1}^{DNB*}）。其中（t, p_{H1}）和（α_1, p_{H1}）分别隶属于 $M\geqslant1$ & $\alpha\leqslant t\leqslant\alpha_1$ 和 $M\geqslant1$ & $\alpha\leqslant\alpha_1\leqslant t$。（$\alpha_1, p_{n1}^{DNB*}$）隶属于 $m\leqslant1$ & $t\leqslant\alpha\leqslant\alpha_1$。同理可知，在公共区间⑦e 中，唯一的最优解为（$\alpha_1, p_{n1}^{DNB*}$）。

通过上述分析可以发现：在①a 和①b 中，有同样的最优解 $\left(0, \frac{1+c_n}{2}\right)$，这两个区间可以合并为一个区间 $DN1$；在②a 和③b 中，有同样的最优解（$\alpha_{DNA}, p_{nA}^{DNA*}$），可以合并为一个区间 $DN2$；在④b 和⑤c 中，有同样的最优解（α_1, p_{n1}^{DNA*}），同样合并为一个区间 $DN3$；在⑥d 和⑦e 中，有同样的最优解（α_1, p_{n1}^{DNB*}），合并为一个区间 $DN4$。考虑到市场需求需满足 $D_n\geqslant0$，使逆向运营成本存在上限约束，$ccr\leqslant\overline{ccr}=u-\frac{c_n-1}{\alpha_1}$。令 $u-s_{11}=0$，可得 $c_{nmax}^{D}=\frac{k\alpha_1^2+\alpha_1+k-u}{\alpha_1}\leqslant1$。

3.5 模型 *DN* 计算结果

3.4 节给出了模型 DN 的详细计算过程，得出了模型 DN 各个区间的最优解，详见定理 3.3。

定理 3.3：对于模型 DN（确定情形下不存在法律约束），新产品价格、回收率、再造品的产量以及再造品的最优价格如表 3.4 所示。

表3.4　模型 DN：确定情形下不存在法律约束时制造商的最优决策

	p_r	X	α^{DN*}	p_n^{DN*}
$DN1$	N/A	N/A	0	$\frac{1+c_n}{2}$
$DN2$	$\frac{u+ccr}{2}$	$\frac{u-ccr}{2}$	$\frac{u-ccr}{(1-c_n)}$	$\frac{1+c_n}{2}$
$DN3$	$u-\frac{\alpha_1^2 s_0+\alpha_1(1-c_n)}{2(\alpha_1^2+1)}$	$\frac{\alpha_1^2 s_0+\alpha_1(1-c_n)}{2(\alpha_1^2+1)}$	α_1	$\frac{2\alpha_1^2-\alpha_1 s_0+1+c_n}{2(\alpha_1^2+1)}$
$DN4$	$\frac{u+k}{2}$	$\frac{\alpha_1^2 s_1+\alpha_1(1-c_n)}{2}$	α_1	$\frac{1+c_n-s_1\alpha_1}{2}$

定理3.3表明：

（1）在区间 $DN1$ 中，$\left(u\leqslant ccr\leqslant u-\frac{c_n-1}{\alpha_1}\ \&\ 0\leqslant c_n\leqslant 1\right)$。此时逆向运营成本非常高，制造商没有经济动力回收旧产品。因此在无法律约束下，制造商的最优回收率为 $\alpha^{DN*}=0$。

（2）在区间 $DN2$ 中，$\left(k\leqslant ccr\leqslant u\ \&\ 0\leqslant c_n\leqslant 1-\frac{H}{\alpha_1}\right)\cup\left(u-H_1\leqslant ccr\leqslant u\ \&\ 1-\frac{H}{\alpha_1}\leqslant c_n\leqslant 1\right)$。制造商最优回收率为 $\frac{u-ccr}{(1-c_n)}$。

推论3.1：在区间 $DN2$ 中，最优回收率 α 关于二级市场容量 u、逆向运营成本 ccr 以及新产品制造成本 c_n 单调。

推论3.1表明逆向运营成本对回收率产生负向影响，而二级市场容量以及新产品制造成本对回收率正向影响。显然，逆向运营成本越高，制造商越不愿意回收旧产品，即回收率与逆向运营成本呈反比例关系。二级市场容量越大，市场需求潜力也越大，那么制造愿意回收更多的旧产品。同样，新产品的制造成本越高，制造商对旧产品进行再利用的意愿越高，因为这样可以节约更多的成本。因此回收率与二级市场容量以及新产品制造成本呈正比例关系。

（3）在区间 $DN3$ 中，$\left(u-s_{11}\leqslant ccr\leqslant u-H_1\ \&\ 1-\frac{H}{\alpha_1}\leqslant c_n\leqslant c_{nmax}^D\right)\cup(0\leqslant ccr$

$\leqslant u - H_1 \ \& \ c_{nmax}^{D} \leqslant c_n \leqslant 1$）。注意到此时逆向运营成本不是非常低，但是新产品生产成本较高，两者组合导致制造商选择 α_1 作为最优回收率。

（4）在区间 $DN4$ 中，$\left(0 \leqslant ccr \leqslant k \ \& \ 0 \leqslant c_n \leqslant 1 - \dfrac{H}{\alpha_1}\right) \cup \left(0 \leqslant ccr \leqslant u - s_{11} \ \& \ 1 - \dfrac{H}{\alpha_1} \leqslant c_n \leqslant c_{nmax}^{D}\right)$。此时逆向运营成本较低，制造商选择回收所有旧产品。

图 3.5 清晰地描述了无法律约束情形下制造商的最优决策区间。在每个区间中，制造商都有唯一的最优组合解。例如，在区间 $DN1$ 中，由于逆向运营成本非常高，制造商的最优回收率为 0。因此，在该区间中，制造商仅生产新产品。相应地，制造商的最优决策为 $\left(p_n = \dfrac{1 + c_n}{2}, \alpha = 0, X = 0, p_r = 0\right)$。

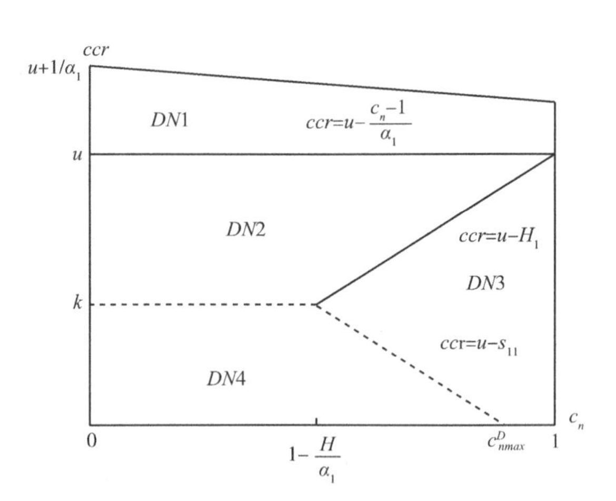

图 3.5　模型 DN：制造商的最优决策区间

3.6　模型 DR：确定情形下存在法律约束

前面讨论了不存在法律约束时制造商的最优决策问题。本节讨论当存在法律约束时，制造商最优决策将发生怎样的变化。在本书中，假设制造商有能力满足政府规定的回收要求，即满足约束条件 $\alpha \geqslant \alpha_0$。为方便表示，记 $s_{00}=\dfrac{(\alpha_0^2+1)H-H_0}{\alpha_0^2}$，$s_{01}=\dfrac{(\alpha_0^2+1)H-H_1}{\alpha_0\alpha_1}$，$s_{11}=\dfrac{(\alpha_1^2+1)H-H_1}{\alpha_1^2}$，$s_{10}=\dfrac{(\alpha_0\alpha_1+1)H-H_0}{\alpha_0\alpha_1}$，$\tau=\dfrac{\alpha_1}{\alpha_1+\alpha_0^2\alpha_1-\alpha_0^3}$。

3.6.1 模型 *DRA*

类似于无法律约束的情形，采用逆向推导法求解制造商的最优决策。注意到第三阶段和第四阶段的计算与无法律约束的情形一致。在此，省略第三阶段和第四阶段的计算过程。回顾 3.5 节 R 表示存在法律约束的情形。类似地，称确定情境下存在法律约束时的情形 A 为模型 *DRA*。

第一阶段和第二阶段分析：类似于不存在法律约束的情形，同时给出第一阶段和第二阶段的最优解。

现在从第二阶段开始求解制造商的最优决策。类似于无法律约束的情形，需要讨论 m 的值与 1 的大小关系。注意到 $m=\dfrac{H}{2D_n\alpha}\geqslant 1$ 等价于 $\alpha \leqslant \dfrac{H}{2D_n}=t$。在法律约束情形下，回收率的约束为 $\alpha_0 \leqslant \alpha \leqslant \alpha_1$。因此对于模型 *DRA*，关于回收率的约束需要讨论两种情况，$\alpha_0 \leqslant \alpha \leqslant \alpha_1 \leqslant t$ 和 $\alpha_0 \leqslant \alpha \leqslant t \leqslant \alpha_1$。此时制造商的利润函数与式（3.8）一样，但是需要增加新的关于回收率的约束。综上所述，制造商面临如下两个问题：

$$DRA-1:\ \pi(\alpha)=-D_n^2\alpha^2+s_0D_n\alpha+(p_n-c_n)D_n$$
$$s.t.\ \alpha_0 \leqslant \alpha \leqslant \alpha_1 \leqslant t \tag{3.37}$$

$$DRA-2:\ \pi(\alpha)=-D_n^2\alpha^2+s_0D_n\alpha+(p_n-c_n)D_n$$
$$s.t.\ \alpha_0 \leqslant \alpha \leqslant t \leqslant \alpha_1 \tag{3.38}$$

3.6.2 模型 *DRB*

类似地，称确定情境下存在法律约束时的情形 B 为模型 *DRB*。同样，从第二阶段开始求解制造商的最优决策。类似地，需要讨论 m 的值与 1 的大小关系。注意到 $m=\frac{H}{2D_n\alpha}\leqslant 1$ 等价于 $\alpha\geqslant\frac{H}{2D_n}=t$。在法律约束情形下，对于模型 *DRB*，关于回收率的约束需要讨论两种情况：$t\leqslant\alpha_0\leqslant\alpha\leqslant\alpha_1$ 和 $\alpha_0\leqslant t\leqslant\alpha\leqslant\alpha_1$。此时制造商的利润函数与式（3.12）一样，但是需要增加新的关于回收率的约束。综上所述，制造商面临的问题如下：

$$DRB-1: \pi(\alpha)=s_1\alpha D_n+\frac{(u-k)^2}{4}+(p_n-c_n)D_n$$

$$s.t.\ t\leqslant\alpha_0\leqslant\alpha\leqslant\alpha_1 \tag{3.39}$$

$$DRB-2: \pi(\alpha)=s_1\alpha D_n+\frac{(u-k)^2}{4}+(p_n-c_n)D_n$$

$$s.t.\ \alpha_0\leqslant t\leqslant\alpha\leqslant\alpha_1 \tag{3.40}$$

3.7 求解模型 *DR*

在本节中，分别求解模型 *DRA* 和 *DRB* 的所有可能解。类似于模型 *DN*，本节同时给出第一阶段和第二阶段的最优解。

3.7.1 求解模型 *DRA*

对于模型 *DRA*，存在两个关于 α 的约束，$\alpha_0\leqslant\alpha\leqslant\alpha_1\leqslant t$ 和 $\alpha_0\leqslant\alpha\leqslant t\leqslant\alpha_1$。先考虑第一个约束，由 3.6.1 小节可知，制造商面临的问题如下：

$$DRA-1: \pi(\alpha)=-D_n^2\alpha^2+s_0D_n\alpha+(p_n-c_n)D_n;$$

$$s.t.\ \alpha_0\leqslant\alpha\leqslant\alpha_1\leqslant t。$$

注意到制造商的利润函数是关于 α 的二次函数且为凹。求解利润函数对 α 的导数，可以得到：

$$\frac{\partial\pi(\alpha)}{\partial\alpha}=-2D_n^2\alpha+s_0D_n。$$

当$s_0 \leqslant 0$时，$\frac{\partial \pi(\alpha)}{\partial \alpha} \leqslant 0$。此时制造商的利润函数是关于回收率$\alpha$的减函数。注意到$s_0 \leqslant 0$等价于$ccr \geqslant u$，也就是说，当逆向运营成本非常高时，在法律约束的情形下，制造商的最优回收率为$\alpha^{DRA*}=\alpha_0$。相应地，制造商的问题如下：

$$\pi(p_n) = -D_n^2\alpha_0^2 + s_0 D_n \alpha_0 + (p_n - c_n) D_n \tag{3.41}$$

$$s.t. \begin{cases} m \geqslant 1 \\ s_0 \leqslant 0 \end{cases} \tag{3.42}$$

对式（3.41）和式（3.42）化简后，制造商的问题转化如下：

$$\pi(p_n) = -(\alpha_0^2+1)p_n^2 + (2\alpha_0^2 - s_0\alpha_0 + 1 + c_n)p_n - \alpha_0^2 + s_0\alpha_0 - c_n \tag{3.43}$$

$$s.t. \begin{cases} p_n \geqslant p_{H0} \\ s_0 \leqslant 0 \end{cases} \tag{3.44}$$

其中$p_{H0}=1-\frac{H}{2\alpha_0}$。求解式（3.43）对$p_n$的一阶导数并令其等于0，可以得到$p_{n0}^{DRA*}=\frac{2\alpha_0^2-\alpha_0 s_0+1+c_n}{2(\alpha_0^2+1)}$。容易发现最优价格包含两种情况：当$p_{n0}^{DRA*} \geqslant p_{H0}$时，$p_n^{DRA*}=p_{n0}^{DRA*}$；当$p_{n0}^{DRA*} \leqslant p_{H0}$时，$p_n^{DRA*}=p_{H0}$。现在分析取得最优价格时所需满足的条件。

（i）$p_n^{DRA*}=p_{n0}^{DRA*}$，此时需要同时满足条件$p_{n0}^{DRA*} \geqslant p_{H0}$和$s_0 \leqslant 0$。注意到$p_{n0}^{DRA*} \geqslant p_{H0}$等价于$s_0 \leqslant s_{00}$，$s_0 \leqslant 0$等价于$ccr \geqslant u$。综上所述，取得该最优解需满足的条件为$\left(\frac{H}{H_0} \leqslant \frac{1}{\alpha_0^2+1} \ \&\ ccr \geqslant u - s_{00}\right) \cup \left(\frac{H}{H_0} \geqslant \frac{1}{\alpha_0^2+1} \ \&\ ccr \geqslant u\right)$。

（ii）$p_n^{DRA*}=p_{H0}$，此时需要同时满足条件$p_{n0}^{DRA*} \leqslant p_{H0}$和$s_0 \leqslant 0$。注意到$p_{n0}^{DRA*} \leqslant p_{H0}$等价于$s_0 \geqslant s_{00}$，$s_0 \leqslant 0$等价于$ccr \geqslant u$。综上所述，取得该最优解所需满足的条件为$\left(\frac{H}{H_0} \leqslant \frac{1}{\alpha_0^2+1} \ \&\ u \leqslant ccr \leqslant u - s_{00}\right)$。

接下来分析$s_0 \geqslant 0$的情形。此时α可以取到除α_0之外的其他值。

当$s_0 \geqslant 0$时，求解制造商利润函数对α的导数并令其等于0$\Big(\frac{\partial \pi(\alpha)}{\partial \alpha}=$

$-2D_n^2\alpha+s_0D_n=0\Big)$，可以得到 $\alpha_{DRA}=\dfrac{s_0}{2D_n}$。容易发现 α 的最优值包含三种情况：当 $\alpha_{DRA}\leqslant\alpha_0$，$\alpha^{DRA*}=\alpha_0$；当 $\alpha_0\leqslant\alpha_{DRA}\leqslant\alpha_1$ 时，$\alpha^{DRA*}=\alpha_{DRA}$；当 $\alpha_{DRA}\geqslant\alpha_1$ 时，$\alpha^{DRA*}=\alpha_1$。针对上述两种情况，现在分析新产品的价格决策。

（i）$\alpha_{DRA}\leqslant\alpha_0$，$\alpha^{DRA*}=\alpha_0$。

此时制造商的利润函数与 $s_0\leqslant0$ 时的情形一致，制造商的问题如下：

$$\pi(p_n)=-(\alpha_0^2+1)p_n^2+(2\alpha_0^2-s_0\alpha_0+1+c_n)p_n-\alpha_0^2+s_0\alpha_0-c_n$$

$$s.t.\begin{cases}p_{H1}\leqslant p_n\leqslant p_{n0}^{DRA}\\0\leqslant s_0\leqslant\dfrac{\alpha_0}{\alpha_1}H\end{cases}\tag{3.45}$$

其中 $p_{H1}=1-\dfrac{H}{2\alpha_1}$，$p_{n0}^{DRA}=1-\dfrac{s_0}{2\alpha_0}$。制造商的利润函数是关于新产品价格的二次函数且为凹 $\left(\dfrac{\partial^2\pi(p_n)}{\partial p_n^2}=-2(\alpha_0^2+1)<0\right)$。求解制造商的利润函数对价格的一阶导数并令其等于 0 可以得到 $p_{n0}^{DRA*}=\dfrac{2\alpha_0^2-\alpha_0s_0+1+c_n}{2(\alpha_0^2+1)}$。此时新产品的最优价格存在三种情况：当 $p_{n0}^{DRA*}\leqslant p_{H1}$ 时，$p_n^{DRA*}=p_{H1}$；当 $p_{H1}\leqslant p_{n0}^{DRA*}\leqslant p_{n0}^{DRA}$ 时，$p_n^{DRA*}=p_{n0}^{DRA*}$；当 $p_{n0}^{DRA*}\geqslant p_{n0}^{DRA}$ 时，$p_n^{DRA*}=p_{n0}^{DRA}$。接下来分析新产品价格取不同值时所需满足的条件。

（i-1）$p_n^{DRA*}=p_{H1}$，此时需要同时满足条件 $p_{n0}^{DRA*}\leqslant p_{H1}$ 和 $0\leqslant s_0\leqslant\dfrac{\alpha_0}{\alpha_1}H$。注意到 $p_{n0}^{DRA*}\leqslant p_{H1}$ 等价于 $ccr\leqslant u-s_{01}$。$0\leqslant s_0\leqslant\dfrac{\alpha_0}{\alpha_1}H$ 等价于 $u-\dfrac{\alpha_0}{\alpha_1}H\leqslant ccr\leqslant u$。因此，取得该最优解所需满足的条件为 $\left(\dfrac{H}{H_1}\leqslant\dfrac{1}{\alpha_0^2+1}\ \&\ u-\dfrac{\alpha_0}{\alpha_1}H\leqslant ccr\leqslant u\right)\cup\left(\dfrac{1}{\alpha_0^2+1}\leqslant\dfrac{H}{H_1}\leqslant1\ \&\ u-\dfrac{\alpha_0}{\alpha_1}H\leqslant ccr\leqslant u-s_{01}\right)$。

（i-2）$p_n^{DRA*}=p_{n0}^{DRA*}$，此时需要同时满足条件 $p_{H1}\leqslant p_{n0}^{DRA*}\leqslant p_{n0}^{DRA}$ 和 $0\leqslant s_0\leqslant\dfrac{\alpha_0}{\alpha_1}H$。注意到 $p_{H1}\leqslant p_{n0}^{DRA*}\leqslant p_{n0}^{DRA}$ 等价于 $ccr\geqslant u-s_{01}\ \&\ ccr\geqslant u-H_0$。$0\leqslant s_0\leqslant$

$\frac{\alpha_0}{\alpha_1}H$ 等价于 $u-\frac{\alpha_0}{\alpha_1}H\leqslant ccr\leqslant u$。综上所述，取得最优解满足的条件为（$H\geqslant H_1$ & $u-H_0\leqslant ccr\leqslant u$）∪ $\left(\frac{H_1}{\alpha_0^2+1}\leqslant H\leqslant H_1\ \&\ u-s_{01}\leqslant ccr\leqslant u\right)$。

（i-3）$p_n^{DRA*}=p_{n0}^{DRA}$，此时需要同时满足条件 $p_{n0}^{DRA*}\geqslant p_{n0}^{DRA}$ 和 $0\leqslant s_0\leqslant\frac{\alpha_0}{\alpha_1}H$。注意到 $p_{n0}^{DRA*}\geqslant p_{n0}^{DRA}$ 等价于 $ccr\leqslant u-H_0$。$0\leqslant s_0\leqslant\frac{\alpha_0}{\alpha_1}H$ 等价于 $u-\frac{\alpha_0}{\alpha_1}H\leqslant ccr\leqslant u$。综上所述，取得该最优解所需满足的条件为 $\left(H\geqslant H_1\ \&\ u-\frac{\alpha_0}{\alpha_1}H\leqslant ccr\leqslant u-H_0\right)$。

（ii）$\alpha_0\leqslant\alpha_{DRA}\leqslant\alpha_1$，$\alpha^{DRA*}=\alpha_{DRA}$。

$$\pi(p_n)=-D_n^2\alpha_{DRA}^2+s_0D_n\alpha_{DRA}+(p_n-c_n)D_n \tag{3.46}$$

$$s.t.\begin{cases}\alpha_0\leqslant\alpha_{DRA}\leqslant\alpha_1\\ t\geqslant\alpha_1\\ m\geqslant1\end{cases} \tag{3.47}$$

通过对式（3.46）和式（3.47）进行化简，制造商的问题如下：

$$\pi(p_n)=-p_n^2+(1+c_n)p_n-\frac{s_0^2}{4}-c_n \tag{3.48}$$

$$s.t.\begin{cases}p_{n0}^{DRA}\leqslant p_n\leqslant p_{n1}^{DRA}\\ 0\leqslant s_0\leqslant\frac{\alpha_0}{\alpha_1}H\end{cases} \tag{3.49}$$

$$\text{or } s.t.\begin{cases}p_{H1}\leqslant p_n\leqslant p_{n1}^{DRA}\\ \frac{\alpha_0}{\alpha_1}H\leqslant s_0\leqslant H\end{cases} \tag{3.50}$$

注意到有两个约束，先考虑约束式（3.49）。容易发现制造商的利润函数是关于新产品价格的二次函数且为凹 $\left(\frac{\partial^2\pi(p_n)}{\partial p_n^2}=-2<0\right)$。计算式（3.48）对价格的一阶导数并令其等于0可以得到 $p_{nA}^{DRA*}=\frac{1+c_n}{2}$。此时

新产品的最优价格存在三种情况：当$p_{nA}^{DRA*} \leqslant p_{n0}^{DRA}$时，$p_n^{DRA*} = p_{n0}^{DRA}$；当$p_{n0}^{DRA} \leqslant p_{nA}^{DRA*} \leqslant p_{n1}^{DRA}$时，$p_n^{DRA*} = p_{nA}^{DRA*}$；当$p_{nA}^{DRA*} \geqslant p_{n1}^{DRA}$时，$p_n^{DRA*} = p_{n1}^{DRA}$。接下来分析新产品价格取不同值时所需满足的条件。

（ii－11）$p_n^{DRA*} = p_{n0}^{DRA}$，此时需要同时满足条件$p_{nA}^{DRA*} \leqslant p_{n0}^{DRA}$和$0 \leqslant s_0 \leqslant \frac{\alpha_0}{\alpha_1}H$。注意到$p_{nA}^{DRA*} \leqslant p_{n0}^{DRA}$等价于$ccr \geqslant u - H_0$。$0 \leqslant s_0 \leqslant \frac{\alpha_0}{\alpha_1}H$等价于$u - \frac{\alpha_0}{\alpha_1}H \leqslant ccr \leqslant u$。综上所述，取得该最优解所需满足的条件为$(H \geqslant H_1 \ \& \ u - H_0 \leqslant ccr \leqslant u) \cup \left(H \leqslant H_1 \ \& \ u - \frac{\alpha_0}{\alpha_1}H \leqslant ccr \leqslant u\right)$。

（ii－12）$p_n^{DRA*} = p_{nA}^{DRA*}$，此时需要同时满足条件$p_{n0}^{DRA} \leqslant p_{nA}^{DRA*} \leqslant p_{n1}^{DRA}$和$0 \leqslant s_0 \leqslant \frac{\alpha_0}{\alpha_1}H$。注意到$p_{n0}^{DRA} \leqslant p_{nA}^{DRA*} \leqslant p_{n1}^{DRA}$等价于$u - H_1 \leqslant ccr \leqslant u - H_0$。$0 \leqslant s_0 \leqslant \frac{\alpha_0}{\alpha_1}H$等价于$u - \frac{\alpha_0}{\alpha_1}H \leqslant ccr \leqslant u$。综上所述，取得该最优解需满足的条件为$\left(H \geqslant \frac{\alpha_1}{\alpha_0}H_1 \ \& \ u - H_1 \leqslant ccr \leqslant u - H_0\right) \cup \left(H_1 \leqslant H \leqslant \frac{\alpha_1}{\alpha_0}H_1 \ \& \ u - \frac{\alpha_0}{\alpha_1}H \leqslant ccr \leqslant u - H_0\right)$。

（ii－13）$p_n^{DRA*} = p_{n1}^{DRA}$，此时需要同时满足条件$p_{nA}^{DRA*} \geqslant p_{n1}^{DRA}$和$0 \leqslant s_0 \leqslant \frac{\alpha_0}{\alpha_1}H$。注意到$p_{nA}^{DRA*} \geqslant p_{n1}^{DRA}$等价于$ccr \leqslant u - H_1$。$0 \leqslant s_0 \leqslant \frac{\alpha_0}{\alpha_1}H$等价于$u - \frac{\alpha_0}{\alpha_1}H \leqslant ccr \leqslant u$。综上所述，取得该最优解所需满足的条件为$\left(H \geqslant \frac{\alpha_1}{\alpha_0}H_1 \ \& \ u - \frac{\alpha_0}{\alpha_1}H \leqslant ccr \leqslant u - H_1\right)$。

对于约束式（3.50），解的情况如下：

（ii－21）$p_n^{DRA*} = p_{H1}$，此时需要同时满足条件$p_{nA}^{DRA*} \leqslant p_{H1}$和$\frac{\alpha_0}{\alpha_1}H \leqslant s_0 \leqslant H$。注意到$p_{nA}^{DRA*} \leqslant p_{n0}^{DRA}$等价于$H \leqslant H_1$。$\frac{\alpha_0}{\alpha_1}H \leqslant s_0 \leqslant H$等价于$k \leqslant ccr \leqslant u - \frac{\alpha_0}{\alpha_1}H$。综上所述，取得该最优解所需满足的条件为$\left(H \leqslant H_1 \ \& \ k \leqslant ccr \leqslant u - \frac{\alpha_0}{\alpha_1}H\right)$。

（ii-22）$p_n^{DRA*}=p_{nA}^{DRA*}$，此时需要同时满足条件$p_{H1}\leqslant p_{nA}^{DRA*}\leqslant p_{n1}^{DRA}$和$\frac{\alpha_0}{\alpha_1}H\leqslant s_0\leqslant H$。注意到$p_{H1}\leqslant p_{nA}^{DRA*}\leqslant p_{n1}^{DRA}$等价于$H\leqslant H_1$ & $ccr\geqslant u-H_1$。$\frac{\alpha_0}{\alpha_1}H\leqslant s_0\leqslant H$等价于$k\leqslant ccr\leqslant u-\frac{\alpha_0}{\alpha_1}H$。综上所述，取得该最优解所需满足的条件为$\left(H_1\leqslant H\leqslant\frac{\alpha_1}{\alpha_0}H_1\ \&\ u-H_1\leqslant ccr\leqslant u-\frac{\alpha_0}{\alpha_1}H\right)$。

（ii-23）$p_n^{DRA*}=p_{n1}^{DRA}$，此时需要同时满足条件$p_{nA}^{DRA*}\geqslant p_{n1}^{DRA}$和$\frac{\alpha_0}{\alpha_1}H\leqslant s_0\leqslant H$。注意到$p_{nA}^{DRA*}\geqslant p_{n1}^{DRA}$等价于$ccr\leqslant u-H_1$。$\frac{\alpha_0}{\alpha_1}H\leqslant s_0\leqslant H$等价于$k\leqslant ccr\leqslant u-\frac{\alpha_0}{\alpha_1}H$。综上所述，取得该最优解所需满足的条件为$\left(H\geqslant\frac{\alpha_1}{\alpha_0}H_1\ \&\ k\leqslant ccr\leqslant u-\frac{\alpha_0}{\alpha_1}H\right)\cup\left(H_1\leqslant H\leqslant\frac{\alpha_1}{\alpha_0}H_1\ \&\ k\leqslant ccr\leqslant u-H_1\right)$。

（iii）$\alpha_{DRA}\geqslant\alpha_1$，$\alpha^{DRA*}=\alpha_1$。

此时，制造商的问题如下：

$$\pi(p_n)=-(\alpha_1^2+1)p_n^2+(2\alpha_1^2-s_0\alpha_1+1+c_n)p_n-\alpha_1^2+s_0\alpha_1-c_n \tag{3.51}$$

$$s.t.\begin{cases}p_n\geqslant p_{n1}^{DRA}\\0\leqslant s_0\leqslant H\end{cases} \tag{3.52}$$

$$or\ s.t.\begin{cases}p_n\geqslant p_{H1}\\s_0\geqslant H\end{cases} \tag{3.53}$$

先考虑约束式（3.52），目标函数为新产品价格的二次函数且为凹。求解目标函数关于价格的一阶导数并令其为0，可以得到$p_{n1}^{DRA*}=\frac{2\alpha_1^2-\alpha_1s_0+1+c_n}{2(\alpha_1^2+1)}$。

（iii-11）$p_n^{DRA*}=p_{n1}^{DRA*}$，此时需要同时满足条件$p_{n1}^{DRA*}\leqslant p_{n1}^{DRA}$和$0\leqslant s_0\leqslant H$。注意到$p_{n1}^{DRA*}\leqslant p_{n1}^{DRA}$等价于$ccr\leqslant u-H_1$。$0\leqslant s_0\leqslant H$等价于$u-H\leqslant ccr\leqslant u$。因此，取得该最优解所需满足的条件为（$H\leqslant H_1$ & $k\leqslant ccr\leqslant u-H_1$）。

(iii-12) $p_n^{DRA*}=p_{n1}^{DRA}$，此时需要同时满足条件$p_{n1}^{DRA*}\leqslant p_{n1}^{DRA}$和$0\leqslant s_0\leqslant H$。注意到$p_{n1}^{DRA*}\leqslant p_{n1}^{DRA}$等价于$ccr\leqslant u-H_1$。$0\leqslant s_0\leqslant H$等价于$k\leqslant ccr\leqslant u$。因此，取得该最优解所需满足的条件为$(H\leqslant H_1\ \&\ u-H_1\leqslant ccr\leqslant u)\cup(H\leqslant H_1\ \&\ k\leqslant ccr\leqslant u)$。

对于约束式(3.53)，解的情况如下：

(iii-21) $p_n^{DRA*}=p_{n1}^{DRA*}$，此时需要同时满足条件$p_{n1}^{DRA*}\leqslant p_{H1}$和$s_0\leqslant H$。注意到$p_{n1}^{DRA*}\leqslant p_{H1}$等价于$ccr\leqslant u-s_{11}$。$s_0\leqslant H$等价于$ccr\leqslant k$。因此，取得该最优解所需满足的条件为$(H\leqslant H_1\ \&\ u-s_{11}\leqslant ccr\leqslant k)$。

(iii-22) $p_n^{DRA*}=p_{H1}$，此时需要同时满足条件$p_{n1}^{DRA*}\leqslant p_{H1}$和$s_0\leqslant H$。注意到$p_{n1}^{DRA*}\leqslant p_{H1}$等价于$ccr\leqslant u-s_{11}$。$s_0\leqslant H$等价于$ccr\leqslant k$。因此，取得该最优解所需满足的条件为$(H\leqslant H_1\ \&\ ccr\leqslant u-s_{11})\cup(H\leqslant H_1\ \&\ ccr\leqslant k)$。

模型DRA满足$\alpha_0\leqslant\alpha\leqslant\alpha_1\leqslant t\ \&\ s_0\leqslant 0$时所有可能解及其对应的条件见附录$A$。接下来分析模型$DRA$满足$\alpha_0\leqslant\alpha\leqslant t\leqslant\alpha_1\ \&\ s_0\leqslant 0$时的所有可能解。由3.6.1小节可知，制造商面对的问题如下：

$DRA-2$：$\pi(\alpha)=-D_n^2\alpha^2+s_0D_n\alpha+(p_n-c_n)D_n$；

$s.t.\ \alpha_0\leqslant\alpha\leqslant t\leqslant\alpha_1$。

容易发现制造商的利润函数是关于回收率α的二次函数且为凹。求解利润函数对α的一阶导数并令其等于零，可以得到$\alpha_{DRA}=\dfrac{s_0}{2D_n}$。此时$\alpha$的最优值包含三种情况：当$\alpha_{DRA}\leqslant\alpha_0$时，$\alpha^{DRA*}=\alpha_0$；当$\alpha_0\leqslant\alpha^{DRA*}\leqslant t$时，$\alpha^{DRA*}=\alpha_{DRA}$；当$\alpha_{DRA}\geqslant t$时，$\alpha^{DRA*}=t$。针对上述三种情况，现在分析新产品的价格决策。

(i) $\alpha_{DRA}\leqslant\alpha_0$，$\alpha^{DRA*}=\alpha_0$。

制造商的问题如下：

$$\pi(p_n)=-(\alpha_0^2+1)p_n^2+(2\alpha_0^2-s_0\alpha_0+1+c_n)p_n-\alpha_0^2+s_0\alpha_0-c_n$$

$$s.t.\begin{cases}p_{H0}\leqslant p_n\leqslant p_{H1}\\0\leqslant s_0\leqslant\dfrac{\alpha_0}{\alpha_1}H\end{cases}\tag{3.54}$$

$$\text{or } s.t.\begin{cases} p_{H0}\leqslant p_n\leqslant p_{n0}^{DRA} \\ \dfrac{\alpha_0}{\alpha_1}H\leqslant s_0\leqslant H \end{cases} \tag{3.55}$$

先分析约束式（3.54），容易发现制造商的利润函数是关于新产品价格的二次函数且为凹$\left(\frac{\partial^2\pi(p_n)}{\partial p_n^2}=-2(\alpha_0^2+1)<0\right)$。求解制造商的利润函数对价格的一阶导数并令其等于0可以得到$p_{n0}^{DRA*}=\frac{2\alpha_0^2-\alpha_0 s_0+1+c_n}{2(\alpha_0^2+1)}$。此时新产品的最优价格存在三种情况：如果$p_{n0}^{DRA*}\leqslant p_{H0}, p_n^{DRA*}=p_{H0}$；如果$p_{H0}\leqslant p_{n0}^{DRA*}\leqslant p_{H1}, p_n^{DRA*}=p_{n0}^{DRA*}$；如果$p_{n0}^{DRA*}\geqslant p_{H1}, p_n^{DRA*}=p_{H1}$。接下来分析新产品价格取不同值时所需满足的条件。

（i-11）$p_n^{DRA*}=p_{H0}$，此时需要同时满足条件$p_{n0}^{DRA*}\leqslant p_{H0}$和$0\leqslant s_0\leqslant\frac{\alpha_0}{\alpha_1}H$。注意到$p_{n0}^{DRA*}\leqslant p_{H0}$等价于$ccr\leqslant u-s_{00}$。$0\leqslant s_0\leqslant\frac{\alpha_0}{\alpha_1}H$等价于$u-\frac{\alpha_0}{\alpha_1}H\leqslant ccr\leqslant u$。因此，取得该最优解所需满足的条件为$\left(\frac{H}{H_0}\leqslant\frac{1}{\alpha_0^2+1}\ \&\ u-\frac{\alpha_0}{\alpha_1}H\leqslant ccr\leqslant u\right)\cup\left(\frac{1}{\alpha_0^2+1}\leqslant\frac{H}{H_0}\leqslant\tau\&\ u-\frac{\alpha_0}{\alpha_1}H\leqslant ccr\leqslant u-s_{00}\right)$。

（i-12）$p_n^{DRA*}=p_{n0}^{DRA*}$，此时需要同时满足条件$p_{H0}\leqslant p_{n0}^{DRA*}\leqslant p_{H1}$和$0\leqslant s_0\leqslant\frac{\alpha_0}{\alpha_1}H$。注意到$p_{H0}\leqslant p_{n0}^{DRA*}\leqslant p_{H1}$等价于$u-s_{00}\leqslant ccr\leqslant u-s_{01}$。$0\leqslant s_0\leqslant\frac{\alpha_0}{\alpha_1}H$等价于$u-\frac{\alpha_0}{\alpha_1}H\leqslant ccr\leqslant u$。因此，取得该最优解所需满足的条件为$\left(\frac{1}{\alpha_0^2+1}\leqslant\frac{H}{H_0}\leqslant\tau\&\ u-s_{00}\leqslant ccr\leqslant u\right)\cup\left(\tau\leqslant\frac{H}{H_1}\leqslant\frac{1}{\alpha_0^2+1}\ \&\ u-\frac{\alpha_0}{\alpha_1}H\leqslant ccr\leqslant u\right)\cup\left(\frac{1}{\alpha_0^2+1}\leqslant\frac{H}{H_1}\leqslant 1\ \&\ u-\frac{\alpha_0}{\alpha_1}H\leqslant ccr\leqslant u-s_{01}\right)$。

（i-13）$p_n^{DRA*}=p_{H1}$，此时需要同时满足条件$p_{n0}^{DRA*}\geqslant p_{H1}$和$0\leqslant s_0\leqslant\frac{\alpha_0}{\alpha_1}H$。

注意到$p_{n0}^{DRA*} \geqslant p_{H1}$等价于$ccr \geqslant u - s_{01}$。$0 \leqslant s_0 \leqslant \frac{\alpha_0}{\alpha_1}H$等价于$u - \frac{\alpha_0}{\alpha_1}H \leqslant ccr \leqslant u$。因此，取得该最优解所需满足的条件为$\left(\frac{1}{\alpha_0^2+1} \leqslant \frac{H}{H_1} \leqslant 1 \ \& \ u - s_{01} \leqslant ccr \leqslant u\right) \cup \left(\frac{H}{H_1} \geqslant 1 \ \& \ u - \frac{\alpha_0}{\alpha_1}H \leqslant ccr \leqslant u\right)$。

对于约束式（3.55），解的情况如下：

（i－21）$p_n^{DRA*} = p_{H0}$，此时需要同时满足条件$p_{n0}^{DRA*} \leqslant p_{H0}$和$\frac{\alpha_0}{\alpha_1}H \leqslant s_0 \leqslant H$。注意到$p_{n0}^{DRA*} \leqslant p_{H0}$等价于$ccr \leqslant u - s_{00}$。$\frac{\alpha_0}{\alpha_1}H \leqslant s_0 \leqslant H$等价于$k \leqslant ccr \leqslant u - \frac{\alpha_0}{\alpha_1}H$。因此，取得该最优解所需满足的条件为$\left(\frac{H}{H_0} \leqslant \tau \ \& \ k \leqslant ccr \leqslant u - \frac{\alpha_0}{\alpha_1}H\right) \cup \left(\tau \leqslant \frac{H}{H_0} \leqslant 1 \ \& \ k \leqslant ccr \leqslant u - s_{00}\right)$。

（i－22）$p_n^{DRA*} = p_{n0}^{DRA*}$，此时需要同时满足条件$p_{H0} \leqslant p_{n0}^{DRA*} \leqslant p_{n0}^{DRA}$和$\frac{\alpha_0}{\alpha_1}H \leqslant s_0 \leqslant H$。注意到$p_{H0} \leqslant p_{n0}^{DRA*} \leqslant p_{n0}^{DRA}$等价于$ccr \geqslant u - s_{00} \ \& \ ccr \geqslant u - H_0$。$\frac{\alpha_0}{\alpha_1}H \leqslant s_0 \leqslant H$等价于$k \leqslant ccr \leqslant u - \frac{\alpha_0}{\alpha_1}H$。因此，取得该最优解所需满足的条件为$\left(H_0 \leqslant H \leqslant H_1 \ \& \ u - H_0 \leqslant ccr \leqslant u - \frac{\alpha_0}{\alpha_1}H\right) \cup \left(\tau \leqslant \frac{H}{H_0} \leqslant 1 \ \& \ u - s_{00} \leqslant ccr \leqslant u - \frac{\alpha_0}{\alpha_1}H\right)$。

（i－23）$p_n^{DRA*} = p_{n0}^{DRA}$，此时需要同时满足条件$p_{n0}^{DRA*} \geqslant p_{n0}^{DRA}$和$\frac{\alpha_0}{\alpha_1}H \leqslant s_0 \leqslant H$。注意到$p_{n0}^{DRA*} \geqslant p_{n0}^{DRA}$等价于$ccr \leqslant u - H_0$。$\frac{\alpha_0}{\alpha_1}H \leqslant s_0 \leqslant H$等价于$k \leqslant ccr \leqslant u - \frac{\alpha_0}{\alpha_1}H$。因此，取得该最优解所需满足的条件为$(H_0 \leqslant H \leqslant H_1 \ \& \ k \leqslant ccr \leqslant u - H_0) \cup \left(H \geqslant H_1 \ \& \ k \leqslant ccr \leqslant u - \frac{\alpha_0}{\alpha_1}H\right)$。

（ii）$\alpha_0 \leqslant \alpha_{DRA} \leqslant t$，$\alpha^{DRA*} = \alpha_{DRA}$。

$$\pi(p_n) = -p_n^2 + (1 + c_n)p_n + \frac{s_0^2}{4} - c_n$$

$$s.t.\begin{cases} p_{n0}^{DRA} \leqslant p_n \leqslant p_{H1} \\ \dfrac{\alpha_0}{\alpha_1}H \leqslant s_0 \leqslant H \end{cases} \tag{3.56}$$

求解目标函数关于价格的一阶导数并令其等于0，可以得到$p_{nA}^{DRA*} = \frac{1 + c_n}{2}$。容易发现最优解有三种可能情况。

（ii-1）$p_n^{DRA*} = p_{n0}^{DRA}$，此时需要同时满足条件$p_{nA}^{DRA*} \leqslant p_{n0}^{DRA}$和$\frac{\alpha_0}{\alpha_1}H \leqslant s_0 \leqslant H$。注意到$p_{nA}^{DRA*} \leqslant p_{n0}^{DRA}$等价于$ccr \geqslant u - H_0$。$\frac{\alpha_0}{\alpha_1}H \leqslant s_0 \leqslant H$等价于$k \leqslant ccr \leqslant u - \frac{\alpha_0}{\alpha_1}H$。因此，取得该最优解所需满足的条件为$\left(H_0 \leqslant H \leqslant H_1 \ \& \ u - H_0 \leqslant ccr \leqslant u - \frac{\alpha_0}{\alpha_1}H\right) \cup \left(H \leqslant H_0 \ \& \ k \leqslant ccr \leqslant u - \frac{\alpha_0}{\alpha_1}H\right)$。

（ii-2）$p_n^{DRA*} = p_{nA}^{DRA*}$，此时需要同时满足条件$p_{n0}^{DRA} \leqslant p_{nA}^{DRA*} \leqslant p_{H1}$和$\frac{\alpha_0}{\alpha_1}H \leqslant s_0 \leqslant H$。注意到$p_{n0}^{DRA} \leqslant p_{nA}^{DRA*} \leqslant p_{H1}$等价于$ccr \leqslant u - H_0 \ \& \ H \leqslant H_1$。$\frac{\alpha_0}{\alpha_1}H \leqslant s_0 \leqslant H$等价于$k \leqslant ccr \leqslant u - \frac{\alpha_0}{\alpha_1}H$。因此，取得该最优解所需满足的条件为（$H_0 \leqslant H \leqslant H_1 \ \& \ k \leqslant ccr \leqslant u - H_0$）。

（ii-3）$p_n^{DRA*} = p_{H1}$，此时需要同时满足条件$p_{nA}^{DRA*} \geqslant p_{H1}$和$\frac{\alpha_0}{\alpha_1}H \leqslant s_0 \leqslant H$。注意到$p_{nA}^{DRA*} \geqslant p_{H1}$等价于$H \geqslant H_1$。$\frac{\alpha_0}{\alpha_1}H \leqslant s_0 \leqslant H$等价于$k \leqslant ccr \leqslant u - \frac{\alpha_0}{\alpha_1}H$。因此，取得该最优解所需满足的条件为$\left(H \geqslant H_1 \ \& \ k \leqslant ccr \leqslant u - \frac{\alpha_0}{\alpha_1}H\right)$。

（iii）$\alpha_{DRA} \geqslant t$，$\alpha^{DRA*} = t$。

$$\pi(p_n) = -p_n^2 + (1+c_n)p_n + \frac{H^2}{4} + \frac{s_0 H}{2} - c_n \tag{3.57}$$

$$s.t.\begin{cases} p_{H0} \leqslant p_n \leqslant p_{H1} \\ s_0 \geqslant H \end{cases} \tag{3.58}$$

求解式（3.57）关于p_n的导数并令其等于0，可以得到$p_{nt}^{DRA*} = \frac{1+c_n}{2}$。

（iii－1）$p_n^{DRA*} = p_{H0}$，此时需要同时满足条件$p_{nt}^{DRA*} \leqslant p_{H0}$和$s_0 \geqslant H$。注意到$p_{nt}^{DRA*} \leqslant p_{H0}$等价于 $H \leqslant H_0$。$s_0 \geqslant H$ 等价于 $ccr \leqslant k$。因此，取得该最优解所需满足的条件为（$H \leqslant H_0$ & $ccr \leqslant k$）。

（iii－2）$p_n^{DRA*} = p_{nt}^{DRA*}$，此时需要同时满足条件$p_{H0} \leqslant p_{nt}^{DRA*} \leqslant p_{H1}$和$s_0 \geqslant H$。注意到$p_{H0} \leqslant p_{nt}^{DRA*} \leqslant p_{H1}$等价于$H_0 \leqslant H \leqslant H_1$。$s_0 \geqslant H$ 等价于 $ccr \leqslant k$。因此，取得该最优解所需满足的条件为（$H_0 \leqslant H \leqslant H_1$ & $ccr \leqslant k$）。

（iii－3）$p_n^{DRA*} = p_{H1}$，此时需要同时满足条件$p_{nt}^{DRA*} \geqslant p_{H1}$和$s_0 \geqslant H$。注意到$p_{nt}^{DRA*} \geqslant p_{H1}$等价于 $H \geqslant H_1$。$s_0 \geqslant H$ 等价于 $ccr \leqslant k$。因此，取得该最优解所需满足的条件为（$H \geqslant H_1$ & $ccr \leqslant k$）。

模型 *DRA* 满足 $\alpha_0 \leqslant \alpha \leqslant t \leqslant \alpha_1$ & $s_0 \geqslant 0$ 时所有可能解及其对应的条件见附录 *A*。为了清晰地描述各个区间的最优解，以及方便后面进行比较，图 3.6 描述模型 *DRA* 中所有可能的解（注意：需考虑$s_0 \leqslant 0$ 的情形）。

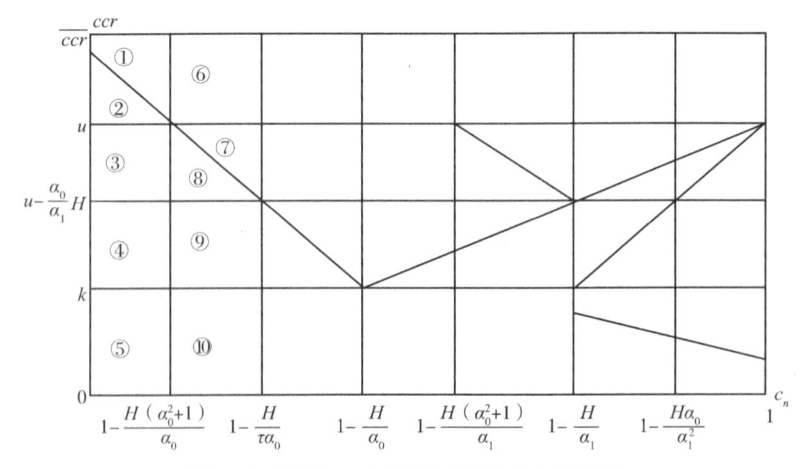

图 3.6　模型 *DRA* 所有可能解对应的区间

注意到在图3.6中，共有40个区间，在此仅给出第一列中的五个区间以作示例。

在区间①中，只有唯一解，$(\alpha_0, p_{n0}^{DRA*})$。

在区间②中，只有唯一解，(α_0, p_{H0})。

在区间③中，有四组解，(α_0, p_{H1})，$(\alpha_{DRA}, p_{n0}^{DRA})$，$(\alpha_1, p_{n1}^{DRA})$ 以及 (α_0, p_{H0})。

在区间④中，有四组解，(α_{DRA}, p_{H1})，(α_1, p_{n1}^{DRA})，(α_0, p_{H0}) 以及 $(\alpha_{DRA}, p_{n0}^{DRA})$。

在区间⑤中，有两组解，(t, p_{H0}) 和 (α_1, p_{H1})。

到目前为止，已经找出了模型 *DRA* 各个区间对应的所有可能解。接下来将采用同样的方法找出模型 *DRB* 各个区间对应的所有可能解，最后对两个模型共同区间的所有可能解进行比较，从而找出各个区间中唯一最优解。

3.7.2　求解模型 *DRB*

对于模型 *DRB*，存在两个约束 $t \leqslant \alpha_0 \leqslant \alpha \leqslant \alpha_1$ 和 $\alpha_0 \leqslant t \leqslant \alpha \leqslant t$。先考虑第一个约束，由3.6.2小节可知，制造商面临的问题如下：

$DRB-1$：$\pi(\alpha) = s_1 \alpha D_n + \dfrac{(u-k)^2}{4} + (p_n - c_n) D_n$；

$s.t.\ t \leqslant \alpha_0 \leqslant \alpha \leqslant \alpha_1$。

注意到目标函数为关于 α 的线性函数，即当 $s_1 \geqslant 0$ 时，$\alpha^{DCRB*} = \alpha_1$。否则 $\alpha^{DCRB*} = \alpha_0$。

(i) $s_1 \geqslant 0$，$\alpha^{DRB*} = \alpha_1$。

$$\pi(\alpha) = -p_n^2 + (1 + c_n - \alpha_1 s_1) p_n + \alpha_1 s_1 - c_n + \frac{H^2}{4} \tag{3.59}$$

$$s.t. \begin{cases} p_n \leqslant p_{H0} \\ s_1 \geqslant 0 \end{cases} \tag{3.60}$$

易发现目标函数式（3.59）是关于 p_n 的二次函数且为凹。求解式

(3.59) 对p_n的一阶导数并令其为0，可以得到$p_{n1}^{DRB*}=\frac{(1+c_n-\alpha_1 s_1)}{2}$。此时$p_n$的最优解包含两种情况：如果$p_{n1}^{DRB*}\leqslant p_{H0}$, $p_n^{DRB*}=p_{n1}^{DRB*}$；如果$p_{n1}^{DRB*}\geqslant p_{H0}$, $p_n^{DRB*}=p_{H0}$。接下来分析获得最优解时所需满足的条件。

(i-1) $p_n^{DRB*}=p_{n1}^{DRB*}$，此时需要同时满足条件$p_{n1}^{DRB*}\leqslant p_{H0}$和$s_1\geqslant 0$。注意到$p_{n1}^{DRB*}\leqslant p_{H0}$等价于$s_1\geqslant\frac{H-H_0}{\alpha_0\alpha_1}$。$s_1\geqslant 0$等价于$ccr\leqslant k$。因此，取得该最优解所需满足的条件为$(H\leqslant H_0\ \&\ ccr\leqslant k)\cup(H\geqslant H_0\ \&\ ccr\leqslant u-s_{10})$。

(i-2) $p_n^{DRB*}=p_{H0}$，此时需要同时满足条件$p_{n1}^{DRB*}\geqslant p_{H0}$和$s_1\geqslant 0$。注意到$p_{n1}^{DRB*}\leqslant p_{H0}$等价于$s_1\leqslant\frac{H-H_0}{\alpha_0\alpha_1}$。$s_1\leqslant 0$等价于$ccr\leqslant k$。因此，取得该最优解所需满足的条件为$(H\leqslant H_0\ \&\ u-s_{10}\leqslant ccr\leqslant k)$。

(ii) $s_1\leqslant 0, \alpha^{DRB*}=\alpha_0$。

$$\pi(\alpha)=-p_n^2+(1+c_n-\alpha_0 s_1)p_n+\alpha_0 s_1-c_n+\frac{H^2}{4} \tag{3.61}$$

$$s.t.\begin{cases}p_n\leqslant p_{H0}\\ s_1\leqslant 0\end{cases} \tag{3.62}$$

易发现目标函数式(3.61)是关于p_n的二次函数且为凹。求解式(3.61)对p_n的一阶导数并令其为0，可以得到$p_{n0}^{DRB*}=\frac{(1+c_n-\alpha_0 s_1)}{2}$。此时$p_n$的最优解包含两种情况：如果$p_{n0}^{DRB*}\leqslant p_{H0}$, $p_n^{DRB*}=p_{n0}^{DRB*}$；如果$p_{n0}^{DRB*}\geqslant p_{H0}$, $p_n^{DRB*}=p_{H0}$。接下来分析获得最优解时所需满足的条件。

(ii-1) $p_n^{DRB*}=p_{n0}^{DRB*}$，此时需要同时满足条件$p_{n0}^{DRB*}\leqslant p_{H0}$和$s_1\leqslant 0$。注意到$p_{n0}^{DRB*}\leqslant p_{H0}$等价于$s_1\leqslant\frac{H-H_0}{\alpha_0^2}$。$s_1\leqslant 0$等价于$ccr\leqslant k$。因此，取得该最优解所需满足的条件为$(H\leqslant H_0\ \&\ k\leqslant ccr\leqslant u-s_{00})$。

(ii-2) $p_n^{DRB*}=p_{H0}$，此时需要同时满足条件$p_{n0}^{DRB*}\leqslant p_{H0}$和$s_1\leqslant 0$。注意到$p_{n0}^{DRB*}\leqslant p_{H0}$等价于$s_1\leqslant\frac{H-H_0}{\alpha_0^2}$。$s_1\leqslant 0$等价于$ccr\leqslant k$。因此，取得该最优解所需满足的条件为$(H\leqslant H_0\ \&\ ccr\leqslant u-s_{00})\cup(H\leqslant H_0\ \&\ ccr\leqslant k)$。

为方便阅读，模型 DRB 满足 $t\leqslant\alpha_0\leqslant\alpha\leqslant\alpha_1$ 时的所有可能解见附录 A。接下来分析模型 DRB 满足 $\alpha_0\leqslant t\leqslant\alpha\leqslant\alpha_1$ 时的所有可能解。

$$DRB-2：\pi(\alpha)=s_1\alpha D_n+\frac{(u-k)^2}{4}+(p_n-c_n)D_n$$

$$s.t.\ \alpha_0\leqslant t\leqslant\alpha\leqslant\alpha_1$$

类似地，目标函数是关于 α 的线性函数，即当 $s_1\geqslant 0$ 时，$\alpha^{DRB*}=\alpha_1$。否则 $\alpha^{DRB*}=t$。

(i) $s_1\geqslant 0,\alpha^{DCRB*}=\alpha_1$。

$$\pi(\alpha)=-p_n^2+(1+c_n-\alpha_1 s_1)p_n+\alpha_1 s_1-c_n+\frac{H^2}{4} \tag{3.63}$$

$$s.t.\begin{cases}p_{H0}\leqslant p_n\leqslant p_{H1}\\ s_1\geqslant 0\end{cases} \tag{3.64}$$

易发现目标函数是关于 p_n 的二次函数且为凹。类似地，p_n 的最优解包含三种情况：如果 $p_{n1}^{DRB*}\leqslant p_{H0},p_n^{DRB*}=p_{H0}$；如果 $p_{H0}\leqslant p_{n1}^{DRB*}\leqslant p_{H1},p_n^{DRB*}=p_{n1}^{DRB*}$；如果 $p_{n1}^{DRB*}\geqslant p_{H1},p_n^{DRB*}=p_{H1}$。接下来分析获得最优解时所需满足的条件。

(i-1) $p_n^{DRB*}=p_{H0}$，此时需要同时满足条件 $p_{n1}^{DRB*}\leqslant p_{H0}$ 和 $s_1\geqslant 0$。注意到 $p_{n1}^{DRB*}\leqslant p_{H0}$ 等价于 $s_1\geqslant\frac{H-H_0}{\alpha_0^2}$。$s_1\geqslant 0$ 等价于 $ccr\leqslant k$。因此，取得该最优解所需满足的条件为 $(H\leqslant H_0\ \&\ ccr\leqslant k)\cup(H\geqslant H_0\ \&\ ccr\leqslant u-s_{00})$。

(i-2) $p_n^{DRB*}=p_{H0}$，此时需要同时满足条件 $p_{H0}\leqslant p_{n1}^{DRB*}\leqslant p_{H1}$ 和 $s_1\geqslant 0$。注意到 $p_{H0}\leqslant p_{n1}^{DRB*}\leqslant p_{H1}$ 等价于 $\frac{H-H_1}{\alpha_1^2}\leqslant s_1\leqslant\frac{H-H_0}{\alpha_0\alpha_1}$。$s_1\geqslant 0$ 等价于 $ccr\leqslant k$。因此，取得该最优解所需满足的条件为 $(H_0\leqslant H\leqslant H_1\ \&\ u-s_{10}\leqslant ccr\leqslant k)\cup(H\geqslant H_1\ \&\ u-s_{10}\leqslant ccr\leqslant u-s_{11})$。

(i-3) $p_n^{DRB*}=p_{H1}$，此时需要同时满足条件 $p_{n1}^{DRB*}\geqslant p_{H1}$ 和 $s_1\geqslant 0$。注意到 $p_{n1}^{DRB*}\geqslant p_{H1}$ 等价于 $s_1\leqslant\frac{H-H_1}{\alpha_1^2}$。$s_1\geqslant 0$ 等价于 $ccr\leqslant k$。因此，取得该最优解所需满足的条件为 $(H\geqslant H_1\ \&\ u-s_{11}\leqslant ccr\leqslant k)$。

（ii）$s_1 \leqslant 0$，$\alpha^{DCRB*}=t$。

$$\pi(\alpha) = -p_n^2 + (1+c_n)p_n + \frac{hs_1}{2} - c_n + \frac{H^2}{4} \tag{3.65}$$

$$s.t.\begin{cases} p_{H0} \leqslant p_n \leqslant p_{H1} \\ s_1 \leqslant 0 \end{cases} \tag{3.66}$$

易发现目标函数是关于p_n的二次函数且为凹。求解目标函数关于p_n的一阶导数并令其为0，可以得到$p_{nt}^{DRB*}=\dfrac{1+c_n}{2}$。类似地，$p_n$的最优解包含三种情况：如果$p_{nt}^{DRB*} \leqslant p_{H0}, p_n^{DRB*}=p_{H0}$；如果$p_{H0} \leqslant p_{nt}^{DRB*} \leqslant p_{H1}, p_n^{DRB*}=p_{n1}^{DRB*}$；如果$p_{nt}^{DRB*} \leqslant p_{H1}, p_n^{DRB*}=p_{H1}$。接下来分析获得最优解时所需满足的条件。

（ii-1）$p_n^{DRB*}=p_{H0}$，此时需要同时满足条件$p_{nt}^{DRB*} \leqslant p_{H0}$和$s_1 \leqslant 0$。注意到$p_{nt}^{DRB*} \leqslant p_{H0}$等价于$H \leqslant H_0$。$s_1 \leqslant 0$等价于$ccr \leqslant k$。因此，取得该最优解所需满足的条件为（$H \leqslant H_0$ & $ccr \leqslant k$）。

（ii-2）$p_n^{DRB*}=p_{nt}^{DRB*}$，此时需要同时满足条件$p_{H0} \leqslant p_{nt}^{DRB*} \leqslant p_{H1}$和$s_1 \leqslant 0$。注意到$p_{H0} \leqslant p_{nt}^{DRB*} \leqslant p_{H1}$等价于$H_0 \leqslant H \leqslant H_1$。$s_1 \leqslant 0$等价于$ccr \leqslant k$。因此，取得该最优解所需满足的条件为（$H_0 \leqslant H \leqslant H_1$ & $ccr \leqslant k$）。

（ii-3）$p_n^{DRB*}=p_{H1}$，此时需要同时满足条件$p_{nt}^{DRB*} \leqslant p_{H1}$和$s_1 \leqslant 0$。注意到$p_{nt}^{DRB*} \leqslant p_{H1}$等价于$H \leqslant H_1$。$s_1 \leqslant 0$等价于$ccr \leqslant k$。因此，取得该最优解所需满足的条件为（$H \leqslant H_1$ & $ccr \leqslant k$）。

为方便阅读，模型*DRB*满足$\alpha_0 \leqslant t \leqslant \alpha \leqslant \alpha_1$时的所有可能解见附录*A*。类似地，图3.7描述模型*DRB*所有可能最优解。注意到图3.7中共有10个区间。

在区间a中，有两组解，（α_0, p_{H0}）和（t, p_{H0}）。

在区间b中，有两组解，（α_0, p_{n0}^{DRB*}）和（t, p_{H0}）。

在区间c中，有两组解，（α_1, p_{n1}^{DRB*}）和（α_1, p_{H0}）。

在区间d中，有两组解，（α_0, p_{H0}）和（t, p_{nt}^{DRB*}）。

在区间e中，有两组解，（α_1, p_{H0}）和（α_1, p_{n1}^{DRB*}）。

在区间f中，有两组解，（α_1, p_{H0}）和（α_1, p_{n1}^{DRB*}）。

在区间 g 中，有两组解，(α_0, p_{H0}) 和 (t, p_{H1})。

在区间 h 中，有两组解，(α_1, p_{H0}) 和 (α_1, p_{H1})。

在区间 i 中，有两组解，(α_1, p_{H0}) 和 $(\alpha_1, p_{n1}^{DRB*})$。

在区间 j 中，有两组解，(α_1, p_{H0}) 和 $(\alpha_1, p_{n1}^{DRB*})$。

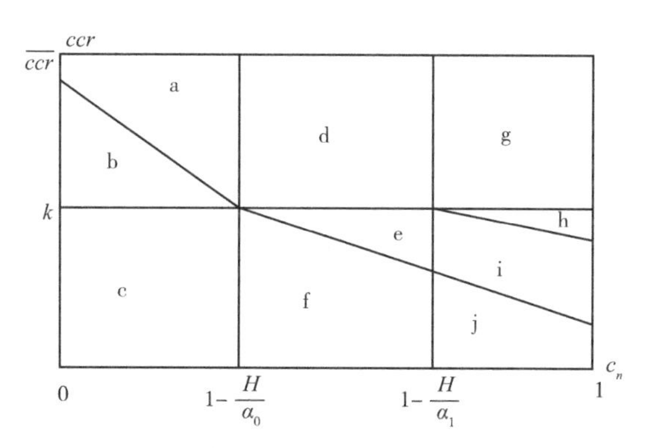

图 3.7　模型 *DRB* 所有可能解对应的区间

以上为模型 *DRB* 各个区间对应的所有可能解。接下来对两个模型共同区间的所有可能解进行比较，从而找出各个区间中唯一最优解。图 3.8 描述了两个模型（*DRA* 和 *DRB*）的共同区间，即模型 *DR* 的各个区间及其对应的最优解。

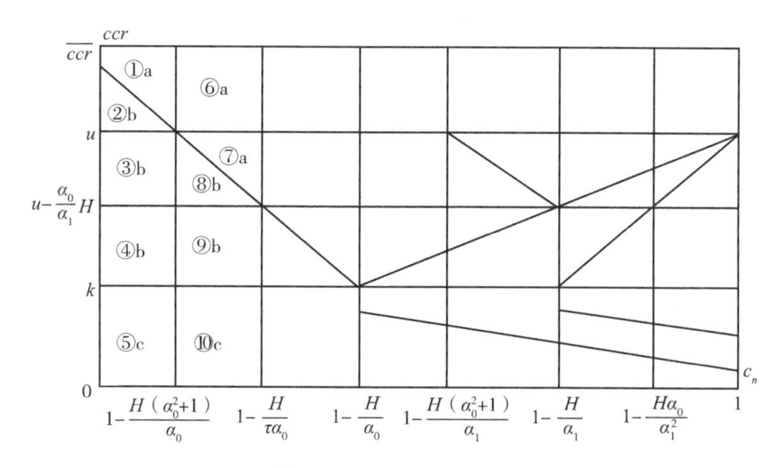

图 3.8　模型 *DR* 所有可能解对应的区间

公共区间①a

在该区间中，$s_0 \leqslant s_{00}$。所有可能的最优解分别是（α_0, p_{n0}^{DRA*}）、（α_0, p_{H0}）和（t, p_{H0}）。其中（α_0, p_{n0}^{DRA*}）隶属于 $m \geqslant 1$。（α_0, p_{H0}）和（t, p_{H0}）分别隶属于 $m \leqslant 1$ & $t \leqslant \alpha_0 \leqslant \alpha \leqslant \alpha_1$ 和 $m \leqslant 1$ & $\alpha_0 \leqslant t \leqslant \alpha \leqslant \alpha_1$。

对于解（t, p_{H0}），最优回收率 $\alpha^{DRB*} = t$，$m = \dfrac{H}{2D_n\alpha^{DRB*}} = \dfrac{H}{2(1-p_{H0})t} = 1$，即为 $m \geqslant 1$ 的特殊情况。类似地，对于解（α_0, p_{H0}），$m = \dfrac{H}{2D_n\alpha^{DRB*}} = \dfrac{H}{2(1-p_{H0})\alpha_0} = 1$，同样为 $m \geqslant 1$ 的特殊情况。因此在公共区间①a 中，唯一的最优解为（α_0, p_{n0}^{DRA*}）。

公共区间②b

在该区间中，$s_{00} \leqslant s_0 \leqslant 0$。所有可能的最优解分别是（$\alpha_0, p_{H0}$）、（$\alpha_0, p_{n0}^{DRB*}$）和（$t, p_{H0}$）。其中（$\alpha_0, p_{H0}$）隶属于 $m \geqslant 1$。（α_0, p_{n0}^{DRB*}）和（t, p_{H0}）分别隶属于 $m \leqslant 1$ & $t \leqslant \alpha_0 \leqslant \alpha \leqslant \alpha_1$ 和 $m \leqslant 1$ & $\alpha_0 \leqslant t \leqslant \alpha \leqslant \alpha_1$。与公共区间①a 的证明方法类似，唯一的最优解为（α_0, p_{n0}^{DRB*}）。

公共区间③b

在该区间中，$0 \leqslant s_0 \leqslant \dfrac{\alpha_0}{\alpha_1}H$。所有可能的最优解分别是（$\alpha_0, p_{H1}$）、（$\alpha_{DRA}, p_{n0}^{DRA}$），（$\alpha_1, p_{n1}^{DRA}$），（$\alpha_0, p_{H0}$），（$\alpha_0, p_{n0}^{DRB*}$）和（$t, p_{H0}$）。其中（$\alpha_0, p_{H1}$）、（$\alpha_{DRA}, p_{n0}^{DRA}$）和（$\alpha_1, p_{n1}^{DRA}$）隶属于 $M \geqslant 1$ & $\alpha_0 \leqslant \alpha \leqslant \alpha_1 \leqslant t$。（$\alpha_0, p_{H0}$）隶属于 $M \geqslant 1$ & $\alpha_0 \leqslant \alpha \leqslant t \leqslant \alpha_1$。（$\alpha_0, p_{n0}^{DRB*}$）和（$t, p_{H0}$）分别隶属于 $m \leqslant 1$ & $t \leqslant \alpha_0 \leqslant \alpha \leqslant \alpha_1$ 和 $m \leqslant 1$ & $\alpha_0 \leqslant t \leqslant \alpha \leqslant \alpha_1$。

$$\pi(\alpha_{DRA}, p_{n0}^{DRA}) - \pi(\alpha_1, p_{n1}^{DRA}) = \frac{1}{4\alpha_0^2\alpha_1^2}[(\alpha_0^2 - \alpha_1^2)s_0^2 + (2\alpha_1^2 H_0 - 2\alpha_0^2 H_1)s_0]$$

注意到方程有两实根，分别为 0 和 $\dfrac{2\alpha_1 H_0}{\alpha_1 + \alpha_0}$。在区间③b 中，$0 \leqslant s_0 \leqslant \dfrac{\alpha_0}{\alpha_1}H \leqslant \dfrac{2\alpha_1 H_0}{\alpha_1 + \alpha_0}$，又由于方程开口向下，则 $\pi(\alpha_{DRA}, p_{n0}^{DRA}) - \pi(\alpha_1, p_{n1}^{DRA}) \geqslant 0$。

$$\pi(\alpha_0,p_{H1})-\pi(\alpha_{DRA},p_{n0}^{DRA})=\frac{1}{4\alpha_0^2\alpha_1^2}[\alpha_1^2(1-\alpha_0^2)s_0^2+(2\alpha_0^3\alpha_1H-2\alpha_0\alpha_1H_1)s_0-H^2\alpha_0^4-H^2\alpha_0^2+2\alpha_0^2HH_1]$$

注意到方程有两实根，分别为$\frac{\alpha_0}{\alpha_1}H$和$\frac{\alpha_0(H\alpha_0^2+H-2H_1)}{\alpha_1(\alpha_0^2-1)}$且$\frac{\alpha_0}{\alpha_1}H\leqslant\frac{\alpha_0(H\alpha_0^2+H-2H_1)}{\alpha_1(\alpha_0^2-1)}$。在区间③b中，$0\leqslant s_0\leqslant\frac{\alpha_0}{\alpha_1}H$，又由于方程开口向上，则$\pi(\alpha_0,p_{H1})\leqslant\pi(\alpha_{DRA},p_{n0}^{DRA})$。

对于解（α_0,p_{H1}），$t=\frac{H}{2D_n}=\frac{H}{2(1-p_{H1})}=\alpha_1$，为$m\leqslant1$ & $\alpha_0\leqslant\alpha\leqslant t\leqslant\alpha_1$特殊情况。又由于（$\alpha_0,p_{H0}$）和（$t,p_{H0}$）均被其他解占优，综上所述，在公共区间③b中，唯一的最优解为（α_0,p_{n0}^{DRB*}）。

公共区间④b

在该区间中，$\frac{\alpha_0}{\alpha_1}H\leqslant s_0\leqslant H$。所有可能的最优解分别是（$\alpha_{DRA},p_{H1}$）、（$\alpha_1,p_{n1}^{DRA}$）、（$\alpha_0,p_{H0}$）、（$\alpha_{DRA},p_{n0}^{DRA}$）、（$\alpha_0,p_{n0}^{DRB*}$）和（$t,p_{H0}$）。其中（$\alpha_{DRA},p_{H1}$）、（$\alpha_1,p_{n1}^{DRA}$）隶属于$m\leqslant1$ & $\alpha_0\leqslant\alpha\leqslant\alpha_1\leqslant t$。（$\alpha_0,p_{H0}$）、（$\alpha_{DRA},p_{n0}^{DRA}$）隶属于$m\leqslant1$ & $\alpha_0\leqslant\alpha\leqslant t\leqslant\alpha_1$。（$\alpha_0,p_{n0}^{DRB*}$）和（$t,p_{H0}$）分别隶属于$m\leqslant1$ & $t\leqslant\alpha_0\leqslant\alpha\leqslant\alpha_1$和$m\leqslant1$ & $\alpha_0\leqslant t\leqslant\alpha\leqslant\alpha_1$。

类似于公共区间③b，$\pi(\alpha_{DRA},p_{n0}^{DRA})-\pi(\alpha_1,p_{n1}^{DRA})\leqslant0$。

$$\pi(\alpha_{DRA},p_{n0}^{DRA})-\pi(\alpha_{DRA},p_{H1})=\frac{1}{4\alpha_0^2\alpha_1^2}[-\alpha_1^2s_0^2+2\alpha_0\alpha_1H_1s_0+H^2\alpha_0^2-2\alpha_0^2HH_1]$$

注意到方程有两个实根，分别为$\frac{\alpha_0}{\alpha_1}H$和$\frac{\alpha_0}{\alpha_1}(2H_1-H)$，且$\frac{\alpha_0}{\alpha_1}H\leqslant\frac{\alpha_0}{\alpha_1}(2H_1-H)$。又方程的对称轴为$H_0$。在区间④b中，$\frac{\alpha_0}{\alpha_1}H\leqslant s_0\leqslant H\leqslant H_0$。综上所述，$\pi(\alpha_{DRA},p_{n0}^{DRA})\leqslant\pi(\alpha_{DRA},p_{H1})$。

$$\pi(\alpha_0,p_{n0}^{DRB*})-\pi(\alpha_{DRA},p_{n0}^{DRA})=\frac{1}{4\alpha_0^2}[(\alpha_0^4-\alpha_0^2+1)s_0^2+(-2H\alpha_0^4-2H_0\alpha_0^2+2H_0)s_0+(\alpha_0^2+1)\alpha_0^2H_0^2-2HH_0\alpha_0^2+H_0^2]$$

方程开口向上且判别式为 $-4\alpha_0^2(H-H_0)^2\leqslant 0$，则 $\pi(\alpha_0,p_{n0}^{DRB*})\leqslant\pi(\alpha_{DRA},p_{n0}^{DRA})$。$(t,p_{H0})$ 被其他解占优，综上所述，在公共区间④b 中，唯一的最优解为 (α_0,p_{n0}^{DRB*})。

公共区间⑤c

在该区间中，$s_0\geqslant H$。所有可能的最优解分别是 (α_1,p_{H1})、(t,p_{H0})、(α_1,p_{n1}^{DRB*}) 和 (α_1,p_{H0})。其中 (α_1,p_{H1})、(t,p_{H0}) 分别隶属于 $M\geqslant 1$ & $\alpha_0\leqslant\alpha\leqslant\alpha_1\leqslant t$ 和 $M\geqslant 1$ & $\alpha_0\leqslant\alpha\leqslant t\leqslant\alpha_1$。$(\alpha_1,p_{n1}^{DRB*})$ 和 (α_1,p_{H0}) 分别隶属于 $m\leqslant 1$ & $t\leqslant\alpha_0\leqslant\alpha\leqslant\alpha_1$ 和 $m\leqslant 1$ & $\alpha_0\leqslant t\leqslant\alpha\leqslant\alpha_1$。通过上述证明可以发现 (t,p_{H0})、(α_1,p_{H1}) 和 (α_1,p_{H0}) 均被其他解占优，故在该区间的唯一最优解是 $(\alpha_1,p_{n1}^{DCRB*})$。

通过上述分析发现，区间②b、③b 以及④b 的最优解均为 $(\alpha_0,p_{n0}^{DCRB*})$，因此可以把这三个区间合并为一个区间。类似地，用同样的方法可以计算出其余公共区间的最优解。类似于无法律约束的情形，逆向运营成本存在上限约束，即 $ccr\leqslant\overline{ccr}=u-\frac{c_n-1}{\alpha_1}$，且 $c_{nmax}^{D}=\frac{k\alpha_1^2+\alpha_1+k-u}{\alpha_1}\leqslant 1$。

3.8 模型 *DR* 计算结果

根据对模型 *DRA* 与模型 *DRB* 的求解，可以得到定理 3.4。

定理 3.4：对于模型 *DR*，新产品价格、回收率、再造品的产量以及价格如表 3.5 所示。

表 3.5　模型 *DR*：确定情形下存在法律约束时制造商的最优决策

	p_r	X	α^{DR*}	p_n^{DR*}
*DR*1	$u-\frac{\alpha_0^2 s_0+\alpha_0(1-c_n)}{2(\alpha_0^2+1)}$	$\frac{\alpha_0^2 s_0+\alpha_0(1-c_n)}{2(\alpha_0^2+1)}$	α_0	$\frac{2\alpha_0^2-\alpha_0 s_0+1+c_n}{2(\alpha_0^2+1)}$
*DR*2	$\frac{u+k}{2}$	$\frac{\alpha_0^2 s_1+\alpha_0(1-c_n)}{2}$	α_0	$\frac{1+c_n-\alpha_0 s_1}{2}$

续表

	p_r	X	α^{DR*}	p_n^{DR*}
$DR3$	$\frac{u+ccr}{2}$	$\frac{u-ccr}{2}$	$\frac{u-ccr}{1-c_n}$	$\frac{1+c_n}{2}$
$DR4$	$u-\frac{\alpha_1^2 s_0+\alpha_1(1-c_n)}{2(\alpha_1^2+1)}$	$\frac{\alpha_1^2 s_0+\alpha_1(1-c_n)}{2(\alpha_1^2+1)}$	α_1	$\frac{2\alpha_1^2-\alpha_1 s_0+1+c_n}{2(\alpha_1^2+1)}$
$DR5$	$\frac{u+k}{2}$	$\frac{\alpha_1^2 s_1+\alpha_1(1-c_n)}{2}$	α_1	$\frac{1+c_n-s_1\alpha_1}{2}$

定理3.4表明：

（1）在区间 $DR1$ 中，$\left(u-s_{00}\leqslant ccr\leqslant u-\frac{c_n-1}{\alpha_1}\ \&\ 0\leqslant c_n\leqslant 1-\frac{H}{\alpha_0}\right)\cup\left(u-H_0\leqslant ccr\leqslant u-\frac{c_n-1}{\alpha_1}\ \&\ 1-\frac{H}{\alpha_0}\leqslant c_n\leqslant 1\right)$。此时逆向运营成本较高，制造商的最优回收率为政府制定的最小回收率 α_0。

（2）在区间 $DR2$ 中，$\left(k\leqslant ccr\leqslant u-s_{00}\ \&\ 0\leqslant c_n\leqslant 1-\frac{H}{\alpha_0}\right)$。制造商的最优回收率仍为 α_0，但是新产品的价格、再造品的产量及价格与区间 $DR1$ 不一样。原因在于两个区间的逆向运营成本不一样。

（3）在区间 $DR3$ 中，$\left(k\leqslant ccr\leqslant u-H_0\ \&\ 1-\frac{H}{\alpha_0}\leqslant c_n\leqslant 1-\frac{H}{\alpha_1}\right)\cup\left(u-H_1\leqslant ccr\leqslant u-H_0\ \&\ 1-\frac{H}{\alpha_1}\leqslant c_n\leqslant 1\right)$。制造商的最优回收率为$\frac{u-ccr}{(1-c_n)}$，易发现$\frac{u-ccr}{(1-c_n)}$是关于逆向运营成本、新产品制造成本以及二级市场容量的单调函数。类似于无法律约束的情形，最优回收率与二级市场容量和新产品的生产成本呈正比例关系，与逆向运营成本呈反比例关系。

（4）在区间 $DR4$ 中，$\left(u-s_{11}\leqslant ccr\leqslant u-H_1\ \&\ 1-\frac{H}{\alpha_1}\leqslant c_n\leqslant c_{nmax}^D\right)\cup(0\leqslant ccr\leqslant u-H_1\ \&\ c_{nmax}^D\leqslant c_n\leqslant 1)$。制造商的最优回收率为 α_1，在该区间中，虽然逆向运营成本不是非常低，但是新产品的生产成本较高。此情形下，制造商仍有动力回收旧产品。

（5）在区间 $DR5$ 中，$\left(0\leqslant ccr\leqslant k\ \&\ 0\leqslant c_n\leqslant 1-\frac{H}{\alpha_1}\right)\cup\left(0\leqslant ccr\leqslant u-s_{11}\ \&\ 1-\frac{H}{\alpha_1}\leqslant c_n\leqslant c_{nmax}^{D}\right)$。注意到此时逆向运营成本非常低，无论新产品的生产成本高或低，制造商都会选择回收所有旧产品。在该情形下，制造商的最优决策不受法律约束影响。

图 3.9 描述了制造商的最优回收率如何随逆向运营成本与新产品生产成本组合的变化而变化。每个区间对应着唯一组合解。在区间 $DR1$、$DR3$ 以及 $DR4$ 中，再造品价格随着逆向运营成本的增加而增加。然而，在区间 $DR2$ 和 $DR5$ 中，再造品价格完全独立于逆向运营成本，仅与二级市场容量及对应的残值有关。此外，当最优回收率取非极端值时，即在区间 $DR3$ 中，新产品价格仅与其对应的生产成本有关。

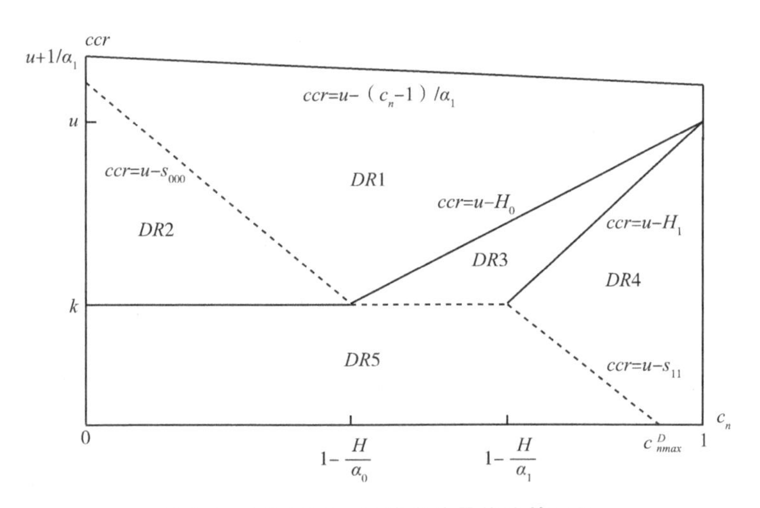

图 3.9　模型 DR：制造商的最优决策区间

3.9　对比模型 DN 与模型 DR

在本节中，对无法律约束与存在法律约束两种情形下的最优利润进行比较，即比较π^{DN*}与π^{DR*}。首先找出两种情形下的公共区间，如图 3.10

所示。当 $1-\frac{H}{\alpha_1}\leqslant c_n\leqslant 1$ 时，两个模型的公共区间分别为 $R1$、$R2$、$R3$、$R4$ 以及 $R5$。同理，当 $0\leqslant c_n\leqslant 1-\frac{H}{\alpha_1}$ 时，两个模型同样有五个公共区间。在本节中，仅给出当 $1-\frac{H}{\alpha_1}\leqslant c_n\leqslant 1$ 时的证明过程。$0\leqslant c_n\leqslant 1-\frac{H}{\alpha_1}$ 时的证明过程可以用相同的方法获得。两个模型比较情况如下：

（1）在公共区间 $R1$ 中，$u\leqslant ccr\leqslant u-(c_n-1)/\alpha_1$，即 $\frac{(c_n-1)}{\alpha_1}\leqslant s_0\leqslant 0$，两种情形下的利润差如下：

$$\pi^{DN*}-\pi^{DR*}=\frac{1}{4(\alpha_0^2+1)}(-\alpha_0^2 s_0^2-2H_0 s_0+H_0^2) \tag{3.67}$$

式（3.67）是关于 s_0 的二次函数且为凹。两个实根分别为：$-\frac{(1+\sqrt{\alpha_0^2+1})H_0}{\alpha_0^2}$，$\frac{(-1+\sqrt{\alpha_0^2+1})H_0}{\alpha_0^2}$，且 $\frac{(-1+\sqrt{\alpha_0^2+1})H_0}{\alpha_0^2}\geqslant 0\geqslant\frac{(c_n-1)}{\alpha_1}\geqslant-\frac{(1+\sqrt{\alpha_0^2+1})H_0}{\alpha_0^2}$。当 $s_0=0$ 时，$\pi^{DN*}-\pi^{DR*}=\frac{H_0^2}{4(\alpha_0^2+1)}\geqslant 0$，综上所述，当 $u\leqslant ccr\leqslant\overline{ccr}$ 时，$\pi^{DN*}\geqslant\pi^{DR*}$。

（2）在公共区间 $R2$ 中，$u-H_0\leqslant ccr\leqslant u$，即 $0\leqslant s_0\leqslant H_0$。两种情形下的利润差如下：

$$\pi^{DN*}-\pi^{DR*}=\frac{1}{4(\alpha_0^2+1)}(s_0^2-2H_0 s_0+s_0^2)=\frac{1}{4(\alpha_0^2+1)}(s_0-H_0)^2\geqslant 0。$$

（3）在公共区间 $R3$ 中，$u-H_1\leqslant ccr\leqslant u-H_0$，即 $H_0\leqslant s_0\leqslant H_1$。两种情形下的利润相等。

（4）在公共区间 $R4$ 中，$(u-s_{11}\leqslant ccr\leqslant u-H_1)\cup(0\leqslant ccr\leqslant u-H_1)$，即 $H_1\leqslant s_0\leqslant s_{11}$。两种情形下的利润相等。

（5）在公共区间 $R5$ 中，$0\leqslant ccr\leqslant u-s_{11}$，即 $s_0\geqslant s_{11}$。两种情形下的利润相等。

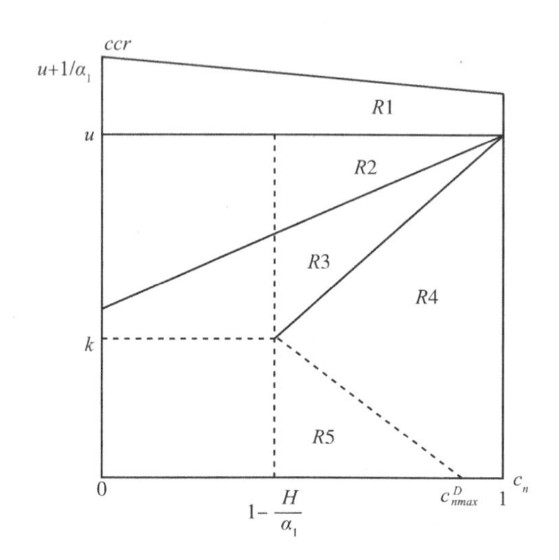

图 3.10　模型 *DN* 和模型 *DR* 的公共区间

通过对各个公共区间中两种模型的最优利润进行比较，可以得到定理3.5。

定理 3.5：对于逆向运营成本 ccr，存在临界值 $u-H_0$，使当 $u-H_0 \leqslant ccr \leqslant u-\dfrac{c_n-1}{\alpha_1}$时，$\pi^{DN*} \geqslant \pi^{DR*}$；当$0 \leqslant ccr \leqslant u-H_0$时，$\pi^{DN*}=\pi^{DR*}$。

定理3.5表明无法律约束情形下制造商的最优利润总是大于或等于存在法律约束时制造商的最优利润。例如，当新成品的生产成本满足 $1-\dfrac{H}{\alpha_1} \leqslant c_n \leqslant 1$ 时，在公共区间 $R1$ 中，$u \leqslant ccr \leqslant u-\dfrac{(c_n-1)}{\alpha_1}$。此时存在法律约束时制造商的最优利润小于等于无法律约束时制造商的最优利润，在该情形下，法律约束对企业决策产生了影响。因为在无法律约束下，且运营成本较高时，制造商没有任何经济动力回收旧产品。在公共区间 $R2$ 中，$u-H_0 \leqslant ccr \leqslant u$。无法律约束情形下制造商的最优利润仍然优于存在法律约束时制造商的最优利润。法律约束同样影响了企业决策。在公共区间 $R3$、$R4$ 以及 $R5$ 中，两种情形下制造商的最优利润相同。此时，制造商的最优决策不受法律约束影响。

3.10 本章小结

本章研究确定情形下电子产品回收再制造问题。假设新产品和再造品分别在主要市场和二级市场销售，即不存在市场竞争。分别分析了存在法律约束和不存在法律约束的情形，得到各自情形下制造商的最优决策。研究发现：（1）无法律约束时制造商拥有四个决策区间，存在法律约束时制造商拥有五个决策区间。（2）二级市场容量以及新产品生产成本对回收率产生正向影响。当逆向运营成本大于二级市场容量时，制造商没有经济动力回收旧产品，在法律约束情形下，制造商选择政府制定的最小回收率。（3）对于逆向运营成本 ccr，存在临界值 $u-H_0$，使当 $u-H_0 \leqslant ccr \leqslant u-\frac{c_n-1}{\alpha_1}$时，无法律约束时制造商的利润总是优于存在法律约束时制造商的利润；当$0 \leqslant ccr \leqslant u-H_0$时，两种情形下的利润相等。

第4章　确定及竞争情形下电子产品回收再制造决策模型研究

4.1　背景与假设

4.1.1　背景

第3章研究了新产品和再造品不存在市场竞争的情形。然而，在现实生活中，市场竞争的现象常有发生。Ferguson 和 Toktay（2006）考虑两阶段情形下新产品和再造品之间的竞争问题，研究发现，再制造成本存在一个临界值，当再制造成本高于临界值时，制造商只生产新产品。同样是研究产品竞争问题，Atasu 等（2008）考虑了市场中存在部分绿色消费者的情形。绿色消费者对新产品和再造品有相同的感知价格。也就是说，当两种产品质量相同时，绿色消费者更加倾向于再造品。研究发现，绿色消费者在市场中的比例存在一个临界值 β^*，他们分别得出实际值高（低）于临界值时制造商的最优定价决策。上述研究分别从产量与价格竞争的角度研究了新产品和再造品之间的竞争问题。换言之，上述研究的焦点在于制造商是否应该回收再制造。然而，随着全球经济一体化进程的加快以及产品生命周期的缩短，地球上每年产生的电子垃圾已经对人类的生存环境构成了严重的威胁。基于此，政府提出了谁生产、谁负责的原则，要求制造商承担生产者责任延伸制，对废旧产品进行回收再处理。在此背景下，本章从法律约束的角度研究新产品和再造品之间的产品竞争问题。

本章研究两个周期的情形。在第一个周期内，制造商仅生产新产品并在市场上销售。当新产品生命周期到达时，制造商回收旧产品用于再制造。在第二个周期内，制造商同时生产新产品和再造品并在市场上销售。具体而言，制造商的决策顺序如下：（1）制造商决策新产品的价格p_n；（2）制造商决定旧产品回收率 α；（3）制造商同时决策新产品和再造品的价格p_{2n}、p_{2r}。综上所述，本章研究两周期的情形，但是制造商的决策分为三个阶段，如图 4.1 所示。

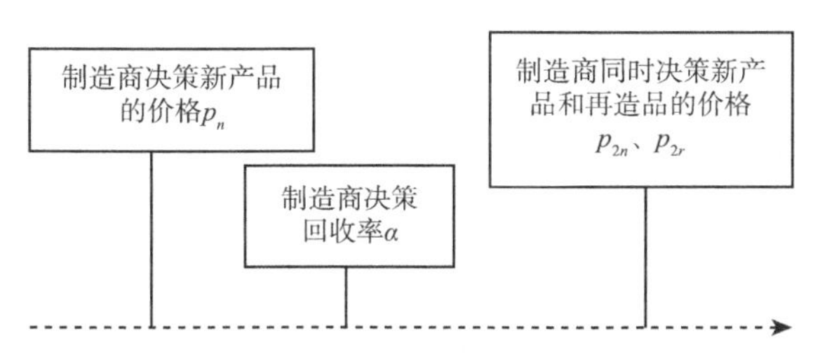

图 4.1　模型 *DCR*：制造商的决策顺序

4.1.2　假设

在模型建立之前，需要做一些必要的假设，具体如下：

（1）新产品和再造品的市场需求分别为确定情形（Savaskan et al.，2004；Savaskan et al.，2006；Atasu et al.，2008；Raz et al.，2014）。

（2）基于生产者责任延伸制，制造商需要完成政府制定的最小回收率α_0，且制造商有能力完成这个最小回收率。

（3）旧产品的最大回收率为 α_1。现有文献大部分假设回收率的上限值为1。然而在现实生活中，制造商往往不能回收到所有旧产品。因为有部分消费者通常会把旧产品保留在家里。如有人把旧手机存放在家里，一是为了以备不时之需，二是可能担心手机中安装的支付软件导致信息泄漏。还有部分旧产品会被非法走私到发展中国家（Esenduran et al.，2014）。基于此，本章假设回收率的上限值为 α_1。

（4）在不失一般性的前提下，假设市场容量为 1（Ferguson and Toktay，2006）。消费者对产品的质量表现出不同的偏好。假设消费者对新产品的支付意愿为 v，且服从 0 到 1 上的均分布。消费者对再造品的支付意愿为 δv，其中 $\delta \in (0,1)$，δ 可以理解为再造品对新产品的替代强度。δ 越大，说明消费者对再造品的认可程度越高。根据效用函数理论，可以推导出第一个阶段新产品需求函数为 $D_1 = 1 - p_n$。第三阶段新产品和再造品的市场需求函数分别为 $D_{2n} = \dfrac{1 - \delta - p_{2n} + p_{2r}}{1 - \delta}$，$D_{2r} = \dfrac{\delta p_{2n} - p_{2r}}{\delta(1 - \delta)}$（Atasu et al.，2008）。

（5）假设所有回收的旧产品都能用于再制造（Savaskan et al.，2004；Xu and Liu，2017）。第 5 章和第 6 章考虑再制造率为随机变量的情形。

（6）假设再造品的残值 k 大于等于旧产品再制造成本 c_r。回顾第 3 章，当 $k \geq c_r$ 时，制造商选择再制造所有旧产品。因为即使再造品没有以 p_r 的价格销售出去，制造商也可以通过获得残值 k 保障自身利益。基于此，本章假设制造商选择再制造所有旧产品，即不考虑再造品的产量决策。故在本章中制造商的决策分为三个阶段。

本章模型中所用到的符号及其定义如表 4.1 所示。

表 4.1　　第 4 章模型符号

	符号	定义
决策变量	p_n	第一阶段新产品价格
	α	第二阶段回收率
	p_{2n}	第三阶段新产品价格
	p_{2r}	第三阶段再造品价格
参数	c_n	新产品生产成本
	c_r	再造品生产成本
	c_c	旧产品回收成本
	k	再造品残值
	δ	再造品的替代强度
其他符号	D_1	第一个周期新产品市场需求
	D_{2n}	第二个周期新产品市场需求
	D_{2r}	第二个周期再造品市场需求

4.2　模型构建与分析

4.2.1　模型构建

基于上述描述，制造商的利润函数如下：

$$max\ \pi(p_n,\alpha,p_{2n},p_{2r}) = (p_n - c_n)D_1 + (p_{2n} - c_n)D_{2n} + (p_{2r} - c_r) min(\alpha D_1, D_{2r}) + (k - c_r)(\alpha D_1 - D_{2r})^+ - c_c \alpha D_1 \tag{4.1}$$

$$s.t.\ \alpha_0 \leqslant \alpha \leqslant \alpha_1 \tag{4.2}$$

其中，$D_1 = 1 - p_n$，$D_{2n} = \dfrac{1-\delta-p_{2n}+p_{2r}}{1-\delta}$，$D_{2r} = \dfrac{\delta p_{2n} - p_{2r}}{\delta(1-\delta)}$。式（4.1）表示制造商的利润函数。其中，第一项表示第一个周期新产品的利润；第二项表示第二个周期新产品的利润；第三项表示第二个周期再造品的利润；第四项表示第二个周期再造品产生的收益，即再造品产量超过市场需求带来的利润。约束式（4.2）表示制造商的回收率必须满足政府规定的要求，同时不超过上限值 α_1。

4.2.2　模型分析

本章采用逆向推导法，即从第三阶段开始分析，直到第一阶段。

第三阶段分析：给定第一阶段新产品的价格、第二阶段旧产品回收率时，求解第三阶段新产品和再造品的价格p_{2n}和p_{2r}。注意到目标函数（4.1）中出现 $min(\alpha D_1, D_{2r})$ 和 $(\alpha D_1 - D_{2r})^+$，因此需要讨论 αD_1和 D_{2r}的大小关系。分析发现 $\alpha D_1 \leqslant D_{2r}$被 $\alpha D_1 \geqslant D_{2r}$占优（详见附录 B）。接下来仅考虑 $\alpha D_1 \geqslant D_{2r}$。相应地，制造商的问题如下：

$$\max\ \pi(p_{2n},p_{2r}\mid p_n,\alpha)=(p_n-c_n)D_1+(p_{2n}-c_n)\frac{1-\delta-p_{2n}+p_{2r}}{1-\delta}+(p_{2r}-c_r)\frac{\delta p_{2n}-p_{2r}}{\delta(1-\delta)}+(k-c_r)(\alpha D_1-D_{2r})-c_c\alpha D_1 \quad (4.3)$$

$$s.t.\ 0\leqslant D_{2r}\leqslant\alpha D_1 \quad (4.4)$$

运用 KKT 条件，制造商第三阶段的最优决策如下。

定理 4.1：给定第一阶段新产品价格、第二阶段回收率时，制造商在第三阶段同时生产新产品和再造品的决策如表 4.2 所示。

表 4.2　　确定及竞争情形下制造商第三阶段的最优决策

	p_{2n}^*	p_{2r}^*	D_{2n}	D_{2r}	$\pi(\alpha,p_{2n}(\alpha),p_{2r}(\alpha)\mid p_n)$
$\alpha\leqslant\frac{h}{2\Delta D_1}$	$\frac{1+c_n}{2}$	$\frac{\delta(1+c_n)}{2}-\Delta\alpha D_1$	$\frac{1-c_n}{2}-\delta\alpha D_1$	αD_1	$-\Delta D_1^2\alpha^2+g_0D_1\alpha+\frac{(1-c_n)^2}{4}+(p_n-c_n)D_1$
$\alpha>\frac{h}{2\Delta D_1}$	$\frac{1+c_n}{2}$	$\frac{\delta+k}{2}$	$\frac{1-\delta+k-c_n}{2(1-\delta)}$	$\frac{\delta c_n-k}{2\delta(1-\delta)}$	$\frac{\delta c_n(2\delta+c_n-2-2k)+k^2+\Delta}{4\Delta}+s_1D_1\alpha+(p_n-c_n)D_1$

定理 4.1 表明，（1）给定制造商第一阶段和第二阶段的决策，制造商在第三阶段的旧产品回收率存在一个临界值，$\frac{h}{2\Delta D_1}$，使当 $\alpha\leqslant\frac{h}{2\Delta D_1}$时，再造品的产量刚好满足市场需求；当 $\alpha>\frac{h}{2\Delta D_1}$时，再造品的产量大于市场需求（通常情况下，当产品的市场需求确定时，制造商的产量应等于市场需求）。本章假设制造商对所有旧产品进行再制造，并且再造品的残值大于其对应的生产成本（详见 4.1.2 小节中假设（6），因此，对制造商而言，最优产量为其上限值）；（2）新产品的价格完全独立于回收率 α 与替代强度 δ，仅与其自身的生产成本有关。该结论与 Moorthy（1984）、Ferguson 和 Koenigsberg（2007）相似。

第一阶段和第二阶段分析：在求解出第三阶段的最优决策后，现在分析制造商第一阶段和第二阶段的最优决策（注意到，在求解过程中发现最优回收率和新产品价格与模型 $DCNA$ 和模型 $DCNB$ 均有关。因此需要对模型 $DCNA$ 和模型 $DCNB$ 中的所有可能解进行比较，然后从中找出唯一最优。因此把第一阶段和第二阶段的决策放在一起分析）。

在获得第三阶段新产品和再造品的最优价格后，同时给定第一阶段新产品的价格，制造商面临如下问题。

$$\pi(\alpha \mid p_n)=\begin{cases}-\Delta D_1^2\alpha^2+g_0D_1\alpha+\dfrac{(1-c_n)^2}{4}+(p_n-c_n)D_1, & M\geqslant 1\\ s_1D_1\alpha+\dfrac{\delta c_n(\delta+c_n-2-2k)+k^2+\Delta}{4\Delta}+(p_n-c_n)D_1, & M\leqslant 1\end{cases} \tag{4.5}$$

其中 $M=\dfrac{h}{2\Delta D_1\alpha}$，$h=\delta c_n-k,\Delta=\delta(1-\delta)$，$g_0=\delta c_n-ccr$，$s_1=k-ccr$，$ccr=c_c+c_r$。在本章中，称 $M\geqslant 1$ 为情形 A，$M\leqslant 1$ 为情形 B。

4.3　基准情形：模型 *DCN*

本节讨论没有法律约束的情形，即政府没有给制造商设置最小回收比例 α_0，此时 $\alpha_0=0$。在本章中，用字母 C（Competition）表示两种产品存在竞争的情形。用字母 D（Deterministic）表示确定性的情形，用字母 N（No regulation）表示没有法律约束的情形，用字母 R（Regulation）表示存在法律约束的情形。即模型 DCN 表示确定及竞争情形下不存在法律约束，模型 DCR 表示确定及竞争情形下存在法律约束。

4.3.1　模型 *DCNA*

首先考虑情形 A，即 $M=\dfrac{h}{2\Delta D_1\alpha}\geqslant 1$，在没有法律约束时称其为模型 $DCNA$。注意到 $M=\dfrac{h}{2\Delta D_1\alpha}\geqslant 1$ 可以转化成关于 α 的约束，$\alpha\leqslant\dfrac{h}{2\Delta D_1}=T$。又

$\alpha \leqslant \alpha_1$。基于此，关于 α 的约束需要分别考虑 $\alpha \leqslant T \leqslant \alpha_1$ 和 $\alpha \leqslant \alpha_1 \leqslant T$，注意到制造商的利润函数和式（4.5）相同。综上所述，制造商面临的问题如下：

$$DCNA-1: \pi(\alpha) = -\Delta D_1^2\alpha^2 + g_0 D_1\alpha + \frac{(1-c_n)^2}{4} + (p_n - c_n)D_1 \quad (4.6)$$

$$s.t.\ \alpha \leqslant T \leqslant \alpha_1 \quad (4.7)$$

$$DCNA-2: \pi(\alpha) = -\Delta D_1^2\alpha^2 + g_0 D_1\alpha + \frac{(1-c_n)^2}{4} + (p_n - c_n)D_1$$

$$s.t.\ \alpha \leqslant \alpha_1 \leqslant T \quad (4.8)$$

4.3.2 模型 *DCNB*

类似地，称情形 B，即 $M = \dfrac{h}{2\Delta D_1\alpha} \leqslant 1$，在没有法律约束时为模型 *DCNB*。该约束可转化为关于 α 的约束，即 $\alpha \geqslant \dfrac{h}{2\Delta D_1} = T$。由于回收率不能超过其上限值，因此，在模型 *DCNB* 中，回收率 α 的约束为 $T \leqslant \alpha \leqslant \alpha_1$。相应地，制造商的利润函数可以转换为：

$$\pi(\alpha) = s_1 D_1\alpha + \frac{\delta c_n(\delta + c_n - 2 - 2k) + k^2 + \Delta}{4\Delta} + (p_n - c_n)D_1 \quad (4.9)$$

$$s.t.\ T \leqslant \alpha \leqslant \alpha_1 \quad (4.10)$$

4.4 求解模型 *DCN*

在本节中，模型 *DCN* 包含模型 *DCNA* 和模型 *DCNB*。因此，需要分别求解模型 *DCNA* 和模型 *DCNB*。为方便表示，记 $g_{11} = \dfrac{(1+\Delta\alpha_1^2)h - \Delta H_1}{\Delta\alpha_1^2}$，$g_{00} = \dfrac{(1+\Delta\alpha_0^2)h - \Delta H_0}{\Delta\alpha_0^2}$，$g_{01} = \dfrac{(1+\Delta\alpha_0^2)h - \Delta H_1}{\Delta\alpha_0\alpha_1}$，$g_{10} = \dfrac{(1+\Delta\alpha_0\alpha_1)h - \Delta H_0}{\Delta\alpha_0\alpha_1}$。

4.4.1　求解模型 *DCNA*

对于模型 $DCNA$，存在两个关于 α 的约束，$\alpha \leqslant T \leqslant \alpha_1$ 和 $\alpha \leqslant \alpha_1 \leqslant T$。先考虑第一个约束，由 4.3.1 小节可知，制造商面临的问题如下：

$$DCNA-1: \pi(\alpha) = -\Delta D_1^2 \alpha^2 + g_0 D_1 \alpha + \frac{(1-c_n)^2}{4} + (p_n - c_n) D_1;$$

$s.t.\ \alpha \leqslant T \leqslant \alpha_1$。

求解制造商利润函数关于回收率 α 的一阶导数，可以得到 $\frac{\partial \pi(\alpha)}{\partial \alpha} = -2\Delta D_1^2 \alpha + g_0 D_1$。

（1）当 $g_0 \leqslant 0$，即 $ccr \geqslant \delta c_n$ 时，$\frac{\partial \pi(\alpha)}{\partial \alpha} \leqslant 0$。此时制造商的利润函数是关于回收率的减函数。在无法律约束时，最优回收率 $\alpha^{DCNA*} = 0$。相应地，制造商的问题如下：

$$\pi(p_n) = -p_n^2 + (1+c_n)p_n - c_n + \frac{(1-c_n)^2}{4} \tag{4.11}$$

此时 p_n 的最优值为 $\frac{1+c_n}{2}$。

（2）当 $g_0 \geqslant 0$ 时，令 $\frac{\partial \pi(\alpha)}{\partial \alpha} = 0$，可以得到 $\alpha_{DCNA} = \frac{g_0}{2\Delta D_1}$。此时 α 的最优值存在两种情况：当 $\alpha_{DCNA} \leqslant T$ 时，$\alpha^{DCNA*} = \alpha_{DCNA}$；当 $\alpha_{DCNA} \geqslant T$ 时，$\alpha^{DCNA*} = T$。针对上述两种情况，现在分析第一阶段新产品价格的取值情况。

（i）$\alpha_{DCNA} \leqslant T$，$\alpha^{DCNA*} = \alpha_{DCNA}$。

$$\pi(p_n) = -p_n^2 + (1+c_n)p_n + \frac{g_0^2}{4\Delta} - c_n + \frac{(1-c_n)^2}{4} \tag{4.12}$$

$$s.t. \begin{cases} p_n \leqslant p_{h1} \\ k \leqslant ccr \leqslant \delta c_n \end{cases} \tag{4.13}$$

求解目标函数对 p_n 的一阶导数并令其等于 0，可以得到 $p_{nA}^{DCNA*} = \frac{1+c_n}{2}$。

类似地，p_n的最优解存在两种情况。

（i－1）$p_n^{DCNA*}=p_{nA}^{DCNA*}$。此时需要同时满足条件$p_{nA}^{DCNA*}\leqslant p_{h1}$和$k\leqslant ccr\leqslant\delta c_n$。注意到$p_{nA}^{DCNA*}\leqslant p_{h1}$等价于$h\leqslant\Delta H_1$。因此，取得该最优解所需满足的条件为（$h\leqslant\Delta H_1$ & $k\leqslant ccr\leqslant\delta c_n$）。

（i－2）$p_n^{DCNA*}=p_{h1}$。此时需要同时满足条件$p_{nA}^{DCNA*}\leqslant p_{h1}$和$k\leqslant ccr\leqslant\delta c_n$。注意到$p_{nA}^{DCRA*}\leqslant p_{h1}$等价于$h\leqslant\Delta H_1$。因此，取得该最优解所需满足的条件为（$h\leqslant\Delta H_1$ & $k\leqslant ccr\leqslant\delta c_n$）。

（ii）$\alpha_{DCNA}\leqslant T$，$\alpha^{DCNA*}=T$。

$$\pi(p_n)=-p_n^2+(1+c_n)p_n+\frac{2g_0h-\Delta h^2}{4}-c_n+\frac{(1-c_n)^2}{4} \tag{4.14}$$

$$s.t.\begin{cases}p_n\leqslant p_{h1}\\ ccr\leqslant k\end{cases} \tag{4.15}$$

求解目标函数对p_n的一阶导数并令其等于0，可以得到$p_{nT}^{DCNA*}=\dfrac{1+c_n}{2}$。类似地，$p_n$的最优解存在两种情况。

（ii－1）$p_n^{DCNA*}=p_{nT}^{DCNA*}$。此时需要同时满足条件$p_{nT}^{DCNA*}\leqslant p_{h1}$和$ccr\leqslant k$。注意到$p_{nT}^{DCNA*}\leqslant p_{h1}$等价于$h\leqslant\Delta H_1$。因此，取得该最优解所需满足的条件为（$h\leqslant\Delta H_1$ & $ccr\leqslant k$）。

（ii－2）$p_n^{DCNA*}=p_{h1}$。此时需要同时满足条件$p_{nT}^{DCNA*}\leqslant p_{h1}$和$ccr\leqslant k$。注意到$p_{nT}^{DCNA*}\leqslant p_{h1}$等价于$h\leqslant\Delta H_1$。因此，取得该最优解所需满足的条件为（$h\geqslant\Delta H_1$ & $ccr\leqslant k$）。

为方便阅读，模型$DCNA$满足$\alpha\leqslant T\leqslant\alpha_1$ & $g_0\geqslant0$时的所有可能解见附录B。接下来分析模型$DCNA$满足$\alpha\leqslant\alpha_1\leqslant T$ & $g_0\geqslant0$时的所有可能解。制造商的问题如下：

$$DCNA-2\text{：}\pi(\alpha)=-\Delta D_1^2\alpha^2+g_0D_1\alpha+\frac{(1-c_n)^2}{4}+(p_n-c_n)D_1;$$

$s.t.\ \alpha\leqslant\alpha_1\leqslant T$。

类似于$DCNA-1$，最优回收率存在两种情况：当$\alpha_{DCNA}\leqslant\alpha_1$时，$\alpha^{DCNA*}=\alpha_{DCNA}$；当$\alpha_{DCNA}\geqslant\alpha_1$时，$\alpha^{DCNA*}=\alpha_1$。针对上述两种情况，现在分析第一阶

段新产品价格的取值情况。

（i）$\alpha_{DCNA} \leqslant \alpha_1$，$\alpha^{DCNA*} = \alpha_{DCNA}$。

$$\pi(p_n) = -p_n^2 + (1+c_n)p_n + \frac{g_0^2}{4\Delta} - c_n + \frac{(1-c_n)^2}{4}$$

$$s.t. \begin{cases} p_{h1} \leqslant p_n \leqslant p_{n1}^{DCRA} \\ k \leqslant ccr \leqslant \delta c_n \end{cases} \tag{4.16}$$

其中$p_{h1} = 1 - \frac{h}{2\Delta\alpha_1}$，$p_{n1}^{DCNA} = 1 - \frac{g_0}{2\Delta\alpha_1}$，$h = \delta c_n - k$。类似地，$p_n$的最优解存在三种情况。求解目标函数对$p_n$的一阶导数并令其等于0，可以得到$p_{nA}^{DCNA*} = \frac{1+c_n}{2}$。

（i-1）$p_n^{DCNA*} = p_{h1}$。此时需要同时满足条件$p_{nA}^{DCNA*} \leqslant p_{h1}$和$k \leqslant ccr \leqslant \delta c_n$。注意到$p_{nA}^{DCNA*} \leqslant p_{h1}$等价于$h \leqslant \Delta H_1$。因此，取得该最优解所需满足的条件为（$h \leqslant \Delta H_1$ & $k \leqslant ccr \leqslant \delta c_n$）。

（i-2）$p_n^{DCNA*} = p_{nA}^{DCNA*}$。此时需要同时满足条件$p_{h1} \leqslant p_{nA}^{DCNA*} \leqslant p_{n1}^{DCNA}$和$k \leqslant ccr \leqslant \delta c_n$。注意到$p_{h1} \leqslant p_{nA}^{DCNA*} \leqslant p_{n1}^{DCNA}$等价于$h \leqslant \Delta H_1$ & $ccr \leqslant \delta c_n - \Delta H_1$。因此，取得该最优解所需满足的条件为（$h \leqslant \Delta H_1$ & $\delta c_n - \Delta H_1 \leqslant ccr \leqslant \delta c_n$）。

（i-3）$p_n^{DCNA*} = p_{n1}^{DCNA}$。此时需要同时满足条件$p_{nA}^{DCNA*} \leqslant p_{n1}^{DCNA}$和$k \leqslant ccr \leqslant \delta c_n$。注意到$p_{nA}^{DCNA*} \leqslant p_{n1}^{DCNA}$等价于$ccr \leqslant \delta c_n - \Delta H_1$。因此，取得该最优解所需满足的条件为（$h \leqslant \Delta H_1$ & $\delta c_n - h \leqslant ccr \leqslant \delta c_n - \Delta H_1$）。

（ii）$\alpha_{DCNA} \leqslant \alpha_1$，$\alpha^{DCNA*} = \alpha_1$。

$$\pi(p_n) = (-1 - \Delta\alpha_1^2)p_n^2 + (1 + 2\Delta\alpha_1^2 - g_0\alpha_1 + c_n)p_n - \Delta\alpha_1^2 + g_0\alpha_1 - c_n + \frac{(1-c_n)^2}{4} \tag{4.17}$$

$$s.t. \begin{cases} p_n \leqslant p_{n1}^{DCNA} \\ k \leqslant ccr \leqslant \delta c_n \end{cases} \tag{4.18}$$

$$\text{or } s.t. \begin{cases} p_n \leqslant p_{h1} \\ ccr \leqslant k \end{cases} \tag{4.19}$$

其中$p_{n1}^{DCNA}=1-\frac{g_0}{2\Delta\alpha_1}$。存在两个约束，先求解约束式（4.18），计算式（4.17）对p_n的一阶导数并令其等于0，可以得到$p_{n1}^{DCNA*}=\frac{1+c_n-g_0\alpha_1+2\Delta\alpha_1^2}{2(\Delta\alpha_1^2+1)}$。

（ii－11）$p_n^{DCNA*}=p_{n1}^{DCNA*}$。此时需要同时满足条件$p_{n1}^{DCNA*}\leqslant p_{n1}^{DCNA}$和$k\leqslant ccr\leqslant\delta c_n$。注意到$p_{n1}^{DCNA*}\leqslant p_{n1}^{DCNA}$等价于$ccr\leqslant\delta c_n-\Delta H_1$。因此，取得该最优解所需满足的条件为（$h\leqslant\Delta H_1$ & $k\leqslant ccr\leqslant\delta c_n-\Delta H_1$）。

（ii－12）$p_n^{DCNA*}=p_{n1}^{DCNA}$。此时需要同时满足条件$p_{n1}^{DCNA*}\leqslant p_{n1}^{DCNA}$和$k\leqslant ccr\leqslant\delta c_n$。注意到$p_{n1}^{DCNA*}\leqslant p_{n1}^{DCNA}$等价于$ccr\leqslant\delta c_n-\Delta H_1$。因此，取得该最优解所需满足的条件为（$h\leqslant\Delta H_1$ & $k\leqslant ccr\leqslant\delta c_n$）∪（$h\leqslant\Delta H_1$ & $\delta c_n-\Delta H_1\leqslant ccr\leqslant\delta c_n$）。

对于约束式（4.19），解的情况如下：

（ii－21）$p_n^{DCNA*}=p_{n1}^{DCNA*}$。此时需要同时满足条件$p_{n1}^{DCNA*}\leqslant p_{h1}$和$ccr\leqslant k$。注意到$p_{n1}^{DCNA*}\leqslant p_{h1}$等价于$ccr\leqslant\delta c_n-\frac{(1+\Delta\alpha_1^2)h-\Delta H_1}{\Delta\alpha_1^2}$。因此，取得该最优解所需满足的条件为（$h\leqslant\Delta H_1$ & $\delta c_n-g_{11}\leqslant ccr\leqslant k$）。

（ii－22）$p_n^{DCNA*}=p_{h1}$。此时需要同时满足条件$p_{n1}^{DCNA*}\leqslant p_{h1}$和$ccr\leqslant k$。注意到$p_{n1}^{DCNA*}\leqslant p_{h1}$等价于$ccr\leqslant\delta c_n-g_{11}$。因此，取得该最优解所需满足的条件为（$h\leqslant\Delta H_1$ & $ccr\leqslant\delta c_n-g_{11}$）∪（$h\leqslant\Delta H_1$ & $ccr\leqslant k$）。

为方便阅读，模型$DCNA$满足$\alpha\leqslant\alpha_1\leqslant T$ & $g_0\leqslant 0$时的所有可能解见附录B。为了清晰地描述各个区间的最优解，以及方便后面进行比较，图4.2描述模型$DCNA$所有可能解及对应的区间（注意，还应考虑$g_0\leqslant 0$的情形）。

在区间①中，只有唯一解，$\left(\alpha^{DCNA*}=0,p_n^{DCNA*}=\frac{1+c_n}{2}\right)$。

在区间②中，有三组解，（$\alpha_{DCNA},p_{nA}^{DCNA*}$），（$\alpha_{DCNA},p_{h1}$）以及（$\alpha_1$，$p_{n1}^{DCNA}$）。

在区间③中，有三组解，（$\alpha_{DCNA},p_{nA}^{DCNA*}$），（$\alpha_{DCNA},p_{h1}$）以及（$\alpha_1$，$p_{n1}^{DCNA}$）。

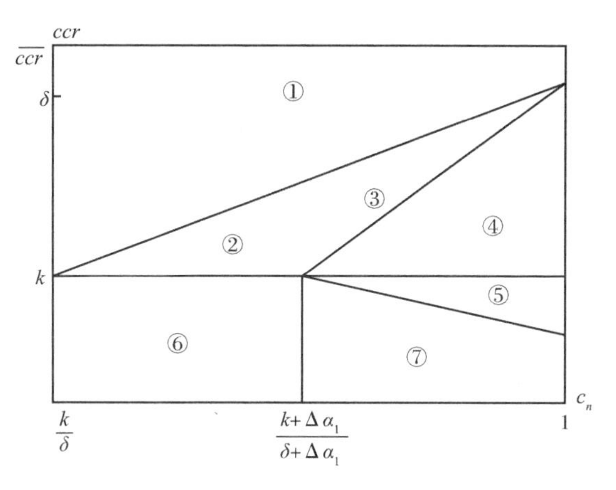

图 4.2 模型 *DCNA* 所有可能解对应的区间

在区间④中，有三组解，(α_1, p_{n1}^{DCNA*})，(α_{DCNA}, p_{h1}) 以及 (α_{DCNA}, p_{n1}^{DCNA})。

在区间⑤中，有两组解，(α_1, p_{n1}^{DCNA*}) 和 (T, p_{h1})。

在区间⑥中，有两组解，(α_1, p_{h1}) 和 (T, p_{nT}^{DCNA*})。

在区间⑦中，有两组解，(T, p_{h1}) 和 (α_1, p_{h1})。

到目前为止，已经找出模型 *DCNA* 各个区间对应的所有可能解。接下来将采用同样的方法找出模型 *DCNB* 各个区间对应的所有可能解，最后对两个模型中共同区间的所有可能解进行比较，从而找出各个区间中唯一最优解。

4.4.2 求解模型 *DCNB*

对于模型 *DCNB*，由 4.3.2 小节可知，制造商的问题如下：

$$\pi(\alpha) = s_1 D_1 \alpha + \frac{\delta c_n(2\delta + c_n - 2 - 2k) + k^2 + \Delta}{4\Delta} + (p_n - c_n) D_1;$$

$s.t.\ T \leqslant \alpha \leqslant \alpha_1$。

易发现目标函数是关于 α 的线性函数，即当$s_1 \geqslant 0$ 时，$\alpha^{DCRB*} = \alpha_1$。否则 $\alpha^{DCRB*} = T$。

（i）$s_1 \geqslant 0$，$\alpha^{DCNB*} = \alpha_1$。

$$\pi(\alpha) = -p_n^2 + (1 + c_n - \alpha_1 s_1)p_n + \alpha_1 s_1 - c_n + \frac{\delta c_n(2\delta + c_n - 2 - 2k) + k^2 + \Delta}{4\Delta} \tag{4.20}$$

$$s.t. \begin{cases} p_n \leqslant p_{h1} \\ s_1 \geqslant 0 \end{cases} \tag{4.21}$$

目标函数是关于p_n的二次函数且为凹。p_n的最优解包含两种情况：当$p_{n1}^{DCNB*} \leqslant p_{h1}$时，$p_n^{DCNB*} = p_{n1}^{DCNB*}$；当$p_{n1}^{DCNB*} \geqslant p_{h1}$时，$p_n^{DCNB*} = p_{h1}$。接下来分析获得最优解时所需满足的条件。

（i-1）$p_n^{DCNB*} = p_{n1}^{DCNB*}$，此时需要同时满足条件$p_{n1}^{DCNB*} \leqslant p_{h1}$和$s_1 \geqslant 0$。注意到$p_{n1}^{DCNB*} \leqslant p_{h1}$等价于$s_1 \geqslant \frac{h - \Delta H_1}{\Delta\alpha_1^2}$。$s_1 \geqslant 0$ 等价于 $ccr \leqslant k$。因此，取得该最优解所需满足的条件为（$h \leqslant \Delta H_1$ & $ccr \leqslant \delta c_n - g_{11}$）∪（$h \leqslant \Delta H_1$ & $ccr \leqslant k$）。

（i-2）$p_n^{DCNB*} = p_{h1}$，此时需要同时满足条件$p_{n1}^{DCNB*} \leqslant p_{h1}$和$s_1 \leqslant 0$。注意到$p_{n1}^{DCNB*} \leqslant p_{h1}$等价于$s_1 \leqslant \frac{h - \Delta H_1}{\Delta\alpha_1^2}$。$s_1 \leqslant 0$ 等价于 $ccr \leqslant k$。因此，取得该最优解所需满足的条件为（$h \leqslant \Delta H_1$ & $\delta c_n - g_{11} \leqslant ccr \leqslant k$）。

（ii）$s_1 \leqslant 0$，$\alpha^{DCNB*} = T$。

$$\pi(\alpha) = -p_n^2 + (1 + c_n)p_n + \frac{hs_1}{2\delta} - c_n + \frac{\delta c_n(2\delta + c_n - 2 - 2k) + k^2 + \Delta}{4\Delta} \tag{4.22}$$

$$s.t. \begin{cases} p_n \leqslant p_{h1} \\ s_1 \leqslant 0 \end{cases} \tag{4.23}$$

目标函数是关于p_n的二次函数且为凹，求解目标函数关于p_n的一阶导数并令其等于0，可以得到$p_{nT}^{DCNB*} = \frac{1 + c_n}{2}$。类似地，$p_n$的最优解包含两种情况：当$p_{nT}^{DCNB*} \leqslant p_{h1}$时，$p_n^{DCNB*} = p_{nT}^{DCNB*}$；当$p_{nT}^{DCNB*} \leqslant p_{h1}$时，$p_n^{DCNB*} = p_{h1}$。接下来分析获得最优解时所需满足的条件。

(ii-1) $p_n^{DCNB*}=p_{nT}^{DCRB*}$，此时需要同时满足条件$p_{nT}^{DCNB*}\leqslant p_{h1}$和$s_1\leqslant 0$。注意到$p_{nT}^{DCNB*}\leqslant p_{h1}$等价于$h\leqslant \Delta H_1$。$s_1\leqslant 0$等价于$ccr\leqslant k$。因此，取得该最优解所需满足的条件为（$h\leqslant \Delta H_1$ & $ccr\leqslant k$）。

(ii-2) $p_n^{DCNB*}=p_{h1}$，此时需要同时满足条件$p_{nT}^{DCNB*}\leqslant p_{h1}$和$s_1\leqslant 0$。注意到$p_{nT}^{DCNB*}\leqslant p_{h1}$等价于$h\leqslant \Delta H_1$。$s_1\leqslant 0$等价于$ccr\leqslant k$。因此，取得该最优解所需满足的条件为（$h\leqslant \Delta H_1$ & $ccr\leqslant k$）。

为方便阅读，模型*DCNB*满足$T\leqslant \alpha\leqslant \alpha_1$时的所有可能解见附录*B*。图4.3描述模型*DCNA*所有可能解。

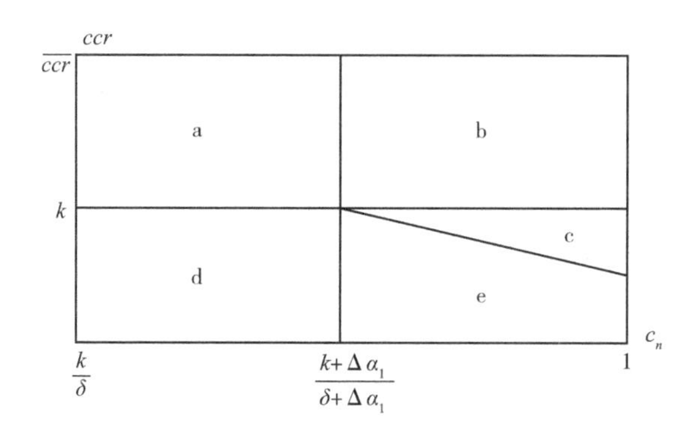

图4.3 模型*DCNB*所有可能解对应的区间

在区间a中，只有唯一解，(T, p_{nT}^{DCNB*})。

在区间b中，只有唯一解，(T, p_{h1})。

在区间c中，只有唯一解，(α_1, p_{h1})。

在区间d中，只有唯一解，$(\alpha_1, p_{n1}^{DCNB*})$。

在区间e中，只有唯一解，$(\alpha_1, p_{n1}^{DCNB*})$。

以上为模型*DCNB*中各个区间对应的所有可能最优解。接下来对两个模型（*DCNA*和*DCNB*）共同区间中的所有可能解进行比较，从而找出各个区间中唯一最优解。图4.4描述了两个模型的共同区间，即模型*DCN*的各个区间及其对应的最优解。

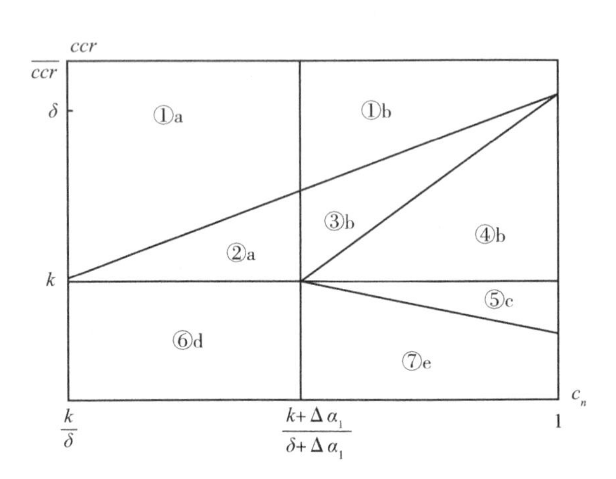

图 4.4 模型 *DCN* 所有可能解对应的区间

公共区间①a

在该区间中，所有可能的解分别是 $\left(0,\frac{1+c_n}{2}\right)$ 和 (T,p_{nT}^{DCNB*})。其中 $\left(0,\frac{1+c_n}{2}\right)$ 隶属于 $M\geqslant1$。(T,p_{nT}^{DCNB*}) 隶属于 $m\leqslant1$ & $T\leqslant\alpha\leqslant\alpha_1$。对于 (T,p_{nT}^{DCNB*})，最优回收率 $\alpha^{DCNB*}=T$，$M=\frac{h}{2\Delta D_1\alpha^{DCNB*}}=1$，即为 $M\geqslant1$ 的特殊情况。因此在公共区间①a 中，唯一的最优解为 $\left(0,\frac{1+c_n}{2}\right)$。

公共区间①b

在该区间中，所有可能的解分别是 $\left(0,\frac{1+c_n}{2}\right)$ 和 (T,p_{h1})。其中 $\left(0,\frac{1+c_n}{2}\right)$ 隶属于 $M\geqslant1$。(T,p_{h1}) 隶属于 $m\leqslant1$ & $T\leqslant\alpha\leqslant\alpha_1$。$M=\frac{h}{2\Delta D_1\alpha^{DCNB*}}=1$，即为 $M\geqslant1$ 的特殊情况。在公共区间①b 中，唯一的最优解为 $\left(0,\frac{1+c_n}{2}\right)$。

公共区间②a

在该区间中，所有可能的解分别是 $(\alpha_{DCNA},p_{nA}^{DCNA*})$、$(\alpha_{DCNA},p_{h1})$、

$(\alpha_1, p_{n1}^{DCNA})$ 以及 (T, p_{nT}^{DCNB*})。其中 $(\alpha_{DCNA}, p_{nA}^{DCNA*})$ 隶属于 $M \geqslant 1$ & $\alpha \leqslant T \leqslant \alpha_1$。$(\alpha_{DCNA}, p_{h1})$ 和 $(\alpha_1, p_{n1}^{DCNA})$ 隶属于 $M \geqslant 1$ & $\alpha \leqslant \alpha_1 \leqslant T$。$(T, p_{nT}^{DCNB*})$ 隶属于 $m \leqslant 1$ & $T \leqslant \alpha \leqslant \alpha_1$。

$$\pi(\alpha_{DCNA}, p_{nA}^{DCNA*}) - \pi(\alpha_1, p_{n1}^{DCNA}) = \frac{(g_0 - \Delta H_1)^2}{4\Delta\alpha_1^2} \geqslant 0;$$

$$\pi(\alpha_{DCNA}, p_{nA}^{DCNA*}) - \pi(\alpha_{DCNA}, p_{h1}) = \frac{(h - \Delta H_1)^2}{4\Delta\alpha_1^2} \geqslant 0。$$

同理，(T, p_{nT}^{DCNB*}) 被 $M \geqslant 1$ 的情况占优。综上所述，在公共区间②a 中，唯一的最优解为 $(\alpha_{DCNA}, p_{nA}^{DCNA*})$。

公共区间③b

在该区间中，所有可能的解分别是 (α_{DCNA}, p_{h1})、$(\alpha_{DCNA}, p_{nA}^{DCNA*})$、$(\alpha_1, p_{n1}^{DCNA})$ 以及 (T, p_{h1})。其中 (α_{DCNA}, p_{h1}) 隶属于 $M \geqslant 1$ & $\alpha \leqslant T \leqslant \alpha_1$。$(\alpha_{DCNA}, p_{nA}^{DCNA*})$ 和 $(\alpha_1, p_{n1}^{DCNA})$ 隶属于 $M \geqslant 1$ & $\alpha \leqslant \alpha_1 \leqslant T$。$(T, p_{h1})$ 隶属于 $m \leqslant 1$ & $T \leqslant \alpha \leqslant \alpha_1$。类似于公共区间②a，在公共区间③b 中，唯一的最优解为 $(\alpha_{DCNA}, p_{nA}^{DCNA*})$。

公共区间④b

在该区间中，所有可能的解分别是 (α_{DCNA}, p_{h1})、$(\alpha_1, p_{n1}^{DCNA*})$、$(\alpha_{DCNA}, p_{n1}^{DCNA})$ 以及 (T, p_{h1})。其中 (α_{DCNA}, p_{h1}) 隶属于 $M \geqslant 1$ & $\alpha \leqslant T \leqslant \alpha_1$。$(\alpha_1, p_{n1}^{DCNA*})$ 和 $(\alpha_{DCNA}, p_{n1}^{DCNA})$ 隶属于 $M \geqslant 1$ & $\alpha \leqslant \alpha_1 \leqslant T$。$(T, p_{h1})$ 隶属于 $m \leqslant 1$ & $T \leqslant \alpha \leqslant \alpha_1$。

$$\pi(\alpha_{DCNA}, p_{h1}) - \pi(\alpha_{DCNA}, p_{n1}^{DCNA}) = \frac{g_0^2 - 2\Delta H_1 g_0 + 2h\Delta H_1 - h^2}{4\Delta\alpha_1^2}。$$

方程开口向上且有两个实根 h 和 $2\Delta H_1 - h$，且 $h \geqslant 2\Delta H_1 - h$。又方程的对称轴为$\Delta H_1 \geqslant 0$，由于在区间④b 中，$H_1 \leqslant g_0 \leqslant h$，可以得出 $\pi(\alpha_{DCNA}, p_{h1}) \leqslant \pi(\alpha_{DCNA}, p_{n1}^{DCNA})$。

$$\pi(\alpha_1, p_{n1}^{DCNA*}) - \pi(\alpha_{DCNA}, p_{n1}^{DCNA}) = \frac{(g_0 - \Delta H_1)^2}{4\Delta^2\alpha_1^2(\Delta^2\alpha_1^2 + 1)} \geqslant 0。$$

又 (T, p_{h1}) 被 $M \geqslant 1$ 的情况占优。综上所述，在公共区间④b 中，唯一的最优解为 $(\alpha_1, p_{n1}^{DCNA*})$。

公共区间⑤c

在该区间中，所有可能的解分别是（T,p_{h1}）、（α_1,p_{n1}^{DCNA*}）和（α_1,p_{h1}）。其中（T,p_{h1}）和（α_1,p_{n1}^{DCNA*}）分别隶属于 $M\geqslant1\ \&\ \alpha\leqslant T\leqslant\alpha_1$ 和 $M\geqslant1\ \&\ \alpha\leqslant\alpha_1\leqslant T$。（$\alpha_1,p_{h1}$）隶属于 $m\leqslant1\ \&\ T\leqslant\alpha\leqslant\alpha_1$。

对于（α_1,p_{h1}），$M=\dfrac{h}{2\Delta D_1\alpha^{DCNB*}}=1$，为 $M\geqslant1$ 的特殊情况。同理，（T,p_{h1}）被（α_1,p_{h1}）占优。综上所述，在公共区间⑤c 中，唯一的最优解为（α_1,p_{n1}^{DCNA*}）。

公共区间⑥d

在区间⑥d 中，所有可能的解分别是（T,p_{nT}^{DCNA*}）、（α_1,p_{H1}）和（α_1,p_{n1}^{DCNB*}）。其中（T,p_{nT}^{DCNA*}）和（α_1,p_{H1}）分别隶属于 $M\geqslant1\ \&\ \alpha\leqslant T\leqslant\alpha_1$ 和 $M\geqslant1\ \&\ \alpha\leqslant\alpha_1\leqslant T$。（$\alpha_1,p_{n1}^{DCNB*}$）隶属于 $m\leqslant1\ \&\ T\leqslant\alpha\leqslant\alpha_1$。

对于（α_1,p_{H1}），$M=\dfrac{h}{2\Delta D_1\alpha^{DCNA*}}=1$，为 $M\leqslant1$ 的特殊情况。同理，（T,p_{nT}^{DCNA*}）被（α_1,p_{n1}^{DCNB*}）占优。综上所述，公共区间⑥d 中，唯一的最优解为（α_1,p_{n1}^{DCNB*}）。

公共区间⑦e

在区间⑦e 中，所有可能的解分别是（T,p_{h1}）、（α_1,p_{h1}）和（α_1,p_{n1}^{DCNB*}）。其中（T,p_{h1}）和（α_1,p_{h1}）分别隶属于 $M\geqslant1\ \&\ \alpha\leqslant T\leqslant\alpha_1$ 和 $M\geqslant1\ \&\ \alpha\leqslant\alpha_1\leqslant T$。（$\alpha_1,p_{n1}^{DCNB*}$）隶属于 $m\leqslant1\ \&\ T\leqslant\alpha\leqslant\alpha_1$。同理可知，在公共区间⑦e 中，唯一的最优解是（$\alpha_1,p_{n1}^{DCNB*}$）。

注意到在①a 和①b 中，有同样的最优解 $\left(0,\dfrac{1+c_n}{2}\right)$，把这两个区间合并为一个区间 $DCN1$。在②a 和③b 中，有同样的最优解（$\alpha_{DCNA},p_{nA}^{DCNA*}$），合并为一个区间 $DCN2$。在④b 和⑤c 中，有同样的最优解（α_1,p_{n1}^{DCNA*}），合并为一个区间 $DCN3$。在⑥d 和⑦e 中，有同样的最优解（α_1,p_{n1}^{DCNB*}），合并为一个区间 $DCN4$。考虑到市场需求需要满足 $D_1\geqslant0$，使逆向运营成本存在上限约束，即 $ccr\leqslant\overline{ccr}=\delta c_n-\dfrac{c_n-1}{\alpha_1}$。令 $\delta c_n-g_{11}=0$，可得 $c_{nmax}^{DC}=$

$\frac{\Delta\alpha_1^2 k+\Delta\alpha_1+k}{\Delta\alpha_1+\delta}\leqslant 1$。

4.5　模型 *DCN* 计算结果

4.4 节给出了模型 *DCN* 的详细计算过程，得出了模型 *DCN* 各个区间的最优解，详见定理 4.2。

定理 4.2：在模型 *DCN* 中，第一阶段新产品价格、第二阶段旧产品回收率以及第三阶段新产品和再造品的最优价格如表 4.3 所示。

表 4.3　　模型 *DCN*：确定及竞争情形下不存在法律约束时制造商的最优决策

区间	p_n^{DCN*}	α^{DCN*}	p_{2n}^{DCN*}	p_{2r}^{DCN*}	D_{2n}^{DCN*}	D_{2r}^{DCN*}
*DCN*1	$\frac{1+c_n}{2}$	0	$\frac{1+c_n}{2}$	*N/A*	$\frac{1-c_n}{2}$	*N/A*
*DCN*2	$\frac{1+c_n}{2}$	$\frac{\delta c_n-ccr}{\Delta(1-c_n)}$	$\frac{1+c_n}{2}$	$\frac{\delta(1+c_n)-g_0}{2}$	$\frac{\Delta(1-c_n)-\delta g_0}{2\Delta}$	$\frac{g_0}{2\Delta}$
*DCN*3	p_{n1}^{DCRA*}	α_1	$\frac{1+c_n}{2}$	$\frac{\delta(1+c_n)}{2}-\frac{(1-c_n+g_0\alpha_1)\Delta\alpha_1}{2(\Delta\alpha_1^2+1)}$	$\frac{(1-c_n)}{2}-\frac{(1-c_n+g_0\alpha_1)\delta\alpha_1}{2(\Delta\alpha_1^2+1)}$	$\frac{(1-c_n+\alpha_1 g_0)\alpha_1}{2(\Delta\alpha_1^2+1)}$
*DCN*4	p_{n1}^{DCRB*}	α_1	$\frac{1+c_n}{2}$	$\frac{\delta+k}{2}$	$\frac{1-c_n+k-\delta}{2(1-\delta)}$	$\frac{\delta c_n-k}{2\Delta}$

$g_0=\delta c_n-ccr$, $ccr=c_c+c_r$, $s_1=k-ccr$, $h=\delta c_n-k$, $p_{n1}^{DCRA*}=\frac{1+c_n-g_0\alpha_1+2\Delta\alpha_1^2}{2(\Delta\alpha_1^2+1)}$, $p_{n1}^{DCRB*}=\frac{1+c_n-s_1\alpha_1}{2}$, $\Delta=\delta(1-\delta)$

定理 4.2 表明：

（1）在区间 *DCN*1 中，$\delta c_n\leqslant ccr\leqslant\delta c_n-\frac{c_n-1}{\alpha_1}$ & $\frac{k}{\delta}\leqslant c_n\leqslant 1$。此时逆向运营成本非常高，在没有法律约束下，制造商没有经济动力回收旧产品。因

此在第三阶段制造仅生产新产品，与第一阶段一样，此时新产品的最优价格为$\frac{1+c_n}{2}$，对应的需求为$\frac{1-c_n}{2}$。

（2）在区间 $DCN2$ 中，$\left(k\leqslant ccr\leqslant\delta c_n \,\&\, \frac{k}{\delta}\leqslant c_n\leqslant\frac{k+\Delta\alpha_1}{\delta+\Delta\alpha_1}\right)\cup\left(\delta c_n-\Delta H_1\leqslant ccr\leqslant\delta c_n \,\&\, \frac{k+\Delta\alpha_1}{\delta+\Delta\alpha_1}\leqslant c_n\leqslant 1\right)$。此时逆向运营成本略低于区间 $DCN1$。制造商的最优回收率为$\frac{\delta c_n-ccr}{\Delta(1-c_n)}$。容易发现$\frac{\delta c_n-ccr}{\Delta(1-c_n)}$与新产品的生产成本$c_n$以及替代强度$\delta$有关。见推论 4.1。

推论 4.1：在区间 $DCN2$ 中，最优回收率关于c_n与δ单调。

推论 4.1 表明新产品生产成本越高，回收率越大。当新产品生产成本较高时，制造商有动力回收旧产品进行再利用。δ越大，表明再造品对新产品的替代强度越大，因此回收率越高。

（3）在区间 $DCN3$ 中，$\left(\delta c_n-g_{11}\leqslant ccr\leqslant\delta c_n-\Delta H_1 \,\&\, \frac{k+\Delta\alpha_1}{\delta+\Delta\alpha_1}\leqslant c_n\leqslant c_{nmax}^{DC}\right)\cup(0\leqslant ccr\leqslant\delta c_n-\Delta H_1 \,\&\, c_{nmax}^{DC}\leqslant c_n\leqslant 1)$。注意到此时逆向运营成本并不是非常低，但是新产品的生产成本较高。回顾推论 4.1，新产品生产成本越高，回收率越大。因此在该区间中，制造商的最优回收率为α_1。

（4）在区间 $DCN4$ 中，$\left(0\leqslant ccr\leqslant k \,\&\, \frac{k}{\delta}\leqslant c_n\leqslant\frac{k+\Delta\alpha_1}{\delta+\Delta\alpha_1}\right)\cup(0\leqslant ccr\leqslant\delta c_n-g_{11} \,\&\, \frac{k+\Delta\alpha_1}{\delta+\Delta\alpha_1}\leqslant c_n\leqslant c_{nmax}^{DC})$。此时逆向运营成本非常低，不管新产品生产成本高或低，制造商的最优回收率都为α_1。

在图 4.5 中，从区间 $DCN1$ 到 $DCN4$ 的变化过程中，最优回收率从 0 变成α_1。图中虚线表示 $M=1$ 的情形，此时模型 $DCNA$ 和模型 $DCNB$ 为同一种情形。进一步地，我们还发现虚线上方为 $M>1$ 的情形。同理，虚线下方表示 $M<1$。除此之外，图 4.5 表明当 $ccr\geqslant\delta c_n$，即当δ或c_n较小时，制造商没有动力回收旧产品。δ较小，意味着对消费者而言，再造品对新产品的替代性很弱，因此愿意支付的价格相对来说也会比较低。此时回收

旧产品用于再制造对制造商而言不是一个好的战略。同理，c_n较小，意味着新产品生产成本很低，因此相对于再造品，制造商更愿意生产新产品。同样，当$ccr \leqslant k$，即当逆向运营成本小于再造品残值时，此时制造商愿意回收所有旧产品。因为对制造商而言，即使有再造品剩余，也可以通过残值来保障其自身利益。然而，当逆向运营成本不那么极端，即处于中间状态时，对制造商而言确定最优回收率就不那么直观了。此时最优回收率由新产品生产成本和逆向运营成本的组合决定。

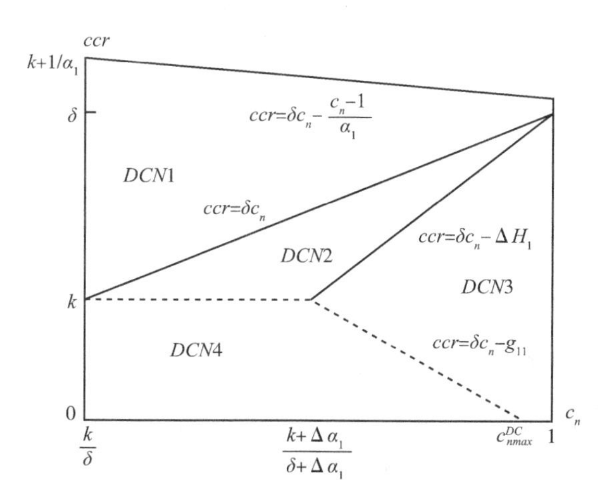

图4.5　模型DCN：制造商的最优决策区间

4.6　模型DCR：确定及竞争情形下存在法律约束

4.5节讨论了不存在法律约束的情形，并得到了制造商的最优决策区间。本节讨论存在法律约束时制造商的最优决策将发生怎样的变化。在本章中，假设制造商有能力满足政府规定的回收要求，即满足约束条件$\alpha \geqslant \alpha_0$。为方便表示，记$g_{11}=\frac{(1+\Delta\alpha_1^2)h-\Delta H_1}{\Delta\alpha_1^2}$，$g_{00}=\frac{(1+\Delta\alpha_0^2)h-\Delta H_0}{\Delta\alpha_0^2}$，$g_{01}=$

$\frac{(1+\Delta\alpha_0^2)h-\Delta H_1}{\Delta\alpha_0\alpha_1}$，$\omega_1=\frac{\alpha_1}{\alpha_1+\Delta\alpha_0^2(\alpha_1-\alpha_0)}$，$g_{10}=\frac{(1+\Delta\alpha_0\alpha_1)h-\Delta H_0}{\Delta\alpha_0\alpha_1}$。

4.6.1 模型 *DCRA*

类似于无法律约束的情形，采用逆向推导法求解制造商的最优决策。注意到第三阶段的计算过程与无法律约束时的情形一致。在此，省略第三阶段的计算过程。用字母 R 表示存在法律约束的情形。类似地，称确定及竞争情形下存在法律约束时的情形 A 为模型 *DCRA*。

第一阶段和第二阶段分析：类似于不存在法律约束的情形，同时给出第一阶段和第二阶段的最优解。

现在从第二阶段开始求解制造商的最优决策。在求解之前，需要讨论 M 的值与 1 的大小关系。注意到 $M=\frac{h}{2\Delta D_1\alpha}\geqslant 1$ 等价于 $\alpha\leqslant\frac{h}{2\Delta D_1}=T$。与此同时，在法律约束的情形下，回收率的约束为 $\alpha_0\leqslant\alpha\leqslant\alpha_1$。因此在模型 *DCRA* 中，关于回收率的约束需要讨论两种情况，$\alpha_0\leqslant\alpha\leqslant\alpha_1\leqslant T$ 和 $\alpha_0\leqslant\alpha\leqslant T\leqslant\alpha_1$。此时制造商的利润函数与式（4.6）一样，但是需要增加新的关于回收率的约束。综上所述，制造商面临的问题如下：

$$DCRA-1:\ \pi(\alpha)=-\Delta D_1^2\alpha^2+g_0D_1\alpha+\frac{(1-c_n)^2}{4}+(p_n-c_n)D_1$$

$$s.t.\ \alpha_0\leqslant\alpha\leqslant\alpha_1\leqslant T \tag{4.24}$$

$$DCRA-2:\ \pi(\alpha)=-\Delta D_1^2\alpha^2+g_0D_1\alpha+\frac{(1-c_n)^2}{4}+(p_n-c_n)D_1$$

$$s.t.\ \alpha_0\leqslant\alpha\leqslant T\leqslant\alpha_1 \tag{4.25}$$

4.6.2 模型 *DCRB*

本节称确定及情境下存在法律约束时的情形 B 为模型 *DCRB*。同样，从第二阶段开始求解制造商的最优决策。类似地，需要讨论 M 的值与 1 的大小关系。注意到 $M=\frac{h}{2\Delta D_1\alpha}\leqslant 1$ 等价于 $\alpha\geqslant\frac{h}{2\Delta D_1}=T$。因此在模型 *DCRB* 中，关于回收率的约束需要讨论两种情况，$T\leqslant\alpha_0\leqslant\alpha\leqslant\alpha_1$ 和 $\alpha_0\leqslant T\leqslant\alpha\leqslant\alpha_1$。此时制造商的利润函数与式（4.9）一样，但是需要增加新的关于回收率的约束。综上所述，制造商面临的问题如下：

$$DCRB-1:\ \pi(\alpha)=s_1D_1\alpha+\frac{\delta c_n(2\delta+c_n-2-2k)+k^2+\Delta}{4\Delta}+(p_n-c_n)D_1$$

$$s.t.\ T\leqslant\alpha_0\leqslant\alpha\leqslant\alpha_1 \tag{4.26}$$

$$DCRB-2:\ \pi(\alpha)=s_1D_1\alpha+\frac{\delta c_n(2\delta+c_n-2-2k)+k^2+\Delta}{4\Delta}+(p_n-c_n)D_1$$

$$s.t.\ \alpha_0\leqslant T\leqslant\alpha\leqslant\alpha_1 \tag{4.27}$$

4.7 求解模型 *DCR*

在本节中，分别求解模型 *DCRA* 和模型 *DCRB* 的所有可能解。在求解过程中发现最优回收率和新产品价格与模型 *DCRA* 和模型 *DCRB* 均有关。因此需要对模型 *DCRA* 和模型 *DCRB* 中的所有可能解进行比较，然后从中找出唯一最优。基于此，本节同时给出第一阶段和第二阶段的最优解。

4.7.1 求解模型 *DCRA*

对于模型 *DCRA*，存在两个关于 α 的约束，$\alpha_0\leqslant\alpha\leqslant\alpha_1\leqslant T$ 和 $\alpha_0\leqslant\alpha\leqslant T\leqslant\alpha_1$。先考虑第一个约束，由 4.6.1 小节可知，制造商面临的问题如下：

$$DCRA-1:\ \pi(\alpha)=-\Delta D_1^2\alpha^2+g_0D_1\alpha+\frac{(1-c_n)^2}{4}+(p_n-c_n)D_1;$$

$$s.t.\ \alpha_0\leqslant\alpha\leqslant\alpha_1\leqslant T。$$

通过计算制造商的利润函数对回收率 α 的一阶导数，可以得到 $\frac{\partial\pi(\alpha)}{\partial\alpha}=$

$-2\Delta D_1^2\alpha+g_0D_1$。当$g_0\leqslant 0$，即 $ccr\geqslant\delta c_n$时，$\frac{\partial\pi(\alpha)}{\partial\alpha}\leqslant 0$。此时制造商的利润函数是关于回收率的减函数，那么 $\alpha^{DCRA*}=\alpha_0$。相应地，制造商的问题如下：

$$\pi(p_n)=(-1-\Delta\alpha_0^2)p_n^2+(1+2\Delta\alpha_0^2-g_0\alpha_0+c_n)p_n \\ -\Delta\alpha_0^2+g_0\alpha_0-c_n+\frac{(1-c_n)^2}{4} \tag{4.28}$$

$$s.t.\begin{cases}p_n\geqslant p_{h0}\\ ccr\geqslant\delta c_n\end{cases} \tag{4.29}$$

其中$p_{h0}=1-\frac{h}{2\Delta\alpha_0}$。注意到式（4.28）是关于$p_n$的二次函数且为凹。求解式（4.28）对$p_n$的一阶导数并令其等于0，可以得到$p_{n0}^{DCRA*}=\frac{1+c_n-g_0\alpha_0+2\Delta\alpha_0^2}{2(\Delta\alpha_0^2+1)}$。此时$p_n$的最优值存在两种情况：当$p_{n0}^{DCRA*}\geqslant p_{h0}$时，$p_n^{DCRA*}=p_{n0}^{DCRA*}$；当$p_{n0}^{DCRA*}\leqslant p_{h0}$时，$p_n^{DCRA*}=p_{h0}$。

（i）$p_n^{DCRA*}=p_{n0}^{DCRA*}$。此时需要同时满足条件$p_{n0}^{DCRA*}\geqslant p_{h0}$和 $ccr\geqslant\delta c_n$。注意到$p_{n0}^{DCRA*}\geqslant p_{h0}$等价于 $ccr\geqslant\delta c_n-\frac{(1+\Delta\alpha_0^2)h-\Delta H_0}{\Delta\alpha_0^2}$。因此，取得该最优解所需满足的条件为$\left(h\leqslant\frac{\Delta H_0}{1+\Delta\alpha_0^2}\ \&\ ccr\geqslant\delta c_n-\frac{(1+\Delta\alpha_0^2)h-\Delta H_0}{\Delta\alpha_0^2}\right)\cup\left(h\geqslant\frac{\Delta H_0}{1+\Delta\alpha_0^2}\ \&\ ccr\geqslant\delta c_n\right)$。

（ii）$p_n^{DCRA*}=p_{h0}$。此时需要同时满足条件$p_{n0}^{DCRA*}\leqslant p_{h0}$和 $ccr\geqslant\delta c_n$。注意到$p_{n0}^{DCRA*}\leqslant p_{h0}$等价于 $ccr\leqslant\delta c_n-g_{00}$。因此，取得该最优解所需满足的条件为$\left(h\leqslant\frac{\Delta H_0}{1+\Delta\alpha_0^2}\ \&\ \delta c_n\leqslant ccr\leqslant\delta c_n-g_{00}\right)$。

前面分析了当$g_0\leqslant 0$ 时制造商的最优决策。接下来分析当$g_0\geqslant 0$ 时制造商的最优决策将发生怎样的变化。令$\frac{\partial\pi(\alpha)}{\partial\alpha}=-2\Delta D_1^2\alpha+g_0D_1=0$，可以得到 $\alpha_{DCRA}=\frac{g_0}{2\Delta D_1}$。此时 α 的最优值存在三种情况：当 $\alpha_{DCRA}\leqslant\alpha_0$时，$\alpha^{DCRA*}=$

α_0；当 $\alpha_0 \leqslant \alpha_{DCRA} \leqslant \alpha_1$ 时，$\alpha^{DCRA*} = \alpha_{DCRA}$；当 $\alpha_{DCRA} \geqslant \alpha_1$ 时，$\alpha^{DCRA*} = \alpha_1$。接下来分析$p_n$的最优决策。

（i）$\alpha_{DCRA} \leqslant \alpha_0$，$\alpha^{DCRA*} = \alpha_0$。

$$\pi(p_n) = (-1-\Delta\alpha_0^2)p_n^2 + (1+2\Delta\alpha_0^2 - g_0\alpha_0 + c_n)p_n - \Delta\alpha_0^2 + g_0\alpha_0 - c_n + \frac{(1-c_n)^2}{4}$$

$$s.t.\begin{cases} p_{h1} \leqslant p_n \leqslant p_{n0}^{DCRA} \\ \delta c_n - \dfrac{\alpha_0}{\alpha_1}h \leqslant ccr \leqslant \delta c_n \end{cases} \tag{4.30}$$

其中，$p_{h1} = 1 - \dfrac{h}{2\Delta\alpha_1}$，$p_{n0}^{DCRA} = 1 - \dfrac{g_0}{2\Delta\alpha_0}$。类似地，$p_n$的最优解存在三种情况。求解目标函数对$p_n$的一阶导数并令其等于0，可以得到$p_{n0}^{DCRA*} = \dfrac{1+c_n-g_0\alpha_0+2\Delta\alpha_0^2}{2(\Delta\alpha_0^2+1)}$。

（i-1）$p_n^{DCRA*} = p_{h1}$。此时需要同时满足条件$p_{n0}^{DCRA*} \leqslant p_{h1}$和 $\delta c_n - \dfrac{\alpha_0}{\alpha_1}h \leqslant ccr \leqslant \delta c_n$。注意到$p_{n0}^{DCRA*} \leqslant p_{h1}$等价于 $ccr \leqslant \delta c_n - g_{01}$。因此，取得该最优解所需满足的条件为 $\left(\dfrac{\Delta H_1}{1+\Delta\alpha_0^2} \leqslant h \leqslant \Delta H_1\ \&\ \delta c_n - \dfrac{\alpha_0}{\alpha_1}h \leqslant ccr \leqslant \delta c_n - g_{01}\right) \cup \left(h \leqslant \dfrac{\Delta H_1}{1+\Delta\alpha_0^2}\ \&\ \delta c_n - \dfrac{\alpha_0}{\alpha_1}h \leqslant ccr \leqslant \delta c_n\right)$。

（i-2）$p_n^{DCRA*} = p_{n0}^{DCRA*}$。此时需要同时满足条件$p_{h1} \leqslant p_{n0}^{DCRA*} \leqslant p_{n0}^{DCRA}$和 $\delta c_n - \dfrac{\alpha_0}{\alpha_1}h \leqslant ccr \leqslant \delta c_n$。注意到$p_{h1} \leqslant p_{n0}^{DCRA*} \leqslant p_{n0}^{DCRA}$等价于 $ccr \geqslant \delta c_n - \Delta H_0\ \&\ ccr \geqslant \delta c_n - g_{01}$。因此，取得该最优解所需满足的条件为 $\left(\dfrac{\Delta H_1}{1+\Delta\alpha_0^2} \leqslant h \leqslant \Delta H_1\ \&\ \delta c_n - g_{01} \leqslant ccr \leqslant \delta c_n\right) \cup (h \geqslant \Delta H_1\ \&\ \delta c_n - \Delta H_0 \leqslant ccr \leqslant \delta c_n)$。

（i-3）$p_n^{DCRA*} = p_{n0}^{DCRA}$。此时需要同时满足条件$p_{n0}^{DCRA*} \geqslant p_{n0}^{DCRA}$和 $\delta c_n - \dfrac{\alpha_0}{\alpha_1}h \leqslant ccr \leqslant \delta c_n$。注意到$p_{n0}^{DCRA*} \geqslant p_{n0}^{DCRA}$等价于 $ccr \leqslant \delta c_n - \Delta H_0$。因此，取得该最优

解所需满足的条件为$\left(h \geqslant \Delta H_1 \ \& \ \delta c_n - \frac{\alpha_0}{\alpha_1}h \leqslant ccr \leqslant \delta c_n - \Delta H_0\right)$。

（ii）$\alpha_0 \leqslant \alpha_{DCRA} \leqslant \alpha_1$，$\alpha^{DCRA*} = \alpha_{DCRA}$。

$$\pi(p_n) = -p_n^2 + (1+c_n)p_n + \frac{g_0^2}{4\Delta} - c_n + \frac{(1-c_n)^2}{4} \tag{4.31}$$

$$s.t.\begin{cases} p_{n0}^{DCRA} \leqslant p_n \leqslant p_{n1}^{DCRA} \\ \delta c_n - \frac{\alpha_0}{\alpha_1}h \leqslant ccr \leqslant \delta c_n \end{cases} \tag{4.32}$$

$$\text{or } s.t.\begin{cases} p_{h1} \leqslant p_n \leqslant p_{n1}^{DCRA} \\ k \leqslant ccr \leqslant \delta c_n - \frac{\alpha_0}{\alpha_1}h \end{cases} \tag{4.33}$$

其中，$p_{h1} = 1 - \frac{h}{2\Delta\alpha_1}$，$p_{n0}^{DCRA} = 1 - \frac{g_0}{2\Delta\alpha_0}$，$p_{n1}^{DCRA} = 1 - \frac{g_0}{2\Delta\alpha_1}$。存在两个约束，先求解约束式（4.32）。类似地，p_n的最优解存在三种情况。求解目标函数对p_n的一阶导数并令其等于0，可以得到$p_{nA}^{DCRA*} = \frac{1+c_n}{2}$。

（ii－11）$p_n^{DCRA*} = p_{n0}^{DCRA}$。此时需要同时满足条件$p_{nA}^{DCRA*} \leqslant p_{n0}^{DCRA}$和$\delta c_n - \frac{\alpha_0}{\alpha_1}h \leqslant ccr \leqslant \delta c_n$。注意到$p_{nA}^{DCRA*} \leqslant p_{n0}^{DCRA}$等价于$ccr \geqslant \delta c_n - \Delta H_0$。因此，取得该最优解所需满足的条件为$\left(h \leqslant \Delta H_1 \ \& \ \delta c_n - \frac{\alpha_0}{\alpha_1}h \leqslant ccr \leqslant \delta c_n\right) \cup (h \geqslant \Delta H_1 \ \& \ \delta c_n - \Delta H_0 \leqslant ccr \leqslant \delta c_n)$。

（ii－12）$p_n^{DCRA*} = p_{nA}^{DCRA*}$。此时需要同时满足条件$p_{n0}^{DCRA} \leqslant p_{nA}^{DCRA*} \leqslant p_{n1}^{DCRA}$和$\delta c_n - \frac{\alpha_0}{\alpha_1}h \leqslant ccr \leqslant \delta c_n$。注意到$p_{n0}^{DCRA} \leqslant p_{nA}^{DCRA*} \leqslant p_{n1}^{DCRA}$等价于$\delta c_n - \Delta H_1 \leqslant ccr \leqslant \delta c_n - \Delta H_0$。因此，取得该最优解所需满足的条件为$\left(\Delta H_1 \leqslant h \leqslant \frac{\alpha_1}{\alpha_0}\Delta H_1 \ \& \ \delta c_n - \frac{\alpha_0}{\alpha_1}h \leqslant ccr \leqslant \delta c_n - \Delta H_0\right) \cup \left(h \geqslant \frac{\alpha_1}{\alpha_0}\Delta H_1 \ \& \ \delta c_n - \Delta H_1 \leqslant ccr \leqslant \delta c_n - \Delta H_0\right)$。

（ii－13）$p_n^{DCRA*}=p_{n1}^{DCRA}$。此时需要同时满足条件$p_{nA}^{DCRA*}\geqslant p_{n1}^{DCRA}$和$\delta c_n-\frac{\alpha_0}{\alpha_1}h\leqslant ccr\leqslant\delta c_n$。注意到$p_{nA}^{DCRA*}\geqslant p_{n1}^{DCRA}$等价于$ccr\leqslant\delta c_n-\Delta H_1$。因此，取得该最优解所需满足的条件为$\left(h\geqslant\frac{\alpha_1}{\alpha_0}\Delta H_1\ \&\ \delta c_n-\frac{\alpha_0}{\alpha_1}h\leqslant ccr\leqslant\delta c_n-\Delta H_1\right)$。

对于约束式（4.33），解的情况如下：

（ii－21）$p_n^{DCRA*}=p_{h1}$。此时需要同时满足条件$p_{nA}^{DCRA*}\leqslant p_{h1}$和$k\leqslant ccr\leqslant\delta c_n-\frac{\alpha_0}{\alpha_1}h$。注意到$p_{nA}^{DCRA*}\leqslant p_{h1}$等价于$h\leqslant\Delta H_1$。因此，取得该最优解所需满足的条件为$\left(h\leqslant\Delta H_1\ \&\ k\leqslant ccr\leqslant\delta c_n-\frac{\alpha_0}{\alpha_1}h\right)$。

（ii－22）$p_n^{DCRA*}=p_{nA}^{DCRA*}$。此时需要同时满足条件$p_{h1}\leqslant p_{nA}^{DCRA*}\leqslant p_{n1}^{DCRA}$和$k\leqslant ccr\leqslant\delta c_n-\frac{\alpha_0}{\alpha_1}h$。注意到$p_{h1}\leqslant p_{nA}^{DCRA*}\leqslant p_{n1}^{DCRA}$等价于$h\geqslant\Delta H_1\ \&\ ccr\geqslant\delta c_n-\Delta H_1$。因此，取得该最优解所需满足的条件为$\left(\Delta H_1\leqslant h\leqslant\frac{\alpha_1}{\alpha_0}\Delta H_1\ \&\ \delta c_n-\Delta H_1\leqslant ccr\leqslant\delta c_n-\frac{\alpha_0}{\alpha_1}h\right)$。

（ii－23）$p_n^{DCRA*}=p_{n1}^{DCRA}$。此时需要同时满足条件$p_{nA}^{DCRA*}\geqslant p_{n1}^{DCRA}$和$k\leqslant ccr\leqslant\delta c_n-\frac{\alpha_0}{\alpha_1}h$。注意到$p_{nA}^{DCRA*}\geqslant p_{n1}^{DCRA}$等价于$ccr\leqslant\delta c_n-\Delta H_1$。因此，取得该最优解所需满足的条件为$\left(\Delta H_1\leqslant h\leqslant\frac{\alpha_1}{\alpha_0}\Delta H_1\ \&\ k\leqslant ccr\leqslant\delta c_n-\Delta H_1\right)\cup\left(h\geqslant\frac{\alpha_1}{\alpha_0}\Delta H_1\ \&\ k\leqslant ccr\leqslant\delta c_n-\frac{\alpha_0}{\alpha_1}h\right)$。

（iii）$\alpha_{DCRA}\geqslant\alpha_1$，$\alpha^{DCRA*}=\alpha_1$。

$$\pi(p_n)=(-1-\Delta\alpha_1^2)p_n^2+(1+2\Delta\alpha_1^2-g_0\alpha_1+c_n)p_n-\Delta\alpha_1^2+g_0\alpha_1-c_n+\frac{(1-c_n)^2}{4}\tag{4.34}$$

$$s.t.\begin{cases}p_n\geqslant p_{n1}^{DCRA}\\k\leqslant ccr\leqslant\delta c_n\end{cases}\tag{4.35}$$

$$\text{or } s.t.\begin{cases}p_n \geqslant p_{h1}\\ ccr \leqslant k\end{cases} \tag{4.36}$$

其中，$p_{h1}=1-\dfrac{h}{2\Delta\alpha_1}$，$p_{n1}^{DCRA}=1-\dfrac{g_0}{2\Delta\alpha_1}$。存在两种约束，先求解约束式（4.35），求解式（4.34）对p_n的一阶导数并令其等于0，可以得到$p_{n1}^{DCRA*}=\dfrac{1+c_n-g_0\alpha_1+2\Delta\alpha_1^2}{2(\Delta\alpha_1^2+1)}$。

（iii－11）$p_n^{DCRA*}=p_{n1}^{DCRA*}$。此时需要同时满足条件$p_{n1}^{DCRA*}\geqslant p_{n1}^{DCRA}$和$k\leqslant ccr\leqslant\delta c_n$。注意到$p_{n1}^{DCRA*}\geqslant p_{n1}^{DCRA}$等价于$ccr\leqslant\delta c_n-\Delta H_1$。因此，取得该最优解所需满足的条件为（$h\geqslant\Delta H_1$ & $k\leqslant ccr\leqslant\delta c_n-\Delta H_1$）。

（iii－12）$p_n^{DCRA*}=p_{n1}^{DCRA}$。此时需要同时满足条件$p_{n1}^{DCRA*}\leqslant p_{n1}^{DCRA}$和$k\leqslant ccr\leqslant\delta c_n$。注意到$p_{n1}^{DCRA*}\leqslant p_{n1}^{DCRA}$等价于$ccr\geqslant\delta c_n-\Delta H_1$。因此，取得该最优解所需满足的条件为（$h\leqslant\Delta H_1$ & $k\leqslant ccr\leqslant\delta c_n$）∪（$h\geqslant\Delta H_1$ & $\delta c_n-\Delta H_1\leqslant ccr\leqslant\delta c_n$）。

对于约束式（4.36），解的情况如下：

（iii－21）$p_n^{DCRA*}=p_{n1}^{DCRA*}$。此时需要同时满足条件$p_{n1}^{DCRA*}\geqslant p_{h1}$和$ccr\leqslant k$。注意到$p_{n1}^{DCRA*}\geqslant p_{h1}$等价于$ccr\geqslant\delta c_n-g_{11}$。因此，取得该最优解所需满足的条件为（$h\geqslant\Delta H_1$ & $\delta c_n-g_{11}\leqslant ccr\leqslant k$）。

（iii－22）$p_n^{DCRA*}=p_{h1}$。此时需要同时满足条件$p_{n1}^{DCRA*}\leqslant p_{h1}$和$ccr\leqslant k$。注意到$p_{n1}^{DCRA*}\leqslant p_{h1}$等价于$ccr\leqslant\delta c_n-g_{11}$。因此，取得该最优解所需满足的条件为（$h\geqslant\Delta H_1$ & $ccr\leqslant\delta c_n-g_{11}$）∪（$h\leqslant\Delta H_1$ & $ccr\leqslant k$）。

为方便阅读，模型 DCRA 满足$\alpha_0\leqslant\alpha\leqslant\alpha_1\leqslant T$ & $g_0\geqslant 0$时的所有可能解见附录B。接下分析模型 DCRA 满足$\alpha_0\leqslant\alpha\leqslant T\leqslant\alpha_1$ & $g_0\geqslant 0$时制造商的最优决策。

$$DCRA-2\text{：}\pi(\alpha)=-\Delta D_1^2\alpha^2+g_0D_1\alpha+\frac{(1-c_n)^2}{4}+(p_n-c_n)D_1\text{；}$$

$$s.t.\ \alpha_0\leqslant\alpha\leqslant T\leqslant\alpha_1\text{。}$$

类似地，当$g_0\leqslant 0$时，目标函数是关于α的减函数，那么$\alpha^{DCRA*}=\alpha_0$（参考模型 DCRA 满足$\alpha_0\leqslant\alpha\leqslant\alpha_1\leqslant T$ & $g_0\geqslant 0$时的计算过程）。当$g_0\geqslant 0$时，

α 的最优值存在三种情况：当 $\alpha_{DCRA} \leqslant \alpha_0$ 时，$\alpha^{DCRA*} = \alpha_0$；当 $\alpha_0 \leqslant \alpha_{DCRA} \leqslant T$ 时，$\alpha^{DCRA*} = \alpha_{DCRA}$；当 $\alpha_{DCRA} \geqslant T$ 时，$\alpha^{DCRA*} = T$。接下来分析p_n的取值情况。

（i）$\alpha_{DCRA} \leqslant \alpha_0$，$\alpha^{DCRA*} = \alpha_0$。

$$\pi(p_n) = (-1 - \Delta\alpha_0^2)p_n^2 + (1 + 2\Delta\alpha_0^2 - g_0\alpha_0 + c_n)p_n - \Delta\alpha_0^2 + g_0\alpha_0 - c_n + \frac{(1 - c_n)^2}{4}$$

$$s.t.\begin{cases} p_{h0} \leqslant p_n \leqslant p_{h1} \\ \delta c_n - \dfrac{\alpha_0}{\alpha_1}h \leqslant ccr \leqslant \delta c_n \end{cases} \tag{4.37}$$

$$\text{or } s.t.\begin{cases} p_{h0} \leqslant p_n \leqslant p_{n0}^{DCRA} \\ k \leqslant ccr \leqslant \delta c_n - \dfrac{\alpha_0}{\alpha_1}h \end{cases} \tag{4.38}$$

其中 $p_{n0}^{DCRA} = 1 - \dfrac{g_0}{2\Delta\alpha_0}$。存在两个约束，先求解约束式（4.37）。类似地，p_n的最优解存在三种情况。求解目标函数对p_n的一阶导数并令其等于0，可以得到 $p_{n0}^{DCRA*} = \dfrac{1 + c_n - g_0\alpha_0 + 2\Delta\alpha_0^2}{2(\Delta\alpha_0^2 + 1)}$。

（i-11）$p_n^{DCRA*} = p_{h0}$。此时需要同时满足条件$p_{n0}^{DCRA*} \leqslant p_{h0}$和 $\delta c_n - \dfrac{\alpha_0}{\alpha_1}h \leqslant ccr \leqslant \delta c_n$。注意到$p_{n0}^{DCRA*} \leqslant p_{h0}$等价于 $ccr \leqslant \delta c_n - g_{00}$。因此，取得该最优解所需满足的条件为$\left(h \leqslant \dfrac{\Delta H_0}{1 + \Delta\alpha_0^2} \ \& \ \delta c_n - \dfrac{\alpha_0}{\alpha_1}h \leqslant ccr \leqslant \delta c_n\right) \cup \left(\dfrac{\Delta H_0}{1 + \Delta\alpha_0^2} \leqslant h \leqslant \omega_1 \Delta H_0 \ \& \ \delta c_n - \dfrac{\alpha_0}{\alpha_1}h \leqslant ccr \leqslant \delta c_n - g_{00}\right)$。

（i-12）$p_n^{DCRA*} = p_{n0}^{DCRA*}$。此时需要同时满足条件$p_{h0} \leqslant p_{n0}^{DCRA*} \leqslant p_{h1}$和 $\delta c_n - \dfrac{\alpha_0}{\alpha_1}h \leqslant ccr \leqslant \delta c_n$。注意到$p_{h0} \leqslant p_{n0}^{DCRA*} \leqslant p_{h1}$等价于 $\delta c_n - g_{00} \leqslant ccr \leqslant \delta c_n - g_{01}$。因此，取得该最优解所需满足的条件为$\left(\dfrac{\Delta H_0}{1 + \Delta\alpha_0^2} \leqslant h \leqslant \omega_1 \Delta H_0 \ \& \ \delta c_n - g_{00} \leqslant ccr \leqslant \delta c_n\right) \cup \left(\omega_1 \Delta H_0 \leqslant h \leqslant \dfrac{\Delta H_1}{1 + \Delta\alpha_0^2} \ \& \ \delta c_n - \dfrac{\alpha_0}{\alpha_1}h \leqslant ccr \leqslant \delta c_n\right) \cup \left(\dfrac{\Delta H_1}{1 + \Delta\alpha_0^2} \leqslant h \leqslant \Delta\right.$

H_1 & $\delta c_n - \frac{\alpha_0}{\alpha_1}h \leqslant ccr \leqslant \delta c_n - g_{01}$)。

（i-13）$p_n^{DCRA*} = p_{h1}$。此时需要同时满足条件 $p_{n0}^{DCRA*} \geqslant p_{h1}$ 和 $\delta c_n - \frac{\alpha_0}{\alpha_1}h \leqslant ccr \leqslant \delta c_n$。注意到 $p_{n0}^{DCRA*} \geqslant p_{h1}$ 等价于 $ccr \geqslant \delta c_n - g_{01}$。因此，取得该最优解所需满足的条件为 $\left(\frac{\Delta H_1}{1+\Delta\alpha_0^2} \leqslant h \leqslant \Delta H_1 \ \& \ \delta c_n - g_{01} \leqslant ccr \leqslant \delta c_n\right) \cup \left(h \geqslant \Delta H_1 \ \& \ \delta c_n - \frac{\alpha_0}{\alpha_1}h \leqslant ccr \leqslant \delta c_n\right)$。

对于约束式（4.38），解的情况如下：

（i-21）$p_n^{DCRA*} = p_{h0}$。此时需要同时满足条件 $p_{n0}^{DCRA*} \leqslant p_{h0}$ 和 $k \leqslant ccr \leqslant \delta c_n - \frac{\alpha_0}{\alpha_1}h$。注意到 $p_{n0}^{DCRA*} \leqslant p_{h0}$ 等价于 $ccr \leqslant \delta c_n - g_{00}$。因此，取得该最优解所需满足的条件为 $\left(h \leqslant \omega_1\Delta H_0 \ \& \ k \leqslant ccr \leqslant \delta c_n - \frac{\alpha_0}{\alpha_1}h\right) \cup (\omega_1\Delta H_0 \leqslant h \leqslant \Delta H_0 \ \& \ k \leqslant ccr \leqslant \delta c_n - g_{00})$。

（i-22）$p_n^{DCRA*} = p_{n0}^{DCRA*}$。此时需要同时满足条件 $p_{h0} \leqslant p_{n0}^{DCRA*} \leqslant p_{n0}^{DCRA}$ 和 $k \leqslant ccr \leqslant \delta c_n - \frac{\alpha_0}{\alpha_1}h$。注意到 $p_{h0} \leqslant p_{n0}^{DCRA*} \leqslant p_{n0}^{DCRA}$ 等价于 $ccr \leqslant \delta c_n - g_{00}$ & $ccr \leqslant \delta c_n - \Delta H_0$。因此，取得该最优解所需满足的条件为 $\left(\omega_1\Delta H_0 \leqslant h \leqslant \Delta H_0 \ \& \ \delta c_n - g_{00} \leqslant ccr \leqslant \delta c_n - \frac{\alpha_0}{\alpha_1}h\right) \cup \left(\Delta H_0 \leqslant h \leqslant \Delta H_1 \ \& \ \delta c_n - \Delta H_0 \leqslant ccr \leqslant \delta c_n - \frac{\alpha_0}{\alpha_1}h\right)$。

（i-23）$p_n^{DCRA*} = p_{n0}^{DCRA}$。此时需要同时满足条件 $p_{n0}^{DCRA*} \leqslant p_{n0}^{DCRA}$ 和 $k \leqslant ccr \leqslant \delta c_n - \frac{\alpha_0}{\alpha_1}h$。注意到 $p_{n0}^{DCRA*} \leqslant p_{n0}^{DCRA}$ 等价于 $ccr \leqslant \delta c_n - \Delta H_0$。因此，取得该最优解所需满足的条件为（$\Delta H_0 \leqslant h \leqslant \Delta H_1 \ \& \ k \leqslant ccr \leqslant \delta c_n - \Delta H_0$）$\cup \left(h \leqslant \Delta H_1 \ \& \ k \leqslant ccr \leqslant \delta c_n - \frac{\alpha_0}{\alpha_1}h\right)$。

（ii）$\alpha_0 \leqslant \alpha_{DCRA} \leqslant T$，$\alpha^{DCRA*} = \alpha_{DCRA}$。

$$\pi(p_n) = -p_n^2 + (1+c_n)p_n + \frac{g_0^2}{4\Delta} - c_n + \frac{(1-c_n)^2}{4}$$

$$s.t.\begin{cases} p_{n0}^{DCRA} \leqslant p_n \leqslant p_{h1} \\ \delta c_n - h \leqslant ccr \leqslant \delta c_n - \dfrac{\alpha_0}{\alpha_1}h \end{cases} \tag{4.39}$$

求解目标函数对p_n的一阶导数并令其等于0，可以得到$p_{nA}^{DCRA*} = \dfrac{1+c_n}{2}$。类似地，$p_n$的最优解存在三种情况。

（ii－1）$p_n^{DCRA*} = p_{n0}^{DCRA}$。此时需要同时满足条件$p_{nA}^{DCRA*} \leqslant p_{n0}^{DCRA}$和$k \leqslant ccr \leqslant \delta c_n - \dfrac{\alpha_0}{\alpha_1}h$。注意到$p_{nA}^{DCRA*} \leqslant p_{n0}^{DCRA}$等价于$ccr \leqslant \delta c_n - \Delta H_0$。因此，取得该最优解所需满足的条件为$\left(h \leqslant \Delta H_0 \ \& \ k \leqslant ccr \leqslant \delta c_n - \dfrac{\alpha_0}{\alpha_1}h\right) \cup \left(\Delta H_0 \leqslant h \leqslant \Delta H_1 \ \& \ \delta c_n - \Delta H_0 \leqslant ccr \leqslant \delta c_n - \dfrac{\alpha_0}{\alpha_1}h\right)$。

（ii－2）$p_n^{DCRA*} = p_{nA}^{DCRA*}$。此时需要同时满足条件$p_{n0}^{DCRA} \leqslant p_{nA}^{DCRA*} \leqslant p_{h1}$和$k \leqslant ccr \leqslant \delta c_n - \dfrac{\alpha_0}{\alpha_1}h$。注意到$p_{n0}^{DCRA} \leqslant p_{nA}^{DCRA*} \leqslant p_{h1}$等价于$h \leqslant \Delta H_1 \ \& \ ccr \leqslant \delta c_n - \Delta H_0$。因此，取得该最优解所需满足的条件为（$\Delta H_0 \leqslant h \leqslant \Delta H_1 \ \& \ k \leqslant ccr \leqslant \delta c_n - \Delta H_0$）。

（ii－3）$p_n^{DCRA*} = p_{h1}$。此时需要同时满足条件$p_{nA}^{DCRA*} \leqslant p_{h1}$和$k \leqslant ccr \leqslant \delta c_n - \dfrac{\alpha_0}{\alpha_1}h$。注意到$p_{nA}^{DCRA*} \leqslant p_{h1}$等价于$h \leqslant \Delta H_1$。因此，取得该最优解所需满足的条件为$\left(h \leqslant \Delta H_1 \ \& \ k \leqslant ccr \leqslant \delta c_n - \dfrac{\alpha_0}{\alpha_1}h\right)$。

（iii）$\alpha_{DCRA} \leqslant T$，$\alpha^{DCRA*} = T$。

$$\pi(p_n) = -p_n^2 + (1+c_n)p_n + \frac{2g_0h - \Delta h^2}{4} - c_n + \frac{(1-c_n)^2}{4}$$

$$s.t.\begin{cases} p_{h0} \leqslant p_n \leqslant p_{h1} \\ ccr \leqslant k \end{cases} \tag{4.40}$$

求解目标函数对p_n的一阶导数并令其等于0，可以得到 $p_{nT}^{DCRA*}=\frac{1+c_n}{2}$。类似地，$p_n$的最优解存在三种情况。

（iii－1）$p_n^{DCRA*}=p_{h0}$。此时需要同时满足条件 $p_{nT}^{DCRA*}\leqslant p_{h0}$和 $ccr\leqslant k$。注意到 $p_{nT}^{DCRA*}\leqslant p_{h0}$等价于 $h\leqslant\Delta H_0$。因此，取得该最优解所需满足的条件为（$h\leqslant\Delta H_0$ & $ccr\leqslant k$）。

（iii－2）$p_n^{DCRA*}=p_{nT}^{DCRA*}$。此时需要同时满足条件$p_{h0}\leqslant p_{nT}^{DCRA*}\leqslant p_{h1}$和 $ccr\leqslant k$。注意到$p_{h0}\leqslant p_{nT}^{DCRA*}\leqslant p_{h1}$等价于 $\Delta H_0\leqslant h\leqslant\Delta H_1$。因此，取得该最优解所需满足的条件为（$\Delta H_0\leqslant h\leqslant\Delta H_1$ & $ccr\leqslant k$）。

（iii－3）$p_n^{DCRA*}=p_{h1}$。此时需要同时满足条件 $p_{nT}^{DCRA*}\leqslant p_{h1}$和 $ccr\leqslant k$。注意到 $p_{nT}^{DCRA*}\geqslant p_{h1}$等价于 $h\geqslant\Delta H_1$。因此，取得该最优解所需满足的条件为（$h\geqslant\Delta H_1$ & $ccr\leqslant k$）。

为方便阅读，模型 *DCRA* 满足 $\alpha_0\leqslant\alpha\leqslant T\leqslant\alpha_1$ & $g_0\geqslant 0$ 时的所有可能解见附录 *B*。为了清晰地描述各个区间的最优解，以及方便后面进行比较，图 4.6 描述模型 *DCRA* 所有可能的解（注意，还应考虑$g_0\leqslant 0$ 的情形）。

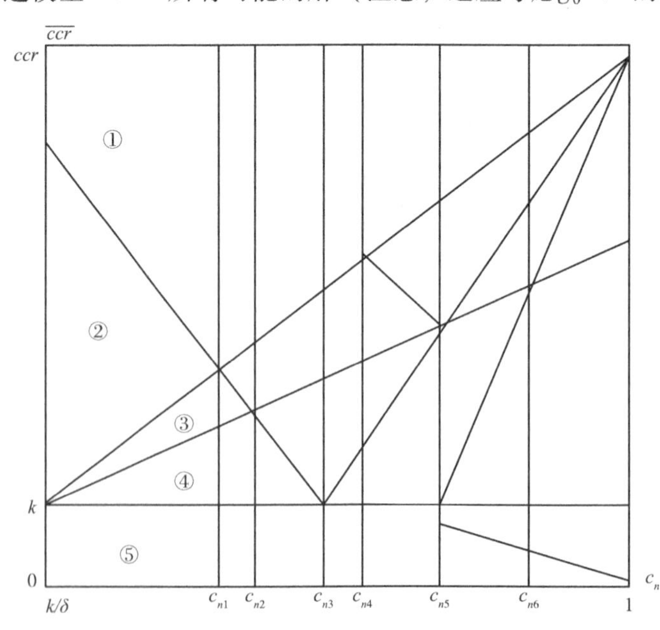

图 4.6　模型 *DCRA* 所有可能解对应的区间

在图 4.6 中，$c_{n1}=\dfrac{k(1+\Delta\alpha_0^2)+\Delta\alpha_0}{\delta(1+\Delta\alpha_0^2)+\Delta\alpha_0}$，$c_{n2}=\dfrac{k+w_1\Delta\alpha_0}{\delta+w_1\Delta\alpha_0}$，$c_{n3}=\dfrac{k+\Delta\alpha_0}{\delta+\Delta\alpha_0}$，$c_{n4}=\dfrac{k(1+\Delta\alpha_0^2)+\Delta\alpha_1}{\delta(1+\Delta\alpha_0^2)+\Delta\alpha_1}$，$c_{n5}=\dfrac{k+\Delta\alpha_1}{\delta+\Delta\alpha_1}$，$c_{n6}=\dfrac{k\alpha_0+\Delta\alpha_1^2}{\delta\alpha_0+\Delta\alpha_1^2}$。注意到图 4.6 中共有 40 个区间，在此仅给出第一列五个区间中的所有可能解以作示例。

在区间①中，只有唯一解，$(\alpha_0, p_{n0}^{DCRA*})$。

在区间②中，只有唯一解，(α_0, p_{h0})。

在区间③中，有四组解，$(\alpha_1, p_{n1}^{DCRA})$，$(\alpha_0, p_{h1})$，$(\alpha_{DCRA}, p_{n0}^{DCRA})$ 和 (α_0, p_{h0})。

在区间④中，有四组解，(α_{DCRA}, p_{h1})，$(\alpha_1, p_{n1}^{DCRA})$，$(\alpha_{DCRA}, p_{n0}^{DCRA})$ 和 (α_0, p_{h0})。

在区间⑤中，有两组解，(α_1, p_{h1}) 和 (T, p_{h0})。

到目前为止，已经找出模型 *DCRA* 各个区间对应的所有可能解。接下来将采用同样的方法找出模型 *DCRB* 各个区间对应的所有可能解，最后对两种情形下共同区间的所有可能解进行比较，从而找出各个区间中唯一最优解。

4.7.2　求解模型 *DCRB*

在模型 *DCRB* 中，有两个关于 α 的约束，$T\leqslant\alpha_0\leqslant\alpha\leqslant\alpha_1$ 和 $\alpha_0\leqslant T\leqslant\alpha\leqslant\alpha_1$。先考虑第一个约束。由 4.6.2 小节可知，制造商的问题如下：

$$DCRB-1: \pi(\alpha)=s_1D_1\alpha+\frac{\delta c_n(2\delta+c_n-2-2k)+k^2+\Delta}{4\Delta}+(p_n-c_n)D_1;$$

$s.t.\ T\leqslant\alpha_0\leqslant\alpha\leqslant\alpha_1$。

注意到目标函数为关于 α 的线性函数，即当$s_1\geqslant0$ 时，$\alpha^{DCRB*}=\alpha_1$。否则 $\alpha^{DCRB*}=\alpha_0$。

(i) $s_1\geqslant0$，$\alpha^{DCRB*}=\alpha_1$。

$$\pi(\alpha)=-p_n^2+(1+c_n-\alpha_1s_1)p_n+\alpha_1s_1-c_n+\frac{\delta c_n(2\delta+c_n-2-2k)+k^2+\Delta}{4\Delta}\tag{4.41}$$

信毅学术文库

$$s.t.\begin{cases}p_n \leqslant p_{h0} \\ s_1 \geqslant 0\end{cases} \tag{4.42}$$

易发现目标函数（4.41）是关于p_n的二次函数且为凹。求解（4.41）对p_n的一阶导数并令其为0，可以得到$p_{n1}^{DCRB*}=\frac{(1+c_n-\alpha_1 s_1)}{2}$。此时$p_n$的最优解包含两种情况：当$p_{n1}^{DCRB*}\leqslant p_{h0}$时，$p_n^{DCRB*}=p_{n1}^{DCRB*}$；当$p_{n1}^{DCRB*}\geqslant p_{h0}$时，$p_n^{DCRB*}=p_{h0}$。接下来分析获得最优解时所需满足的条件。

（i－1）$p_n^{DCRB*}=p_{n1}^{DCRB*}$，此时需要同时满足条件$p_{n1}^{DCRB*}\leqslant p_{h0}$和$s_1\geqslant 0$。注意到$p_{n1}^{DCRB*}\leqslant p_{h0}$等价于$s_1\geqslant\frac{h-\Delta H_0}{\Delta\alpha_0\alpha_1}$。$s_1\geqslant 0$等价于$ccr\leqslant k$。因此，取得该最优解所需满足的条件为$(h\leqslant\Delta H_0 \ \& \ ccr\leqslant k)\cup(h\geqslant\Delta H_0 \ \& \ ccr\leqslant\delta c_n-g_{10})$。

（i－2）$p_{n1}^{DCRB*}=p_{h0}$，此时需要同时满足条件$p_{n1}^{DCRB*}\geqslant p_{h0}$和$s_1\geqslant 0$。注意到$p_{n1}^{DCRB*}\geqslant p_{h0}$等价于$s_1\leqslant\frac{h-\Delta H_0}{\Delta\alpha_0\alpha_1}$。$s_1\geqslant 0$等价于$ccr\leqslant k$。因此，取得该最优解所需满足的条件为$(h\geqslant\Delta H_0 \ \& \ \delta c_n-g_{10}\leqslant ccr\leqslant k)$。

（ii）$s_1\leqslant 0$，$\alpha^{DCRB*}=\alpha_0$。

$$\pi(\alpha)=-p_n^2+(1+c_n-\alpha_0 s_1)p_n+\alpha_0 s_1-c_n \\ +\frac{\delta c_n(2\delta+c_n-2-2k)+k^2+\Delta}{4\Delta} \tag{4.43}$$

$$s.t.\begin{cases}p_n \leqslant p_{h0} \\ s_1 \leqslant 0\end{cases} \tag{4.44}$$

易发现目标函数（4.43）是关于p_n的二次函数且为凹。求解式（4.43）对p_n的一阶导数并令其为0，可以得到$p_{n0}^{DCRB*}=\frac{(1+c_n-\alpha_0 s_1)}{2}$。此时$p_n$的最优解包含两种情况：当$p_{n0}^{DCRB*}\leqslant p_{h0}$时，$p_n^{DCRB*}=p_{n0}^{DCRB*}$；当$p_{n0}^{DCRB*}\geqslant p_{h0}$时，$p_n^{DCRB*}=p_{h0}$。接下来分析获得最优解时所需满足的条件。

（ii－1）$p_n^{DCRB*}=p_{n0}^{DCRB*}$，此时需要同时满足条件$p_{n0}^{DCRB*}\leqslant p_{h0}$和$s_1\leqslant 0$。注意到$p_{n0}^{DCRB*}\leqslant p_{h0}$等价于$s_1\geqslant\frac{h-\Delta H_0}{\Delta\alpha_0^2}$。$s_1\leqslant 0$等价于$ccr\geqslant k$。因此，取得该

最优解所需满足的条件为（$h\leqslant\Delta H_0$ & $k\leqslant ccr\leqslant\delta c_n-g_{00}$）。

（ii－2）$p_n^{DCRB*}=p_{h0}$，此时需要同时满足条件 $p_{n0}^{DCRB*}\geqslant p_{h0}$ 和 $s_1\leqslant 0$。注意到 $p_{n0}^{DCRB*}\geqslant p_{h0}$ 等价于 $s_1\leqslant\dfrac{h-\Delta H_0}{\Delta\alpha_0^2}$。$s_1\leqslant 0$ 等价于 $ccr\geqslant k$。因此，取得该最优解所需满足的条件为（$h\leqslant\Delta H_0$ & $ccr\geqslant\delta c_n-g_{00}$）∪（$h\geqslant\Delta H_0$ & $ccr\geqslant k$）。

为方便阅读，模型 $DCRB$ 满足 $T\leqslant\alpha_0\leqslant\alpha\leqslant\alpha_1$ 时的所有可能解见附录 B。接下来分析模型 $DCRB$ 满足 $\alpha_0\leqslant T\leqslant\alpha\leqslant\alpha_1$ 时的所有可能解。

$$DCRB-2：\pi(\alpha)=s_1D_1\alpha+\frac{\delta c_n(2\delta+c_n-2-2k)+k^2+\Delta}{4\Delta}+(p_n-c_n)D_1；$$

$s.t.\ \alpha_0\leqslant T\leqslant\alpha\leqslant\alpha_1$。

类似地，目标函数是关于 α 的线性函数，即当 $s_1\leqslant 0$ 时，$\alpha^{DCRB*}=\alpha_1$。否则 $\alpha^{DCRB*}=T$。

（i）$s_1\leqslant 0$，$\alpha^{DCRB*}=\alpha_1$。

$$\pi(\alpha)=-p_n^2+(1+c_n-\alpha_1 s_1)p_n+\alpha_1 s_1-c_n+\frac{\delta c_n(2\delta+c_n-2-2k)+k^2+\Delta}{4\Delta}$$

$$s.t.\begin{cases}p_{h0}\leqslant p_n\leqslant p_{h1}\\ s_1\leqslant 0\end{cases}\tag{4.45}$$

易发现目标函数是关于 p_n 的二次函数且为凹。类似地，p_n 的最优解包含三种情况：当 $p_{n1}^{DCRB*}\leqslant p_{h0}$ 时，$p_n^{DCRB*}=p_{h0}$；当 $p_{h0}\leqslant p_{n1}^{DCRB*}\leqslant p_{h1}$ 时，$p_n^{DCRB*}=p_{n1}^{DCRB*}$；当 $p_{n1}^{DCRB*}\leqslant p_{h1}$ 时，$p_n^{DCRB*}=p_{h1}$。接下来分析获得最优解时所需满足的条件。

（i－1）$p_n^{DCRB*}=p_{h0}$，此时需要同时满足条件 $p_{n1}^{DCRB*}\leqslant p_{h0}$ 和 $s_1\leqslant 0$。注意到 $p_{n1}^{DCRB*}\leqslant p_{h0}$ 等价于 $s_1\leqslant\dfrac{h-\Delta H_0}{\Delta\alpha_0\alpha_1}$。$s_1\leqslant 0$ 等价于 $ccr\leqslant k$。因此，取得该最优解所需满足的条件为（$h\leqslant\Delta H_0$ & $ccr\leqslant k$）∪（$h\leqslant\Delta H_0$ & $ccr\leqslant\delta c_n-g_{10}$）。

（i－2）$p_n^{DCRB*}=p_{n1}^{DCRB*}$，此时需要同时满足条件 $p_{h0}\leqslant p_{n1}^{DCRB*}\leqslant p_{h1}$ 和 $s_1\leqslant 0$。注意到 $p_{h0}\leqslant p_{n1}^{DCRB*}\leqslant p_{h1}$ 等价于 $\dfrac{h-\Delta H_1}{\Delta\alpha_1^2}\leqslant s_1\leqslant\dfrac{h-\Delta H_0}{\Delta\alpha_0\alpha_1}$。$s_1\leqslant 0$ 等价于 $ccr\leqslant k$。因此，取得该最优解所需满足的条件为（$h\leqslant\Delta H_1$ & $\delta c_n-g_{10}\leqslant ccr\leqslant\delta c_n$

$-g_{11})\cup(\Delta H_0\leqslant h\leqslant\Delta H_1\ \&\ \delta c_n-g_{10}\leqslant ccr\leqslant k)$。

（i-3）$p_n^{DCRB*}=p_{h1}$，此时需要同时满足条件 $p_{n1}^{DCRB*}\geqslant p_{h1}$ 和 $s_1\geqslant 0$。注意到 $p_{n1}^{DCRB*}\geqslant p_{h1}$ 等价于 $s_1\leqslant\frac{h-\Delta H_1}{\Delta\alpha_1^2}$。$s_1\geqslant 0$ 等价于 $ccr\leqslant k$。因此，取得该最优解所需满足的条件为（$h\geqslant\Delta H_1\ \&\ \delta c_n-g_{11}\leqslant ccr\leqslant k$）。

（ii）$s_1\leqslant 0$，$\alpha^{DCRB*}=T$。

$$\pi(\alpha)=-p_n^2+(1+c_n)p_n+\frac{hs_1}{2\delta}-c_n+\frac{\delta c_n(2\delta+c_n-2-2k)+k^2+\Delta}{4\Delta} \tag{4.46}$$

$$s.t.\begin{cases}p_{h0}\leqslant p_n\leqslant p_{h1}\\ s_1\leqslant 0\end{cases} \tag{4.47}$$

目标函数是关于p_n的二次函数且为凹，求解目标函数关于p_n的一阶导数并令其等于0，可以得到 $p_{nT}^{DCRB*}=\frac{1+c_n}{2}$。类似地，$p_n$的最优解包含三种情况：当 $p_{nT}^{DCRB*}\leqslant p_{h0}$ 时，$p_n^{DCRB*}=p_{h0}$；当 $p_{h0}\leqslant p_{nT}^{DCRB*}\leqslant p_{h1}$ 时，$p_n^{DCRB*}=p_{nT}^{DCRB*}$；当 $p_{nT}^{DCRB*}\geqslant p_{h1}$ 时，$p_n^{DCRB*}=p_{h1}$。接下来分析获得最优解时所需满足的条件。

（ii-1）$p_n^{DCRB*}=p_{h0}$，此时需要同时满足条件 $p_{nT}^{DCRB*}\leqslant p_{h0}$ 和 $s_1\leqslant 0$。注意到 $p_{nT}^{DCRB*}\leqslant p_{h0}$ 等价于 $h\leqslant\Delta H_0$。$s_1\leqslant 0$ 等价于 $ccr\geqslant k$。因此，取得该最优解所需满足的条件为（$h\leqslant\Delta H_0\ \&\ ccr\geqslant k$）。

（ii-2）$p_n^{DCRB*}=p_{nT}^{DCRB*}$，此时需要同时满足条件 $p_{h0}\leqslant p_{nT}^{DCRB*}\leqslant p_{h1}$ 和 $s_1\leqslant 0$。注意到 $p_{h0}\leqslant p_{nT}^{DCRB*}\leqslant p_{h1}$ 等价于 $\Delta H_0\leqslant h\leqslant\Delta H_1$。$s_1\leqslant 0$ 等价于 $ccr\geqslant k$。因此，取得该最优解所需满足的条件为（$\Delta H_0\leqslant h\leqslant\Delta H_1\ \&\ ccr\geqslant k$）。

（ii-3）$p_n^{DCRB*}=p_{h1}$，此时需要同时满足条件 $p_{nT}^{DCRB*}\geqslant p_{h1}$ 和 $s_1\leqslant 0$。注意到 $p_{nT}^{DCRB*}\geqslant p_{h1}$ 等价于 $h\geqslant\Delta H_1$。$s_1\leqslant 0$ 等价于 $ccr\geqslant k$。因此，取得该最优解所需满足的条件为（$h\geqslant\Delta H_1\ \&\ ccr\geqslant k$）。

为方便阅读，模型 *DCRB* 满足 $\alpha_0\leqslant T\leqslant\alpha\leqslant\alpha_1$ 时的所有可能解见附录 *B*。为了清晰地描述各个区间的最优解，以及方便后面进行比较，图 4.7 描述模型 *DCRB* 所有可能的解。

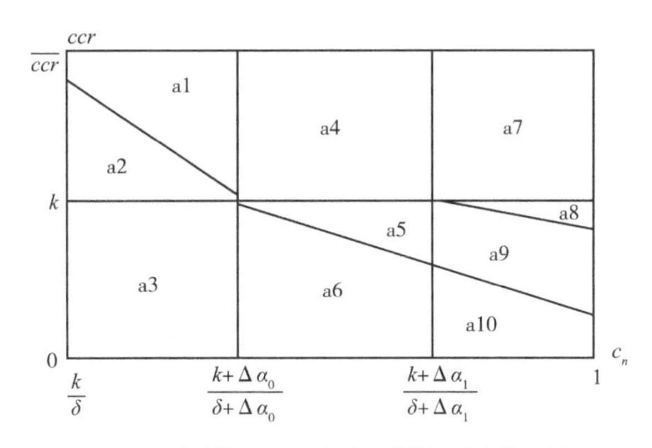

图 4.7　模型 *DCRB* 所有可能解对应的区间

注意到图 4.7 中共有 10 个区间。

在区间 a1 中，有两组解，(α_0, p_{h0}) 和 (T, p_{h0})。

在区间 a2 中，有两组解，$(\alpha_0, p_{n0}^{DCRB*})$ 和 (T, p_{h0})。

在区间 a3 中，有两组解，$(\alpha_1, p_{n1}^{DCRB*})$ 和 (α_1, p_{h0})。

在区间 a4 中，有两组解，(α_0, p_{h0}) 和 (T, p_{nT}^{DCRB*})。

在区间 a5 中，有两组解，(α_1, p_{h0}) 和 $(\alpha_1, p_{n1}^{DCRB*})$。

在区间 a6 中，有两组解，(α_1, p_{h0}) 和 $(\alpha_1, p_{n1}^{DCRB*})$。

在区间 a7 中，有两组解，(α_0, p_{h0}) 和 (T, p_{h1})。

在区间 a8 中，有两组解，(α_1, p_{h0}) 和 (α_1, p_{h1})。

在区间 a9 中，有两组解，(α_1, p_{h0}) 和 $(\alpha_1, p_{n1}^{DCRB*})$。

在区间 a10 中，有两组解，(α_1, p_{h0}) 和 $(\alpha_1, p_{n1}^{DCRB*})$。

以上为模型 *DCRB* 各个区间对应的所有可能解。接下来对两种模型（*DCRA* 和 *DCRB*）共同区间中的所有可能解进行比较，从而找出各个区间中唯一最优解。图 4.8 描述了两种模型的共同区间，即模型 *DCR* 的最优决策区间。

在图 4.8 中，$c_{n1} = \frac{k(1+\Delta\alpha_0^2)+\Delta\alpha_0}{\delta(1+\Delta\alpha_0^2)+\Delta\alpha_0}$，$c_{n2} = \frac{k+w_1\Delta\alpha_0}{\delta+w_1\Delta\alpha_0}$，$c_{n3} = \frac{k+\Delta\alpha_0}{\delta+\Delta\alpha_0}$，$c_{n4} = \frac{k(1+\Delta\alpha_0^2)+\Delta\alpha_1}{\delta(1+\Delta\alpha_0^2)+\Delta\alpha_1}$，$c_{n5} = \frac{k+\Delta\alpha_1}{\delta+\Delta\alpha_1}$，$c_{n6} = \frac{k\alpha_0+\Delta\alpha_1^2}{\delta\alpha_0+\Delta\alpha_1^2}$。

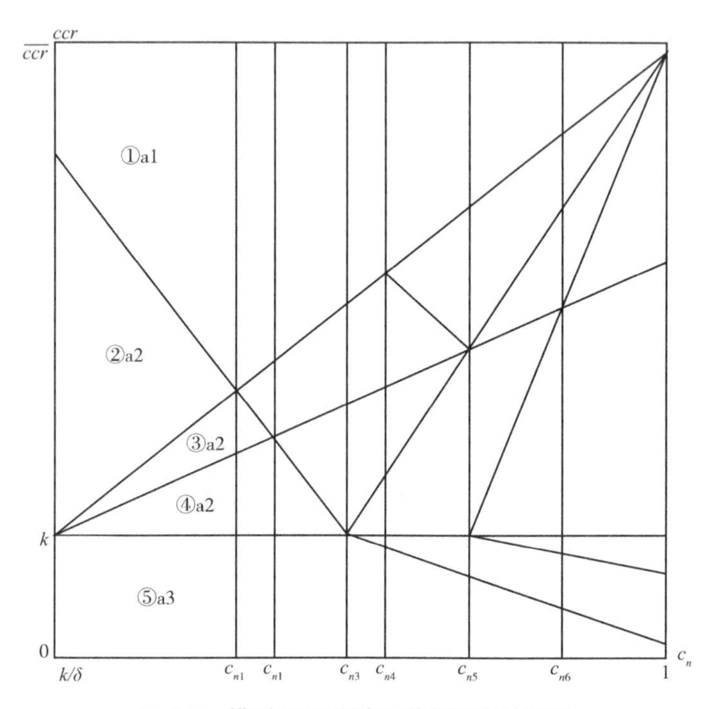

图 4.8　模型 *DCR* 所有可能解对应的区间

公共区间①a1

在该区间中，$g_0 \leqslant g_{00}$。所有可能的解分别是（α_0, p_{n0}^{DCRA*}）、（α_0, p_{h0}）和（T, p_{h0}）。其中（α_0, p_{n0}^{DCRA*}）隶属于 $M \geqslant 1$，（α_0, p_{h0}）和（T, p_{h0}）分别隶属于 $m \leqslant 1$ & $T \leqslant \alpha_0 \leqslant \alpha \leqslant \alpha_1$ 和 $m \leqslant 1$ & $\alpha_0 \leqslant T \leqslant \alpha \leqslant \alpha_1$。对于解（$T, p_{h0}$），最优回收率 $\alpha^{DCRB*} = T$，$M = \dfrac{h}{2\Delta D_1 \alpha^{DCRB*}} = \dfrac{h}{2\Delta D_1 r} = 1$，即为 $M \geqslant 1$ 的特殊情况。类似地，对于解（α_0, p_{h0}），$M = \dfrac{h}{2\Delta D_1 \alpha^{DCRB*}} = 1$，同样为 $M \geqslant 1$ 的特殊情况。因此在公共区间①a1 中，唯一的最优解为（α_0, p_{n0}^{DCRA*}）。

公共区间②a2

在该区间中，$g_{00} \leqslant g_0 \leqslant 0$。所有可能的解分别是（$\alpha_0, p_{h0}$）、（$\alpha_0, p_{n0}^{DCRB*}$）和（$T, p_{h0}$）。其中（$\alpha_0, p_{h0}$）隶属于 $M \geqslant 1$。（α_0, p_{n0}^{DCRB*}）和（T, p_{h0}）分别隶属于 $m \leqslant 1$ & $T \leqslant \alpha_0 \leqslant \alpha \leqslant \alpha_1$ 和 $m \leqslant 1$ & $\alpha_0 \leqslant T \leqslant \alpha \leqslant \alpha_1$。类似于公共区

间①a1 的证明，（α_0, p_{n0}^{DCRB*}）为公共区间②a2 的唯一最优解。

公共区间③a2

在该区间中，$0\leqslant g_0\leqslant\frac{\alpha_0}{\alpha_1}h$。所有可能的解分别是（$\alpha_{DCRA}, p_{n0}^{DCRA}$）、（$\alpha_1, p_{n1}^{DCRA}$）、（$\alpha_0, p_{h1}$）、（$\alpha_0, p_{h0}$）、（$\alpha_0, p_{n0}^{DCRB*}$）和（$T, p_{h0}$）。其中（$\alpha_{DCRA}, p_{n0}^{DCRA}$）、（$\alpha_1, p_{n1}^{DCRA}$）、（$\alpha_0, p_{h1}$）隶属于 $M\geqslant1$ & $\alpha_0\leqslant\alpha\leqslant\alpha_1\leqslant T$。（$\alpha_0, p_{h0}$）隶属于 $M\geqslant1$ & $\alpha_0\leqslant\alpha\leqslant T\leqslant\alpha_1$。（$\alpha_0, p_{n0}^{DCRB*}$）和（$T, p_{h0}$）分别隶属于 $m\leqslant1$ & $T\leqslant\alpha_0\leqslant\alpha\leqslant\alpha_1$ 和 $m\leqslant1$ & $\alpha_0\leqslant T\leqslant\alpha\leqslant\alpha_1$。

$$\pi(\alpha_{DCRA}, p_{n0}^{DCRA})-\pi(\alpha_1, p_{n1}^{DCRA})=\frac{1}{4\Delta^2\alpha_0^2\alpha_1^2}[(\alpha_0^2-\alpha_1^2)g_0^2+(2\Delta\alpha_0\alpha_1(H_1-H_0)g_0]。$$

方程是关于g_0的二次函数且开口向下，两个实根分别为 0 和$\frac{2\alpha_0\Delta H_1}{\alpha_0+\alpha_1}$。在该区间中，$0\leqslant g_0\leqslant\frac{\alpha_0}{\alpha_1}h$。又$\frac{\alpha_0}{\alpha_1}h\leqslant\frac{2\Delta\alpha_0 H_1}{\alpha_0+\alpha_1}$，$\left(\frac{\alpha_0}{\alpha_1}h\geqslant\frac{2\Delta\alpha_0 H_1}{\alpha_0+\alpha_1}\right.$等价于 $h\geqslant\frac{2\alpha_1}{\alpha_0+\alpha_1}\Delta H_1\geqslant\frac{1}{1+\Delta\alpha_0^2}\Delta H_1$，产生矛盾$\Big)$。则 π（$\alpha_{DCRA}, p_{n0}^{DCRA}$）$-\pi$（$\alpha_1, p_{n1}^{DCRA}$）$\geqslant0$。

$$\pi(\alpha_0, p_{h1})-\pi(\alpha_{DCRA}, p_{n0}^{DCRA})=\frac{-1}{4\Delta^2\alpha_0^2\alpha_1^2}[(\Delta\alpha_0^2-1)\alpha_1^2g_0^2-2\Delta\alpha_0\alpha_1(\alpha_0^2h-H_1)g_0+\alpha_0^2h^2(1+\Delta\alpha_0^2)-2\Delta\alpha_0^2hH_1]。$$

方程有两实根，分别为$\frac{\alpha_0}{\alpha_1}h$ 和 $\frac{\alpha_0(h\Delta\alpha_0^2+h-2\Delta H_1)}{\alpha_1(\Delta\alpha_0^2-1)}$，且$\frac{\alpha_0}{\alpha_1}h\leqslant\frac{\alpha_0(h\Delta\alpha_0^2+h-2\Delta H_1)}{\alpha_1(\Delta\alpha_0^2-1)}$。在区间③a2 中，$0\leqslant g_0\leqslant\frac{\alpha_0}{\alpha_1}h$，又方程开口向上，则 $\pi(\alpha_0, p_{h1})\geqslant\pi(\alpha_{DCRA}, p_{n0}^{DCRA})$。

对于解（α_0, p_{h1}），$T=\frac{h}{2\Delta D_1}=\frac{h}{2\Delta(1-p_{h1})}=\alpha_1$，为 $M\geqslant1$ & $\alpha_0\leqslant\alpha\leqslant T\leqslant\alpha_1$特殊情况。同理，（$T, p_{h0}$）和（$\alpha_0, p_{h0}$）均被其他解占优。综上所述，在该区间中唯一最优解是（α_0, p_{n0}^{DCRB*}）。

公共区间④a2

在该区间中，$\frac{\alpha_0}{\alpha_1}h \leqslant g_0 \leqslant h$。所有可能的解分别是（$\alpha_{DCRA}, p_{h1}$）、（$\alpha_1$, p_{n1}^{DCRA}）、（α_0, p_{h0}）、（$\alpha_{DCRA}, p_{n0}^{DCRA}$）、（$\alpha_0, p_{n0}^{DCRB*}$）和（$T, p_{h0}$）。其中（$\alpha_{DCRA}$, p_{h1}）和（α_1, p_{n1}^{DCRA}）隶属于 $M \geqslant 1$ & $\alpha_0 \leqslant \alpha \leqslant \alpha_1 \leqslant T$。（$\alpha_0, p_{h0}$）和（$\alpha_{DCRA}$, p_{n0}^{DCRA}）隶属于 $M \geqslant 1$ & $\alpha_0 \leqslant \alpha \leqslant T \leqslant \alpha_1$。（$\alpha_0, p_{n0}^{DCRB*}$）和（$T, p_{h0}$）分别隶属于 $m \leqslant 1$ & $T \leqslant \alpha_0 \leqslant \alpha \leqslant \alpha_1$ 和 $m \leqslant 1$ & $\alpha_0 \leqslant T \leqslant \alpha \leqslant \alpha_1$。

$$\pi(\alpha_{DCRA}, p_{n0}^{DCRA}) - \pi(\alpha_1, p_{n1}^{DCRA}) = \frac{1}{4\Delta^2\alpha_0^2\alpha_1^2}[(\alpha_0^2 - \alpha_1^2)g_0^2 + (2\Delta\alpha_0\alpha_1(H_1 - H_0)g_0]。$$

方程是关于g_0的二次函数且开口向下，两个实根分别为 0 和$\frac{2\Delta\alpha_0 H_1}{\alpha_0 + \alpha_1}$。在该区间中，$\frac{\alpha_0}{\alpha_1}h \leqslant g_0 \leqslant h$。又 $0 \leqslant \frac{\alpha_0}{\alpha_1}h \leqslant h \leqslant \frac{2\Delta\alpha_0 H_1}{\alpha_0 + \alpha_1} = \frac{2\alpha_1\Delta H_0}{\alpha_0 + \alpha_1}$，则 $\pi(\alpha_{DCRA}, p_{n0}^{DCRA}) - \pi(\alpha_1, p_{n1}^{DCRA}) \geqslant 0$。

$$\pi(\alpha_{DCRA}, p_{n0}^{DCRA}) - \pi(\alpha_{DCRA}, p_{h1}) = \frac{1}{4\Delta^2\alpha_0^2\alpha_1^2}[-\alpha_1^2 g_0^2 + 2\Delta\alpha_0\alpha_1 H_1 g_0 + h^2\alpha_0^2 - 2\Delta\alpha_0^2 h H_1]。$$

方程有两个实根，分别为$\frac{\alpha_0}{\alpha_1}h$ 和$\frac{\alpha_0}{\alpha_1}(2\Delta H_1 - h)$，且$\frac{\alpha_0}{\alpha_1}h \leqslant g_0 \leqslant h \leqslant \frac{\alpha_0}{\alpha_1}(2\Delta H_1 - h)$。又方程开口向下，故 $\pi(\alpha_{DCRA}, p_{n0}^{DCRA}) - \pi(\alpha_{DCRA}, p_{h1}) \geqslant 0$。

$$\pi(\alpha_0, p_{h0}) - \pi(\alpha_{DCRA}, p_{n0}^{DCRA}) = \frac{1 - \Delta\alpha_0^2}{4\Delta^2\alpha_0^2}g_0^2 + \frac{\alpha_0^2 h - H_0}{2\Delta\alpha_0^2}g_0 - \frac{[2\Delta H_0 - (1 + \Delta\alpha_0^2)]h}{4\Delta^2\alpha_0^2}。$$

方程是关于 g_0 的二次函数，且开口向上。又方程两根分别为 h 和 $\frac{2\Delta H_0 - (1 + \Delta\alpha_0^2)h}{1 - \Delta\alpha_0^2}$，故 $\pi(\alpha_0, p_{h0}) \geqslant \pi(\alpha_{DCRA}, p_{n0}^{DCRA})$。对于解（$\alpha_0, p_{h0}$），$M = \frac{h}{2\Delta(1 - p_n)\alpha_0} = 1$，为 $M \leqslant 1$ 的特殊情况。同理，（T, p_{h0}）被其他解占优。综上所述，在该区间中唯一的最优解是（α_0, p_{n0}^{DCRB*}）。

公共区间⑤a3

在该区间中，$g_0 \geqslant h$。所有可能的解分别是（α_1, p_{h1}）、（T, p_{h0}）、（α_1, p_{n1}^{DCRB*}）和（α_1, p_{h0}）。其中（α_1, p_{h1}）和（T, p_{h0}）分别隶属于 $M \geqslant 1$ & $\alpha_0 \leqslant \alpha \leqslant \alpha_1 \leqslant T$ 和 $M \geqslant 1$ & $\alpha_0 \leqslant \alpha \leqslant T \leqslant \alpha_1$。（$\alpha_1, p_{n1}^{DCRB*}$）和（$\alpha_1, p_{h0}$）分别隶属于 $m \leqslant 1$ & $T \leqslant \alpha_0 \leqslant \alpha \leqslant \alpha_1$ 和 $m \leqslant 1$ & $\alpha_0 \leqslant T \leqslant \alpha \leqslant \alpha_1$。通过上述证明可以发现（$\alpha_1, p_{h1}$）、（$T, p_{h0}$）和（$\alpha_1, p_{h0}$）均被其他解占优，故在该区间的唯一最优解是（$\alpha_1, p_{n1}^{DCRB*}$）。

对于图 4.8 中的其他区间，可以用同样的方法证明。类似于无法律约束的情形，逆向运营成本存在上限约束，即 $ccr \leqslant \overline{ccr} = \delta c_n - \frac{c_n - 1}{\alpha_1}$，且 $c_{nmax}^{DC} = \frac{\Delta\alpha_1^2 k + \Delta\alpha_1 + k}{\Delta\alpha_1 + \delta} \leqslant 1$。

4.8　模型 *DCR* 计算结果

根据对模型 *DCRA* 和模型 *DCRB* 的分析，可以得到模型 *DCR* 制造商的最优决策，见定理 4.3。

定理 4.3：对于模型 *DCR*，第一阶段新产品价格、第二阶段回收率、第三阶段新产品和再造品的最优价格如表 4.4 所示。

表 4.4　　模型 *DCR*：确定及竞争情形下存在法律约束时制造商的最优决策

区间	p_n^{DCR*}	α^{DCR*}	p_{2n}^{DCR*}	p_{2r}^{DCR*}	D_{2n}^{DCR*}	D_{2r}^{DCR*}
*DCR*1	p_{n0}^{DCRA*}	α_0	$\frac{1+c_n}{2}$	$\frac{(1+c_n)\delta}{2} - \frac{\Delta(H_0+g_0\alpha_0^2)}{2(1+\Delta\alpha_0^2)}$	$\frac{1-c_n}{2}$	$\frac{H_0+g_0\alpha_0^2}{2(1+\Delta\alpha_0^2)}$
*DCR*2	p_{n0}^{DCRB*}	α_0	$\frac{1+c_n}{2}$	$\frac{\delta+k}{2}$	$\frac{1-c_n+k-\delta}{2(1-\delta)}$	$\frac{\delta c_n - k}{2\Delta}$

续表

区间	p_n^{DCR*}	α^{DCR*}	p_{2n}^{DCR*}	p_{2r}^{DCR*}	D_{2n}^{DCR*}	D_{2r}^{DCR*}
$DCR3$	$\frac{1+c_n}{2}$	$\frac{\delta c_n - ccr}{\Delta(1-c_n)}$	$\frac{1+c_n}{2}$	$\frac{\delta(1+c_n)-g_0}{2}$	$\frac{\Delta(1-c_n)-\delta g_0}{2\Delta}$	$\frac{g_0}{2\Delta}$
$DCR4$	p_{n1}^{DCRA*}	α_1	$\frac{1+c_n}{2}$	$\frac{\delta(1+c_n)}{2}-\frac{\Delta(H_1+g_0\alpha_1^2)}{2(\Delta\alpha_1^2+1)}$	$\frac{(1-c_n)}{2}-\frac{(H_1+g_0\alpha_1^2)\delta}{2(\Delta\alpha_1^2+1)}$	$\frac{(H_1+g_0\alpha_1^2)}{2(\Delta\alpha_1^2+1)}$
$DCR5$	p_{n1}^{DCRB*}	α_1	$\frac{1+c_n}{2}$	$\frac{\delta+k}{2}$	$\frac{1-c_n+k-\delta}{2(1-\delta)}$	$\frac{\delta c_n - k}{2\Delta}$

$g_0=\delta c_n-ccr, s_1=k-ccr, h=\delta c_n-k, p_{ni}^{DCRA*}=\frac{1+c_n-g_0\alpha_i+2\Delta\alpha_i^2}{2(\Delta\alpha_i^2+1)}, p_{ni}^{DCRB*}=\frac{1+c_n-s_1\alpha_i}{2}, \Delta=\delta(1-\delta), i=0,1$

定理4.3表明：

（1）在区间 $DCR1$ 中，$\left(\delta c_n - g_{00} \leqslant ccr \leqslant \delta c_n - \frac{c_n-1}{\alpha_1}\ \&\ \frac{k}{\delta} \leqslant c_n \leqslant \frac{k+\Delta\alpha_0}{\delta+\Delta\alpha_0}\right) \cup \left(\delta c_n - \Delta H_0 \leqslant ccr \leqslant \delta c_n - \frac{c_n-1}{\alpha_1}\ \&\ \frac{k+\Delta\alpha_0}{\delta+\Delta\alpha_0} \leqslant c_n \leqslant 1\right)$。逆向运营成本非常高，制造商选择政府规定的最小回收率 α_0。

（2）在区间 $DCR2$ 中，$\left(k \leqslant ccr \leqslant \delta c_n - g_{00}\ \&\ \frac{k}{\delta} \leqslant c_n \leqslant \frac{k+\Delta\alpha_0}{\delta+\Delta\alpha_0}\right)$。最优回收率与区间 $DCR1$ 相同。

（3）在区间 $DCR3$ 中，$\left(k \leqslant ccr \leqslant \delta c_n - \Delta H_0\ \&\ \frac{k+\Delta\alpha_0}{\delta+\Delta\alpha_0} \leqslant c_n \leqslant \frac{k+\Delta\alpha_1}{\delta+\Delta\alpha_1}\right) \cup \left(\delta c_n - \Delta H_1 \leqslant ccr \leqslant \delta c_n - \Delta H_0\ \&\ \frac{k+\Delta\alpha_1}{\delta+\Delta\alpha_1} \leqslant c_n \leqslant 1\right)$。制造商的最优回收率为 $\frac{\delta c_n - ccr}{\Delta(1-c_n)}$。

（4）在区间 $DCR4$ 中，$\left(\delta c_n - g_{11} \leqslant ccr \leqslant \delta c_n - \Delta H_1\ \&\ \frac{k+\Delta\alpha_1}{\delta+\Delta\alpha_1} \leqslant c_n \leqslant c_{nmax}^{DC}\right) \cup (0 \leqslant ccr \leqslant \delta c_n - \Delta H_1\ \&\ c_{nmax}^{DC} \leqslant c_n \leqslant 1)$。注意到逆向运营成本并不是非

常低，但是在该区间中新产品生产成本很低。对制造商而言，较高的生产成本会使制造商有意愿回收旧产品以进行再使用。制造商的最优回收率为 α_1。

（5）在区间 $DCR5$ 中，$\left(0\leqslant ccr\leqslant k\ \&\ \dfrac{k}{\delta}\leqslant c_n\leqslant\dfrac{k+\Delta\alpha_1}{\delta+\Delta\alpha_1}\right)\cup\left(0\leqslant ccr\leqslant \delta c_n-g_{11}\ \&\ \dfrac{k+\Delta\alpha_1}{\delta+\Delta\alpha_1}\leqslant c_n\leqslant c_{nmax}^{DC}\right)$。逆向运营成本非常低，制造商的最优回收率为 α_1。

类似于无法律约束的情形，图4.9清晰地描述了确定及竞争情形下存在法律约束时制造商所有决策区间。在区间 $DR1$、$DR2$、$DR4$ 以及 $DR5$ 中，第一阶段新产品的价格是关于逆向运营成本的增函数。当逆向运营成本较高时，政府强制企业回收旧产品会损害企业的利益，因此企业通过提高新产品价格弥补回收旧产品产生的损失；在区间 $DR3$ 中，新产品价格完全独立于逆向运营成本，仅与自身的生产成本有关；在区间 $DR1$、$DR3$ 以及 $DR4$ 中，再造品的价格是关于运营成本的减函数，然而，在区间 $DR2$ 和 $DR5$ 中，再造品价格完全独立于运营成本，仅与替代强度、再造品残值有关。

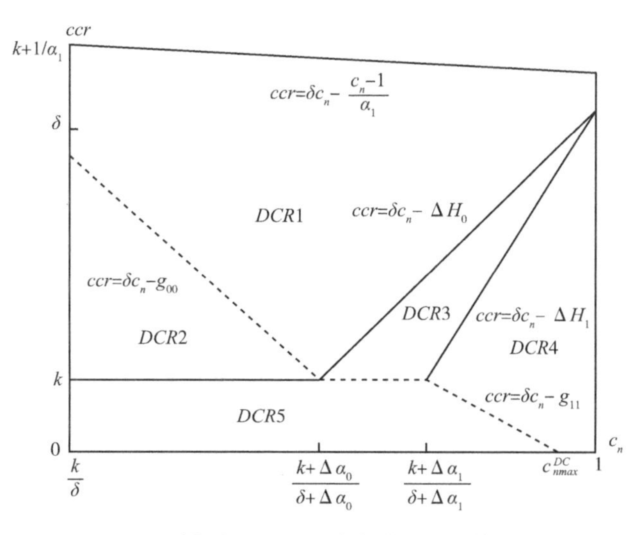

图4.9　模型 DCR：制造商的最优决策区间

4.9 对比模型 DCN 与模型 DCR

在本节中，对无法律约束与存在法律约束两种情形下的最优利润进行比较。即比较π^{DCN*}与π^{DCR*}。首先找出两种模型的公共区间，如图 4.10 所示。本节仅给出$\frac{k+\Delta\alpha_1}{\delta+\Delta\alpha_1}\leqslant c_n\leqslant 1$时的证明，$c_n\leqslant\frac{k+\Delta\alpha_1}{\delta+\Delta\alpha_1}$时的证明过程同理。两种模型比较如下：

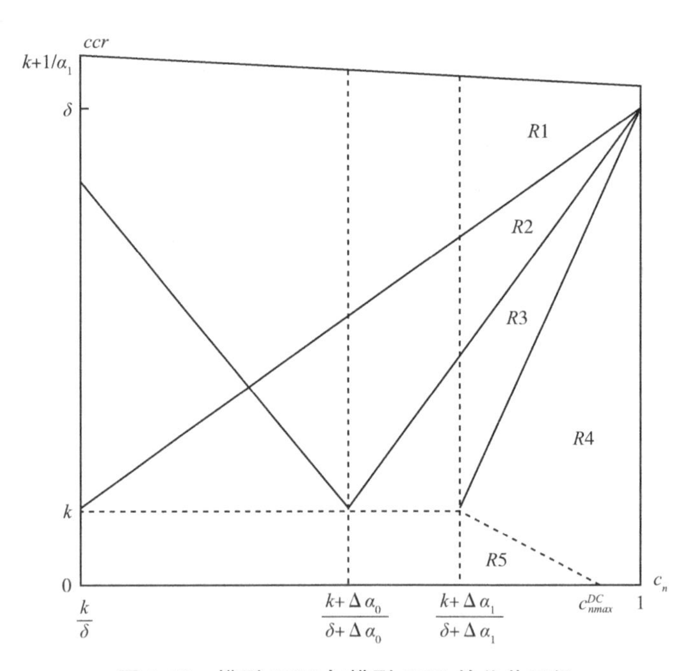

图 4.10 模型 DCN 与模型 DCR 的公共区间

当 $\alpha_0=0$ 时，$\frac{k}{\delta}$与$\frac{k+\Delta\alpha_0}{\delta+\Delta\alpha_0}$将合并为同一种情况。

（1）在公共区间 R1 中，$\delta c_n\leqslant ccr\leqslant\delta c_n-\frac{c_n-1}{\alpha_1}$，即$\frac{c_n-1}{\alpha_1}\leqslant g_0\leqslant 0$。两种模型的利润差如下：

$$\pi^{DCN*}-\pi^{DCR*}=\frac{1}{4(\Delta\alpha_0^2+1)}(-\alpha_0^2g_0^2-2H_0g_0+\Delta H_0^2)。$$

方程是关于g_0的二次函数且为凹。两个实根分别为：$\frac{H_0(-1-\sqrt{\Delta\alpha_0^2+1})}{\alpha_0^2}$和$\frac{H_0(-1+\sqrt{\Delta\alpha_0^2+1})}{\alpha_0^2}$，且$\frac{H_0(-1-\sqrt{\Delta\alpha_0^2+1})}{\alpha_0^2}\leqslant\frac{c_n-1}{\alpha_1}\leqslant 0\leqslant\frac{H_0(-1+\sqrt{\Delta\alpha_0^2+1})}{\alpha_0^2}$。当$g_0=0$时，$\pi^{DCN*}-\pi^{DCR*}=\frac{\Delta H_0^2}{4(\Delta\alpha_0^2+1)}\leqslant 0$，综上所述，当$\frac{c_n-1}{\alpha_1}\leqslant g_0\leqslant 0$时，$\pi^{DCN*}\leqslant\pi^{DCR*}$。

（2）在公共区间 $R2$ 中，$\delta c_n-\Delta H_0\leqslant ccr\leqslant\delta c_n$，即$0\leqslant g_0\leqslant\Delta H_0$。两种模型的利润差为：

$$\pi^{DCN*}-\pi^{DCR*}=\frac{1}{4\Delta(\Delta\alpha_0^2+1)}(g_0-\Delta H_0)^2\leqslant 0。$$

（3）在公共区间 $R3$ 中，$\delta c_n-\Delta H_1\leqslant ccr\leqslant\delta c_n-\Delta H_0$，即$\Delta H_0\leqslant g_0\leqslant\Delta H_1$。两种情形下具有相同的利润函数。

（4）在公共区间 $R4$ 中，$(\delta c_n-g_{11}\leqslant ccr\leqslant\delta c_n-\Delta H_1)\cup(0\leqslant\ \leqslant\delta c_n-\Delta H_1)$，即$\Delta H_1\leqslant g_0\leqslant g_{11}$。两种情形下具有相同的利润函数。

（5）在公共区间 $R5$ 中，$0\leqslant ccr\leqslant\delta c_n-g_{11}$，即$g_{11}\leqslant g_0$。两种情形下具有相同的利润函数。

对于$\frac{k}{\delta}\leqslant c_n\leqslant\frac{k+\Delta\alpha_1}{\delta+\Delta\alpha_1}$时的情形，分析过程同理。通过上述讨论，可以得到定理 4.4。

定理 4.4：对于逆向运营成本 ccr，存在临界值，$\delta c_n-\Delta H_0$，使当$\delta c_n-\Delta H_0\leqslant ccr\leqslant\delta c_n-\frac{c_n-1}{\alpha_1}$时，$\pi^{DCN*}\leqslant\pi^{DCR*}$；当$0\leqslant ccr\leqslant\delta c_n-\Delta H_0$时，$\pi^{DCN*}=\pi^{DCR*}$。

定理 4.4 表明，当逆向运营成本满足$\delta c_n-\Delta H_0\leqslant ccr\leqslant\delta c_n-\frac{c_n-1}{\alpha_1}$时，无法律约束时制造商的最优利润总是优于存在法律约束时的情形。当$0\leqslant$

$ccr \leqslant \delta c_n - \Delta H_0$时，两种情形下的最优利润相等。换言之，当逆向运营成本低于临界值$\delta c_n - \Delta H_0$时，政府制定的法律约束不会对企业决策造成影响。

4.10 本章小结

本章在第3章的基础上进行扩展，研究当新产品和再造品存在市场竞争时制造商的最优决策将发生怎样的变化。本章分别分析不存在法律约束和存在法律约束的情形，并获得各自情形下制造商的最优决策。研究发现：（1）当存在法律约束时，根据新产品生产成本和逆向运营成本的不同组合，制造商拥有五个决策区间。（2）回收率是关于新产品生产成本与替代强度的单调递增函数。当逆向运营成本小于再造品的残值时，此时制造商愿意回收所有旧产品；当逆向运营成本大于替代强度与新产品生产成本之积时，回收旧产品对企业不利。（3）关于逆向运营成本ccr，存在临界值$\delta c_n - \Delta H_0$，使当$\delta c_n - \Delta H_0 \leqslant ccr \leqslant \delta c_n - \dfrac{c_n - 1}{\alpha_1}$时，无法律约束时制造商的利润总是优于存在法律约束时制造商的利润；当$0 \leqslant ccr \leqslant \delta c_n - \Delta H_0$时，两种情形下的利润相等。

第5章　随机情形下电子产品回收再制造决策模型研究

5.1　背景与假设

5.1.1　背景

第3章和第4章研究确定情形下电子产品回收再制造问题。然而，废旧电子产品的分散面比较广、磨损程度也不尽相同，因此从终端市场上回收的旧电子产品在数量、质量以及时间上均具有不确定性，这直接导致旧产品再制造率不确定。Ferrer（2003）研究了单周期情形下再制造率随机和供应商响应对企业实施再制造的影响。企业的决策变量为旧产品的拆卸数量以及零部件的购买数量。Ferrer研究了当采取不同决策顺序时企业的最优决策。Galbreth和Blackburn（2006）从再制造成本的角度研究了单周期情形下再制造问题。企业的决策变量为旧产品的回收量。他们分别考虑了确定需求和随机需求的情形，并得出不同情形下的最优回收和分类策略。Li等（2015）考虑再造品的产量和需求均不确定的情形，分析了制造商采取不同定价顺序时取得最优解所需满足的条件。

上述研究主要分析再制造率随机对企业决策的影响。然而，当企业面对政府强加的回收率约束时，企业的最优决策是否会发生变化呢？基于此，本章试图从法律约束的角度研究随机情形下电子产品回收再制造问题，期望得到一些有意义的结果，以供企业管理者参考。

首先，制造商生产新产品并以价格p_n在主要市场销售。当新产品的生命周期到达时，以成本c_c回收主要市场中的旧产品。然后对旧产品进行检测，确定是否能够用于再制造。其次，以价格p_r在二级市场中销售再造品。对于那些不能用于再制造的产品，以原材料循环的形式对其进行处理（提取里面有价值的零部件进行再加工，然后循环使用），并假设可以获得残值 w（可以理解为旧产品残值）。除此之外，如果再造品的数量超过市场需求量，那么制造商仍可以价格 k 把多余的再造品销售出去（可以理解为再造品的残值）。

具体而言，制造商的决策顺序如下：（1）制造商首先决策新产品的价格p_n。（2）制造商决策回收率 α。注意，在此阶段后随机变量的值已经实现了。因为当制造商把旧产品回收之后，能够用于再造品的比例就成为一个固定的值。随机变量的值何时实现对模型的求解非常重要，因为在随机情境下需要计算制造商利润函数的期望值，即对随机变量进行积分。（3）制造商决策再造品的产量 X 以应对二级市场需求。（4）制造商决策再造品的价格p_r。综上所述，制造商的决策分为四个阶段，如图 5.1 所示。

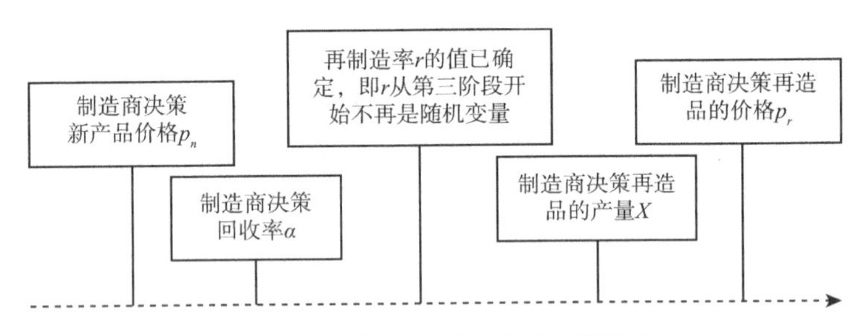

图 5.1　模型 *SR*：制造商的决策顺序

5.1.2　假设

事实上，本章是在第 3 章基础上的一个扩展，即从确定到随机的过程。因此，部分假设与第 3 章类似。具体如下：

(1) 再制造率是一个随机变量。参考 Galbreth 和 Blackburn (2010) 的研究，假设随机变量服从 0 到 1 上的均匀分布。

(2) 新产品和再造品分别在两个不同的市场销售，也就是说，两种产品不存在市场竞争 (Raz et al., 2014)。

(3) 基于生产者责任延伸制，制造商需要完成政府制定的最小回收率 α_0，且制造商有能力完成这个最小回收率。

(4) 旧产品的最大回收率为 α_1，且 $\alpha_1 \leqslant 1$。

(5) 在不失一般性的前提下，假设市场容量为 1 (Raz et al., 2014)。消费者对产品的质量表现出不同的偏好。在主要市场中，假设消费者对新产品的支付意愿服从 0 到 1 上的均匀分布。相应地，在二级市场中，假设消费者对再造品的支付意愿服从 0 到 u 上的均匀分布，且 $u \leqslant 1$。基于上述讨论，可以推导出新产品和再造品的市场需求函数，分别为 $D_n = 1 - p_n$ 和 $D_r = u - p_r$ (Atasu et al., 2008)。

本章模型中用到的符号及其定义如表 5.1 所示。

表 5.1 本章模型符号

	符号	定义
决策变量	p_n	新产品价格
	p_r	再造品价格
	α	回收率
	X	再造品的产量
随机变量	r	旧产品中能够用于再制造的比例
参数	c_n	新产品生产成本
	c_r	再造品生产成本
	c_c	旧产品回收成本
	w	旧产品中不能用于再制造时获得的单位残值，简称为旧产品残值
	k	再造品的残值
	u	二级市场容量
其他符号	D_n	新产品市场需求
	D_r	再造品市场需求

5.2 模型构建与分析

5.2.1 模型构建

基于上述描述，制造商的利润函数如下：

$$max\ \pi(p_n, p_r, \alpha, X) = (p_n - c_n)D_n + (p_r - c_r)min(X, D_r) + w\alpha D_n(1 - r) + (k - c_r)(X - D_r)^+ - c_c\alpha D_n \tag{5.1}$$

$$s.t.\ \alpha_0 \leqslant \alpha \leqslant \alpha_1 \tag{5.2}$$

$$0 \leqslant X \leqslant \alpha D_n r \tag{5.3}$$

式（5.1）表示制造商的利润函数。其中，第一项表示主要市场中新产品的利润；第二项表示二级市场中再造品的利润；第三项表示旧产品中不能用于再制造产生的收益，简称为旧产品收益；第四项表示再造品产生的收益，即再造品的产量超过二级市场需求带来的利润；第五项表示旧产品回收成本。约束式（5.2）表示制造商的回收率必须满足政府规定的要求，同时不超过上限值 α_1。约束式（5.3）保证再造品的产量不超过回收的旧产品中能够用于再制造的数量。

5.2.2 模型分析

本章采用逆向推导法，从第四阶段开始分析制造商的决策问题。

第四阶段分析：如前所述，给定新产品价格、再造品产量以及回收率时，求解再造品价格。回顾第 3 章，$min(X, D_r) = X$ 被 $min(X, D_r) = D_r$ 占优。因此，接下来仅考虑情形 $min(X, D_r) = D_r$。相应地，制造商的问题如下：

$$max\ \pi(p_n, p_r, \alpha, X) = (p_n - c_n + w\alpha(1 - r) - c_c\alpha)D_n + (p_r - k)D_r + (k - c_r)X \tag{5.4}$$

通过对式（5.4）进行化简和整理，制造商的问题转换如下：

$$max\ \pi(p_r \mid p_n,\alpha,X) = -p_r^2 + (u+k)p_r + (p_n - c_n + (1-r)w\alpha - c_c\alpha)(1-p_n) + (k-c_r)X - uk \quad (5.5)$$

$$s.t.\ p_r \geqslant u - X \quad (5.6)$$

注意到在第四阶段制造商的决策变量是p_r，因此仅需考虑约束$X \geqslant D_r$。为方便表示，记$A_1 = \frac{H}{2}$，$A_2 = \alpha D_n r$，$H = u - k$，$p_{r0} = u - X$。容易发现式（5.5）是关于p_r的二次函数且为凹$\left(\frac{\partial^2 \pi}{\partial p_r^2} = -2 < 0\right)$。求解式（5.5）对$p_r$的一阶导数并令其为0，可以得到$p_{r1} = \frac{u+k}{2}$。此时$p_r$的最优解存在两种情况：当$p_{r1} \geqslant p_{r0}$，即$X \geqslant \frac{u-k}{2} = A_1$时，$p_r^* = p_{r1}$，否则$p_r^* = p_{r0}$。回顾$X \leqslant \alpha D_n r = A_2$，因此需要讨论$A_1$和$A_2$的大小关系。定理5.1给出了制造商第四阶段的最优决策。

定理5.1：给定新产品价格、回收率以及再造品产量时，制造商的最优决策如表5.2所示。

定理5.1表明二级市场容量u以及再造品残值k均对再造品的价格p_r产生正向影响。首先，二级市场容量越大意味着再造品的市场潜力越大。同时，在再造品的产量有限（$X \leqslant \alpha D_n r$）且没有市场竞争的情形下，制造商会考虑提高产品价格以增加收益；其次，当再造品残值较大时，制造商即使不能以价格p_r把再造品出售，也可以通过残值的形式获利。

值得注意的是，相对于第3章确定模型，本章研究的是随机情形下电子产品回收再制造问题。但是定理5.1的结论与第3章中定理3.1的结论相似。由图5.1可知，当制造商面临第三阶段和第四阶段决策时，随机变量的值已经实现，即从第三阶段开始，r不再是随机变量。换言之，从第三阶段开始，制造商实际上面对的是一个确定情形下的决策问题。因此，在第三阶段和第四阶段，两种情形（确定情形和随机情形）的决策相似。

表 5.2　　随机情形下制造商第四阶段最优决策

$A_2 \leqslant A_1$	p_r^*	D_r	$\pi(X, p_r(X) \mid p_n, \alpha)$
$X \leqslant A_2 \leqslant A_1$	$u-X$	X	$-X^2+(u-c_r)X+(p_n-c_n+w\alpha(1-r)-c_c\alpha)D_n$
$A_2 \geqslant A_1$	p_r^*	D_r	$\pi(X, p_r(X) \mid p_n, \alpha)$
$X \leqslant A_1$	$u-X$	X	$-X^2+(u-c_r)X+(p_n-c_n+w\alpha(1-r)-c_c\alpha)D_n$
$A_1 \leqslant X \leqslant A_2$	$\frac{u+k}{2}$	$\frac{u-k}{2}$	$(k-c_r)X+\frac{(u-k)^2}{4}+(p_n-c_n+w\alpha(1-r)-c_c\alpha)D_n$

第三阶段分析：在求解出制造商第四阶段的最优决策后，接下来分析制造商第三阶段最优决策，即最优产量。

注意到在表 5.2 中，第一，当$A_1 \leqslant X \leqslant A_2$时，制造商的利润函数是关于产量 X 的线性函数。当 $k-c_r \geqslant 0$ 时，制造商的利润函数是关于再造品产量 X 的增函数，$X^*=A_2$；当 $k-c_r \leqslant 0$ 时，制造商的利润函数是关于再造品产量 X 的减函数，$X^*=A_1$。第二，当 $X \leqslant A_1$时，制造商的利润函数是关于再造品产量 X 的二次函数且为凹。由于$A_1 \leqslant \frac{u-c_r}{2}$，故$X^*=A_1$。易发现$X^*=A_1$为$A_1 \leqslant X \leqslant A_2$的特殊情况。类似地，当 $X \leqslant A_2 \leqslant A_1$时，$X^*=A_2$。对于情形 $k-c_r \leqslant 0$，用同样的方法可以计算出再造品的最优产量 X，详见定理 5.2。

定理 5.2：在获得再造品的最优价格后，同时在给定新产品价格、旧产品的回收率时，再造品的最优产量如表 5.3 所示。

表 5.3　　随机情形下制造商在第三阶段的最优决策

$k \geqslant c_r$	p_r	D_r	X	$\pi(\alpha, p_r(\alpha), X(\alpha) \mid p_n)$
$X \leqslant A_2 \leqslant A_1$	$u-\alpha D_n r$	$\alpha D_n r$	$\alpha D_n r$	$-r^2D_n^2\alpha^2+(u-c_r)\alpha r D_n+(p_n-c_n+w\alpha(1-r)-c_c\alpha)D_n$
$A_1 \leqslant X \leqslant A_2$	$\frac{u+k}{2}$	$\frac{u-k}{2}$	$\alpha D_n r$	$(k-c_r)\alpha D_n r+\frac{(u-k)^2}{4}+(p_n-c_n+w\alpha(1-r)-c_c\alpha)D_n$
$k \leqslant c_r$	p_r	D_r	X	$\pi(\alpha, p_r(\alpha), X(\alpha) \mid p_n)$

续表

$X \leqslant A_2 \leqslant \frac{u-c_r}{2} \leqslant A_1$	$u-\alpha D_n r$	$\alpha D_n r$	$\alpha D_n r$	$-r^2 D_n^2 \alpha^2 + (u-c_r)\alpha r D_n + (p_n - c_n + w\alpha(1-r) - c_c\alpha) D_n$
or $X \leqslant \frac{u-c_r}{2} \leqslant A_2 \leqslant A_1$	$\frac{u+c_r}{2}$	$\frac{u-c_r}{2}$	$\frac{u-c_r}{2}$	$(p_n - c_n + w\alpha(1-r) - c_c\alpha) D_n + \frac{(u-c_r)^2}{4}$
$A_1 \leqslant X \leqslant A_2$	$\frac{u+c_r}{2}$	$\frac{B-c_r}{2}$	$\frac{u-c_r}{2}$	$(p_n - c_n + w\alpha(1-r) - c_c\alpha) D_n + \frac{(u-c_r)^2}{4}$

定理 5.2 表明再造品的最优产量取决于再造品的残值 k 与再制造成本 c_r 的大小关系。当 $k \geqslant c_r$ 时，对制造商而言，再制造总是可以获利，此时再造品最优产量为其上限值，即 $X = \alpha D_n r$；当 $k \geqslant c_r$ 时，面对确定的市场需求，再造品的产量总是等于市场需求量，即 $X = D_r$。因为当再造品的残值低于生产成本时，任何一个理性的制造商都不愿意生产多于市场需求的产量。在本章中，仅考虑 $k \geqslant c_r$ 的情形。事实上，当 $k \geqslant c_r$ 时，可以用类似的方法得出制造商的最优决策。

第一阶段和第二阶段分析：在求解出制造商第三阶段和第四阶段的最优决策后，现在分析制造商第二阶段的最优决策。回顾在第三、第四阶段，随机变量 r 的值已经实现了，即在第三阶段和第四阶段 r 不再是随机变量，而是一个确定的值。然而，在第二阶段，制造商还没有开始进行旧产品的回收活动，因此在本阶段 r 为随机变量。在获得再造品的最优价格和产量后，同时给定新产品的价格，制造商面临的问题如下：

$$\pi(\alpha \mid p_n) = \begin{cases} \frac{H^2}{4} + (p_n - c_n + w\alpha(1-r) - c_c\alpha + (k-c_r)\alpha r) D_n, & r \geqslant m \\ -\alpha^2 r^2 D_n^2 + (p_n - c_n + w\alpha(1-r) - c_c\alpha + (u-c_r)\alpha r) D_n, & r \leqslant m \end{cases} \tag{5.7}$$

其中 $m = \frac{H}{2D_n\alpha}$，$H = u - k$。在本章中，随机变量 r 表示回收的产品中能够用于再制造的比例，即再制造率。显然 r 的取值在 0 到 1 之间。参考 Galbreth 和 Blackburn（2010）的研究，假设随机变量 r 服从 0 到 1 上的均匀分布。$f(r)$ 表示随机变量 r 的概率密度函数。注意在式（5.7）中，r 的实际值可能大于或小于 m，因此有必要讨论 m 与 1 的大小关系。

当 $m\geqslant1$ 时，称其为情形 A，注意到在随机情形下，需要计算制造商的期望利润函数，即对随机变量 r 进行积分。积分后，期望利润函数如下：

$$
\begin{aligned}
E[\pi(\alpha)] &= \int_0^1[-\alpha^2 r^2 D_n^2 + (p_n - c_n + w\alpha(1-r) - c_c\alpha \\
&\quad + (u - c_r)\alpha r)D_n]f(t)dr \\
&= -\frac{1}{3}D_n^2\alpha^2 + (p_n - c_n)D_n + \frac{1}{2}(w + u - 2c_c - c_r)D_n\alpha
\end{aligned}
\tag{5.8}
$$

类似地，称 $m\leqslant1$ 为情形 B，此时制造商的期望利润函数如下：

$$
\begin{aligned}
E[\pi(\alpha)] &= \int_0^m[-\alpha^2 r^2 D_n^2 + (p_n - c_n + w\alpha(1-r) - c_c\alpha \\
&\quad + (u - c_r)\alpha r)D_n]f(t)dr + \int_m^1\Big[\frac{(u-k)^2}{4} + (p_n - c_n \\
&\quad + w\alpha(1-r) - c_c\alpha + (k - c_r)\alpha r)D_n\Big]f(t)dr \\
&= (p_n - c_n - \frac{1}{2}(2c_c + c_r - w - k)\alpha)D_n + \frac{H^2}{4} - \frac{H^3}{24D_n\alpha}
\end{aligned}
\tag{5.9}
$$

5.3 基准情形：模型 *SN*

本节讨论没有法律约束的情形，即政府没有给制造商设置最小回收比例 α_0，在模型中，$\alpha_0=0$。在本章中，用字母 S（Stochastic）表示随机情形，用字母 N（No regulation）表示没有法律约束情形，用字母 R（Regulation）表示存在法律约束情形。模型 SN 表示随机情形下不存在法律约束，模型 SR 表示随机情形下存在法律约束。

5.3.1 模型 *SNA*

首先考虑情形 $m=\dfrac{H}{2D_n\alpha}\geqslant1$，在没有法律约束时称其为模型 SNA。为

方便表示，记$G_0 = w + u - ccr$，$ccr = 2c_c + c_r$。相应地，制造商的利润函数如下：

$$E[\pi(\alpha)] = -\frac{1}{3}D_n^2\alpha^2 + (p_n - c_n)D_n + \frac{1}{2}G_0 D_n\alpha \tag{5.10}$$

其中，ccr 表示旧产品的逆向运营成本[①]，即回收与再制造成本之和。显然，逆向运营成本对制造商的决策起着举足轻重的作用。当逆向运营成本很高时，制造商发现回收旧产品无法获利，因此不会从事旧产品的回收活动。当逆向运营成本较低时，制造商愿意回收所有旧产品，因为此时回收旧产品可以使制造商获利。然而，当运营成本适中时，制造商的决策如何呢？详见以下分析。

注意到 $m = \frac{H}{2D_n\alpha} \geqslant 1$ 可以转化成关于 α 的约束，即 $\alpha \leqslant \frac{H}{2D_n} = t$。与此同时 $\alpha_1 < 1$。基于此，关于 α 的约束需要分别考虑$\alpha \leqslant t \leqslant \alpha_1$和$\alpha \leqslant \alpha_1 \leqslant t$。注意到制造商的利润函数和式（5.10）相同。综上所述，制造商面临的问题如下：

$$SNA-1: E[\pi(\alpha)] = -\frac{1}{3}D_n^2\alpha^2 + (p_n - c_n)D_n + \frac{1}{2}G_0 D_n\alpha$$

$$s.t.\ \alpha \leqslant t \leqslant \alpha_1 \tag{5.11}$$

$$SNA-2: E[\pi(\alpha)] = -\frac{1}{3}D_n^2\alpha^2 + (p_n - c_n)D_n + \frac{1}{2}G_0 D_n\alpha$$

$$s.t.\ \alpha \leqslant \alpha_1 \leqslant t \tag{5.12}$$

5.3.2　模型 *SNB*

类似地，称情形 $m = \frac{H}{2D_n\alpha} \leqslant 1$ 在没有法律约束时为模型 SNB。同样，

---

① 注：回顾在第3章中，逆向运营成本 $ccr = c_c + c_r$，是因为假设所有回收的旧产品均可用于再制造。然而，在本章中，再制造率 r 为随机变量且服从0到1上的均匀分布，其均值为1/2。也就是说，在回收的旧产品中，每两件平均有一件可以用于再制造，即 $ccr = 2c_c + c_r$。

该约束可转化为关于 α 的约束，即 $\alpha \geqslant \frac{H}{2D_n} = t$。由于回收率不能超过其上限值，即 $\alpha \leqslant \alpha_1$。因此，在模型 *SNB* 中，回收率 α 的约束为 $t \leqslant \alpha \leqslant \alpha_1$。为方便表示，记 $G = ccr - w - k$，$ccr = 2c_c + c_r$。相应地，制造商的利润函数可以转换为：

$$E[\pi(\alpha)] = (p_n - c_n - \frac{1}{2}G\alpha)D_n + \frac{H^2}{4} - \frac{H^3}{24D_n\alpha} \tag{5.13}$$

$$s.t.\ t \leqslant \alpha \leqslant \alpha_1 \tag{5.14}$$

5.4 求解模型 *SN*

在本节中，分别求解模型 *SNA* 和模型 *SNB* 的最优解。在求解过程中发现最优回收率和新产品价格与情形 *SNA* 和 *SNB* 均有关。因此需要对模型 *SNA* 和模型 *SNB* 中的所有可能解进行比较，然后从中找出唯一最优。基于此，本节同时给出第一阶段和第二阶段的最优解。为方便表示，记 $G_{00} = \frac{2H}{3} + \frac{2(H - H_0)}{\alpha_0^2}$，$G_{10} = H - \frac{H\alpha_0^2}{3\alpha_1^2} + \frac{2(H - H_0)}{\alpha_0\alpha_1}$，$G_{01} = \frac{6(H - H_1) + 2H\alpha_0^2}{3\alpha_0\alpha_1}$，$G_{11} = \frac{2H}{3} + \frac{2(H - H_1)}{\alpha_1^2}$，$\rho_1 = w + k + \frac{H^3}{3H_1^2}$，$\gamma_1 = \frac{6}{6 - \alpha_1^2}$，$\bar{w} = w + u$。

5.4.1 求解模型 *SNA*

对于模型 *SNA*，存在两个关于 α 的约束，$\alpha \leqslant t \leqslant \alpha_1$ 和 $\alpha \leqslant \alpha_1 \leqslant t$。先考虑第一个约束，由 5.3.1 小节可知，制造商面临的问题如下：

$$SNA-1: E[\pi(\alpha)] = -\frac{1}{3}D_n^2\alpha^2 + (p_n - c_n)D_n + \frac{1}{2}G_0D_n\alpha;$$

$$s.t.\ \alpha \leqslant t \leqslant \alpha_1。$$

在决策最优回收率时，通过求制造商的期望利润函数关于 α 的一阶导数，可以得到：

$$\frac{\partial E[\pi(\alpha)]}{\partial \alpha}=-\frac{2}{3}D_n^2\alpha+\frac{1}{2}G_0D_n。$$

（1）当$G_0\leqslant 0$时，$\frac{\partial E[\pi(\alpha)]}{\partial \alpha}\leqslant 0$。此时制造商的利润函数是关于回收率$\alpha$的减函数。注意到$G_0\leqslant 0$等价于$ccr\geqslant w+u$，也就是说，当逆向运营成本非常高时，在没有法律约束的情形下，制造商不会回收旧产品，$\alpha^{SNA*}=0$。此时制造商仅通过新产品获利。相应地，制造商的问题如下：

$$\pi(p_n)=(p_n-c_n)D_n \tag{5.15}$$

其中$D_n=1-p_n$。在此情形下，新产品的最优价格为$p_n^{SNA*}=\frac{1+c_n}{2}$。接下来考虑一般情形，$G_0\geqslant 0$。此时，$\alpha$可以取到除0之外的其他值。

（2）当$G_0\geqslant 0$时，令制造商的期望利润函数关于α的一阶导数等于0，可以得到$\alpha_{SNA}=\frac{3G_0}{4D_n}$。此时$\alpha$的最优值存在两种情况：即当$\alpha_{SNA}\leqslant t$时，$\alpha^{SNA*}=\alpha_{SNA}$；当$\alpha_{SNA}\geqslant t$时，$\alpha^{SNA*}=t$。针对上述两种情况，现在分析新产品的价格决策。

（i）$\alpha_{SNA}\leqslant t$，$\alpha^{SNA*}=\alpha_{SNA}$。

$$E[\pi(p_n)]=-p_n^2+(1+c_n)p_n+\frac{3G_0^2}{16}-c_n \tag{5.16}$$

$$s.t.\begin{cases}p_n\leqslant p_{H1}\\ \bar{w}-\frac{2H}{3}\leqslant ccr\leqslant \bar{w}\end{cases} \tag{5.17}$$

其中$p_{H1}=1-\frac{H}{2\alpha_1}$，$H=u-k$。由式（5.16）可以发现制造商的利润函数是关于新产品价格的二次函数且为凹$\left(\frac{\partial^2\pi(p_n)}{\partial p_n^2}=-2<0\right)$。计算式（5.16）对价格的一阶导数并令其等于0可以得到$p_{nA}^{SNA*}=\frac{1+c_n}{2}$。此时新产品的最优价格存在两种情况：即当$p_{nA}^{SNA*}\leqslant p_{H1}$时，$p_n^{SNA*}=p_{nA}^{SNA*}$；当$p_{nA}^{SNA*}\geqslant p_{H1}$时，$p_n^{SNA*}=p_{H1}$。接下来分析新产品价格取不同值时所需满足的条件。

（i－1）$p_n^{SNA*}=p_{nA}^{SNA*}$，此时需要同时满足条件$p_{nA}^{SNA*}\leqslant p_{H1}$和$\bar{w}-\frac{2H}{3}\leqslant ccr\leqslant\bar{w}$。注意到$p_{nA}^{SNA*}\leqslant p_{H1}$等价于$H\leqslant H_1$。因此，取得该最优解所需满足的条件为（$H\leqslant H_1$ & $\bar{w}-\frac{2H}{3}\leqslant ccr\leqslant\bar{w}$）。

（i－2）$p_n^{SNA*}=p_{H1}$，此时需要同时满足条件$p_{nA}^{SNA*}\geqslant p_{H1}$和$\bar{w}-\frac{2H}{3}\leqslant ccr\leqslant\bar{w}$。注意到$p_{nA}^{SNA*}\geqslant p_{H1}$等价于$H\geqslant H_1$。因此，取得该最优解所需满足的条件为（$H\geqslant H_1$ & $\bar{w}-\frac{2H}{3}\leqslant ccr\leqslant\bar{w}$）。

（ii）$\alpha_{SNA}\geqslant t$，$\alpha^{SNA*}=t$。

$$E[\pi(p_n)]=-p_n^2+(1+c_n)p_n+\frac{H^2}{12}+\frac{G_0H}{4}-c_n \tag{5.18}$$

$$s.t.\begin{cases}p_n\leqslant p_{H1}\\ ccr\leqslant\bar{w}-\frac{2H}{3}\end{cases} \tag{5.19}$$

由式（5.18）可以发现制造商的利润函数是关于新产品价格的二次函数且为凹$\left(\frac{\partial^2\pi(p_n)}{\partial p_n^2}=-2<0\right)$。计算式（5.18）对价格的一阶导数并令其等于0可以得到$p_{nt}^{SNA*}=\frac{1+c_n}{2}$。此时新产品的最优价格存在两种情况：即当$p_{nt}^{SNA*}\leqslant p_{H1}$时，$p_n^{SNA*}=p_{nt}^{SNA*}$；当$p_{nt}^{SNA*}\geqslant p_{H1}$时，$p_n^{SNA*}=p_{H1}$。接下来分析新产品价格取不同值时所需满足的条件。

（ii－1）$p_n^{SNA*}=p_{nt}^{SNA*}$，此时需要同时满足条件$p_{nt}^{SNA*}\leqslant p_{H1}$和$ccr\leqslant\bar{w}-\frac{2H}{3}$。注意到$p_{nt}^{SNA*}\leqslant p_{H1}$等价于$H\leqslant H_1$。因此，取得该最优解所需满足的条件为$\left(H\leqslant H_1\ \&\ ccr\leqslant\bar{w}-\frac{2H}{3}\right)$。

（ii－2）$p_n^{SNA*}=p_{H1}$，此时需要同时满足条件$p_{nt}^{SNA*}\geqslant p_{H1}$和$ccr\leqslant\bar{w}-\frac{2H}{3}$。注意到$p_{nt}^{SNA*}\geqslant p_{H1}$等价于$H\geqslant H_1$。因此，取得该最优解所需满足的条件为

$\left(H \geq H_1 \ \& \ ccr \leq \bar{w} - \frac{2H}{3}\right)$。

为方便阅读，模型 SNA 满足$\alpha \leq t \leq \alpha_1 \ \& \ G_0 \leq 0$ 时所有解及其对应的条件见附录 C。对于约束 $\alpha \leq \alpha_1 \leq t$，制造商的问题如下：

$$SNA-2: E[\pi(\alpha)] = -\frac{1}{3}D_n^2\alpha^2 + (p_n - c_n)D_n + \frac{1}{2}G_0D_n\alpha$$

$$s.t. \ \alpha \leq \alpha_1 \leq t$$

类似于 SNA-1，此时最优回收率存在两种情况。当 $\alpha_{SNA} \leq \alpha_1$ 时，$\alpha^{SNA*} = \alpha_{SNA}$。当 $\alpha_{SNA} \leq \alpha_1$时，$\alpha^{SNA*} = \alpha_1$。针对上述两种情况，现在分析新产品价格的取值情况。

（1）$\alpha_{SNA} \leq \alpha_1$，$\alpha^{SNA*} = \alpha_{SNA}$。

$$E[\pi(p_n)] = -p_n^2 + (1 + c_n)p_n + \frac{3G_0^2}{16} - c_n$$

$$s.t. \begin{cases} p_{H1} \leq p_n \leq p_{n1}^{SNA} \\ \bar{w} - \frac{2H}{3} \leq ccr \leq \bar{w} \end{cases} \tag{5.20}$$

其中 $p_{n1}^{SNA} = 1 - \frac{3G_0}{4\alpha_1}$。制造商的利润函数是关于新产品价格的二次函数且为凹$\left(\frac{\partial^2\pi(p_n)}{\partial p_n^2} = -2 < 0\right)$。计算目标函数对价格的一阶导数并令其等于0 可以得到$p_{nA}^{SNA*} = \frac{1 + c_n}{2}$。此时新产品最优价格存在三种情况：当$p_{nA}^{SNA*} \leq p_{H1}$时，$p_n^{SNA*} = p_{H1}$；当$p_{H1} \leq p_{nA}^{SNA*} \leq p_{n1}^{SNA}$时，$p_n^{SNA*} = p_{nA}^{SNA*}$；当$p_{nA}^{SNA*} \leq p_{n1}^{SNA}$时，$p_n^{SNA*} = p_{n1}^{SNA}$。接下来分析新产品价格取不同值时所需满足的条件。

（i-1）$p_n^{SNA*} = p_{H1}$，此时需要同时满足条件$p_{nA}^{SNA*} \leq p_{H1}$和$\bar{w} - \frac{2H}{3} \leq ccr \leq \bar{w}$。注意到$p_{nA}^{SNA*} \leq p_{H1}$等价于 $H \leq H_1$。因此，取得该最优解所需满足的条件为$\left(H \leq H_1 \ \& \ \bar{w} - \frac{2H}{3} \leq ccr \leq \bar{w}\right)$。

（i-2）$p_n^{SNA*} = p_{nA}^{SNA*}$，此时需要同时满足条件$p_{H1} \leq p_{nA}^{SNA*} \leq p_{n1}^{SNA}$和 $\bar{w}$ -

$\frac{2H}{3} \leqslant ccr \leqslant \bar{w}$。注意到$p_{H1} \leqslant p_{nA}^{SNA*} \leqslant p_{n1}^{SNA}$等价于 $H \geqslant H_1$ & $ccr \geqslant \bar{w} - \frac{2H_1}{3}$。因此，取得该最优解所需满足的条件为$\left(H \geqslant H_1 \ \& \ \bar{w} - \frac{2H_1}{3} \leqslant ccr \leqslant \bar{w}\right)$。

（i－3）$p_n^{SNA*} = p_{n1}^{SNA}$，此时需要同时满足条件$p_{nA}^{SNA*} \geqslant p_{n1}^{SNA}$和$\bar{w} - \frac{2H}{3} \leqslant ccr \leqslant \bar{w}$。注意到$p_{nA}^{SNA*} \geqslant p_{n1}^{SNA}$等价于 $ccr \leqslant \bar{w} - \frac{2H_1}{3}$。因此，取得该最优解所需满足的条件为$\left(H \geqslant H_1 \ \& \ \bar{w} - \frac{2H}{3} \leqslant ccr \leqslant \bar{w} - \frac{2H_1}{3}\right)$。

（2）$\alpha_{SNA} \geqslant \alpha_1$，$\alpha^{SNA*} = \alpha_1$。

$$E[\pi(p_n)] = -\left(1 + \frac{\alpha_1^2}{3}\right)p_n^2 + \left(1 + c_n + \frac{2\alpha_1^2}{3} - \frac{G_0\alpha_1}{2}\right)p_n - \frac{\alpha_1^2}{3} + \frac{G_0\alpha_1}{2} - c_n \tag{5.21}$$

$$s.t. \begin{cases} p_n \geqslant p_{H1} \\ ccr \leqslant \bar{w} - \frac{2H}{3} \end{cases} \tag{5.22}$$

$$\text{or } s.t. \begin{cases} p_n \geqslant p_{n1}^{SNA} \\ \bar{w} - \frac{2H}{3} \leqslant ccr \leqslant \bar{w} \end{cases} \tag{5.23}$$

其中 $p_{n1}^{SNA} = 1 - \frac{3G_0}{4\alpha_1}$。先考虑约束式（5.22），由式（5.21）可知制造商的利润函数是关于新产品价格的二次函数且为凹$\left(\frac{\partial^2 \pi(p_n)}{\partial p_n^2} = -2\left(1 + \frac{\alpha_1^2}{3}\right) < 0\right)$。计算式（5.21）对价格的一阶导数并令其等于 0 可以得到$p_{n1}^{SNA*} = \frac{6(1+c_n) - 3G_0\alpha_1 + 4\alpha_1^2}{4(\alpha_1^2+3)}$。此时新产品最优价格存在两种情况：当$p_{n1}^{SNA*} \geqslant p_{H1}$时，$p_n^{SNA*} = p_{n1}^{SNA*}$；当$p_{n1}^{SNA*} \leqslant p_{H1}$时，$p_n^{SNA*} = p_{H1}$。接下来分析新产品价格取不同值时所需满足的条件。

（ii－11）$p_n^{SNA*} = p_{n1}^{SNA*}$，此时需要同时满足条件$p_{n1}^{SNA*} \geqslant p_{H1}$和 $ccr \leqslant \bar{w} -$

$\frac{2H}{3}$。注意到 $p_{n1}^{SNA*} \geqslant p_{H1}$ 等价于 $ccr \geqslant \bar{w} - \frac{2H}{3} - \frac{2(H-H_1)}{\alpha_1^2}$。因此，取得该最优解所需满足的条件为 $\left(H \geqslant H_1 \ \& \ \bar{w} - G_{11} \leqslant ccr \leqslant \bar{w} - \frac{2H}{3}\right)$。

（ii－12）$p_n^{SNA*} = p_{H1}$，此时需要同时满足条件 $p_{n1}^{SNA*} \leqslant p_{H1}$ 和 $ccr \leqslant \bar{w} - \frac{2H}{3}$。注意到 $p_{n1}^{SNA*} \leqslant p_{H1}$ 等价于 $ccr \leqslant \bar{w} - \frac{2H}{3} - \frac{2(H-H_1)}{\alpha_1^2}$。因此，取得该最优解所需满足的条件为（$H \geqslant H_1 \ \& \ ccr \leqslant \bar{w} - G_{11}$）$\cup \left(H \leqslant H_1 \ \& \ ccr \leqslant \bar{w} - \frac{2H}{3}\right)$。

对于约束式（5.23），求解的情况如下：

（ii－21）$p_n^{SNA*} = p_{n1}^{SNA*}$，此时需要同时满足条件 $p_{n1}^{SNA*} \geqslant p_{n1}^{SNA}$ 和 $\bar{w} - \frac{2H}{3} \leqslant ccr \leqslant \bar{w}$。注意到 $p_{n1}^{SNA*} \geqslant p_{n1}^{SNA}$ 等价于 $ccr \leqslant \bar{w} - \frac{2H_1}{3}$。因此，取得该最优解所需满足的条件为 $\left(H \geqslant H_1 \ \& \ \bar{w} - \frac{2H}{3} \leqslant ccr \leqslant \bar{w} - \frac{2H_1}{3}\right)$。

（ii－22）$p_n^{SNA*} = p_{n1}^{SNA}$，此时需要同时满足条件 $p_{n1}^{SNA*} \leqslant p_{n1}^{SNA}$ 和 $\bar{w} - \frac{2H}{3} \leqslant ccr \leqslant \bar{w}$。注意到 $p_{n1}^{SNA*} \leqslant p_{n1}^{SNA}$ 等价于 $ccr \geqslant \bar{w} - \frac{2H_1}{3}$。因此，取得该最优解所需满足的条件为 $\left(H \geqslant H_1 \ \& \ \bar{w} - \frac{2H_1}{3} \leqslant ccr \leqslant \bar{w}\right) \cup \left(H \leqslant H_1 \ \& \ \bar{w} - \frac{2H}{3} \leqslant ccr \leqslant \bar{w}\right)$。

为方便阅读，模型 *SNA* 满足 $\alpha \leqslant \alpha_1 \leqslant t \ \& \ G_0 \geqslant 0$ 时所有解及其对应的条件见附录 C。为了清晰地描述各个区间的最优解，以及方便后面进行比较，图 5.2 描述模型 *SNA* 所有可能的解（注意：还需考虑 $G_0 \leqslant 0$ 的情形）。

注意到图 5.2 中共有 7 个区间，各区间对应所有可能解的情况如下：

在区间①中，只有唯一解，$\left(0, \frac{1+c_n}{2}\right)$。

在区间②中，有三组解，$(\alpha_{SNA}, p_{nA}^{SNA*})$，$(\alpha_1, p_{n1}^{SNA})$ 以及 (α_{SNA}, p_{H1})。

在区间③中，有两组解，(t, p_{nA}^{SNA*}) 和 (α_1, p_{H1})。

在区间④中，有三组解，$(\alpha_{SNA}, p_{nA}^{SNA*})$，$(\alpha_1, p_{n1}^{SNA})$ 以及 (α_{SNA}, p_{H1})。

在区间⑤中，有三组解，$(\alpha_1, p_{n1}^{SNA*})$，$(\alpha_{SNA}, p_{n1}^{SNA})$ 以及 (α_{SNA}, p_{H1})。

在区间⑥中，有两组解，$(\alpha_1, p_{n1}^{SNA*})$ 和 (t, p_{H1})。

在区间⑦中，有两组解，(α_1, p_{H1}) 和 (t, p_{H1})。

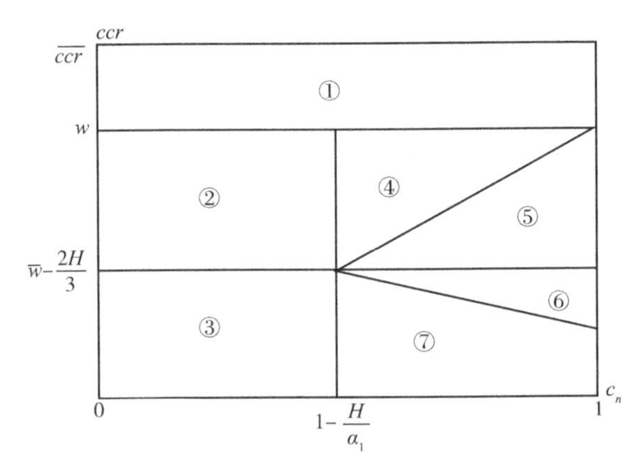

图 5.2　模型 *SNA* 所有可能解对应的区间

到目前为止，已经找出了模型 *SNA* 各个区间对应的所有可能解。接下来将采用同样的方法找出模型 *SNB* 各个区间对应的所有可能解，最后对两种模型共同区间的所有可能解进行比较，从而找出各个区间中唯一最优解。

5.4.2　求解模型 *SNB*

对于模型 *SNB*，由 5.3.2 小节可知，制造商面临的问题如下：

$$E[\pi(\alpha)] = (p_n - c_n - \frac{1}{2}G\alpha)D_n + \frac{H^2}{4} - \frac{H^3}{24D_n\alpha};$$

$s.t.\ t \leqslant \alpha \leqslant \alpha_1$。

计算制造商的期望利润函数关于 α 的一阶导数，可以得到$\frac{\partial E[\pi(\alpha)]}{\partial \alpha} =$

$-\frac{1}{2}GD_n+\frac{H^3}{24D_n\alpha^2}$。

（1）当 $G\leqslant 0$ 时，$\frac{\partial E[\pi(\alpha)]}{\partial\alpha}\geqslant 0$。制造商的期望利润函数是关于 α 的增函数，那么 $\alpha^{SNB*}=\alpha_1$。相应地，制造商的问题如下：

$$E[\pi(p_n)]=(p_n-c_n-\frac{1}{2}G\alpha_1)(1-p_n)+\frac{H^2}{4}-\frac{H^3}{24(1-p_n)\alpha_1} \tag{5.24}$$

$$s.t.\begin{cases}p_n\leqslant p_{H1}\\ ccr\leqslant w+k\end{cases} \tag{5.25}$$

注意到式（5.24）是关于 p_n 的凹函数 $\left(\frac{\partial^2E[\pi(p_n)]}{\partial p_n^2}=-2-\frac{H^3}{12\alpha_1(1-p_n)^3}\leqslant 0\right)$，计算式（5.24）关于$p_n$的一阶导数并令其为 0，可以得到$p_{n1}^{SNB*}=\frac{2}{3}+\frac{N_1}{6}-\frac{\sqrt[3]{z_1}}{12\alpha_1}-\frac{\alpha_1(2-N_1)^2}{3\sqrt[3]{z_1}}$。此时新产品的最优价格存在两种情况：当$p_{n1}^{SNB*}\leqslant p_{H1}$时，$p_n^{SNB*}=p_{n1}^{SNB*}$；当$p_{n1}^{SNB*}\geqslant p_{H1}$时，$p_n^{SNB*}=p_{H1}$。

（i）$p_n^{SNB*}=p_{n1}^{SNB*}$，此时需要同时满足条件$p_{n1}^{SNB*}\leqslant p_{H1}$和 $ccr\leqslant w+k$。注意到$p_{n1}^{SNB*}\leqslant p_{H1}$等价于 $ccr\leqslant \bar{w}-G_{11}$。因此，取得该最优解所需满足的条件为（$H\leqslant\gamma_1H_1$ & $ccr\leqslant w+k$）∪（$H\geqslant\gamma_1H_1$ & $ccr\leqslant\bar{w}-G_{11}$）。

（ii）$p_n^{SNB*}=p_{H1}$，此时需要同时满足条件$p_{n1}^{SNB*}\geqslant p_{H1}$和 $ccr\leqslant w+k$。注意到$p_{n1}^{SNB*}\leqslant p_{H1}$等价于 $ccr\geqslant\bar{w}-G_{11}$。因此，取得该最优解所需满足的条件为（$H\geqslant\gamma_1H_1$ & $\bar{w}-G_{11}\leqslant ccr\leqslant w+k$）。

（2）当 $G\geqslant 0$ 时，求解制造商的期望利润函数对回收率的一阶导数并令其等于 0，可以得到 $\alpha_{SNB}=\frac{\sqrt{3}H}{6D_n}\sqrt{\frac{H}{G}}$。此时最优回收率存在三种情况。

（i）$\alpha_{SNB}\leqslant t$，$\alpha^{SNB*}=t$。

$$E[\pi(p_n)]=-p_n^2+(1+c_n)p_n+\frac{H^2}{6}-\frac{GH}{4}-c_n \tag{5.26}$$

$$s.t.\begin{cases}p_n\leqslant p_{H1}\\ ccr\geqslant w+k+\frac{H}{3}\end{cases} \tag{5.27}$$

注意到式（5.26）是关于p_n的凹函数$\left(\frac{\partial^2 E[\pi(p_n)]}{\partial p_n^2} = -2<0\right)$，计算式（5.26）关于$p_n$的一阶导数并令其为0，可以得到$p_{nt}^{SNB*} = \frac{1+c_n}{2}$。此时新产品的最优价格存在两种情况：当$p_{nt}^{SNB*} \leqslant p_{H1}$时，$p_n^{SNB*} = p_{nt}^{SNB*}$；当$p_{nt}^{SNB*} \geqslant p_{H1}$时，$p_n^{SNB*} = p_{H1}$。

（i-1）$p_n^{SNB*} = p_{nt}^{SNB*}$，此时需要同时满足条件$p_{nt}^{SNB*} \leqslant p_{H1}$和$ccr \geqslant w + k + \frac{H}{3}$。注意到$p_{nt}^{SNB*} \leqslant p_{H1}$等价于$H \leqslant H_1$。因此，取得该最优解所需满足的条件为$\left(H \leqslant H_1 \ \& \ ccr \geqslant w + k + \frac{H}{3}\right)$。

（i-2）$p_n^{SNB*} = p_{H1}$，此时需要同时满足条件$p_{nt}^{SNB*} \geqslant p_{H1}$和$ccr \geqslant w + k + \frac{H}{3}$。注意到$p_{nt}^{SNB*} \geqslant p_{H1}$等价于$H \geqslant H_1$。因此，取得该最优解所需满足的条件为$\left(H \geqslant H_1 \ \& \ ccr \geqslant w + k + \frac{H}{3}\right)$。

（ii）$t \leqslant \alpha_{SNB} \leqslant \alpha_1$，$\alpha^{SNB*} = \alpha_{SNB}$。

$$E[\pi(p_n)] = -p_n^2 + (1+c_n)p_n + \frac{H^2}{4} - \frac{H\sqrt{3GH}}{6} - c_n \tag{5.28}$$

$$s.t. \begin{cases} p_n \leqslant p_{n1}^{SNB} \\ w + k \leqslant ccr \leqslant w + k + \frac{H}{3} \end{cases} \tag{5.29}$$

其中$p_{n1}^{SNB} = 1 - \frac{\sqrt{3}H}{6\alpha_1}\sqrt{\frac{H}{G}}$。注意到式（5.28）是关于$p_n$的凹函数$\left(\frac{\partial^2 E[\pi(p_n)]}{\partial p_n^2} = -2<0\right)$，计算式（5.28）关于$p_n$的一阶导数并令其为0，可以得到$p_{nB}^{SNB*} = \frac{1+c_n}{2}$。此时新产品的最优价格存在两种情况：当$p_{nB}^{SNB*} \leqslant p_{n1}^{SNB}$时，$p_n^{SNB*} = p_{nB}^{SNB*}$；当$p_{nB}^{SNB*} \geqslant p_{n1}^{SNB}$时，$p_n^{SNB*} = p_{n1}^{SNB}$。

（ii-1）$p_n^{SNB*} = p_{nB}^{SNB*}$，此时需要同时满足条件$p_{nB}^{SNB*} \leqslant p_{n1}^{SNB}$和$w + k \leqslant ccr \leqslant w + k + \frac{H}{3}$。注意到$p_{nB}^{SNB*} \leqslant p_{n1}^{SNB}$等价于$ccr \geqslant \rho_1$。因此，取得该最优解所需

满足的条件为$\left(H\leqslant H_1\ \&\ \rho_1\leqslant ccr\leqslant w+k+\frac{H}{3}\right)$。

（ii-2）$p_n^{SNB*}=p_{n1}^{SNB}$，此时需要同时满足条件$p_{nB}^{SNB*}\leqslant p_{n1}^{SNB}$和$w+k\leqslant ccr\leqslant w+k+\frac{H}{3}$。注意到$p_{nB}^{SNB*}\leqslant p_{n1}^{SNB}$等价于$ccr\leqslant\rho_1$。因此，取得该最优解所需满足的条件为（$H\leqslant H_1\ \&\ w+k\leqslant ccr\leqslant\rho_1$）$\cup\left(H\leqslant H_1\ \&\ w+k\leqslant ccr\leqslant w+k+\frac{H}{3}\right)$。

（iii）$\alpha_{SNB}\leqslant\alpha_1$，$\alpha^{SNB*}=\alpha_1$。

$$E[\pi(p_n)]=\left(p_n-c_n-\frac{1}{2}G\alpha_1\right)(1-p_n)+\frac{H^2}{4}-\frac{H^3}{24(1-p_n)\alpha_1}$$

$$s.t.\begin{cases}p_{n1}^{SNB}\leqslant p_n\leqslant p_{H1}\\ w+k\leqslant ccr\leqslant w+k+\frac{H}{3}\end{cases}\tag{5.30}$$

目标函数是关于p_n的凹函数$\left(\frac{\partial^2E[\pi(p_n)]}{\partial p_n^2}=-2-\frac{H^3}{12\alpha_1(1-p_n)^3}\leqslant 0\right)$，计算目标函数关于$p_n$的一阶导数并令其为0，可以得到$p_{n1}^{SNB*}=\frac{2}{3}+\frac{N_1}{6}-\frac{\sqrt[3]{z_1}}{12\alpha_1}-\frac{\alpha_1(2-N_1)^2}{3\sqrt[3]{z_1}}$。此时新产品的最优价格存在三种情况：当$p_{n1}^{SNB*}\leqslant p_{n1}^{SNB}$时，$p_n^{SNB*}=p_{n1}^{SNB}$；当$p_{n1}^{SNB}\leqslant p_{n1}^{SNB*}\leqslant p_{H1}$时，$p_n^{SNB*}=p_{n1}^{SNB*}$；当$p_{n1}^{SNB*}\leqslant p_{H1}$时，$p_n^{SNB*}=p_{H1}$。

（iii-1）$p_n^{SNB*}=p_{n1}^{SNB}$，此时需要同时满足条件$p_{n1}^{SNB*}\leqslant p_{n1}^{SNB}$和$w+k\leqslant ccr\leqslant w+k+\frac{H}{3}$。注意到$p_{n1}^{SNB*}\leqslant p_{n1}^{SNB}$等价于$ccr\leqslant\rho_1$。因此，取得该最优解所需满足的条件为$\left(H\leqslant H_1\ \&\ \rho_1\leqslant ccr\leqslant w+k+\frac{H}{3}\right)$。

（iii-2）$p_n^{SNB*}=p_{n1}^{SNB*}$，此时需要同时满足条件$p_{n1}^{SNB}\leqslant p_{n1}^{SNB*}\leqslant p_{H1}$和$w+k\leqslant ccr\leqslant w+k+\frac{H}{3}$。注意到$p_{n1}^{SNB}\leqslant p_{n1}^{SNB*}\leqslant p_{H1}$等价于$ccr\leqslant\rho_1\&\ ccr\leqslant\bar{w}-G_{11}$。因此，取得该最优解所需满足的条件为（$H\leqslant H_1\ \&\ w+k\leqslant ccr\leqslant\rho_1$）$\cup$（$H_1\leqslant$

$H \leqslant \gamma_1 H_1 \ \& \ w+k \leqslant ccr \leqslant \bar{w} - G_{11}$）。

（iii－3）$p_n^{SNB*} = p_{H1}$，此时需要同时满足条件$p_{n1}^{SNB*} \leqslant p_{H1}$和$w+k \leqslant ccr \leqslant w+k+\dfrac{H}{3}$。注意到$p_{n1}^{SNB*} \geqslant p_{H1}$等价于$ccr \geqslant \bar{w} - G_{11}$。因此，取得该最优解所需满足的条件为$\left(H_1 \leqslant H \leqslant \gamma_1 H_1 \ \& \ \bar{w} - G_{11} \leqslant ccr \leqslant w+k+\dfrac{H}{3}\right) \cup \left(H \geqslant \gamma_1 H_1 \ \& \ w+k \leqslant ccr \leqslant w+k+\dfrac{H}{3}\right)$。

为方便阅读，模型 SNB 满足$t \leqslant \alpha \leqslant \alpha_1 \ \& \ G \geqslant 0$所有解及其对应的条件见附录 C。为了清晰地描述各个区间的最优解，以及方便后面进行比较，图 5.3 描述模型 SNB 所有可能的解（注意，还应考虑$G \leqslant 0$的情形）。

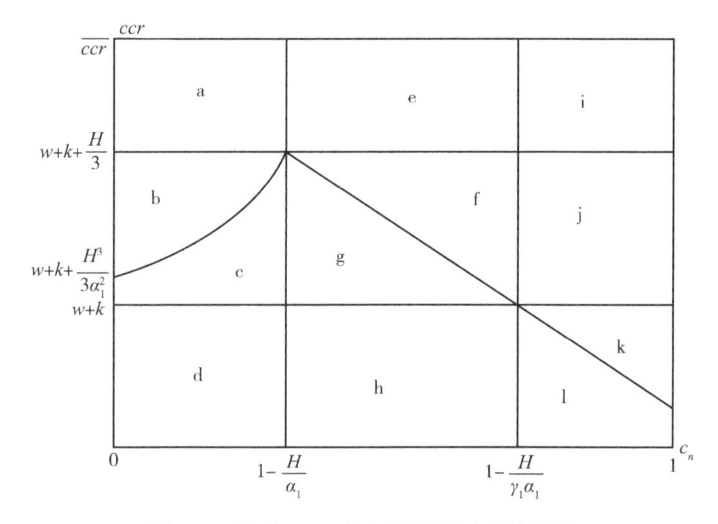

图 5.3　模型 SNB 所有可能解对应的区间

注意到图 5.3 中共有 12 个区间，各区间对应所有可能最优解的情况如下：

在区间 a 中，只有唯一解，(t, p_{nt}^{SNB*})。

在区间 b 中，有两组解，$(\alpha_{SNB}, p_{nB}^{SNB*})$ 和 (α_1, p_{n1}^{SNB})。

在区间 c 中，有两组解，$(\alpha_{SNB}, p_{n1}^{SNB})$ 和 $(\alpha_1, p_{n1}^{SNB*})$。

在区间 d 中，只有唯一解，$(\alpha_1, p_{n1}^{SNB*})$。

在区间 e 中，只有唯一解，(t, p_{H1})。

在区间 f 中，有两组解，$(\alpha_{SNB}, p_{n1}^{SNB})$ 和 (α_1, p_{H1})。

在区间 g 中，有两组解，$(\alpha_{SNB}, p_{n1}^{SNB})$ 和 $(\alpha_1, p_{n1}^{SNB*})$。

在区间 h 中，只有唯一解，$(\alpha_1, p_{n1}^{SNB*})$。

在区间 i 中，只有唯一解，(t, p_{H1})。

在区间 j 中，有两组解，$(\alpha_{SNB}, p_{n1}^{SNB})$ 和 (α_1, p_{H1})。

在区间 k 中，只有唯一解，(α_1, p_{H1})。

在区间 l 中，只有唯一解，$(\alpha_1, p_{n1}^{SNB*})$。

以上为模型 *SNB* 各个区间对应的所有可能解。接下来对两种模型共同区间的所有可能解进行比较，从而找出各个区间中唯一最优解。图 5.4 描述了两个模型（*SNA* 和 *SNB*）的共同区间。

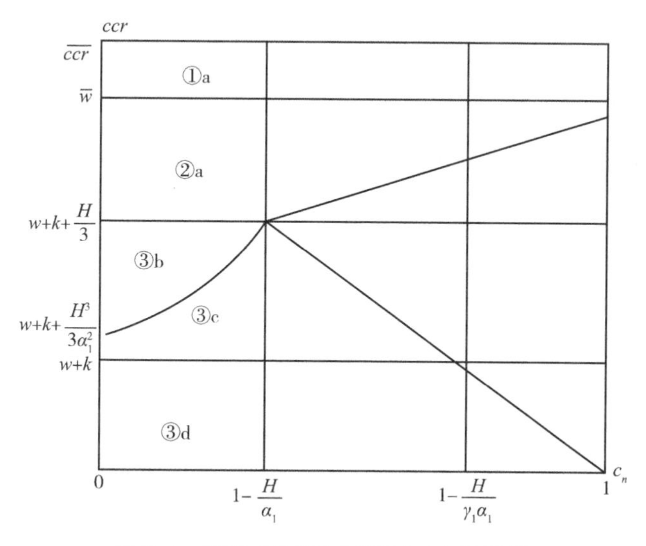

图 5.4　模型 *SN* 所有可能解对应的区间

公共区间①a

在该区间中，所有可能的解分别是 $\left(0, \frac{1+c_n}{2}\right)$ 和 (t, p_{nt}^{SNB*})。其中 $\left(0, \frac{1+c_n}{2}\right)$ 隶属于 $m \geqslant 1$。(t, p_{nt}^{SNB*}) 隶属于 $m \leqslant 1$ & $t \leqslant \alpha \leqslant \alpha_1$。对于（$t$,

p_{nt}^{SNB*}），最优回收率 $\alpha^{SNB*}=t$，$m=\dfrac{H}{2D_n\alpha^{SNB*}}=1$，即为 $m\geqslant 1$ 的特殊情况。因此在公共区间①a 中，唯一的最优解为 $\left(0,\dfrac{1+c_n}{2}\right)$。

公共区间②a

在该区间中，所有可能的解分别是（$\alpha_{SNA},p_{nA}^{SNA*}$）、（$\alpha_{SNA},p_{H1}$）、（$\alpha_1$，$p_{n1}^{SNA}$）和（$t,p_{nt}^{SNB*}$）。其中（$\alpha_{SNA},p_{nA}^{SNA*}$）隶属于 $M\geqslant 1$ & $\alpha\leqslant t\leqslant \alpha_1$。（$\alpha_{SNA},p_{H1}$）和（$\alpha_1,p_{n1}^{SNA}$）隶属于 $M\geqslant 1$ & $\alpha\leqslant \alpha_1\leqslant t$。（$t,p_{nt}^{SNB*}$）隶属于 $m\leqslant 1$ & $t\leqslant \alpha\leqslant \alpha_1$。

$$\pi(\alpha_{SNA},p_{nA}^{SNA*})-\pi(\alpha_{SNA},p_{H1})=\frac{1}{4\alpha_1^2}(H-H_1)^2\geqslant 0。$$

$$\pi(\alpha_{SNA},p_{nA}^{SNA*})-\pi(\alpha_1,p_{n1}^{SNA})=\frac{9}{16\alpha_1^2}\left(G_0-\frac{2}{3}H_1\right)^2\geqslant 0。$$

又（t,p_{nt}^{SNB*}）被 $m\geqslant 1$ 的情况占优。因此在公共区间②a 中，唯一的最优解为（$\alpha_{SNA},p_{nA}^{SNA*}$）。

公共区间③b

在该区间中，所有可能的解分别是（t,p_{nt}^{SNA*}）、（α_1,p_{H1}）、（$\alpha_{SNB},p_{nB}^{SNB*}$）和（$\alpha_1,p_{n1}^{SNB}$）。其中（$t,p_{nt}^{SNA*}$）和（$\alpha_1,p_{H1}$）分别隶属于 $M\geqslant 1$ & $\alpha\leqslant t\leqslant \alpha_1$ 和 $M\geqslant 1$ & $\alpha\leqslant \alpha_1\leqslant t$。（$\alpha_{SNB},p_{nB}^{SNB*}$）和（$\alpha_1,p_{n1}^{SNB}$）隶属于 $m\leqslant 1$ & $t\leqslant \alpha\leqslant \alpha_1$。

$$\pi(\alpha_{SNB},p_{nB}^{SNB*})-\pi(\alpha_1,p_{n1}^{SNB})=\frac{hH^3}{12\alpha_1^2}\left(\frac{1}{\sqrt{G}}-\frac{\sqrt{3}H_1}{\sqrt{H^3}}\right)^2\geqslant 0。$$

对于（α_1,p_{H1}），$m=\dfrac{H}{2D_n\alpha^{SNA*}}=\dfrac{H}{2(1-p_{H1})\alpha_1}=1$，为 $m\leqslant 1$ 的特殊情况。同理，（t,p_{nt}^{SNA*}）被其他解占优。综上所述，在公共区间③b 中，唯一的最优解为（$\alpha_{SNB},p_{nB}^{SNB*}$）。

公共区间③c

在该区间中，所有可能的解分别是（t,p_{nt}^{SNA*}）、（α_1,p_{H1}）、（$\alpha_{SNB},p_{n1}^{SNB}$）和（$\alpha_1,p_{n1}^{SNB*}$）。其中（$t,p_{nt}^{SNA*}$）和（$\alpha_1,p_{H1}$）分别隶属于 $M\geqslant 1$ & $\alpha\leqslant t\leqslant \alpha_1$ 和 $M\geqslant 1$ & $\alpha\leqslant \alpha_1\leqslant t$。（$\alpha_{SNB},p_{n1}^{SNB}$）和（$\alpha_1,p_{n1}^{SNB*}$）隶属于 $m\leqslant 1$ & $t\leqslant \alpha\leqslant \alpha_1$。

由表 C3 可知（$\alpha_{SNB},p_{n1}^{SNB}$）被（$\alpha_1,p_{n1}^{SNB*}$）占优。又（$t,p_{nt}^{SNA*}$）和

(α_1, p_{H1}) 被 $m \leqslant 1$ 占优。综上所述，在公共区间③c 中，唯一的最优解为 $(\alpha_1, p_{n1}^{SNB*})$。

公共区间③d

在该区间中，所有可能的解分别是 (t, p_{nt}^{SNA*})、(α_1, p_{H1}) 和 $(\alpha_1, p_{n1}^{SNB*})$。其中 (t, p_{nt}^{SNA*}) 和 (α_1, p_{H1}) 分别隶属于 $M \geqslant 1$ & $\alpha \leqslant t \leqslant \alpha_1$ 和 $M \geqslant 1$ & $\alpha \leqslant \alpha_1 \leqslant t$。$(\alpha_1, p_{n1}^{SNB*})$ 隶属于 $m \leqslant 1$ & $t \leqslant \alpha \leqslant \alpha_1$。同理，在公共区间③d 中，唯一的最优解为 $(\alpha_1, p_{n1}^{SNB*})$。

注意到在公共区间③c 和③d 中，由于具有相同的最优解，因此可以把这两个区间合并。利用同样的方法，可以求解出其余公共区间中的最优解。考虑到市场需求需满足 $D_n \geqslant 0$，使逆向运营成本存在上限约束，即 $ccr \leqslant \overline{ccr} = \bar{w} - \frac{2(c_n - 1)}{\alpha_1}$。令 $\bar{w} - G_{11} = 0$，可得 $c_{nmax}^S = \frac{(u + 2k + 3w)\alpha_1^2 + 6(\alpha_1 + k - u)}{6\alpha_1} \leqslant 1$。

5.5 模型 *SN* 计算结果

根据对模型 *SNA* 与模型 *SNB* 的求解，可以得到模型 *SN* 制造商的最优决策。见定理 5.3。

定理 5.3：对于模型 *SN*，新产品价格、回收率、再造品的产量以及价格如表 5.4 所示。

表 5.4 模型 *SN*：随机情形下不存在法律约束时制造商的最优决策

	$E(p_r)$	$E(X)$	α^{N*}	p_n^{N*}
*SN*1	*N/A*	*N/A*	0	$\frac{1+c_n}{2}$
*SN*2	$u - \frac{3G_0}{8}$	$\frac{3G_0}{8}$	$\frac{3G_0}{2(1-c_n)}$	$\frac{1+c_n}{2}$
*SN*3	$\frac{\sqrt{3GH} + 2u + 2k}{4}$	$\frac{H}{4}\sqrt{\frac{H}{3G}}$	$\frac{H}{(1-c_n)}\sqrt{\frac{H}{3G}}$	$\frac{1+c_n}{2}$

续表

	$E(p_r)$	$E(X)$	α^{N*}	p_n^{N*}
$SN4$	$u-\frac{3G_0\alpha_1^2+6\alpha_1(1-c_n)}{8(\alpha_1^2+3)}$	$\frac{3G_0\alpha_1^2+6\alpha_1(1-c_n)}{8(\alpha_1^2+3)}$	α_1	p_{n1}^{SNA*}
$SN5$	$\frac{H^2}{8(1-p_{n1}^{SNB*})\alpha_1}+\frac{u+k}{2}$	$\frac{1}{2}(1-p_{n1}^{SNB*})\alpha_1$	α_1	p_{n1}^{SNB*}

$N_1=1+c_n+\frac{1}{2}G\alpha_1, z_1=\alpha_1^2(\sqrt{8\alpha_1(2-N_1)^3+9H^3}-3H\sqrt{H})^2, G_0=w+u-ccr, G=ccr-w-k$

$p_{n1}^{SNA*}=\frac{4\alpha_1^2-3G_0\alpha_1+6(1+c_n)}{4(\alpha_1^2+3)}, p_{n1}^{SNB*}=\frac{2}{3}+\frac{N_1}{6}-\frac{\sqrt[3]{z_1}}{12\alpha_1}-\frac{\alpha_1(2-N_1)^2}{3\sqrt[3]{z_1}}, H_i=\alpha_i(1-c_n), i=0,1.$

定理5.3表明：

（1）在区间 $SN1$ 中，$\left(\bar{w}\leqslant ccr\leqslant\bar{w}-\frac{2(c_n-1)}{\alpha_1}\ \&\ 0\leqslant c_n\leqslant 1\right)$。此时逆向运营成本非常高，在没有法律约束下，制造商没有经济动力回收旧产品。因此制造商仅需决策新产品的价格。

（2）在区间 $SN2$ 中，$\left(\bar{w}-\frac{2H}{3}\leqslant ccr\leqslant\bar{w}\ \&\ c_n\leqslant 1-\frac{H}{\alpha_1}\right)\cup\left(\bar{w}-\frac{2H_1}{3}\leqslant ccr\leqslant\bar{w}\ \&\ 1-\frac{H}{\alpha_1}\leqslant c_n\leqslant 1\right)$。制造商的最优回收率为$\frac{3G_0}{2(1-c_n)}$。易发现回收率是关于旧产品残值、二级市场容量、新产品生产成本以及再造品残值的单调递增函数。

（3）在区间 $SN3$ 中，$\left(\rho_1\leqslant ccr\leqslant w+k+\frac{H}{3}\ \&\ c_n\leqslant 1-\frac{H}{\alpha_1}\right)$。逆向运营成本低于区间 $SN1$ 和 $SN2$，制造商的最优回收率为$\frac{(u-k)}{(1-c_n)}\sqrt{\frac{u-k}{3(ccr-w-k)}}$。易发现 w、u 以及 k 对回收率产生正向影响。

（4）在区间 $SN4$ 中，$\left(\bar{w}-G_{11}\leqslant ccr\leqslant\bar{w}-\frac{2H_1}{3}\ \&\ 1-\frac{H}{\alpha_1}\leqslant c_n\leqslant c_{nmax}^S\right)\cup\left(0\leqslant ccr\leqslant\bar{w}-\frac{2H_1}{3}\ \&\ c_{nmax}^S\leqslant c_n\leqslant 1\right)$。最优回收率为 α_1。注意到此时逆向运营成本不是非常低，但是新产品生产成本较高，两者组合导致制造商选择

α_1作为最优回收比例。

（5）在区间 $SN5$ 中，$\left(0\leqslant ccr\leqslant\rho_1\&\ c_n\leqslant 1-\dfrac{H}{\alpha_1}\right)\cup\left(0\leqslant ccr\leqslant\bar{w}-G_{11}\ \&\ 1-\dfrac{H}{\alpha_1}\leqslant c_n\leqslant c_{nmax}^{S}\right)$。逆向运营成本非常低，制造商有动力回收所有旧产品。

图 5.5 表明在无法律约束时制造商存在五个最优决策区间。每个区间存在唯一最优组合解。例如，在区间 $SN5$ 中，逆向运营成本非常低，制造商选择回收所有旧产品。故在该区间中，制造商的最优决策为，$p_n=$

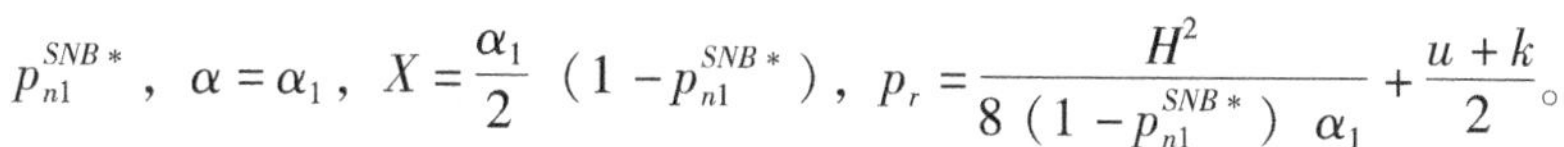

p_{n1}^{SNB*}，$\alpha=\alpha_1$，$X=\dfrac{\alpha_1}{2}\left(1-p_{n1}^{SNB*}\right)$，$p_r=\dfrac{H^2}{8\left(1-p_{n1}^{SNB*}\right)\alpha_1}+\dfrac{u+k}{2}$。

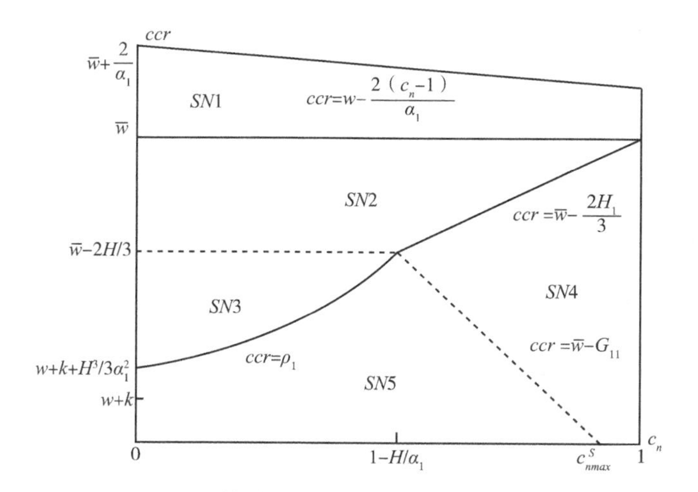

图 5.5　模型 SN：制造商的最优决策区间

5.6　模型 SR：随机情形下存在法律约束

5.5 节讨论了不存在法律约束的情形，并得到了制造商的最优决策区间。本节讨论法律约束对制造商最优决策的影响。在本章中，假设制造商有能力满足政府规定的回收要求，即满足约束条件 $\alpha\geqslant\alpha_0$。

5.6.1 模型 *SRA*

类似于无法律约束的情形，采用逆向推导法来求解制造商的最优决策。注意到第三阶段和第四阶段的计算与无法律约束的情形一致。在此，省略第三阶段和第四阶段的计算过程。R 表示存在法律约束的情形。类似地，称随机情境下存在法律约束时的情形 A 为模型 SRA。

第一阶段和第二阶段分析：类似于不存在法律约束的情形，同时给出第一阶段和第二阶段的最优解。

现在从第二阶段开始求解制造商的最优决策。在求解之前，需要讨论 m 的值与 1 的大小关系。注意到 $m=\frac{H}{2D_n\alpha}\geqslant 1$ 等价于 $\alpha\leqslant\frac{H}{2D_n}=t$。与此同时，在法律约束的情形下，回收率的约束为 $\alpha_0\leqslant\alpha\leqslant\alpha_1$。因此在 SRA 情形下，关于回收率的约束需要讨论两种情况，$\alpha_0\leqslant\alpha\leqslant\alpha_1\leqslant t$ 和 $\alpha_0\leqslant\alpha\leqslant t\leqslant\alpha_1$。此时制造商的利润函数与式（5.10）一样，但是需要增加新的关于回收率的约束。综上所述，制造商面临的问题如下：

$$SRA-1: E[\pi(\alpha)]=-\frac{1}{3}D_n^2\alpha^2+(p_n-c_n)D_n+\frac{1}{2}G_0D_n\alpha$$

$$s.t.\ \alpha_0\leqslant\alpha\leqslant\alpha_1\leqslant t \tag{5.31}$$

$$SRA-2: E[\pi(\alpha)]=-\frac{1}{3}D_n^2\alpha^2+(p_n-c_n)D_n+\frac{1}{2}G_0D_n\alpha$$

$$s.t.\ \alpha_0\leqslant\alpha\leqslant t\leqslant\alpha_1 \tag{5.32}$$

5.6.2 模型 *SRB*

类似地，称随机情境下存在法律约束时的情形 B 为模型 SRB。同样，从第二阶段开始求解制造商的最优决策。类似地，需要讨论 m 的值与 1 的大小关系。注意到 $m=\frac{H}{2D_n\alpha}\leqslant 1$ 等价于 $\alpha\geqslant\frac{H}{2D_n}=t$。与此同时，在法律约束的情形下，回收率的约束为 $\alpha_0\leqslant\alpha\leqslant\alpha_1$。因此，对于模型 SRB，关于回收率的约束需要讨论两种情况，$t \leqslant \alpha_0 \leqslant \alpha \leqslant \alpha_1$ 和 $\alpha_0 \leqslant t \leqslant \alpha \leqslant \alpha_1$。此时制造商的利润函数与式（5.13）一样，但是需要增加新的关于回收率的约束。综上所述，制造商面临的问题如下：

$$SRB-1: E[\pi(\alpha)] = (p_n - c_n - \frac{1}{2}G\alpha)D_n + \frac{H^2}{4} - \frac{H^3}{24D_n\alpha}$$

$$s.t.\ t \leqslant \alpha_0 \leqslant \alpha \leqslant \alpha_1 \tag{5.33}$$

$$SRB-2: E[\pi(\alpha)] = (p_n - c_n - \frac{1}{2}G\alpha)D_n + \frac{H^2}{4} - \frac{H^3}{24D_n\alpha}$$

$$s.t.\ \alpha_0 \leqslant t \leqslant \alpha \leqslant \alpha_1 \tag{5.34}$$

5.7　求解模型 *SR*

在本节中，分别求解模型 *SRA* 和模型 *SRB* 的所有可能解。在求解过程中发现最优回收率和新产品价格与模型 *SRA* 和模型 *SRB* 均有关。因此需要对模型 *SRA* 和模型 *SRB* 中的所有可能解进行比较。然后从中找出唯一最优。基于此，本节同时给出第一阶段和第二阶段的最优解。为方便表示，记 $G_{00} = \frac{2H}{3} + \frac{2(H-H_0)}{\alpha_0^2}$，$G_{10} = H - \frac{H\alpha_0^2}{3\alpha_1^2} + \frac{2(H-H_0)}{\alpha_0\alpha_1}$，$G_{01} = \frac{6(H-H_1)+2H\alpha_0^2}{3\alpha_0\alpha_1}$，$G_{11} = \frac{2H}{3} + \frac{2(H-H_1)}{\alpha_1^2}$，$\rho_0 = w + k + \frac{H^3}{3H_0^2}$，$\rho_1 = w + k + \frac{H^3}{3H_1^2}$，$\eta = \frac{3}{3+\alpha_0^2}$，$\theta = \frac{3\alpha_1}{3\alpha_1 + \alpha_0^2(\alpha_1 - \alpha_0)}$，$\gamma_0 = \frac{6\alpha_1}{6\alpha_1 - \alpha_0^3}$，$\gamma = \frac{6}{6-\alpha_1^2+\alpha_0^2}$，$\gamma_1 = \frac{6}{6-\alpha_1^2}$，$\bar{w} = w + u$。

5.7.1　求解模型 *SRA*

对于模型 *SRA*，存在两个关于 α 的约束，$\alpha_0 \leqslant \alpha \leqslant \alpha_1 \leqslant t$ 和 $\alpha_0 \leqslant \alpha \leqslant t \leqslant \alpha_1$。先考虑第一个约束，由5.6.1小节可知，制造商面临的问题如下：

$$SRA-1: E[\pi(\alpha)] = -\frac{1}{3}D_n^2\alpha^2 + (p_n - c_n)D_n + \frac{1}{2}G_0D_n\alpha$$

$$s.t.\ \alpha_0 \leqslant \alpha \leqslant \alpha_1 \leqslant t$$

计算制造商期望利润函数关于 α 的一阶导数，可以得到$\frac{\partial E[\pi(\alpha)]}{\partial\alpha} = -\frac{2}{3}D_n^2\alpha + \frac{1}{2}G_0D_n$。当$G_0 \leqslant 0$，即 $ccr \geqslant \bar{w}$ 时，$\frac{\partial E[\pi(\alpha)]}{\partial\alpha} \leqslant 0$。制造商的期望利润函数是关于回收率的减函数，$\alpha^{SRA*} = \alpha_0$。相应地，制造商的问题如下：

$$E[\pi(p_n)] = -\left(1+\frac{\alpha_0^2}{3}\right)p_n^2 + \left(1+c_n+\frac{2\alpha_0^2}{3}-\frac{G_0\alpha_0}{2}\right)p_n - \frac{\alpha_0^2}{3} + \frac{G_0\alpha_0}{2} - c_n \tag{5.35}$$

$$s.t. \begin{cases} p_n \geqslant p_{H0} \\ ccr \geqslant \bar{w} \end{cases} \tag{5.36}$$

注意到式（5.35）是关于p_n的二次函数且为凹。求解式（5.35）对p_n的一阶导数并令其等于0，可以得到$p_{n0}^{SRA*} = \frac{6(1+c_n)-3G_0\alpha_0+4\alpha_0^2}{4(\alpha_0^2+3)}$。此时$p_n$的最优值存在两种情况：当$p_{n0}^{SRA*} \geqslant p_{H0}$时，$p_n^{SRA*} = p_{n0}^{SRA*}$；当$p_{n0}^{SRA*} \leqslant p_{H0}$时，$p_n^{SRA*} = p_{H0}$。

（i-1）$p_n^{SRA*} = p_{n0}^{SRA*}$。此时需要同时满足条件$p_{n0}^{SRA*} \geqslant p_{H0}$和 $ccr \geqslant \bar{w}$。注意到$p_{n0}^{SRA*} \geqslant p_{H0}$等价于 $ccr \geqslant \bar{w} - G_{00}$。因此，取得该最优解所需满足的条件为$(H \geqslant \eta H_0\ \&\ ccr \geqslant \bar{w}) \cup (H \leqslant \eta H_0\ \&\ ccr \geqslant \bar{w} - G_{00})$。

（i-2）$p_n^{SRA*} = p_{H0}$。此时需要同时满足条件$p_{n0}^{SRA*} \leqslant p_{H0}$和 $ccr \geqslant \bar{w}$。注意到$p_{n0}^{SRA*} \leqslant p_{H0}$等价于 $ccr \leqslant \bar{w} - G_{00}$。因此，取得该最优解所需满足的条件为$(H \leqslant \eta H_0\ \&\ \bar{w} \leqslant ccr \leqslant \bar{w} - G_{00})$。

前面分析了当$G_0 \leqslant 0$ 时制造商的最优决策。接下来分析当$G_0 \geqslant 0$ 时制造商的最优决策将发生怎样的变化。令$\frac{\partial E[\pi(\alpha)]}{\partial\alpha} = -\frac{2}{3}D_n^2\alpha + \frac{1}{2}G_0D_n = 0, \alpha_{SRA} = \frac{3G_0}{4D_n}$。此时 α 的最优值存在三种情况：当 $\alpha_{SRA} \leqslant \alpha_0$时，$\alpha^{SRA*} = \alpha_0$；

当$\alpha_0 \leqslant \alpha_{SRA} \leqslant \alpha_1$时，$\alpha^{SRA*}=\alpha_{SRA}$；当$\alpha_{SRA} \geqslant \alpha_1$时，$\alpha^{SRA*}=\alpha_1$。接下来分析$p_n$的最优决策。

（i）$\alpha_{SRA} \leqslant \alpha_0$，$\alpha^{SRA*}=\alpha_0$。

$$E[\pi(p_n)] = -\left(1+\frac{\alpha_0^2}{3}\right)p_n^2 + \left(1+c_n+\frac{2}{3}\alpha_0^2-\frac{1}{2}G_0\alpha_0\right)p_n - \frac{\alpha_0^2}{3}+\frac{1}{2}G_0\alpha_0 - c_n$$

$$s.t.\begin{cases} p_{H1} \leqslant p_n \leqslant p_{n0}^{SRA} \\ \bar{w}-\dfrac{2H\alpha_0}{3\alpha_1} \leqslant ccr \leqslant \bar{w} \end{cases} \tag{5.37}$$

类似地，p_n的最优解存在三种情况。求解目标函数对p_n的一阶导数并令其等于0，可以得到$p_{n0}^{SRA*}=\dfrac{6(1+c_n)-3G_0\alpha_0+4\alpha_0^2}{4(\alpha_0^2+3)}$。

（i－1）$p_n^{SRA*}=p_{H1}$。此时需要同时满足条件$p_{n0}^{SRA*} \leqslant p_{H1}$和$\bar{w}-\dfrac{2H\alpha_0}{3\alpha_1} \leqslant ccr \leqslant \bar{w}$。注意到$p_{n0}^{SRA*} \leqslant p_{H1}$等价于$ccr \leqslant \bar{w}-G_{01}$。因此，取得该最优解所需满足的条件为$\left(H \leqslant \eta H_1 \ \& \ \bar{w}-\dfrac{2H\alpha_0}{3\alpha_1} \leqslant ccr \leqslant \bar{w}\right) \cup \left(\eta H_1 \leqslant H \leqslant H_1 \ \& \ \bar{w}-\dfrac{2H\alpha_0}{3\alpha_1} \leqslant ccr \leqslant \bar{w}-G_{01}\right)$。

（i－2）$p_n^{SRA*}=p_{n0}^{SRA*}$。此时需要同时满足条件$p_{H1} \leqslant p_{n0}^{SRA*} \leqslant p_{n0}^{SRA}$和$\bar{w}-\dfrac{2H\alpha_0}{3\alpha_1} \leqslant ccr \leqslant \bar{w}$。注意到$p_{H1} \leqslant p_{n0}^{SRA*} \leqslant p_{n0}^{SRA}$等价于$ccr \geqslant \bar{w}-G_{01} \ \& \ ccr \geqslant \bar{w}-\dfrac{2H_0}{3}$。因此，取得该最优解所需满足的条件为$(\eta H_1 \leqslant H \leqslant H_1 \ \& \ \bar{w}-G_{01} \leqslant ccr \leqslant \bar{w}) \cup \left(H \geqslant H_1 \ \& \ \bar{w}-\dfrac{2H_0}{3} \leqslant ccr \leqslant \bar{w}\right)$。

（i－3）$p_n^{SRA*}=p_{n0}^{SRA}$。此时需要同时满足条件$p_{n0}^{SRA*} \geqslant p_{n0}^{SRA}$和$\bar{w}-\dfrac{2H\alpha_0}{3\alpha_1} \leqslant ccr \leqslant \bar{w}$。注意到$p_{n0}^{SRA*} \geqslant p_{n0}^{SRA}$等价于$ccr \leqslant \bar{w}-\dfrac{2H_0}{3}$。因此，取得该最优解所需满足的条件为$\left(\dfrac{H}{H_1} \geqslant 1 \ \& \ \bar{w}-\dfrac{2H\alpha_0}{3\alpha_1} \leqslant ccr \leqslant \bar{w}-\dfrac{2H_0}{3}\right)$。

(ii) $\alpha_0 \leqslant \alpha_{SRA} \leqslant \alpha_1$，$\alpha^{SRA*} = \alpha_{SRA}$。

$$E[\pi(p_n)] = -p_n^2 + (1+c_n)p_n + \frac{3G_0^2}{16} - c_n \tag{5.38}$$

$$s.t.\begin{cases} p_{n0}^{SRA} \leqslant p_n \leqslant p_{n1}^{SRA} \\ \bar{w} - \dfrac{2H\alpha_0}{3\alpha_1} \leqslant ccr \leqslant \bar{w} \end{cases} \tag{5.39}$$

$$or\ s.t.\begin{cases} p_{H1} \leqslant p_n \leqslant p_{n1}^{SRA} \\ \bar{w} - \dfrac{2H}{3} \leqslant ccr \leqslant \bar{w} - \dfrac{2H\alpha_0}{3\alpha_1} \end{cases} \tag{5.40}$$

注意到目标函数存在两个约束，先分析约束式（5.39）。类似地，p_n的最优解存在三种情况。求解目标函数对p_n的一阶导数并令其等于0，可以得到$p_{nA}^{SRA*} = \frac{1+c_n}{2}$。

（ii-11）$p_n^{SRA*} = p_{n0}^{SRA}$。此时需要同时满足条件$p_{nA}^{SRA*} \leqslant p_{n0}^{SRA}$和$\bar{w} - \frac{2H\alpha_0}{3\alpha_1} \leqslant ccr \leqslant \bar{w}$。注意到$p_{n0}^{SRA*} \leqslant p_{n0}^{SRA}$等价于$ccr \geqslant \bar{w} - \frac{2H_0}{3}$。因此，取得该最优解所需满足的条件为$\left(H \leqslant H_1\ \&\ \bar{w} - \frac{2H\alpha_0}{3\alpha_1} \leqslant ccr \leqslant \bar{w}\right) \cup \left(H \geqslant H_1\ \&\ \bar{w} - \frac{2H_0}{3} \leqslant ccr \leqslant \bar{w}\right)$。

（ii-12）$p_n^{SRA*} = p_{nA}^{SRA*}$。此时需要同时满足条件$p_{n0}^{SRA} \leqslant p_{nA}^{SRA*} \leqslant p_{n1}^{SRA}$和$\bar{w} - \frac{2H\alpha_0}{3\alpha_1} \leqslant ccr \leqslant \bar{w}$。注意到$p_{n0}^{SRA} \leqslant p_{nA}^{SRA*} \leqslant p_{n1}^{SRA}$等价于$\bar{w} - \frac{2H_1}{3} \leqslant ccr \leqslant \bar{w} - \frac{2H_0}{3}$。因此，取得该最优解所需满足的条件为$\left(1 \leqslant \frac{H}{H_1} \leqslant \frac{\alpha_1}{\alpha_0}\ \&\ \bar{w} - \frac{2H\alpha_0}{3\alpha_1} \leqslant ccr \leqslant \bar{w} - \frac{2H_0}{3}\right) \cup \left(\frac{H}{H_1} \geqslant \frac{\alpha_1}{\alpha_0}\ \&\ \bar{w} - \frac{2H_1}{3} \leqslant ccr \leqslant \bar{w} - \frac{2H_0}{3}\right)$。

（ii-13）$p_n^{SRA*} = p_{n1}^{SRA}$。此时需要同时满足条件$p_{nA}^{SRA*} \geqslant p_{n1}^{SRA}$和$\bar{w} - \frac{2H\alpha_0}{3\alpha_1} \leqslant ccr \leqslant \bar{w}$。注意到$p_{nA}^{SRA*} \geqslant p_{n1}^{SRA}$等价于$ccr \leqslant \bar{w} - \frac{2H_1}{3}$。因此，取得该最优解所需

满足的条件为$\left(\frac{H}{H_1}\geqslant\frac{\alpha_1}{\alpha_0} \ \& \ \bar{w}-\frac{2H\alpha_0}{3\alpha_1}\leqslant ccr\leqslant\bar{w}-\frac{2H_1}{3}\right)$。

对于约束式（5.40），解的情况如下：

（ii－21）$p_n^{SRA*}=p_{H1}$。此时需要同时满足条件$p_{nA}^{SRA*}\leqslant p_{H1}$和$\bar{w}-\frac{2H}{3}\leqslant ccr\leqslant\bar{w}-\frac{2H\alpha_0}{3\alpha_1}$。注意到$p_{nA}^{SRA*}\leqslant p_{H1}$等价于$H\leqslant H_1$。因此，取得该最优解所需满足的条件为$\left(\frac{H}{H_1}\leqslant 1 \ \& \ \bar{w}-\frac{2H}{3}\leqslant ccr\leqslant\bar{w}-\frac{2H\alpha_0}{3\alpha_1}\right)$。

（ii－22）$p_n^{SRA*}=p_{nA}^{SRA*}$。此时需要同时满足条件$p_{H1}\leqslant p_{nA}^{SRA*}\leqslant p_{n1}^{SRA}$和$\bar{w}-\frac{2H}{3}\leqslant ccr\leqslant\bar{w}-\frac{2H\alpha_0}{3\alpha_1}$。注意到$p_{H1}\leqslant p_{nA}^{SRA*}\leqslant p_{n1}^{SRA}$等价于$H\geqslant H_1 \ \& \ ccr\geqslant\bar{w}-\frac{2H_1}{3}$。因此，取得该最优解所需满足的条件为$\left(1\leqslant\frac{H}{H_1}\leqslant\frac{\alpha_1}{\alpha_0} \ \& \ \bar{w}-\frac{2H_1}{3}\leqslant ccr\leqslant\bar{w}-\frac{2H\alpha_0}{3\alpha_1}\right)$。

（ii－23）$p_n^{SRA*}=p_{n1}^{SRA}$。此时需要同时满足条件$p_{nA}^{SRA*}\geqslant p_{n1}^{SRA}$和$\bar{w}-\frac{2H}{3}\leqslant ccr\leqslant\bar{w}-\frac{2H\alpha_0}{3\alpha_1}$。注意到$p_{nA}^{SRA*}\geqslant p_{n1}^{SRA}$等价于$ccr\leqslant\bar{w}-\frac{2H_1}{3}$。因此，取得该最优解所需满足的条件为$\left(1\leqslant\frac{H}{H_1}\leqslant\frac{\alpha_1}{\alpha_0} \ \& \ \bar{w}-\frac{2H}{3}\leqslant ccr\leqslant\bar{w}-\frac{2H_1}{3}\right)\cup\left(\frac{H}{H_1}\geqslant\frac{\alpha_1}{\alpha_0} \ \& \ \bar{w}-\frac{2H}{3}\leqslant ccr\leqslant\bar{w}-\frac{2H\alpha_0}{3\alpha_1}\right)$。

（iii）$\alpha_{SRA}\geqslant\alpha_1$，$\alpha^{SRA*}=\alpha_1$。

$$E[\pi(p_n)]=-\left(1+\frac{\alpha_1^2}{3}\right)p_n^2+\left(1+c_n+\frac{2\alpha_1^2}{3}-\frac{G_0\alpha_1}{2}\right)p_n-\frac{\alpha_1^2}{3}+\frac{G_0\alpha_1}{2}-c_n \tag{5.41}$$

$$s.t.\begin{cases}p_n\geqslant p_{H1}\\ ccr\leqslant\bar{w}-\frac{2H}{3}\end{cases} \tag{5.42}$$

$$\text{or } s.t.\begin{cases}p_n \geqslant p_{n1}^{SRA} \\ \bar{w}-\dfrac{2H}{3} \leqslant ccr \leqslant \bar{w}\end{cases} \tag{5.43}$$

目标函数存在两个约束，先分析约束式（5.42）。求解目标函数对p_n的导数并令其为0，可以得到$p_{n1}^{SRA*}=\dfrac{6(1+c_n)-3G_0\alpha_1+4\alpha_1^2}{4(\alpha_1^2+3)}$。解的情况如下：

（iii－11）$p_n^{SRA*}=p_{n1}^{SRA*}$。此时需要同时满足条件$p_{n1}^{SRA*} \geqslant p_{H1}$和$ccr \leqslant \bar{w}-\dfrac{2H}{3}$。注意到$p_{n1}^{SRA*} \geqslant p_{H1}$等价于$ccr \geqslant \bar{w}-G_{11}$。因此，取得该最优解所需满足的条件为$\left(H \leqslant H_1 \ \& \ \bar{w}-G_{11} \leqslant ccr \leqslant \bar{w}-\dfrac{2H}{3}\right)$。

（iii－12）$p_n^{SRA*}=p_{H1}$。此时需要同时满足条件$p_{n1}^{SRA*} \leqslant p_{H1}$和$ccr \leqslant \bar{w}-\dfrac{2H}{3}$。注意到$p_{n1}^{SRA*} \leqslant p_{H1}$等价于$ccr \leqslant \bar{w}-G_{11}$。因此，取得该最优解所需满足的条件为$(H \leqslant H_1 \ \& \ ccr \leqslant \bar{w}-G_{11}) \cup \left(H \leqslant H_1 \ \& \ ccr \leqslant \bar{w}-\dfrac{2H}{3}\right)$。

同样，对于约束式（5.43），解的情况如下：

（iii－21）$p_n^{SRA*}=p_{n1}^{SRA*}$。此时需要同时满足条件$p_{n1}^{SRA*} \leqslant p_{n1}^{SRA}$和$\bar{w}-\dfrac{2H}{3} \leqslant ccr \leqslant \bar{w}$。注意到$p_{n1}^{SRA*} \leqslant p_{n1}^{SRA}$等价于$ccr \leqslant \bar{w}-\dfrac{2H_1}{3}$。因此，取得该最优解所需满足的条件为$\left(\dfrac{H}{H_1} \leqslant 1 \ \& \ \bar{w}-\dfrac{2H}{3} \leqslant ccr \leqslant \bar{w}-\dfrac{2H_1}{3}\right)$。

（iii－22）$p_n^{SRA*}=p_{n1}^{SRA}$。此时需要同时满足条件$p_{n1}^{SRA*} \leqslant p_{n1}^{SRA}$和$\bar{w}-\dfrac{2H}{3} \leqslant ccr \leqslant \bar{w}$。注意到$p_{n1}^{SRA*} \leqslant p_{n1}^{SRA}$等价于$ccr \leqslant \bar{w}-\dfrac{2H_1}{3}$。因此，取得该最优解所需满足的条件为$\left(\dfrac{H}{H_1} \leqslant 1 \ \& \ \bar{w}-\dfrac{2H_1}{3} \leqslant ccr \leqslant \bar{w}\right) \cup \left(\dfrac{H}{H_1} \leqslant 1 \ \& \ \bar{w}-\dfrac{2H}{3} \leqslant ccr \leqslant \bar{w}\right)$。

为方便阅读，模型 SRA 满足 $\alpha_0 \leqslant \alpha \leqslant \alpha_1 \leqslant t$ & $G_0 \leqslant 0$ 的所有可能解见附录 C。接下来分析模型 SRA 满足 $\alpha_0 \leqslant \alpha \leqslant t \leqslant \alpha_1$ & $G_0 \leqslant 0$ 时的所有可能解。

$$SRA-2: E[\pi(\alpha)] = -\frac{1}{3}D_n^2\alpha^2 + (p_n - c_n)D_n + \frac{1}{2}G_0 D_n \alpha$$

$$s.t.\ \alpha_0 \leqslant \alpha \leqslant t \leqslant \alpha_1$$

类似地，当 $G_0 \leqslant 0$ 时，目标函数是关于 α 的减函数，那么 $\alpha^{SRA*} = \alpha_0$（具体求解过程可参考5.6节）。当 $G_0 \leqslant 0$ 时，α 的最优值存在三种情况：当 $\alpha_{SRA} \leqslant \alpha_0$ 时，$\alpha^{SRA*} = \alpha_0$；当 $\alpha_0 \leqslant \alpha_{SRA} \leqslant t$ 时，$\alpha^{SRA*} = \alpha_{SRA}$；当 $\alpha_{SRA} \leqslant t$ 时，$\alpha^{SRA*} = t$。接下来分析 p_n 的最优决策。

（i）$\alpha_{SRA} \leqslant \alpha_0$，$\alpha^{SRA*} = \alpha_0$。

$$E[\pi(p_n)] = -\left(1 + \frac{\alpha_0^2}{3}\right)p_n^2 + \left(1 + c_n + \frac{2}{3}\alpha_0^2 - \frac{1}{2}G_0\alpha_0\right)p_n - \frac{\alpha_0^2}{3} + \frac{1}{2}G_0\alpha_0 - c_n$$

$$s.t.\begin{cases} p_{H0} \leqslant p_n \leqslant p_{n0}^{SRA} \\ \bar{w} - \dfrac{2H}{3} \leqslant ccr \leqslant \bar{w} - \dfrac{2H\alpha_0}{3\alpha_1} \end{cases} \tag{5.44}$$

$$\text{or } s.t.\begin{cases} p_{H0} \leqslant p_n \leqslant p_{H1} \\ \bar{w} - \dfrac{2H\alpha_0}{3\alpha_1} \leqslant ccr \leqslant \bar{w} \end{cases} \tag{5.45}$$

先分析约束式（5.44），类似地，p_n 的最优解存在三种情况。求解目标函数对 p_n 的一阶导数并令其等于0，可以得到 $p_{n0}^{SRA*} = \dfrac{6(1+c_n) - 3G_0\alpha_0 + 4\alpha_0^2}{4(\alpha_0^2 + 3)}$。

（i－11）$p_n^{SRA*} = p_{H0}$。此时需要同时满足条件 $p_{n0}^{SRA*} \leqslant p_{H0}$ 和 $\bar{w} - \dfrac{2H}{3} \leqslant ccr \leqslant \bar{w} - \dfrac{2H\alpha_0}{3\alpha_1}$。注意到 $p_{n0}^{SRA*} \leqslant p_{H0}$ 等价于 $ccr \leqslant \bar{w} - G_{00}$。因此，取得该最优解所需满足的条件为 $\left(\dfrac{H}{H_0} \leqslant \theta \,\&\, \bar{w} - \dfrac{2H}{3} \leqslant ccr \leqslant \bar{w} - \dfrac{2H\alpha_0}{3\alpha_1}\right) \cup \left(\theta \leqslant \dfrac{H}{H_0} \leqslant 1 \,\&\, \bar{w} - \dfrac{2H}{3} \leqslant ccr \leqslant \bar{w} - G_{00}\right)$。

（i－12）$p_n^{SRA*}=p_{n0}^{SRA*}$。此时需要同时满足条件$p_{H0}\leqslant p_{n0}^{SRA*}\leqslant p_{n0}^{SRA}$和$\bar{w}-\frac{2H}{3}\leqslant CCT\leqslant \bar{w}-\frac{2H\alpha_0}{3\alpha_1}$。注意到$p_{H0}\leqslant p_{n0}^{SRA*}\leqslant p_{n0}^{SRA}$等价于$ccr\geqslant \bar{w}-G_{00}\ \&\ ccr\geqslant \bar{w}-\frac{2H_0}{3}$。因此，取得该最优解所需满足的条件为$\left(\theta\leqslant\frac{H}{H_0}\leqslant 1\ \&\ \bar{w}-G_{00}\leqslant ccr\leqslant \bar{w}-\frac{2H\alpha_0}{3\alpha_1}\right)\cup\left(H_0\leqslant H\leqslant H_1\ \&\ \bar{w}-\frac{2H_0}{3}\leqslant ccr\leqslant \bar{w}-\frac{2H\alpha_0}{3\alpha_1}\right)$。

（i－13）$p_n^{SRA*}=p_{n0}^{SRA}$。此时需要同时满足条件$p_{n0}^{SRA*}\geqslant p_{n0}^{SRA}$和$\bar{w}-\frac{2H}{3}\leqslant CCT\leqslant \bar{w}-\frac{2H\alpha_0}{3\alpha_1}$。注意到$p_{n0}^{SRA*}\geqslant p_{n0}^{SRA}$等价于$ccr\leqslant \bar{w}-\frac{2H_0}{3}$。因此，取得该最优解所需满足的条件为$\left(H_0\leqslant H\leqslant H_1\ \&\ \bar{w}-\frac{2H}{3}\leqslant ccr\leqslant \bar{w}-\frac{2H_0}{3}\right)\cup\left(H\geqslant H_1\ \&\ \bar{w}-\frac{2H}{3}\leqslant ccr\leqslant \bar{w}-\frac{2H\alpha_0}{3\alpha_1}\right)$。

对于约束式（5.45），解的情况如下：

（i－21）$p_n^{SRA*}=p_{H0}$。此时需要同时满足条件$p_{n0}^{SRA*}\leqslant p_{H0}$和$\bar{w}-\frac{2H\alpha_0}{3\alpha_1}\leqslant ccr\leqslant \bar{w}$。注意到$p_{n0}^{SRA*}\leqslant p_{H0}$等价于$ccr\leqslant \bar{w}-G_{00}$。因此，取得该最优解所需满足的条件为$\left(\frac{H}{H_0}\leqslant\eta\&\ \bar{w}-\frac{2H\alpha_0}{3\alpha_1}\leqslant ccr\leqslant \bar{w}\right)\cup\left(\eta\leqslant\frac{H}{H_0}\leqslant\theta\&\ \bar{w}-\frac{2H\alpha_0}{3\alpha_1}\leqslant ccr\leqslant \bar{w}-G_{00}\right)$。

（i－22）$p_n^{SRA*}=p_{n0}^{SRA*}$。此时需要同时满足条件$p_{H0}\leqslant p_{n0}^{SRA*}\leqslant p_{H1}$和$\bar{w}-\frac{2H\alpha_0}{3\alpha_1}\leqslant ccr\leqslant \bar{w}$。注意到$p_{H0}\leqslant p_{n0}^{SRA*}\leqslant p_{H1}$等价于$\bar{w}-G_{00}\leqslant ccr\leqslant \bar{w}-G_{01}$。因此，取得该最优解所需满足的条件为（$\eta H_0\leqslant H\leqslant\theta H_0\ \&\ \bar{w}-G_{00}\leqslant ccr\leqslant \bar{w}$）$\cup\left(\theta H_0\leqslant H\leqslant\eta H_1\ \&\ \bar{w}-\frac{2H\alpha_0}{3\alpha_1}\leqslant ccr\leqslant \bar{w}\right)\cup\left(\eta H_1\leqslant H\leqslant H_1\ \&\ \bar{w}-\frac{2H\alpha_0}{3\alpha_1}\leqslant ccr\leqslant \bar{w}-G_{01}\right)$。

（i－23）$p_n^{SRA*}=p_{H1}$。此时需要同时满足条件$p_{n0}^{SRA*}\geqslant p_{H1}$和$\bar{w}-\frac{2H\alpha_0}{3\alpha_1}\leqslant$

$ccr \leqslant \bar{w}$。注意到$p_{n0}^{SRA*} \geqslant p_{H1}$等价于 $ccr \geqslant \bar{w} - G_{01}$。因此，取得该最优解所需满足的条件为（$\eta H_1 \leqslant H \leqslant H_1$ & $\bar{w} - G_{01} \leqslant ccr \leqslant \bar{w}$）∪ $\left(H \geqslant H_1 \text{ \& } \bar{w} - \frac{2H\alpha_0}{3\alpha_1} \leqslant ccr \leqslant \bar{w}\right)$。

（ii）$\alpha_0 \leqslant \alpha_{SRA} \leqslant t$，$\alpha^{SRA*} = \alpha_{SRA}$。

$$E[\pi(p_n)] = -p_n^2 + (1 + c_n)p_n + \frac{3G_0^2}{16} - c_n$$

$$s.t. \begin{cases} p_{n0}^{SRA} \leqslant p_n \leqslant p_{H1} \\ \bar{w} - \frac{2H}{3} \leqslant ccr \leqslant \bar{w} - \frac{2H\alpha_0}{3\alpha_1} \end{cases} \tag{5.46}$$

类似地，p_n的最优解存在三种情况。

（ii－1）$p_n^{SRA*} = p_{n0}^{SRA}$。此时需要同时满足条件$p_{nA}^{SRA*} \leqslant p_{n0}^{SRA}$和$\bar{w} - \frac{2H}{3} \leqslant ccr \leqslant \bar{w} - \frac{2H\alpha_0}{3\alpha_1}$。注意到$p_{nA}^{SRA*} \leqslant p_{n0}^{SRA}$等价于 $ccr \geqslant \bar{w} - \frac{2H_0}{3}$。因此，取得该最优解所需满足的条件为$\left(H \leqslant H_0 \text{ \& } \bar{w} - \frac{2H}{3} \leqslant ccr \leqslant \bar{w} - \frac{2H\alpha_0}{3\alpha_1}\right)$ ∪ $\left(H_0 \leqslant H \leqslant H_1 \text{ \& } \bar{w} - \frac{2H_0}{3} \leqslant ccr \leqslant \bar{w} - \frac{2H\alpha_0}{3\alpha_1}\right)$。

（ii－2）$p_n^{SRA*} = p_{nA}^{SRA*}$。此时需要同时满足条件$p_{n0}^{SRA} \leqslant p_{nA}^{SRA*} \leqslant p_{H1}$和$\bar{w} - \frac{2H}{3} \leqslant ccr \leqslant \bar{w} - \frac{2H\alpha_0}{3\alpha_1}$。注意到$p_{n0}^{SRA} \leqslant p_{nA}^{SRA*} \leqslant p_{H1}$等价于 $ccr \leqslant \bar{w} - \frac{2H_0}{3}$ & $H \leqslant H_1$。因此，取得该最优解所需满足的条件为$\left(H_0 \leqslant H \leqslant H_1 \text{ \& } \bar{w} - \frac{2H}{3} \leqslant ccr \leqslant \bar{w} - \frac{2H_0}{3}\right)$。

（ii－3）$p_n^{SRA*} = p_{H1}$。此时需要同时满足条件$p_{nA}^{SRA*} \geqslant p_{H1}$和$\bar{w} - \frac{2H}{3} \leqslant ccr \leqslant \bar{w} - \frac{2H\alpha_0}{3\alpha_1}$。注意到$p_{nA}^{SRA*} \geqslant p_{H1}$等价于 $H \geqslant H_1$。因此，取得该最优解所需满

足的条件为$\left(H \geqslant H_1 \& \ \bar{w} - \frac{2H}{3} \leqslant ccr \leqslant \bar{w} - \frac{2H\alpha_0}{3\alpha_1}\right)$。

（iii）$\alpha_{SRA} \geqslant t$，$\alpha^{SRA*} = t$。

$$E[\pi(p_n)] = -p_n^2 + (1 + c_n)p_n + \frac{3G_0^2}{16} - c_n$$

$$s.t.\begin{cases} p_{H0} \leqslant p_n \leqslant p_{H1} \\ ccr \leqslant \bar{w} - \frac{2H}{3} \end{cases} \tag{5.47}$$

求解目标函数对p_n的一阶导数并令其为0，可以得到$p_{nt}^{SRA*} = \frac{1 + c_n}{2}$。

（iii－1）$p_n^{SRA*} = p_{H0}$。此时需要同时满足条件$p_{nt}^{SRA*} \leqslant p_{H0}$和$ccr \leqslant \bar{w} - \frac{2H}{3}$。注意到$p_{nt}^{SRA*} \leqslant p_{H0}$等价于$H \leqslant H_0$。因此，取得该最优解所需满足的条件为$\left(H \leqslant H_0 \ \& \ ccr \leqslant \bar{w} - \frac{2H}{3}\right)$。

（iii－2）$p_n^{SRA*} = p_{nt}^{SRA*}$。此时需要同时满足条件$p_{H0} \leqslant p_{nt}^{SRA*} \leqslant p_{H1}$和$ccr \leqslant \bar{w} - \frac{2H}{3}$。注意到$p_{H0} \leqslant p_{nt}^{SRA*} \leqslant p_{H1}$等价于$H_0 \leqslant H \leqslant H_1$。因此，取得该最优解所需满足的条件为$\left(H_0 \leqslant H \leqslant H_1 \ \& \ ccr \leqslant \bar{w} - \frac{2H}{3}\right)$。

（iii－3）$p_n^{SRA*} = p_{H1}$。此时需要同时满足条件$p_{nt}^{SRA*} \geqslant p_{H1}$和$ccr \leqslant \bar{w} - \frac{2H}{3}$。注意到$p_{nt}^{SRA*} \geqslant p_{H1}$等价于$H \geqslant H_1$。因此，取得该最优解所需满足的条件为$\left(H \geqslant H_1 \ \& \ ccr \leqslant \bar{w} - \frac{2H}{3}\right)$。

为方便阅读，模型 SRA 满足 $\alpha_0 \leqslant \alpha \leqslant t \leqslant \alpha_1 \ \& \ G_0 \geqslant 0$ 时的所有可能解（见附录 C）。为了清晰地描述各个区间的最优解，以及方便后面进行比较，图 5.6 描述模型 SRA 所有可能解（注意，还应考虑$G_0 \leqslant 0$ 的情形）。

注意到在图 5.6 中，共有 40 个区间，在此仅给出五个区间以作示例。

在区间①中，只有唯一解，$(\alpha_0, p_{n0}^{SRA*})$。

在区间②中，只有唯一解，(α_0, p_{H0})。

在区间③中，有四组解，(α_0, p_{H1})，$(\alpha_{SRA}, p_{n0}^{SRA})$，$(\alpha_1, p_{n1}^{SRA})$ 以及 (α_0, p_{H0})。

在区间④中，有四组解，(α_{SRA}, p_{H1})，(α_1, p_{n1}^{SRA})，(α_0, p_{H0}) 以及 $(\alpha_{SRA}, p_{n0}^{SRA})$。

在区间⑤中，有两组解，(t, p_{H0}) 和 (α_1, p_{H1})。

到目前为止，已经找出了模型 *SRA* 各个区间对应的所有可能解。接下来将采用同样的方法找出模型 *SRB* 各个区间对应的所有可能解，最后对两种模型共同区间的所有可能解进行比较，从而找出各个区间中唯一最优解。

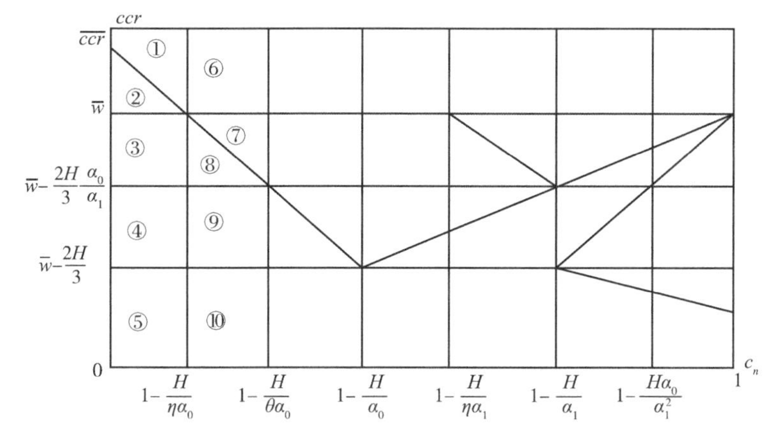

图 5.6　模型 *SRA* 所有可能解对应的区间

5.7.2　求解模型 *SRB*

在模型 *SRB* 中，有两个关于 α 的约束，$t \leqslant \alpha_0 \leqslant \alpha \leqslant \alpha_1$ 和 $\alpha_0 \leqslant t \leqslant \alpha \leqslant \alpha_1$。先考虑第一个约束。由 5.6.2 小节可知，制造商的问题如下：

$$SRB-1: E[\pi(\alpha)] = (p_n - c_n - \frac{1}{2}G\alpha)D_n + \frac{H^2}{4} - \frac{H^3}{24D_n\alpha};$$

$s.t.\ \ t \leqslant \alpha_0 \leqslant \alpha \leqslant \alpha_1$。

求解制造商的期望利润函数关于 α 的导数，可以得到$\frac{\partial E[\pi(\alpha)]}{\partial\alpha}=-\frac{1}{2}GD_n+\frac{H^3}{24D_n\alpha^2}$。

（1）当 $G\leqslant 0$ 时，$\frac{\partial E[\pi(\alpha)]}{\partial\alpha}\geqslant 0$。即制造商的期望利润函数是关于 α 的增函数，那么 $\alpha^{SNB*}=\alpha_1$。此时制造商的最优决策和模型 SNB 一致。具体求解过程详见 5.4.2 小节。

（2）当 $G\geqslant 0$ 时，求解制造商的期望利润函数对回收率的一阶导数并令其等于 0，可以得到 $\alpha_{SRB}=\frac{\sqrt{3}H}{6D_n}\sqrt{\frac{H}{G}}$。此时最优回收率存在三种情况。

（i）$\alpha_{SRB}\leqslant\alpha_0$，$\alpha^{SRB*}=\alpha_0$。

$$E[\pi(p_n)]=(p_n-c_n-\frac{1}{2}G\alpha_0)(1-p_n)+\frac{H^2}{4}-\frac{H^3}{24(1-p_n)\alpha_0} \tag{5.48}$$

$$s.\ t.\begin{cases}p_n\leqslant p_{n0}^{SRB}\\ w+k\leqslant ccr\leqslant w+k+\frac{H}{3}\end{cases} \tag{5.49}$$

$$\text{or } s.\ t.\begin{cases}p_n\leqslant p_{H0}\\ CCT\geqslant w+k+\frac{H}{3}\end{cases} \tag{5.50}$$

先分析约束式（5.49）。求解制造商的期望利润函数关于p_n的一阶导数并令其为 0，可以得到$p_{n0}^{SRB*}=\frac{2}{3}+\frac{N_0}{6}-\frac{\sqrt[3]{z_0}}{12\alpha_0}-\frac{\alpha_1(2-N_0)^2}{3\sqrt[3]{z_0}}$。制造商的决策如下：

（i-11）$p_n^{SRB*}=p_{n0}^{SRB*}$，此时需要同时满足条件$p_{n0}^{SRB*}\leqslant p_{n0}^{SRB}$和 $w+k\leqslant CCT\leqslant w+k+\frac{H}{3}$。注意到$p_{n0}^{SRB*}\leqslant p_{n0}^{SRB}$等价于 $ccr\leqslant\rho_0$。因此，取得该最优解所需满足的条件为$\left(\frac{H}{H_0}\leqslant 1\ \&\ \rho_0\leqslant ccr\leqslant w+k+\frac{H}{3}\right)$。

（i-12）$p_n^{SRB*}=p_{n0}^{SRB}$，此时需要同时满足条件$p_{n0}^{SRB*}\leqslant p_{n0}^{SRB}$和 $w+k\leqslant ccr\leqslant w+k+\frac{H}{3}$。注意到$p_{n0}^{SRB*}\leqslant p_{n0}^{SRB}$等价于 $ccr\leqslant\rho_0$。因此，取得该最优解所需满足

的条件为$\left(\frac{H}{H_0}\leqslant 1\ \&\ w+k\leqslant ccr\leqslant\rho_0\right)\cup\left(\frac{H}{H_0}\leqslant 1\ \&\ w+k\leqslant ccr\leqslant w+k+\frac{H}{3}\right)$。

对于约束式（5.50），解的情况如下：

（i－21）$p_n^{SRB*}=p_{n0}^{SRB*}$，此时需要同时满足条件$p_{n0}^{SRB*}\leqslant p_{H0}$和$ccr\leqslant w+k+\frac{H}{3}$。注意到$p_{n0}^{SRB*}\leqslant p_{H0}$等价于$ccr\leqslant w+k+\frac{H}{3}-\frac{2(H-H_0)}{\alpha_0^2}$。因此，取得该最优解所需满足的条件为$\left(\frac{H}{H_0}\leqslant 1\ \&\ w+k+\frac{H}{3}\leqslant ccr\leqslant w+k+\frac{H}{3}-\frac{2(H-H_0)}{\alpha_0^2}\right)$。

（i－22）$p_n^{SRB*}=p_{H0}$，此时需要同时满足条件$p_{n0}^{SRB*}\leqslant p_{H0}$和$ccr\leqslant w+k+\frac{H}{3}$。注意到$p_{n0}^{SRB}\leqslant p_{H0}$等价于$ccr\leqslant\bar{w}-G_{00}$。因此，取得该最优解所需满足的条件为$\left(\frac{H}{H_0}\leqslant 1\ \&\ ccr\geqslant\bar{w}-G_{00}\right)\cup\left(\frac{H}{H_0}\geqslant 1\ \&\ ccr\geqslant w+k+\frac{H}{3}\right)$。

（ii）$\alpha_0\leqslant\alpha_{SRB}\leqslant\alpha_1$，$\alpha^{SRB*}=\alpha_{SRB}$。

$$E[\pi(p_n)]=-p_n^2+(1+c_n)p_n+\frac{H^2}{4}-c_n-\frac{\sqrt{3}H}{6}\sqrt{GH}\tag{5.51}$$

$$s.t.\begin{cases}p_{n0}^{SRB}\leqslant p_n\leqslant p_{n1}^{SRB}\\ w+k\leqslant ccr\leqslant w+k+\dfrac{H\alpha_0^2}{3\alpha_1^2}\end{cases}\tag{5.52}$$

$$\text{or } s.t.\begin{cases}p_{n0}^{SRB}\leqslant p_n\leqslant p_{H0}\\ w+k+\dfrac{H\alpha_0^2}{3\alpha_1^2}\leqslant ccr\leqslant w+k+\dfrac{H}{3}\end{cases}\tag{5.53}$$

先分析约束式（5.52），求解式（5.51）对p_n的一阶导数并令其为0，可以得到$p_{nB}^{SRB*}=\frac{1+c_n}{2}$。解的情况如下：

（ii－11）$p_n^{SRB*}=p_{n0}^{SRB}$，此时需要同时满足条件$p_{nB}^{SRB*}\leqslant p_{n0}^{SRB}$和$w+k\leqslant ccr\leqslant w+k+\frac{H\alpha_0^2}{3\alpha_1^2}$。注意到$p_{nB}^{SRB*}\leqslant p_{n0}^{SRB}$等价于$ccr\geqslant\rho_0$。因此，取得该最优解所

需满足的条件为 $\left(\frac{H}{H_0}\leqslant\frac{\alpha_0}{\alpha_1}\ \&\ \rho_0\leqslant ccr\leqslant w+k+\frac{H\alpha_0^2}{3\alpha_1^2}\right)$。

（ii－12）$p_n^{SRB*}=p_{nB}^{SRB*}$，此时需要同时满足条件 $p_{n0}^{SRB}\leqslant p_{nB}^{SRB*}\leqslant p_{n1}^{SRB}$ 和 $w+k\leqslant ccr\leqslant w+k+\frac{H\alpha_0^2}{3\alpha_1^2}$。注意到 $p_{n0}^{SRB}\leqslant p_{nB}^{SRB*}\leqslant p_{n1}^{SRB}$ 等价于 $\rho_1\leqslant ccr\leqslant\rho_0$。因此，取得该最优解所需满足的条件为 $\left(\frac{H}{H_0}\leqslant\frac{\alpha_0}{\alpha_1}\ \&\ \rho_1\leqslant ccr\leqslant\rho_0\right)\cup\left(\frac{\alpha_0}{\alpha_1}\leqslant\frac{H}{H_0}\leqslant 1\ \&\ \rho_1\leqslant ccr\leqslant w+k+\frac{H\alpha_0^2}{3\alpha_1^2}\right)$。

（ii－13）$p_n^{SRB*}=p_{n1}^{SRB}$，此时需要同时满足条件 $p_{nB}^{SRB*}\geqslant p_{n1}^{SRB}$ 和 $w+k\leqslant ccr\leqslant w+k+\frac{H\alpha_0^2}{3\alpha_1^2}$。注意到 $p_{nB}^{SRB*}\geqslant p_{n1}^{SRB}$ 等价于 $ccr\leqslant\rho_1$。因此，取得该最优解所需满足的条件为 $\left(\frac{H}{H_0}\leqslant 1\ \&\ w+k\leqslant ccr\leqslant\rho_1\right)\cup\left(\frac{H}{H_0}\geqslant 1\ \&\ w+k\leqslant ccr\leqslant w+k+\frac{H\alpha_0^2}{3\alpha_1^2}\right)$。

对于约束式（5.53），解的情况如下：

（ii－21）$p_n^{SRB*}=p_{n0}^{SRB}$，此时需要同时满足条件 $p_{nB}^{SRB*}\leqslant p_{n0}^{SRB}$ 和 $w+k+\frac{H\alpha_0^2}{3\alpha_1^2}\leqslant ccr\leqslant w+k+\frac{H}{3}$。注意到 $p_{nB}^{SRB*}\leqslant p_{n0}^{SRB}$ 等价于 $ccr\geqslant\rho_0$。因此，取得该最优解所需满足的条件为 $\left(\frac{H}{H_0}\leqslant\frac{\alpha_0}{\alpha_1}\ \&\ w+k+\frac{H\alpha_0^2}{3\alpha_1^2}\leqslant ccr\leqslant w+k+\frac{H}{3}\right)\cup\left(\frac{\alpha_0}{\alpha_1}\leqslant\frac{H}{H_0}\leqslant 1\ \&\ \rho_0\leqslant ccr\leqslant w+k+\frac{H}{3}\right)$。

（ii－22）$p_n^{SRB*}=p_{nB}^{SRB*}$，此时需要同时满足条件 $p_{n0}^{SRB}\leqslant p_{nB}^{SRB*}\leqslant p_{H0}$ 和 $w+k+\frac{H\alpha_0^2}{3\alpha_1^2}\leqslant ccr\leqslant w+k+\frac{H}{3}$。注意到 $p_{n0}^{SRB}\leqslant p_{nB}^{SRB*}\leqslant p_{H0}$ 等价于 $\frac{H}{H_0}\leqslant 1\ \&\ ccr\leqslant\rho_0$。因此，取得该最优解所需满足的条件为 $\left(\frac{\alpha_0}{\alpha_1}\leqslant\frac{H}{H_0}\leqslant 1\ \&\ w+k+\frac{H\alpha_0^2}{3\alpha_1^2}\leqslant ccr\leqslant\rho_0\right)$。

（ii－23）$p_n^{SRB*}=p_{H0}$，此时需要同时满足条件$p_{nB}^{SRB*}\geqslant p_{H0}$和$w+k+\frac{H\alpha_0^2}{3\alpha_1^2}\leqslant ccr\leqslant w+k+\frac{H}{3}$。注意到$p_{nB}^{SRB*}\geqslant p_{H0}$等价于$H\geqslant H_0$。因此，取得该最优解所需满足的条件为$\left(\frac{H}{H_0}\geqslant 1\ \&\ w+k+\frac{H\alpha_0^2}{3\alpha_1^2}\leqslant ccr\leqslant w+k+\frac{H}{3}\right)$。

（iii）$\alpha_{SRB}\geqslant\alpha_1$，$\alpha^{SRB*}=\alpha_1$。

$$E[\pi(p_n)]=\left(p_n-c_n-\frac{1}{2}G\alpha_1\right)(1-p_n)+\frac{H^2}{4}-\frac{H^3}{24(1-p_n)\alpha_1}$$

$$s.t.\begin{cases}p_{n1}^{SRB}\leqslant p_n\leqslant p_{H0}\\ w+k\leqslant ccr\leqslant w+k+\frac{H\alpha_0^2}{3\alpha_1^2}\end{cases}\tag{5.54}$$

（iii－1）$p_n^{SRB*}=p_{n1}^{SRB}$，此时需要同时满足条件$p_{n1}^{SRB*}\leqslant p_{n1}^{SRB}$和$w+k\leqslant ccr\leqslant w+k+\frac{H\alpha_0^2}{3\alpha_1^2}$。注意到$p_{n1}^{SRB*}\leqslant p_{n1}^{SRB}$等价于$ccr\geqslant\rho_1$。因此，取得该最优解所需满足的条件为$\left(\frac{H}{H_0}\leqslant 1\ \&\ \rho_1\leqslant ccr\leqslant w+k+\frac{H\alpha_0^2}{3\alpha_1^2}\right)$。

（iii－2）$p_n^{SRB*}=p_{n1}^{SRB*}$，此时需要同时满足条件$p_{n1}^{SRB}\leqslant p_{n1}^{SRB*}\leqslant p_{H0}$和$w+k\leqslant ccr\leqslant w+k+\frac{H\alpha_0^2}{3\alpha_1^2}$。注意到$p_{n1}^{SRB}\leqslant p_{n1}^{SRB*}\leqslant p_{H0}$等价于$ccr\leqslant\rho_1\ \&\ ccr\leqslant\bar{w}-G_{10}$。因此，取得该最优解所需满足的条件为$(H\leqslant H_0\ \&\ w+k\leqslant ccr\leqslant\rho_1)\cup(H_0\leqslant H\leqslant\gamma_0H_0\ \&\ w+k\leqslant ccr\leqslant\bar{w}-G_{10})$。

（iii－3）$p_n^{SRB*}=p_{H0}$，此时需要同时满足条件$p_{n1}^{SRB*}\geqslant p_{H0}$和$w+k\leqslant ccr\leqslant w+k+\frac{H\alpha_0^2}{3\alpha_1^2}$。注意到$p_{n1}^{SRB*}\geqslant p_{H0}$等价于$ccr\geqslant w+k+\frac{H\alpha_0^2}{3\alpha_1^2}-\frac{2(H-H_0)}{\alpha_0\alpha_1}$。因此，取得该最优解所需满足的条件为$\left(H_0\leqslant H\leqslant\gamma_0H_0\ \&\ \bar{w}-G_{10}\leqslant ccr\leqslant w+k+\frac{H\alpha_0^2}{3\alpha_1^2}\right)\cup\left(H\geqslant\gamma_0H_0\ \&\ w+k\leqslant ccr\leqslant w+k+\frac{H\alpha_0^2}{3\alpha_1^2}\right)$。

为方便阅读，模型SRB满足$t\leqslant\alpha_0\leqslant\alpha\leqslant\alpha_1\ \&\ G\geqslant 0$时的所有可能解见

附录 C。接下来分析模型 SRB 满足 $\alpha_0 \leqslant t \leqslant \alpha \leqslant \alpha_1$ & $G \geqslant 0$ 时的所有可能解。制造商的问题如下：

$$SRB-2: E[\pi(\alpha)] = \left(p_n - c_n - \frac{1}{2}G\alpha\right)D_n + \frac{H^2}{4} - \frac{H^3}{24D_n\alpha}$$

$$s.t.\ \alpha_0 \leqslant t \leqslant \alpha \leqslant \alpha_1$$

求解制造商的期望利润函数关于 α 的导数，可以得到 $\frac{\partial E[\pi(\alpha)]}{\partial \alpha} = -\frac{1}{2}GD_n + \frac{H^3}{24D_n\alpha^2}$。

（1）当 $G \leqslant 0$ 时，$\frac{\partial E[\pi(\alpha)]}{\partial \alpha} \geqslant 0$。即制造商的期望利润函数是关于 α 的增函数，那么 $\alpha^{SNB*} = \alpha_1$。此时制造商的最优决策和模型 SNB 一致。具体求解过程详见 5.4.2 小节。

（2）当 $G \geqslant 0$ 时，求解制造商的期望利润函数对回收率的一阶导数并令其等于 0，可以得到 $\alpha_{SRB} = \frac{\sqrt{3}H}{6D_n}\sqrt{\frac{H}{G}}$。此时最优回收率存在三种情况。

（i）$\alpha_{SRB} \leqslant t$，$\alpha^{SRB*} = t$。

$$E[\pi(p_n)] = -p_n^2 + (1+c_n)p_n + \frac{H^2}{6} - c_n - \frac{GH}{4} \tag{5.55}$$

$$s.t.\begin{cases} p_{H0} \leqslant p_n \leqslant p_{H1} \\ ccr \geqslant w + k + \dfrac{H}{3} \end{cases} \tag{5.56}$$

求解式（5.55）对 p_n 的导数并令其为 0，可以得到 $p_{nt}^{SRB*} = \frac{1+c_n}{2}$。解的情况如下：

（i-1）$p_n^{SRB*} = p_{H0}$。此时需要同时满足条件 $p_{nt}^{SRB*} \leqslant p_{H0}$ 和 $ccr \geqslant w + k + \frac{H}{3}$。注意到 $p_{nt}^{SRB*} \leqslant p_{H0}$ 等价于 $H \leqslant H_0$。因此，取得该最优解所需满足的条件为 $\left(H \leqslant H_0\ \&\ ccr \geqslant w + k + \frac{H}{3}\right)$。

（i-2）$p_n^{SRB*} = p_{nt}^{SRB*}$。此时需要同时满足条件 $p_{H0} \leqslant p_{nt}^{SRB*} \leqslant p_{H1}$ 和 $ccr \geqslant$

$w+k+\frac{H}{3}$。注意到$p_{H0}\leqslant p_{nt}^{SRB*}\leqslant p_{H1}$等价于$H_0\leqslant H\leqslant H_1$。因此，取得该最优解所需满足的条件为$\left(H_0\leqslant H\leqslant H_1\ \&\ ccr\geqslant w+k+\frac{H}{3}\right)$。

（i－3）$p_n^{SRB*}=p_{H1}$。此时需要同时满足条件$p_{nt}^{SRB*}\geqslant p_{H1}$和$ccr\geqslant w+k+\frac{H}{3}$。注意到$p_{nt}^{SRB*}\geqslant p_{H1}$等价于$H\geqslant H_1$。因此，取得该最优解所需满足的条件为$\left(H\geqslant H_1\ \&\ ccr\geqslant w+k+\frac{H}{3}\right)$。

（ii）$t\leqslant\alpha_{SRB}\leqslant\alpha_1$，$\alpha^{SRB*}=\alpha_{SRB}$。

$$E[\pi(p_n)]=-p_n^2+(1+c_n)p_n+\frac{H^2}{4}-c_n-\frac{\sqrt{3}H}{6}\sqrt{GH} \tag{5.57}$$

$$s.t.\begin{cases}p_{H0}\leqslant p_n\leqslant p_{n1}^{SRB}\\ w+k+\frac{H\alpha_0^2}{3\alpha_1^2}\leqslant ccr\leqslant w+k+\frac{H}{3}\end{cases} \tag{5.58}$$

求解式（5.57）对p_n的导数并令其为0，可以得到$p_{nB}^{SRB*}=\frac{1+c_n}{2}$。解的情况如下：

（ii－1）$p_n^{SRB*}=p_{H0}$。此时需要同时满足条件$p_{nB}^{SRB*}\leqslant p_{H0}$和$w+k+\frac{H\alpha_0^2}{3\alpha_1^2}\leqslant ccr\leqslant w+k+\frac{H}{3}$。注意到$p_{nB}^{SRB*}\leqslant p_{H0}$等价于$H\leqslant H_0$。因此，取得该最优解所需满足的条件为$\left(H\leqslant H_0\ \&\ w+k+\frac{H\alpha_0^2}{3\alpha_1^2}\leqslant ccr\leqslant w+k+\frac{H}{3}\right)$。

（ii－2）$p_n^{SRB*}=p_{nB}^{SRB*}$。此时需要同时满足条件$p_{H0}\leqslant p_{nB}^{SRB*}\leqslant p_{n1}^{SRB}$和$w+k+\frac{H\alpha_0^2}{3\alpha_1^2}\leqslant ccr\leqslant w+k+\frac{H}{3}$。注意到$p_{H0}\leqslant p_{nB}^{SRB*}\leqslant p_{n1}^{SRB}$等价于$H\leqslant H_0\ \&\ ccr\leqslant\rho_1$。因此，取得该最优解所需满足的条件为$\left(H_0\leqslant H\leqslant H_1\ \&\ \rho_1\leqslant ccr\leqslant w+k+\frac{H}{3}\right)$。

（ii－3）$p_n^{SRB*}=p_{n1}^{SRB}$。此时需要同时满足条件$p_{nB}^{SRB*}\leqslant p_{n1}^{SRB}$和$w+k+\frac{H\alpha_0^2}{3\alpha_1^2}$

$\leqslant ccr \leqslant w+k+\frac{H}{3}$。注意到$p_{nB}^{SRB*} \leqslant p_{n1}^{SRB}$等价于 $ccr \leqslant \rho_1$。因此，取得该最优解所需满足的条件为$\left(H_0 \leqslant H \leqslant H_1 \ \& \ w+k+\frac{H\alpha_0^2}{3\alpha_1^2} \leqslant ccr \leqslant \rho_1\right) \cup \left(H \leqslant H_1 \ \& \ w+k+\frac{H\alpha_0^2}{3\alpha_1^2} \leqslant ccr \leqslant w+k+\frac{H}{3}\right)$。

（iii）$\alpha_{SRB} \leqslant \alpha_1$，$\alpha^{SRB*}=\alpha_1$。

$$E[\pi(p_n)]=\left(p_n-c_n-\frac{1}{2}G\alpha_1\right)(1-p_n)+\frac{H^2}{4}-\frac{H^3}{24(1-p_n)\alpha_1}$$

$$s.t.\begin{cases}p_{H0} \leqslant p_n \leqslant p_{H1} \\ w+k \leqslant ccr \leqslant w+k+\frac{H\alpha_0^2}{3\alpha_1^2}\end{cases} \tag{5.59}$$

$$or\ s.t.\begin{cases}p_{n1}^{SRB} \leqslant p_n \leqslant p_{H1} \\ w+k+\frac{H\alpha_0^2}{3\alpha_1^2} \leqslant ccr \leqslant w+k+\frac{H}{3}\end{cases} \tag{5.60}$$

先分析约束式（5.59），解的情况如下：

（iii－11）$p_n^{SRB*}=p_{H0}$，此时需要同时满足条件$p_{n1}^{SRB*} \leqslant p_{H0}$和 $w+k \leqslant ccr \leqslant w+k+\frac{H\alpha_0^2}{3\alpha_1^2}$。注意到$p_{n1}^{SRB*} \leqslant p_{H0}$等价于 $ccr \leqslant \bar{w}-G_{10}$。因此，取得该最优解所需满足的条件为$\left(\frac{H}{H_0} \leqslant 1 \ \& \ w+k \leqslant ccr \leqslant w+k+\frac{H\alpha_0^2}{3\alpha_1^2}\right) \cup \left(1 \leqslant \frac{H}{H_0} \leqslant \gamma_0 \& \ w+k \leqslant ccr \leqslant \bar{w}-G_{10}\right)$。

（iii－12）$p_n^{SRB*}=p_{n1}^{SRB*}$，此时需要同时满足条件$p_{H0} \leqslant p_{n1}^{SRB*} \leqslant p_{H1}$和 $w+k \leqslant ccr \leqslant w+k+\frac{H\alpha_0^2}{3\alpha_1^2}$。注意到$p_{H0} \leqslant p_{n1}^{SRB*} \leqslant p_{H1}$等价于 $ccr \geqslant \bar{w}-G_{10} \& \ ccr \leqslant \bar{w}-G_{11}$。因此，取得该最优解所需满足的条件为$\left(1 \leqslant \frac{H}{H_0} \leqslant \gamma_0 \& \ \bar{w}-G_{10} \leqslant ccr \leqslant w+k+\frac{H\alpha_0^2}{3\alpha_1^2}\right) \cup \left(H_0\gamma_0 \leqslant H \leqslant \gamma H_1 \ \& \ w+k \leqslant ccr \leqslant w+k+\frac{H\alpha_0^2}{3\alpha_1^2}\right) \cup (\gamma H_1 \leqslant H \leqslant \gamma_1 H_1 \ \& \ w+k \leqslant ccr \leqslant \bar{w}-G_{11})$。

（iii－13）$p_n^{SRB*}=p_{H1}$，此时需要同时满足条件$p_{n1}^{SRB*}\geq p_{H1}$和 $w+k\leq ccr\leq w+k+\frac{H\alpha_0^2}{3\alpha_1^2}$。注意到$p_{n1}^{SRB*}\geq p_{H1}$等价于 $ccr\geq\bar{w}-G_{11}$。因此，取得该最优解所需满足的条件为$\left(\gamma H_1\leq H\leq\gamma_1 H_1\ \&\ \bar{w}-G_{11}\leq ccr\leq w+k+\frac{H\alpha_0^2}{3\alpha_1^2}\right)\cup\left(H\geq\gamma_1 H_1\ \&\ w+k\leq ccr\leq w+k+\frac{H\alpha_0^2}{3\alpha_1^2}\right)$。

对于约束式（5.60），解的情况如下：

（iii－21）$p_n^{SRB*}=p_{n1}^{SRB}$，此时需要同时满足条件$p_{n1}^{SRB*}\leq p_{n1}^{SRB}$和 $w+k+\frac{H\alpha_0^2}{3\alpha_1^2}\leq ccr\leq w+k+\frac{H}{3}$。注意到$p_{n1}^{SRB*}\leq p_{n1}^{SRB}$等价于 $ccr\geq w+k+\frac{H^3}{3H_1^2}$。因此，取得该最优解所需满足的条件为$\left(\frac{H}{H_0}\leq 1\ \&\ w+k+\frac{H\alpha_0^2}{3\alpha_1^2}\leq ccr\leq w+k+\frac{H}{3}\right)\cup\left(H_0\leq H\leq H_1\ \&\ \rho_1\leq ccr\leq w+k+\frac{H}{3}\right)$。

（iii－22）$p_n^{SRB*}=p_{n1}^{SRB*}$，此时需要同时满足条件$p_{n1}^{SRB}\leq p_{n1}^{SRB*}\leq p_{H1}$和 $w+k+\frac{H\alpha_0^2}{3\alpha_1^2}\leq ccr\leq w+k+\frac{H}{3}$。注意到$p_{n1}^{SRB}\leq p_{n1}^{SRB*}\leq p_{H1}$等价于 $ccr\leq\rho_1\ \&\ ccr\leq\bar{w}-G_{11}$。因此，取得该最优解所需满足的条件为$\left(H_0\leq H\leq H_1\ \&\ w+k+\frac{H\alpha_0^2}{3\alpha_1^2}\leq ccr\leq\rho_1\right)\cup\left(H_1\leq H\leq\gamma H_1\ \&\ w+k+\frac{H\alpha_0^2}{3\alpha_1^2}\leq cr\leq\bar{w}-G_{11}\right)$。

（iii－23）$p_n^{SRB*}=p_{H1}$，此时需要同时满足条件$p_{n1}^{SRB*}\geq p_{H1}$和 $w+k+\frac{H\alpha_0^2}{3\alpha_1^2}\leq ccr\leq w+k+\frac{H}{3}$。注意到$p_{n1}^{SRB*}\geq p_{H1}$等价于 $ccr\geq\bar{w}-G_{11}$。因此，取得该最优解所需满足的条件为$\left(H_1\leq H\leq\gamma H_1\ \&\ \bar{w}-G_{11}\leq ccr\leq w+k+\frac{H}{3}\right)\cup\left(H\geq\gamma H_1\ \&\ w+k+\frac{H\alpha_0^2}{3\alpha_1^2}\leq cr\leq w+k+\frac{H}{3}\right)$。

为方便阅读，模型 SRB 满足 $\alpha_0\leq t\leq\alpha\leq\alpha_1\ \&\ G\geq 0$ 时的所有可能解

见附录 C。为了清晰地描述各个区间的最优解，以及方便后面进行比较，图 5.7 来描述模型 *SRB* 所有可能的解（注意，还应考虑 $G\leqslant 0$ 的情形）。

注意到在图 5.7 中有 40 个区间，在此仅给出第一列 7 个区间中的所有可能解，以作示例。

在区间 a 中，有两组解，(t,p_{H0})，(α_0,p_{H0})。

在区间 b 中，有两组解，(α_0,p_{n0}^{SRB*})，(t,p_{H0})。

在区间 c 中，有四组解，(α_0,p_{n0}^{SRB*})，$(\alpha_{SRB},p_{n0}^{SRB})$，$(\alpha_1,p_{n1}^{SRB})$，$(\alpha_{SRB},p_{H0})$。

在区间 d 中，有四组解，(α_0,p_{n0}^{SRB*})，$(\alpha_{SRB},p_{n0}^{SRB})$，$(\alpha_1,p_{n1}^{SRB})$，$(\alpha_1,p_{H0})$。

在区间 e 中，有四组解，(α_0,p_{n0}^{SRB})，(α_1,p_{n1}^{SRB})，$(\alpha_{SRB},p_{nB}^{SRB*})$，$(\alpha_1,p_{H0})$。

在区间 f 中，有四组解，(α_0,p_{n0}^{SRB})，(α_1,p_{n1}^{SRB*})，$(\alpha_{SRB},p_{n1}^{SRB})$，$(\alpha_1,p_{H0})$。

在区间 g 中，只有唯一解，(α_1,p_{n1}^{SRB*})。

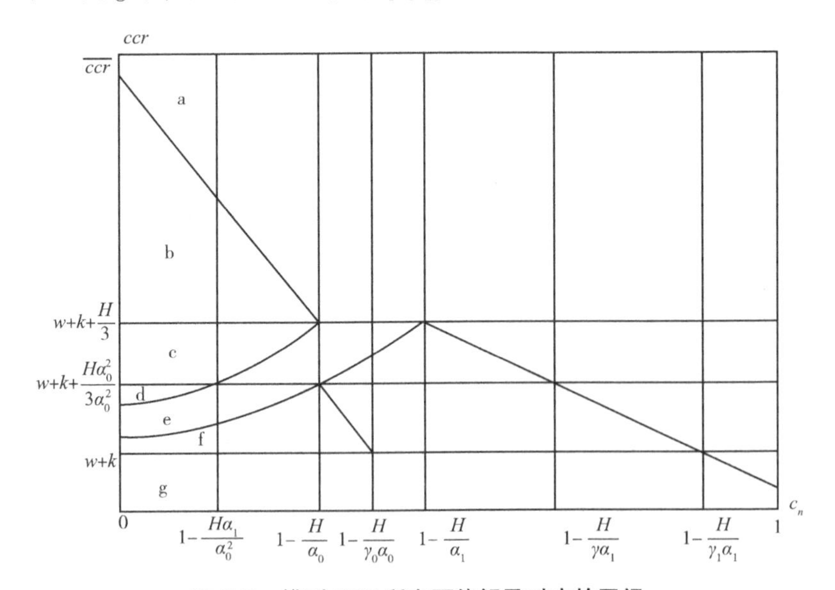

图 5.7　模型 *SRB* 所有可能解及对应的区间

以上为模型 *SRB* 各个区间对应的所有可能解。接下来对两种模型（*SRA* 和 *SRB*）共同区间的所有可能解进行比较，从而找出各个区间中唯一最优解。图 5.8 描述了两种模型的共同区间，即模型 *SR* 的最优区间。

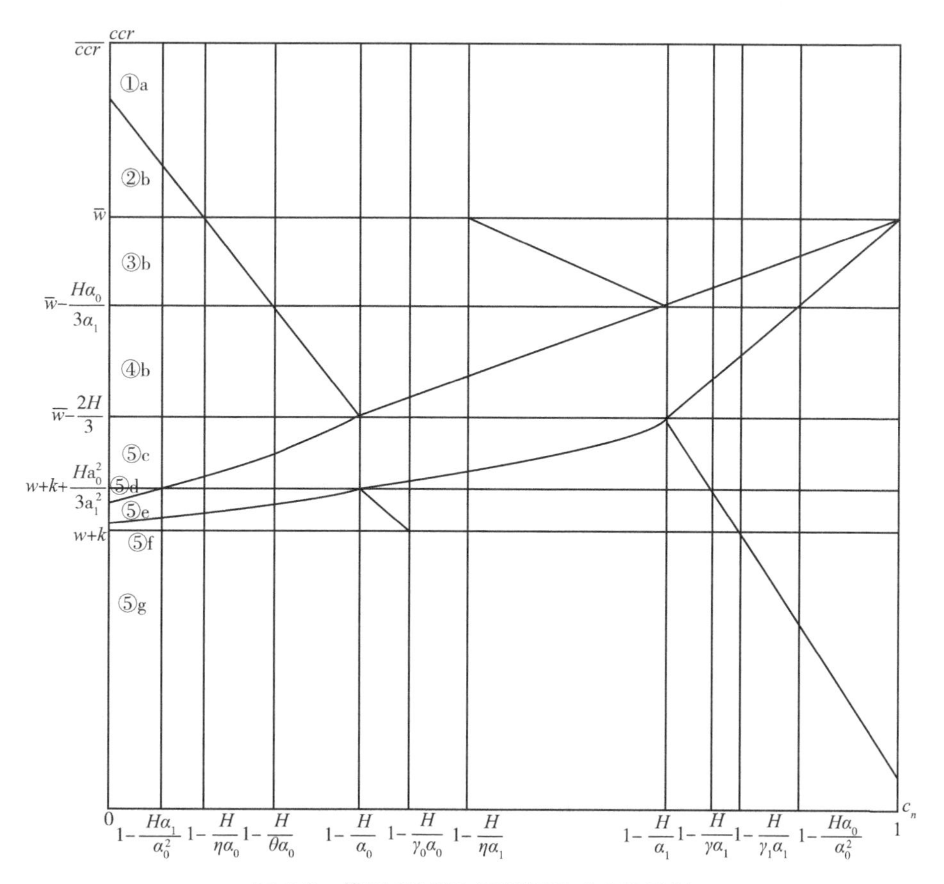

图 5.8　模型 *SR* 所有可能解及对应的区间

公共区间①a

在该区间中，$G_0 \leqslant G_{00}$。所有可能最优解分别是（α_0, p_{n0}^{SRA*}）、（t, p_{H0}）、（α_0, p_{H0}）。其中（α_0, p_{n0}^{SRA*}）隶属于 $m \geqslant 1$。（α_0, p_{H0}）、（t, p_{H0}）分别隶属于 $m \leqslant 1$ & $t \leqslant \alpha_0 \leqslant \alpha \leqslant \alpha_1$ 和 $m \leqslant 1$ & $\alpha_0 \leqslant t \leqslant \alpha \leqslant \alpha_1$。对于解（$t, p_{H0}$），最优回收率 $\alpha^{SRB*} = t$，则 $m = \frac{H}{2D_n\alpha^{SRB*}} = 1$，即为 $m \geqslant 1$ 的特殊情况。类似地，

对于解 (α_0, p_{H0})，$m=\dfrac{H}{2D_n\alpha^{SRB*}}=\dfrac{H}{2(1-p_{H0})\alpha_0}=1$，同样为 $m\geqslant 1$ 的特殊情况。因此在公共区间①a 中，唯一的最优解为 $(\alpha_0, p_{n0}^{SRA*})$。

公共区间②b

在该区间中，$G_{00}\leqslant G_0\leqslant 0$。所有可能最优解分别是 (α_0, p_{H0})、$(\alpha_0, p_{n0}^{SRB*})$、$(t, p_{H0})$。其中 (α_0, p_{H0}) 隶属于 $m\geqslant 1$。$(\alpha_0, p_{n0}^{SRB*})$、$(t, p_{H0})$ 分别隶属于 $m\leqslant 1$ & $t\leqslant\alpha_0\leqslant\alpha\leqslant\alpha_1$ 和 $m\leqslant 1$ & $\alpha_0\leqslant t\leqslant\alpha\leqslant\alpha_1$。类似于公共区间①a，唯一的最优解为 $(\alpha_0, p_{n0}^{SRB*})$。

公共区间③b

在该区间中，$0\leqslant G_0\leqslant\dfrac{2H\alpha_0}{3\alpha_1}$。所有可能最优解分别是 (α_0, p_{H1})、$(\alpha_{SRA}, p_{n0}^{SRA})$、$(\alpha_1, p_{n1}^{SRA})$、$(\alpha_0, p_{H0})$、$(\alpha_0, p_{n0}^{SRB*})$、$(t, p_{H0})$。其中 (α_0, p_{H1})、$(\alpha_{SRA}, p_{n0}^{SRA})$、$(\alpha_1, p_{n1}^{SRA})$ 隶属于 $M\geqslant 1$ & $\alpha_0\leqslant\alpha\leqslant\alpha_1\leqslant t$。$(\alpha_0, p_{H0})$ 隶属于 $M\geqslant 1$ & $\alpha_0\leqslant\alpha\leqslant t\leqslant\alpha_1$。$(\alpha_0, p_{n0}^{SRB*})$ 和 (t, p_{H0}) 分别隶属于 $m\leqslant 1$ & $t\leqslant\alpha_0\leqslant\alpha\leqslant\alpha_1$ 和 $m\leqslant 1$ & $\alpha_0\leqslant t\leqslant\alpha\leqslant\alpha_1$。

$E[\pi(\alpha_0, p_{H1})]-E[\pi(\alpha_{SRA}, p_{n0}^{SRA})]=\dfrac{1}{48\alpha_0^2\alpha_1^2}[(27\alpha_1^2-9\alpha_0^2\alpha_1^2)G_0^2-(36\alpha_0\alpha_1H_1-12H\alpha_0^3\alpha_1)G_0-4H^2\alpha_0^4+24H\alpha_0\alpha_1H_0-12H^2\alpha_0^2$。

注意到方程是关于G_0的二次函数且开口向上。方程有两个实根，分别为$\dfrac{2H\alpha_0}{3\alpha_1}$和$\dfrac{2\alpha_0(H\alpha_0^2-6H_1+3H)}{3(\alpha_0^2-3)\alpha_1}$，且$\dfrac{2H\alpha_0}{3\alpha_1}\leqslant\dfrac{2\alpha_0(H\alpha_0^2-6H_1+3H)}{3(\alpha_0^2-3)\alpha_1}$。

因为$\dfrac{2H\alpha_0}{3\alpha_1}\leqslant\dfrac{2\alpha_0(H\alpha_0^2-6H_1+3H)}{3(\alpha_0^2-3)\alpha_1}$等价于 $H\leqslant H_1$。注意到在图 5.8 第 1 列中满足条件 $H\leqslant\dfrac{\alpha_0}{\alpha_1}H_0\leqslant H_1$，否则产生矛盾。综上所述，$E[\pi(\alpha_0, p_{H1})]\geqslant E[\pi(\alpha_{SRA}, p_{n0}^{SRA})]$。

$E[\pi(\alpha_{SRA}, p_{n0}^{SRA})]-E[\pi(\alpha_1, p_{n1}^{SRA})]=\dfrac{3}{16\alpha_0^2\alpha_1^2}[(3\alpha_0^2-3\alpha_1^2)G_0^2+4\alpha_0\alpha_1(1-c_n)(\alpha_1-\alpha_0)G_0]$。

方程有两个实根，分别为0和$\frac{4\alpha_0\alpha_1(1-c_n)}{3(\alpha_0+\alpha_1)}$。且$\frac{4\alpha_0\alpha_1(1-c_n)}{3(\alpha_0+\alpha_1)}\geqslant\frac{2H\alpha_0}{3\alpha_1}$（如果$\frac{4\alpha_0\alpha_1(1-c_n)}{3(\alpha_0+\alpha_1)}\leqslant\frac{2H\alpha_0}{3\alpha_1}$，那么$\frac{H}{H_1}\geqslant\frac{2\alpha_1}{\alpha_0+\alpha_1}\geqslant 1$，与$H\leqslant\frac{\alpha_0}{\alpha_1}H_0\leqslant H_1$相矛盾）。因此，$E[\pi(\alpha_{SRA},p_{n0}^{SRA})]\geqslant E[\pi(\alpha_1,p_{n1}^{SRA})]$。

对于解（α_0,p_{H1}），$t=\frac{H}{2D_n}=\frac{H}{2(1-p_{H1})}=\alpha_1$，为$M\geqslant 1$ & $\alpha_0\leqslant\alpha\leqslant t\leqslant\alpha_1$的特殊情况。同理，（$\alpha_0,p_{H0}$）和（$t,p_{H0}$）均被其他解占优。综上所述，在该区间中，唯一的最优解是（α_0,p_{n0}^{SRB*}）。

公共区间④b

在该区间中，$\frac{2H\alpha_0}{3\alpha_1}\leqslant G_0\leqslant\frac{2H}{3}$。所有可能最优解分别是（$\alpha_{SRA},p_{H1}$）、（$\alpha_1,p_{n1}^{SRA}$）、（$\alpha_0,p_{H0}$）、（$\alpha_{SRA},p_{n0}^{SRA}$）、（$\alpha_0,p_{n0}^{SRB*}$）、（$t,p_{H0}$）。其中（$\alpha_{SRA}$，$p_{H1}$）、（$\alpha_1,p_{n1}^{SRA}$）隶属于$M\geqslant 1$ & $\alpha_0\leqslant\alpha\leqslant\alpha_1\leqslant t$。（$\alpha_0,p_{H0}$）和（$\alpha_{SRA},p_{n0}^{SRA}$）隶属于$M\geqslant 1$ & $\alpha_0\leqslant\alpha\leqslant t\leqslant\alpha_1$。（$\alpha_0,p_{n0}^{SRB*}$）和（$t,p_{H0}$）分别隶属于$m\leqslant 1$ & $t\leqslant\alpha_0\leqslant\alpha\leqslant\alpha_1$和$m\leqslant 1$ & $\alpha_0\leqslant t\leqslant\alpha\leqslant\alpha_1$。

$$E[\pi(\alpha_{SRA},p_{n0}^{SRA})]-E[\pi(\alpha_1,p_{n1}^{SRA})]=\frac{3}{16\alpha_0^2\alpha_1^2}[(3\alpha_0^2-3\alpha_1^2)G_0^2+4\alpha_0\alpha_1(H_1-H_0)G_0]\geqslant 0。$$

详细过程可参考③b。

$$E[\pi(\alpha_{SRA},p_{n0}^{SRA})]-E[\pi(\alpha_{SRA},p_{H1})]=\frac{1}{16\alpha_0^2\alpha_1^2}[-9\alpha_1^2G_0^2+12\alpha_0\alpha_1^2(1-c_n)G_0-8H\alpha_0^2\alpha_1(1-c_n)+4H^2\alpha_0^2]。$$

方程有两个实根，分别为$\frac{2H\alpha_0}{3\alpha_1}$和$\frac{2\alpha_0(2\alpha_1(1-c_n)-H)}{3\alpha_1}$，且$\frac{2H\alpha_0}{3\alpha_1}\leqslant\frac{2\alpha_0(2\alpha_1(1-c_n)-H)}{3\alpha_1}$。同理可知$E[\pi(\alpha_{SRA},p_{n0}^{SRA})]\geqslant E[\pi(\alpha_A,p_{H1})]$。

$$E[\pi(\alpha_0,p_{H0})]-E[\pi(\alpha_{SRA},p_{n0}^{SRA})]=\frac{1}{48\alpha_0^2}[(27-9\alpha_0^2)G_0^2+(12H\alpha_0^2-36\alpha_0(1-c_n))G_0-4H^2\alpha_0^2+24H\alpha_0(1-c_n)-12H^2)]。$$

方程有两个实根，分别为$\frac{2H}{3}$和$\frac{2(H\alpha_0^2-6\alpha_0(1-c_n)+3H)}{3(\alpha_0^2-3)}$，且$\frac{2H}{3}\leqslant$ $\frac{2(H\alpha_0^2-6\alpha_0(1-c_n)+3H)}{3(\alpha_0^2-3)}$。易证$E[\pi(\alpha_0,p_{H0})]\geqslant E[\pi(\alpha_{SRA},p_{n0}^{SRA})]$。

又(α_0,p_{H0})和(t,p_{H0})被其他解占优。综上所述，在该区间中，唯一的最优解为(α_0,p_{n0}^{SRB*})。

公共区间⑤c

在该区间中，$\frac{H\alpha_0^2}{3\alpha_1^2}\leqslant G\leqslant\frac{H}{3}$。所有可能最优解分别是$(t,p_{H0})$、$(\alpha_1,p_{H1})$、$(\alpha_0,p_{n0}^{SRB*})$、$(\alpha_{SRB},p_{n0}^{SRB})$、$(\alpha_1,p_{n1}^{SRB})$、$(\alpha_{SRB},p_{H0})$。其中$(t,p_{H0})$、$(\alpha_1,p_{H1})$分别隶属于$M\geqslant1$ & $\alpha_0\leqslant\alpha\leqslant\alpha_1\leqslant t$和$M\geqslant1$ & $\alpha_0\leqslant\alpha\leqslant t\leqslant\alpha_1$。$(\alpha_0,p_{n0}^{SRB*})$、$(\alpha_{SRB},p_{n0}^{SRB})$隶属于$m\leqslant1$ & $t\leqslant\alpha_0\leqslant\alpha\leqslant\alpha_1$。$(\alpha_1,p_{n1}^{SRB})$、$(\alpha_{SRB},p_{H0})$隶属于$m\leqslant1$ & $\alpha_0\leqslant t\leqslant\alpha\leqslant\alpha_1$。

$$E[\pi(\alpha_{SRB},p_{n0}^{SRB})]-E[\pi(\alpha_{SRB},p_{H0})]=\frac{H}{12\alpha_0^2}\left(-6\alpha_0(1-c_n)+2\sqrt{3H}\alpha_0(1-c_n)\frac{1}{\sqrt{G}}+3H-\frac{H^2}{G}\right)=\frac{H}{12\alpha_0^2}(-H^2\varphi^2+2\sqrt{3H}H_0\varphi-6H_0+3H);$$

$$s.t.\ \sqrt{\frac{3}{H}}\leqslant\varphi\leqslant\sqrt{\frac{3}{H}}\frac{\alpha_1}{\alpha_0}。$$

其中$\varphi=\frac{1}{\sqrt{G}}$。方程是关于$\varphi$的二次函数且开口向下。两个实根分别为$\sqrt{\frac{3}{H}}$和$\frac{\sqrt{3H}(2H_0-H)}{H^2}$，且$\sqrt{\frac{3}{H}}\leqslant\frac{\sqrt{3H}(2H_0-H)}{H^2}$。又$\sqrt{\frac{3}{H}}\frac{\alpha_1}{\alpha_0}\leqslant\frac{\sqrt{3H}(2H_0-H)}{H^2}$，因为$\sqrt{\frac{3}{H}}\frac{\alpha_1}{\alpha_0}\geqslant\frac{\sqrt{3H}(2H_0-H)}{H^2}$等价于$\frac{H}{H_0}\geqslant\frac{2\alpha_0}{\alpha_0+\alpha_1}\geqslant\frac{\alpha_0}{\alpha_1}$，与$\frac{H}{H_0}\leqslant\frac{\alpha_0}{\alpha_1}$相矛盾。故$E[\pi(\alpha_{SRB},p_{n0}^{SRB})]\geqslant E[\pi(\alpha_{SRB},p_{H0})]$。

$$E[\pi(\alpha_1,p_{n1}^{SRB})]-E[\pi(\alpha_{SRB},p_{H0})]=\frac{H}{12\alpha_0^2\alpha_1^2}[-H^2\alpha_0^2\varphi^2+2\sqrt{3H}\alpha_0^2\alpha_1(1-c_n)\varphi+3H\alpha_1^2-6\alpha_0\alpha_1^2(1-c_n)];$$

$$s.t.\ \sqrt{\frac{3}{H}}\leqslant\varphi\leqslant\sqrt{\frac{3}{H}\frac{\alpha_1}{\alpha_0}}。$$

同理可得，$E[\pi(\alpha_1,p_{n1}^{SRB})]\leqslant E[\pi(\alpha_{SRB},p_{H0})]$。由表C6可知，$(\alpha_{SRB},p_{n0}^{SRB})$ 被 (α_0,p_{n0}^{SRB*}) 占优。又 (t,p_{H0}) 和 (α_1,p_{H1}) 均被其他解占优。综上所述，在该区间中，唯一的最优解为 (α_0,p_{n0}^{SRB*})。

公共区间⑤d

在该区间中，$\frac{H^3}{3H_0^2}\leqslant G\leqslant\frac{H\alpha_0^2}{3\alpha_1^2}$。所有可能的解分别是 (α_1,p_{H1})、(t,p_{H0})、(α_0,p_{n0}^{SRB*})、$(\alpha_{SRB},p_{n0}^{SRB})$、$(\alpha_1,p_{n1}^{SRB})$、$(\alpha_1,p_{H0})$。其中 (α_1,p_{H1}) 和 (t,p_{H0}) 分别隶属于 $m\leqslant1\ \&\ \alpha_0\leqslant\alpha\leqslant\alpha_1\leqslant t$ 和 $m\leqslant1\ \&\ \alpha_0\leqslant\alpha\leqslant t\leqslant\alpha_1$。$(\alpha_0,p_{n0}^{SRB*})$、$(\alpha_{SRB},p_{n0}^{SRB})$、$(\alpha_1,p_{n1}^{SRB})$ 隶属于 $m\leqslant1\ \&\ t\leqslant\alpha_0\leqslant\alpha\leqslant\alpha_1$。$(\alpha_1,p_{H0})$ 隶属于 $m\leqslant1\ \&\ \alpha_0\leqslant t\leqslant\alpha\leqslant\alpha_1$。

$$E[\pi(\alpha_{SRB},p_{n0}^{SRB})]-E[\pi(\alpha_1,p_{n1}^{SRB})]=\frac{H}{12\alpha_0^2\alpha_1^2}[(H^2\alpha_0^2-H^2\alpha_1^2)\varphi^2+(2\sqrt{3H}\alpha_1^2\alpha_0(1-c_n)-2\sqrt{3H}\alpha_0^2\alpha_1(1-c_n))\varphi]$$

$$s.t.\ \sqrt{\frac{3}{H}\frac{\alpha_1}{\alpha_0}}\leqslant\varphi\leqslant\sqrt{\frac{3H_0^2}{H^3}}。$$

其中 $\varphi=\frac{1}{\sqrt{G}}$。方程有两个实根，分别为0和 $\frac{2\sqrt{3}\alpha_0\alpha_1(1-c_n)}{(\alpha_0+\alpha_1)\sqrt{H^3}}$，且 $\sqrt{\frac{3H_0^2}{H^3}}\leqslant\frac{2\sqrt{3}\alpha_0\alpha_1(1-c_n)}{(\alpha_0+\alpha_1)\sqrt{H^3}}$。易证 $E[\pi(\alpha_{SRB},p_{n0}^{SRB})]-E[\pi(\alpha_1,p_{n1}^{SRB})]\leqslant0$。类似于区间⑤c，$(\alpha_{SRB},p_{n0}^{SRB})$ 被 (α_0,p_{n0}^{SRB*}) 占优。又 (t,p_{H0})、(α_1,p_{H1}) 和 (α_1,p_{H0}) 均被其他解占优。综上所述，在该区间中，唯一的最优解为 (α_0,p_{n0}^{SRB*})。

公共区间⑤e

在该区间中，$\frac{H^3}{3H_1^2}\leqslant G\leqslant\frac{H^3}{3H_0^2}$。所有可能最优解分别是 (α_1,p_{H1})、(t,p_{H0})、(α_0,p_{n0}^{SRB})、(α_1,p_{n1}^{SRB})、$(\alpha_{SRB},p_{nB}^{SRB*})$、$(\alpha_1,p_{H0})$。其中 (α_1,p_{H1}) 和 (t,p_{H0}) 分别隶属于 $m\leqslant1\ \&\ \alpha_0\leqslant\alpha\leqslant\alpha_1\leqslant t$ 和 $m\leqslant1\ \&\ \alpha_0\leqslant\alpha\leqslant t\leqslant\alpha_1$。$(\alpha_0,p_{n0}^{SRB})$、

(α_1, p_{n1}^{SRB})、$(\alpha_{SRB}, p_{nB}^{SRB*})$ 隶属于 $m \leqslant 1$ & $t \leqslant \alpha_0 \leqslant \alpha \leqslant \alpha_1$。$(\alpha_1, p_{H0})$ 隶属于 $m \leqslant 1$ & $\alpha_0 \leqslant t \leqslant \alpha \leqslant \alpha_1$。

$$E[\pi(\alpha_{SRB}, p_{nB}^{SRB*})] - E[\pi(\alpha_0, p_{n0}^{SRB})] = \frac{H^3}{12\alpha_0^2}\left(\varphi - \frac{\sqrt{3H^3}H_0}{H^3}\right)^2 \leqslant 0。$$

$$E[\pi(\alpha_{SRB}, p_{nB}^{SRB*})] - E[\pi(\alpha_1, p_{n1}^{SRB})] = \frac{H^3}{12\alpha_1^2}\left(\varphi - \frac{\sqrt{3H^3}H_1}{H^3}\right)^2 \leqslant 0。$$

其中 $\varphi = \frac{1}{\sqrt{G}}$。又 (t, p_{H0})、(α_1, p_{H1}) 和 (α_1, p_{H0}) 均被其他解占优。综上所述，在该区间中，唯一的最优解为 $(\alpha_{SRB}, p_{nB}^{SRB*})$。

公共区间⑤f

在该区间中，$0 \leqslant G \leqslant \frac{H^3}{3H_1^2}$。所有可能最优解分别是 (α_1, p_{H1})、(t, p_{H0})、(α_0, p_{n0}^{SRB})、$(\alpha_1, p_{n1}^{SRB*})$、$(\alpha_{SRB}, p_{n1}^{SRB})$、$(\alpha_1, p_{H0})$。其中 (α_1, p_{H1}) 和 (t, p_{H0}) 分别隶属于 $M \geqslant 1$ & $\alpha_0 \leqslant \alpha \leqslant \alpha_1 \leqslant t$ 和 $M \geqslant 1$ & $\alpha_0 \leqslant \alpha \leqslant t \leqslant \alpha_1$。$(\alpha_0, p_{n0}^{SRB})$、$(\alpha_1, p_{n1}^{SRB*})$、$(\alpha_{SRB}, p_{n1}^{SRB})$ 隶属于 $m \leqslant 1$ & $t \leqslant \alpha_0 \leqslant \alpha \leqslant \alpha_1$。$(\alpha_1, p_{H0})$ 隶属于 $m \leqslant 1$ & $\alpha_0 \leqslant t \leqslant \alpha \leqslant \alpha_1$。

$$E[\pi(\alpha_{SRB}, p_{n1}^{SRB})] - E[\pi(\alpha_0, p_{n0}^{SRB})] = \frac{H}{12\alpha_0^2\alpha_1^2}(H\alpha_1^2 - H\alpha_0^2)\varphi^2 + 2\sqrt{3H}\alpha_0$$

$$\alpha_1(1 - c_n)(\alpha_0 - \alpha_1)\varphi;$$

$$s.t.\ \varphi \geqslant \sqrt{\frac{3H_1^2}{H^3}}。$$

方程有两个实根，分别为 0 和 $\frac{2\sqrt{3}\alpha_0\alpha_1(1 - c_n)}{(\alpha_1 + \alpha_0)\sqrt{H^3}}$。由于 $\sqrt{\frac{3H_1^2}{H^3}} \geqslant \frac{2\sqrt{3}\alpha_0\alpha_1(1 - c_n)}{(\alpha_1 + \alpha_0)\sqrt{H^3}}$，因此 $E[\pi(\alpha_{SRB}, p_{n1}^{SRB})] \geqslant E[\pi(\alpha_0, p_{n0}^{SRB})]$。由附录表 C6 可知，$(\alpha_{SRB}, p_{n1}^{SRB})$ 被 $(\alpha_1, p_{n1}^{SRB*})$ 占优。又 (t, p_{H0})、(α_1, p_{H1}) 和 (α_1, p_{H0}) 均被其他解占优。综上所述，在该区间中，唯一的最优解是 $(\alpha_1, p_{n1}^{SRB*})$。

公共在区间⑤g

在该区间中，$G \leqslant 0$。所有可能最优解分别是 (α_1, p_{H1})、(t, p_{H0})、$(\alpha_1,$

p_{n1}^{SRB*}）。其中（α_1, p_{H1}）、（t, p_{H0}）分别隶属于 $M \geqslant 1$ & $\alpha_0 \leqslant \alpha \leqslant \alpha_1 \leqslant t$ 和 $M \geqslant 1$ & $\alpha_0 \leqslant \alpha \leqslant t \leqslant \alpha_1$。（$\alpha_1, p_{n1}^{SRB*}$）隶属于 $m \leqslant 1$。同理，在该区间中，唯一的最优解是（α_1, p_{n1}^{SRB*}）。对于图 5.8 中的其他区间，可以用同样的方法证明。类似于无法律约束的情形，逆向运营成本存在上限约束，$ccr \leqslant \overline{ccr} = \bar{w} - \frac{2(c_n - 1)}{\alpha_1}$。此外，还需满足 $\bar{w} - G_{00} \leqslant \bar{w} - \frac{2(c_n - 1)}{\alpha_1}$，该约束等价于 $c_n \geqslant \frac{H\alpha_1(\alpha_0^2 + 3) + 3\alpha_0^2 - 3\alpha_0\alpha_1}{3\alpha_0^2 - 3\alpha_0\alpha_1}$。故 c_n 的下限为 $c_{nmin}^S = max\{0, \frac{H\alpha_1(\alpha_0^2 + 3) + 3\alpha_0^2 - 3\alpha_0\alpha_1}{3\alpha_0^2 - 3\alpha_0\alpha_1}\}$，且 $c_{nmax}^S = \frac{(u + 2k + 3w)\alpha_1^2 + 6(\alpha_1 + k - u)}{6\alpha_1} \leqslant 1$。

5.8　模型 *SR* 计算结果

通过对模型 *SRA* 与模型 *SRB* 的计算，可以得到模型 *SR* 制造商的最优决策，见定理 5.4。

定理 5.4：对模型 *SR*，新产品价格、回收率、再造品的产量以及价格如表 5.5 所示。

表 5.5　模型 *SR*：随机情形下存在法律约束时制造商的最优决策

区间	$E(p_r)$	$E(X)$	r^{SR*}	p_n^{SR*}
*SR*1	$u - \frac{3G_0\alpha_0^2 + 6\alpha_0(1 - c_n)}{8(\alpha_0^2 + 3)}$	$\frac{3G_0\alpha_0^2 + 6\alpha_0(1 - c_n)}{8(\alpha_0^2 + 3)}$	α_0	p_{n0}^{SRA*}
*SR*2	$\frac{H^2}{8(1 - p_{n0}^{SRB*})\alpha_0} + \frac{u + k}{2}$	$\frac{1}{2}(1 - p_{n0}^{SRB*})\alpha_0$	α_0	p_{n0}^{SRB*}
*SR*3	$u - \frac{3G_0}{8}$	$\frac{3G_0}{8}$	$\frac{3G_0}{2(1 - c_n)}$	$\frac{1 + c_n}{2}$
*SR*4	$\frac{\sqrt{3GH} + 2u + 2k}{4}$	$\frac{H}{4}\sqrt{\frac{H}{3G}}$	$\frac{H}{(1 - c_n)}\sqrt{\frac{H}{3G}}$	$\frac{1 + c_n}{2}$
*SR*5	$u - \frac{3G_0\alpha_1^2 + 6\alpha_1(1 - c_n)}{8(\alpha_1^2 + 3)}$	$\frac{3G_0\alpha_1^2 + 6\alpha_1(1 - c_n)}{8(\alpha_1^2 + 3)}$	α_1	p_{n1}^{SRA*}

续表

区间	$E(p_r)$	$E(X)$	r^{SR*}	p_n^{SR*}
$SR6$	$\frac{H^2}{8(1-p_{n1}^{SRB*})\alpha_1}+\frac{u+k}{2}$	$\frac{1}{2}(1-p_{n1}^{SRB*})\alpha_1$	α_1	p_{n1}^{SRB*}

$N_i=1+c_n+\frac{1}{2}G\alpha_i, z_i=\alpha_i^2(\sqrt{8\alpha_i(2-N_i)^3+9H^3}-3H\sqrt{H})^2, G_0=\bar{w}-ccr, G=ccr-w-k,$

$H_i=\alpha_i(1-c_n), p_{ni}^{SRA*}=\frac{4\alpha_i^2-3G_0\alpha_i+6(1+c_n)}{4(\alpha_i^2+3)}, p_{ni}^{SRB*}=\frac{2}{3}+\frac{N_i}{6}-\frac{\sqrt[3]{z_i}}{12\alpha_i}-\frac{\alpha_i(2-N_i)^2}{3\sqrt[3]{z_i}}, i=0,1,$

$\bar{w}=w+u.$

定理5.4表明：

（1）在区间 $SR1$ 中，$\left(\bar{w}-G_{00}\leqslant ccr\leqslant\bar{w}-\frac{2(c_n-1)}{\alpha_1}\ \&\ c_{nmin}^S\leqslant c_n\leqslant 1-\frac{H}{\alpha_0}\right)\cup\left(\bar{w}-\frac{2H_0}{3}\leqslant ccr\leqslant\bar{w}-\frac{2(c_n-1)}{\alpha_1}\ \&\ 1-\frac{H}{\alpha_0}\leqslant c_n\leqslant 1\right)$。逆向运营成本非常高，制造商没有经济动力回收旧产品。在法律约束条件下，制造商选择最小回收率 r_0。

（2）在区间 $SR2$ 中，$\left(\rho_0\leqslant ccr\leqslant\bar{w}-G_{00}\ \&\ c_{nmin}^S\leqslant c_n\leqslant 1-\frac{H}{\alpha_0}\right)$。最优回收率与区间 $SR1$ 相同。

（3）在区间 $SR3$ 中，$\left(\bar{w}-\frac{2H}{3}\leqslant ccr\leqslant\bar{w}-\frac{2H_0}{3}\ \&\ 1-\frac{H}{\alpha_0}\leqslant c_n\leqslant 1-\frac{H}{\alpha_1}\right)\cup\left(\bar{w}-\frac{2H_1}{3}\leqslant ccr\leqslant\bar{w}-\frac{2H_0}{3}\ \&\ 1-\frac{H}{\alpha_1}\leqslant c_n\leqslant 1\right)$。最优回收率为$\frac{3G_0}{2(1-c_n)}$。与 $SN2$ 类似，$\frac{3G_0}{2(1-c_n)}$关于 w、u 和c_n单调。

（4）在区间 $SR4$ 中，$\left(\rho_1\leqslant ccr\leqslant\rho_0\ \&\ c_{nmin}^S\leqslant c_n\leqslant 1-\frac{H}{\alpha_0}\right)\cup\left(\rho_1\leqslant ccr\leqslant\bar{w}-\frac{2H}{3}\ \&\ 1-\frac{H}{\alpha_0}\leqslant c_n\leqslant 1-\frac{H}{\alpha_1}\right)$。最优回收率为$\frac{H}{(1-c_n)}\sqrt{\frac{H}{3G}}$，且关于 w、u 和 k 单调递增。

（5）在区间 $SR5$ 中，$\left(\bar{w}-G_{11}\leqslant ccr\leqslant\bar{w}-\frac{2H_1}{3}\ \&\ 1-\frac{H}{\alpha_1}\leqslant c_n\leqslant c_{nmax}^S\right)\cup$

$\left(0\leqslant ccr\leqslant \bar{w}-\frac{2H_1}{3}\ \&\ c_{nmax}^{S}\leqslant c_n\leqslant 1\right)$。注意到此时逆向运营成本并不是非常低，但是制造商的最优回收率为 α_1。因为在该区间中新产品的生产成本非常高。即逆向运营成本和新产品生产成本的组合决定了最优回收率。

（6）在区间 $SR6$ 中，$\left(0\leqslant ccr\leqslant \rho_1\ \&\ c_{nmin}^{S}\leqslant c_n\leqslant 1-\frac{H}{\alpha_1}\right)\cup\left(0\leqslant ccr\leqslant \bar{w}-G_{11}\ \&\ 1-\frac{H}{\alpha_1}\leqslant c_n\leqslant c_{nmax}^{S}\right)$。在该区间中，逆向运营成本非常低，制造商的最优回收率为 α_1。

基于上述讨论，可以得到如下观察：

观察1：在区间 $SR3$ 和 $SR4$ 中，新产品的价格与 $SN1$ 一致，均为 $\frac{1+c_n}{2}$，且独立于逆向运营成本。

观察1表明区间 $SN1$、$SR3$ 以及 $SR4$ 具有相同的新产品价格。回顾在 $SN1$ 中，由于逆向运营成本非常高，在无法律约束情形下，制造商没有动力回收旧产品。此时制造商的唯一决策变量为新产品的价格，这意味着最优决策与逆向运营成本无关。在区间 $SR3$ 中，把最优回收率代入制造商的期望利润函数中，可以得到 $(p_n-c_n)D_n+\frac{(u-c_c-c_r)^2}{4}$。其中第一项和第二项分别表示新产品和再造品的利润。易发现再造品的利润与新产品的价格无关，新产品的最优价格 $\frac{1+c_n}{2}$ 仅与第一项有关。在区间 $SR4$ 中，把最优回收率代入制造商的期望利润函数中，可以得到 $(p_n-c_n)D_n+\frac{H^2}{4}-\frac{\sqrt{3}H}{6}\sqrt{GH}$。类似于区间 $SR3$，新产品的最优价格仅与第一项有关且独立于逆向运营成本。综上所述，在区间 $SR3$ 和 $SR4$ 中，逆向运营成本只影响再造品的定价与产量，并不会影响新产品的价格。此时与不回收的情形一致。

观察2：在区间 $SR1$ 和 $SR2$ 中，最优回收率均为 α_0，但是新产品的价格、再造品的价格和产量却不相同。

在模型求解过程中，可以发现再造品产量不仅与回收率 α 有关，而且与新产品生产成本、二级市场容量、再造品的残值以及逆向运营成本有关。注意到在区间 $SR1$ 和 $SR2$ 中，尽管两个区间的回收率、二级市场容量以及再造品残值相同，但是两者的逆向运营成本完全不同。因此，两个区间产量和新产品价格不同。在区间 $SR5$ 和 $SR6$ 中，可以得到类似的观察。

类似于无法律约束下的情形，图 5.9 描述了制造商的最优决策如何随新产品的生产成本与逆向运营成本的变化而变化。从区间 $SR1$ 到 $SR6$ 的变化过程中，制造商的最优回收率相应地从 α_0、α_{SRA}、α_{SRB} 到 α_1。图中虚线表示模型 SRA 和模型 SRB 的分界线。虚线上方表示模型 SRA，下方表示模型 SRB。从图 5.9 中可以看出，制造商的最优决策包含六个区间，各自对应着相应的条件。在区间 $SR1$ 和 $SR2$ 中，新产品价格是关于逆向运营成本的增函数；然而，在区间 $SR3$ 和 $SR4$ 中，新产品价格完全独立于运营成本，仅与其自身的生产成本有关。

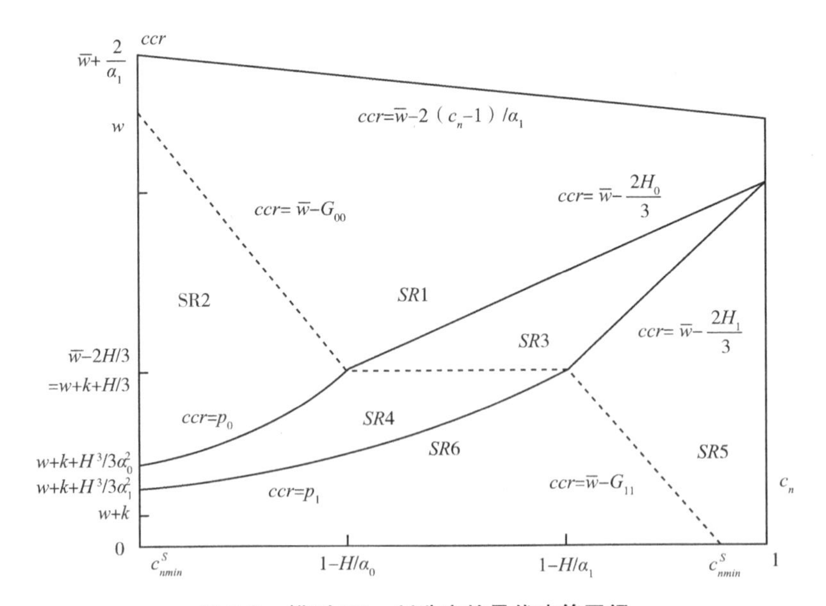

图 5.9　模型 *SR*：制造商的最优决策区间

5.9 对比模型 SN 与模型 SR

在本节中，对无法律约束与存在法律约束两种情形下的最优利润进行比较。即比较 $E(\pi^{SN*})$ 与 $E(\pi^{SR*})$。首先找出两种情形下的公共区间，如图 5.10 所示。

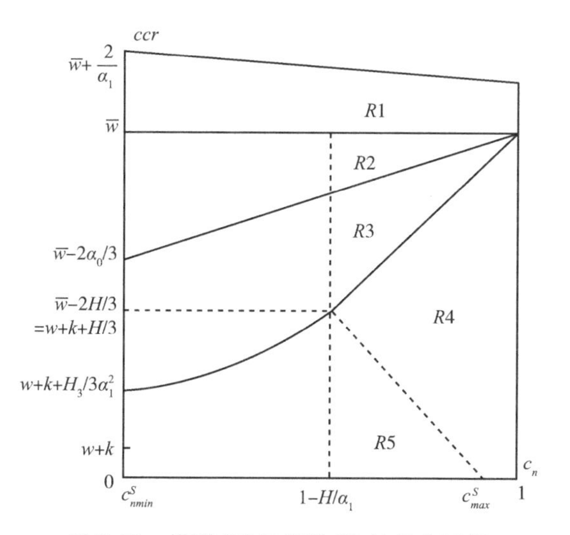

图 5.10 模型 *SN* 与模型 *SR* 的公共区间

当 $1-\frac{H}{\alpha_1}\leqslant c_n\leqslant 1$ 时，两种模型的公共区间分别为 *R*1、*R*2、*R*3、*R*4 以及 *R*5。同理，当 $0\leqslant c_n\leqslant 1-\frac{H}{\alpha_1}$时，两种模型同样有五个公共区间。在本节中，仅给出当 $1-\frac{H}{\alpha_1}\leqslant c_n\leqslant 1$ 时的证明过程。$0\leqslant c_n\leqslant 1-\frac{H}{\alpha_1}$时的证明过程可以用相同的方法获得。比较如下：

（1）在公共区间 *R*1 中，$\bar{w}\leqslant ccr\leqslant \bar{w}-\frac{2(c_n-1)}{\alpha_1}$，即$\frac{2(c_n-1)}{\alpha_1}\leqslant G_0\leqslant 0$，两种情形下的利润差如下：

$E(\pi^{SN*})-E(\pi^{SR*})=\frac{\alpha_0}{16(\alpha_0^2+3)}(-3\alpha_0G_0^2-12(1-c_n)G_0+4\alpha_0(1-c_n)^2)$。

方程是关于G_0的二次函数且为凹。两个实根分别为：$\frac{2(3+\sqrt{3\alpha_0^2+9})(-1+c_n)}{3\alpha_0}$和$\frac{2(-3+\sqrt{3\alpha_0^2+9})(1-c_n)}{3\alpha_0}$，且$\frac{2(-3+\sqrt{3\alpha_0^2+9})(1-c_n)}{3\alpha_0}\geqslant 0\geqslant\frac{2(c_n-1)}{\alpha_1}\geqslant\frac{2(3+\sqrt{3\alpha_0^2+9})(-1+c_n)}{3\alpha_0}$。当$G_0=0$时，$E(\pi^{SN*})-E(\pi^{SR*})=\frac{\alpha_0^2(1-c_n)^2}{4(\alpha_0^2+3)}\geqslant 0$。综上所述，当$\bar{w}\leqslant ccr\leqslant\bar{w}-\frac{2(c_n-1)}{\alpha_1}$时，$E(\pi^{SN*})\geqslant E(\pi^{SR*})$。

（2）在公共区间$R2$中，$\bar{w}-\frac{2H_0}{3}\leqslant ccr\leqslant\bar{w}$，即$0\leqslant G_0\leqslant\frac{2H_0}{3}$。两种情形下的利润差如下：

$$E(\pi^{SN*})-E(\pi^{SR*})=\frac{(9G_0^2-12H_0G_0+4H_0^2)}{16(\alpha_0^2+3)}=\frac{(3G_0-2H_0)^2}{16(\alpha_0^2+3)}\geqslant 0。$$

（3）在公共区间$R3$中，$\bar{w}-\frac{2H_1}{3}\leqslant ccr\leqslant\bar{w}-\frac{2H_0}{3}$，即$\frac{2H_0}{3}\leqslant G_0\leqslant\frac{2H_1}{3}$。两种情形下的利润相等。

（4）在公共区间$R4$中，$\bar{w}-G_{11}\leqslant ccr\leqslant\bar{w}-\frac{2H_1}{3}$ & $0\leqslant ccr\leqslant\bar{w}-\frac{2H_1}{3}$，即$\frac{2H_1}{3}\leqslant G_0\leqslant G_{11}$。两种情形下的利润相等。

（5）在公共区间$R5$中，$0\leqslant ccr\leqslant\bar{w}-G_{11}$，即$G_0\geqslant G_{11}$。两种情形下的利润相等。

通过上述对各个公共区间中两种模型的最优利润进行分析，可以得到定理5.5。

定理5.5：对于逆向运营成本ccr，存在临界值$\bar{w}-\frac{2H_0}{3}$，使当$\bar{w}-\frac{2H_0}{3}$

$\leqslant ccr \leqslant \bar{w} - \frac{2(c_n - 1)}{\alpha_1}$时，$E(\pi^{SN*}) \geqslant E(\pi^{SR*})$；当$0 \leqslant ccr \leqslant \bar{w} - \frac{2H_0}{3}$时，$E(\pi^{SN*}) = E(\pi^{SR*})$。

定理5.5表明无法律约束情形下制造商的最优利润总是大于或等于存在法律约束时制造商的最优利润。值得注意的是，当逆向运营成本低于临界值$\bar{w} - \frac{2H_0}{3}$时，即使在无法律约束的情形下，企业也愿意完成政府制定的最小回收率。

5.10　本章小结

本章研究再制造率随机情形下制造商的最优决策问题。假设新产品和再造品分别放在主要市场和二级市场销售，即不存在市场竞争。本章分别分析了存在法律约束和不存在法律约束的情形，得到各自情形下制造商的最优决策。研究发现：（1）当存在法律约束时，对制造商拥有六个决策区间；（2）回收率关于新产品生产成本、二级市场容量、旧产品残值以及再造品残值单调递增；（3）在区间$SR1$和$SR2$中，新产品价格是关于逆向运营成本的增函数，然而，在区间$SR3$和$SR4$中，新产品价格完全独立于运营成本，仅与其自身的生产成本有关；（4）对于逆向运营成本ccr，存在临界值$w + u - \frac{2H_0}{3}$，使当$w + u - \frac{2H_0}{3} \leqslant ccr \leqslant w + u - \frac{2(c_n - 1)}{\alpha_1}$时，无法律约束时制造商的利润总是优于存在法律约束时制造商的利润；当$0 \leqslant ccr \leqslant w + u - \frac{2H_0}{3}$时，两种情形下的利润相等。

第6章　随机及竞争情形下电子产品回收再制造决策模型研究

6.1　背景与假设

6.1.1　背景

第5章研究随机情形下两种产品不存在市场竞争时制造商的最优决策问题。类似于第4章，在现实中，产品竞争的现象常有发生。Ferrer 和 Swaminathan（2010）研究了新产品和再造品竞争的定价决策问题。研究得到了再造品成本节约的临界值及其对应的新产品和再造品的价格。此外，研究还发现在有限的多阶段情形之下，制造商的最优战略并不是关于再制造成本节约的单调函数。王文宾等（2013）从奖惩机制的角度考虑存在竞争制造商时的闭环供应链决策问题。研究结果表明，相对无奖惩机制的情形，奖惩机制能够降低新产品价格、增加旧产品的回收率，从而提升整个闭环供应链的利润。Esenduran 等（2016）考虑一个制造商同时生产新产品和再造品的情形。假设回收率与再制造率均为外生变量，研究分析了三种法律约束（不考虑法律约束、对回收率有约束以及对回收率和再制造率同时约束）对新产品的产量、再造品的产量与旧产品回收量的影响。Bakal 和 Akcali（2006）研究再制造率随机情形下制造商的定价顺序问题。通过对三种不同的定价模式进行对比，研究发现确定情形下的定价模式对制造商最有利；在随机情形下，推迟定价模式优于同时定价模式。Teunter 等（2010）从回收成本与再制造成本的角度研究了单周期情形下旧产品回收不确定性问题。企业的决策变量分别为旧产品的回收数量以及每个等级中用于再制造的数量。研究分别分析了市场需求确定和随机的情形。研究结果表明，当市场需求确定时，旧产品质量的不确定性会导致最优回收量大于实际需求量，以便应对旧产品总体质量水平偏低的情形；当市场需求随机时，较大的需求波动同样会导致过多的回收量，即安全库存。

通过文献梳理发现，产品竞争问题与再制造率随机问题大多都是分开来研究的。本章试图把这两个问题结合起来，即研究再制造率随机情形下产品竞争问题。此外，本章把回收率看作决策变量，因为再造品的产量及价格与回收率息息相关。

本章研究两个周期的情形。在第一个周期内，制造商仅生产新产品并在主要市场上销售。当新产品生命周期到达时，制造商回收旧产品用于再制造。在第二个周期内，制造商同时生产新产品和再造品并在二级市场上销售。具体而言，制造商的决策顺序如下：（1）制造商决策新产品的价格 p_n。（2）制造商决定旧产品的回收率 α。值得注意的是，在本阶段后，再制造率不再是随机变量，而是一个确定的值。因为当制造商把旧产品回收回来后，其中用于再制造的比例就成为一个确定的值。（3）制造商同时决策新产品和再造品的价格 p_{2n}、p_{2r}。综上所述，本章研究的是两周期的情形，但是制造商的决策分为三个阶段，如图 6.1 所示。

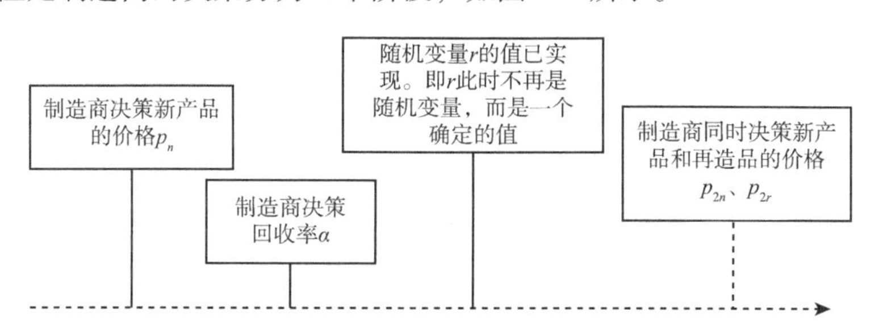

图 6.1　模型 *SCR*：制造商的决策顺序

6.1.2 假设

事实上，本章是在第4章基础上的一个扩展，即从确定到随机的过程。因此，部分假设与第4章类似。具体如下：

（1）再制造率是一个随机变量。参考 Galbreth 和 Blackburn（2010），假设随机变量服从0到1上的均匀分布。

（2）基于生产者责任延伸制，制造商需要完成政府制定的最小回收率 α_0，且制造商有能力完成这个最小回收率。

（3）旧产品的最大回收率为 α_1。

（4）在不失一般性的前提下，假设市场容量为1（Ferguson and Toktay，2006）。消费者对产品的质量表现出不同的偏好。假设消费者对新产品的支付意愿为 v，且服从0到1上的均匀分布。那么消费者对再造品的支付意愿为 δv，其中 $\delta\in(0,1)$，δ 可以理解为再造品对新产品的替代强度。δ 越大，说明消费者对再造品的认可程度越高。根据效用函数理论，可以推导出第一个周期内新产品的需求函数为 $D_1=1-p_n$。第二个周期内新产品和再造品的市场需求函数分别为 $D_{2n}=\frac{1-\delta-p_{2n}+p_{2r}}{1-\delta}$，$D_{2r}=\frac{\delta p_{2n}-p_{2r}}{\delta(1-\delta)}$（Atasu et al.，2008）。

（5）假设再造品的残值大于旧产品的再制造成本。当 $k\geqslant c_r$ 时，制造商会选择再制造所有旧产品。因为即使再造品没有以 p_r 的价格销售出去，制造商也可以通过获得残值 k 保障自身利益。基于此，本章假设再造品的产量为 $\alpha D_n r$。故在本章中制造商的决策为三阶段的情形。

本章模型中所用到的符号及其定义如表6.1所示。

表6.1 第6章模型符号

	符号	定义
决策变量	p_n	第一阶段新产品价格
	α	第二阶段回收率
	p_{2n}	第三阶段新产品价格
	p_{2r}	第三阶段再造品价格

续表

	符号	定义
随机变量	γ	再制造率，即旧产品中能够用于再制造的比例
参数	c_n	新产品生产成本
	c_r	再造品生产成本
	c_c	旧产品回收成本
	w	旧产品中不能用于再制造时获得的单位残值，简称为旧产品残值
	k	再造品残值
	δ	替代强度
其他符号	D_1	第一个周期新产品市场需求
	D_{2n}	第二个周期新产品市场需求
	D_{2r}	第二个周期再造品市场需求

6.2　模型构建与分析

6.2.1　模型构建

基于上述描述，制造商的利润函数如下：

$$max\ \pi(p_n,\alpha,p_{2n},p_{2r}) = (p_n - c_n)D_1 + (p_{2n} - c_n)D_{2n} + (p_{2r} - c_r)\min(\alpha D_1 r, D_{2r}) + w\alpha D_1(1 - r) + (k - c_r)(\alpha D_1 r - D_{2r})^+ - c_c\alpha D_1 \tag{6.1}$$

$$s.t.\ \alpha_0 \leqslant \alpha \leqslant \alpha_1 \tag{6.2}$$

其中，$D_1 = 1 - p_n, D_{2n} = \dfrac{1 - \delta - p_{2n} + p_{2r}}{1 - \delta}$，$D_{2r} = \dfrac{\delta p_{2n} - p_{2r}}{\delta(1 - \delta)}$。

式（6.1）表示制造商的利润函数。其中，第一项表示第一个周期新产品的利润；第二项表示第二个周期新产品的利润；第三项表示第二个周期再造品的利润；第四项表示第二个周期旧产品中不能用于再制造产生的收益，即旧产品收益；第五项表示第二个周期再造品产生的收益，即再造品的产量超过市场需求所带来的利润；第六项表示回收成本。约束式（6.2）表示制造商的回收率必须满足政府规定的要求，同时不超过上限值 α_1。

6.2.2 模型分析

本章采用逆向推导法，即从第三阶段开始分析制造商的决策问题。

第三阶段分析：给定第一阶段新产品价格、第二阶段产品回收率时，求解第三阶段新产品和再造品的价格p_{2n}和p_{2r}。注意到目标函数式（6.1）中出现 $min(\alpha D_1 r, D_{2r})$ 和 $(\alpha D_1 r - D_{2r})^+$，因此需要讨论 $\alpha D_1 r$ 和 D_{2r}的大小关系。类似于第 4 章，$\alpha D_1 r \leqslant D_{2r}$ 被 $\alpha D_1 r \geqslant D_{2r}$ 占优。接下来仅考虑 $\alpha D_1 r \geqslant D_{2r}$的情形。为方便表示，记 $\Delta = \delta(1-\delta)$，$h = \delta c_n - k$，$G_1 = \bar{\bar{w}} - ccr$，$\bar{\bar{w}} = w + \delta c_n$，$G = ccr - w - k$，$ccr = 2c_c + c_r$。相应地，制造商的问题如下：

$$
\begin{aligned}
max\ \pi(p_{2n}, p_{2r} \mid p_n, \alpha) = {} & (p_n - c_n) D_1 + (p_{2n} - c_n) \frac{1 - \delta - p_{2n} + p_{2r}}{1 - \delta} \\
& + (p_{2r} - c_r) \frac{\delta p_{2n} - p_{2r}}{\delta(1-\delta)} + w\alpha D_1 (1 - r) \\
& + (k - c_r) \left(\alpha D_1 r - \frac{\delta p_{2n} - p_{2r}}{\delta(1-\delta)} \right) - c_c \alpha D_1 \qquad (6.3)
\end{aligned}
$$

$$
s.t.\ 0 \leqslant D_{2r} \leqslant \alpha D_1 r \qquad (6.4)
$$

运用 KKT 条件，可以得到制造商第三阶段的最优决策，见定理 6.1。

定理 6.1：给定第一阶段新产品的价格、第二阶段旧产品的回收率时，制造商在第三阶段同时生产新产品和再造品的决策如表 6.2 所示。

定理 6.1 表明：（1）新产品的价格完全独立于回收率 α 与替代强度 δ，仅与其自身生产成本有关。该结论与 Moorthy（1984）、Ferguson 和 Koenigsberg（2007）类似。也就是说，替代强度 δ 不会影响新产品的价格，但是会影响新产品的市场需求。（2）当 $\alpha \leqslant \frac{h}{2\Delta D_1 r}$时，新产品的市场需求 $D_{2n} = \frac{1 - c_n - 2\delta\alpha D_1 r}{2}$与回收率 α，替代强度 δ 成反比。此时再造品的产

量刚好满足市场需求（$\alpha D_1 r = D_{2r}$），再造品的价格与其对应的市场需求成反比。（3）当 $\alpha > \frac{h}{2\Delta D_1 r}$ 时，此时再造品的产量大于市场需求（$\alpha D_1 r > D_{2r}$）。相应地，再造品的价格与其对应的残值成正比。注意到，定理 6.1 的结论与第 4 章定理 4.1 的结论相似。是因为本章是第 4 章的扩展，即从确定情境到随机情境。定理 6.1 的证明过程与第 4 章定理 4.1 的证明过程类似，在此省略。

表 6.2　　随机及竞争情形下制造商第三阶段的最优决策

	p_{2n}^*	p_{2r}^*	D_{2n}	D_{2r}	$\pi(\alpha, p_{2n}(\alpha), p_{2r}(\alpha) \mid p_n)$
$\alpha \leqslant \frac{h}{2\Delta D_1 r}$	$\frac{1+c_n}{2}$	$\frac{\delta(1+c_n)}{2} - \Delta\alpha D_1 r$	$\frac{1-c_n}{2} - \delta\alpha D_1 r$	$\alpha D_1 r$	$-\Delta T^2 D_1^2 \alpha^2 + \frac{(1-c_n)^2}{4} + (p_n - c_n) D_1 + [w - c_c + r(\delta c_n - w - c_r)] D_1 \alpha$
$\alpha > \frac{h}{2\Delta D_1 r}$	$\frac{1+c_n}{2}$	$\frac{\delta+k}{2}$	$\frac{1-\delta+k-c_n}{2(1-\delta)}$	$\frac{\delta c_n - k}{2\delta(1-\delta)}$	$\frac{\delta c_n(2\delta + c_n - 2 - 2k) + k^2 + \Delta}{4\Delta} + (p_n - c_n) D_1 + (w(1-r) - c_c + (k - c_r) r) D_1 \alpha$

第一阶段和第二阶段分析：在求解出第三阶段的最优决策后，接下来求解制造商第一阶段和第二阶段的决策（注意：在求解过程中发现最优回收率和新产品价格与模型 *SCNA* 和模型 *SCNB* 均有关。因此需要对模型 *SCNA* 和模型 *SCNB* 中的所有可能解进行比较，然后从中找出唯一最优。基于此，把第一阶段和第二阶段的分析结合在一起）。在获得第三阶段新产品和再造品的最优价格后，同时给定第一阶段新产品的价格，制造商面临如下问题。

当 $r \leqslant M$ 时，

$$\pi(\alpha \mid p_n) = -\Delta r^2 D_1^2 \alpha^2 + \frac{(1-c_n)^2}{4} + (p_n - c_n) D_1 + [w - c_c + r(\delta c_n - w - c_r)] D_1 \alpha \tag{6.5}$$

当 $r > M$ 时，

$$\pi(\alpha \mid p_n) = \frac{\delta c_n(2\delta + c_n - 2 - 2k) + k^2 + \Delta}{4\Delta} + (p_n - c_n) D_1 + (w(1-r) - c_c + (k - c_r) r) D_1 \alpha \tag{6.6}$$

其中 $M=\frac{h}{2\Delta D_1\alpha}$。在本章中，随机变量 r 表示回收的旧产品中能够用于再制造的比例，显然 r 的取值在 0 到 1 之间。为了得到解析解，参考 Galbreth 和 Blackburn（2010）］的研究，假设随机变量 r 服从 0 到 1 上的均匀分布。用 $f(r)$ 表示随机变量 r 的概率密度函数。注意到式（6.5）和式（6.6）中 r 的实际值与 M 的大小关系，因此有必要讨论 M 与 1 的大小关系。

当 $M\geqslant 1$ 时，称为情形 A，注意到在随机情形下，需要计算制造商的期望利润函数，即对随机变量 r 进行积分。积分后，期望利润函数如下：

$$
\begin{aligned}
E[\pi(\alpha)] &= \int_0^1 \Big(-\Delta r^2 D_1^2\alpha^2+\frac{(1-c_n)^2}{4}+(p_n-c_n)D_1 \\
&\quad +(w-c_c+r(\delta c_n-w-c_r)D_1\alpha)\Big)f(r)\,dr \\
&= -\frac{1}{3}\Delta D_1^2\alpha^2+\frac{1}{2}(w+\delta c_n-2c_c-c_r)D_1\alpha+\frac{(1-c_n)^2}{4}+(p_n-c_n)D_1 \\
&= -\frac{1}{3}\Delta D_1^2\alpha^2+\frac{1}{2}G_1D_1\alpha+\frac{(1-c_n)^2}{4}+(p_n-c_n)D_1
\end{aligned}
\tag{6.7}
$$

类似地，称 $M\leqslant 1$ 为情形 B，此时制造商的期望利润函数如下：

$$
\begin{aligned}
E[\pi(\alpha)] &= \int_0^M \Big[-\Delta r^2 D_1^2\alpha^2+\frac{(1-c_n)^2}{4}+(p_n-c_n)D_1 \\
&\quad +(w-c_c+r(\delta c_n-w-c_r))D_1\alpha\Big]f(t)\,dr \\
&\quad +\int_M^1\Big[\frac{\delta c_n(2\delta+c_n-2-2k)+k^2+\Delta}{4\Delta}+(p_n-c_n)D_1 \\
&\quad +(w(1-r)-c_c+(k-c_r)r)D_1\alpha\Big]f(t)\,dr \\
&=(p_n-c_n)D_1-\frac{h^3}{24\Delta^2D_1\alpha}+\frac{h^2}{4\Delta}+\frac{(1-c_n)^2}{4}-\frac{1}{2}GD_1\alpha
\end{aligned}
\tag{6.8}
$$

6.3 基准情形：模型 SCN

本节讨论没有法律约束的情形，即政府没有给制造商设置最小回收比

例 α_0，此时 $\alpha_0=0$。在本章中，用字母 C（Competition）表示两种产品存在竞争的情形；用字母 S（Stochastic）表示随机情形，用字母 N（No regulation）表示没有法律约束的情形；用字母 R（Regulation）表示有法律约束的情形。即 SCN 表示随机及竞争情形下不存在法律约束，SCR 表示随机及竞争情形下存在法律约束。

6.3.1　模型 *SCNA*

首先考虑情形 $M=\frac{h}{2\Delta D_1\alpha}\geqslant 1$，在没有法律约束时称为模型 $SCNA$。注意到 $M=\frac{h}{2\Delta D_1\alpha}\geqslant 1$ 可以转化成关于 α 的约束，即 $\alpha\leqslant\frac{h}{2\Delta D_1}=T$。与此同时，$\alpha\leqslant\alpha_1$。基于此，关于 α 的约束需要分别考虑 $\alpha\leqslant T\leqslant\alpha_1$ 和 $\alpha\leqslant\alpha_1\leqslant T$。注意到制造商的利润函数和式（6.7）相同。综上所述，制造商面临的问题如下：

$$SCNA-1:\pi(\alpha)=-\frac{1}{3}\Delta D_1^2\alpha^2+\frac{1}{2}G_1D_1\alpha+\frac{(1-c_n)^2}{4}+(p_n-c_n)D_1$$

$$s.t.\ \alpha\leqslant T\leqslant\alpha_1 \tag{6.9}$$

$$SCNA-2:\pi(\alpha)=-\frac{1}{3}\Delta D_1^2\alpha^2+\frac{1}{2}G_1D_1\alpha+\frac{(1-c_n)^2}{4}+(p_n-c_n)D_1$$

$$s.t.\ \alpha\leqslant\alpha_1\leqslant T \tag{6.10}$$

6.3.2　模型 *SCNB*

类似地，称情形 $M=\frac{h}{2\Delta D_1\alpha}\leqslant 1$ 在没有法律约束时为模型 $SCNB$。同样，该约束可转化为关于 α 的约束。相应地，制造商的问题如下：

$$\pi(\alpha)=(p_n-c_n)D_1-\frac{h^3}{24\Delta^2D_1\alpha}+\frac{h^2}{4\Delta}+\frac{(1-c_n)^2}{4}-\frac{1}{2}GD_1\alpha$$

$$s.t.\ T\leqslant\alpha\leqslant\alpha_1 \tag{6.11}$$

6.4 求解模型 SCN

在本节中，模型 SCN 包含模型 SCNA 和模型 SCNB，故需要分别求解模型 SCNA 和模型 SCNB。为方便表示，记 $\sigma=\frac{6}{6-\Delta(\alpha_1^2-\alpha_0^2)}$，$\varepsilon_1=w+k+\frac{h^3}{3\Delta^2H_1^2}$，$\bar{\bar{w}}=w+\delta c_n$，$G_1=\bar{\bar{w}}-ccr$，$v_{11}=\frac{2(3+\Delta\alpha_1^2)h-6\Delta H_1}{3\Delta\alpha_1^2}$，$v_{01}=\frac{2(3+\Delta\alpha_0^2)h-6\Delta H_1}{3\Delta\alpha_0\alpha_1}$，$v_{10}=h-\frac{h\alpha_0^2}{3\alpha_1^2}+\frac{2(h-\Delta H_0)}{\Delta\alpha_0\alpha_1}$，$v_{00}=\frac{2(3+\Delta\alpha_0^2)h-6\Delta H_0}{3\Delta\alpha_0^2}$。

6.4.1 求解模型 SCNA

对于模型 SCNA，存在两个关于 α 的约束，$\alpha\leqslant T\leqslant\alpha_1$ 和 $\alpha\leqslant\alpha_1\leqslant T$。先考虑第一个约束，由 6.3.1 小节可知，制造商面临的问题如下：

$$SCNA-1:\pi(\alpha)=-\frac{1}{3}\Delta D_1^2\alpha^2+\frac{1}{2}G_1D_1\alpha+\frac{(1-c_n)^2}{4}+(p_n-c_n)D_1;$$

$s.\ t.\ \alpha\leqslant T\leqslant\alpha_1$。

求解制造商的利润函数对回收率 α 的一阶导数，可以得到：

$$\frac{\partial\pi(\alpha)}{\partial\alpha}=-\frac{2}{3}\Delta D_1^2\alpha+\frac{1}{2}G_1D_1。$$

（1）当 $G_1\leqslant0$，即 $ccr\geqslant w+\delta c_n$ 时，$\frac{\partial\pi(\alpha)}{\partial\alpha}\leqslant0$。制造商的利润函数是关于回收率的减函数，最优回收率 $\alpha^{SCNA*}=0$。相应地，制造商的问题如下：

$$\pi(p_n)=-p_n^2+(1+c_n)p_n-c_n+\frac{(1-c_n)^2}{4}\tag{6.12}$$

注意到式（6.12）是关于 p_n 的二次函数且为凹。求解式（6.12）对 p_n 的一阶导数并令其等于 0，可以得到 $p_n^{SCRA*}=\frac{1+c_n}{2}$。

（2）当$G_1 \geqslant 0$，即 $ccr \leqslant w + \delta c_n$时，令$\frac{\partial \pi(\alpha)}{\partial \alpha} = 0$，可以得到 $\alpha_{SCNA} = \frac{3G_1}{4\Delta D_1}$。此时$\alpha$的最优值存在两种情况：当$\alpha_{SCNA} \leqslant T$时，$\alpha^{SCNA*} = \alpha_{SCNA}$；当$\alpha_{SCNA} \geqslant T$时，$\alpha^{SCNA*} = T$。接下来分析$p_n$的最优决策。

（i）$\alpha_{SCNA} \leqslant T$，$\alpha^{SCNA*} = \alpha_{SCNA}$。

$$\pi(p_n) = -p_n^2 + (1 + c_n)p_n + \frac{4\Delta c_n^2 - 24\Delta c_n + 4\Delta + 3G_1^2}{16\Delta}$$

$$s.t.\begin{cases} p_n \leqslant p_{h1} \\ \bar{\bar{w}} - \frac{2h}{3} \leqslant ccr \leqslant \bar{\bar{w}} \end{cases} \tag{6.13}$$

求解目标函数对p_n的一阶导数并令其等于0，可以得到$p_{nA}^{SCNA*} = \frac{1 + c_n}{2}$。类似地，$p_n$的最优解存在两种情况。

（i-1）$p_n^{SCNA*} = p_{nA}^{SCNA*}$。此时需要同时满足条件$p_{nA}^{SCNA*} \leqslant p_{h1}$和$\bar{\bar{w}} - \frac{2h}{3} \leqslant ccr \leqslant \bar{\bar{w}}$。注意到$p_{nA}^{SCNA*} \leqslant p_{h1}$等价于$h \leqslant \Delta H_1$，因此，取得该最优解所需满足的条件为$\left(h \leqslant \Delta H_1 \ \& \ \bar{\bar{w}} - \frac{2h}{3} \leqslant ccr \leqslant \bar{\bar{w}}\right)$。

（i-2）$p_n^{SCNA*} = p_{h1}$。此时需要同时满足条件$p_{nA}^{SCNA*} \geqslant p_{h1}$和$\bar{\bar{w}} - \frac{2h}{3} \leqslant ccr \leqslant \bar{\bar{w}}$。注意到$p_{nA}^{SCRA*} \geqslant p_{h1}$等价于$h \geqslant \Delta H_1$，因此，取得该最优解所需满足的条件为$\left(h \geqslant \Delta H_1 \ \& \ \bar{\bar{w}} - \frac{2h}{3} \leqslant ccr \leqslant \bar{\bar{w}}\right)$。

（ii）$\alpha_{SCNA} \geqslant T$，$\alpha^{SCNA*} = T$。

$$\pi(p_n) = -p_n^2 + (1 + c_n)p_n + \frac{3\Delta c_n^2 - 18\Delta c_n + 3G_1 h - h^2 + 3\Delta}{12\Delta}$$

$$s.t.\begin{cases} p_n \leqslant p_{h1} \\ ccr \leqslant \bar{\bar{w}} - \frac{2h}{3} \end{cases} \tag{6.14}$$

求解目标函数对p_n的一阶导数并令其等于0，可以得到$p_{nT}^{SCNA*} = \frac{1 + c_n}{2}$。

类似地，p_n的最优解存在两种情况。

（ii－1）$p_n^{SCNA*}=p_{nT}^{SCNA*}$。此时需要同时满足条件$p_{nT}^{SCNA*}\leqslant p_{h1}$和$ccr\leqslant \bar{\bar{w}}-\frac{2h}{3}$。注意到$p_{nT}^{SCNA*}\leqslant p_{h1}$等价于$h\leqslant \Delta H_1$。因此，取得该最优解所需满足的条件为$\left(h\leqslant \Delta H_1\ \&\ ccr\leqslant \bar{\bar{w}}-\frac{2h}{3}\right)$。

（ii－2）$p_n^{SCNA*}=p_{h1}$。此时需要同时满足条件$p_{nT}^{SCNA*}\leqslant p_{h1}$和$ccr\leqslant \bar{\bar{w}}-\frac{2h}{3}$。注意到$p_{nT}^{SCNA*}\leqslant p_{h1}$等价于$h\leqslant \Delta H_1$。因此，取得该最优解所需满足的条件为$\left(h\leqslant \Delta H_1\ \&\ ccr\leqslant \bar{\bar{w}}-\frac{2h}{3}\right)$。

为方便阅读，模型 SCNA 满足 $\alpha\leqslant T\leqslant \alpha_1\ \&\ G_1\leqslant 0$ 时的所有可能解见附录 D。接下来分析模型 SCNA 满足 $\alpha\leqslant \alpha_1\leqslant T\ \&\ G_1\leqslant 0$ 时的所有可能解。

$$SCNA-2:\pi(\alpha)=-\frac{1}{3}\Delta D_1^2\alpha^2+\frac{1}{2}G_1D_1\alpha+\frac{(1-c_n)^2}{4}+(p_n-c_n)D_1;$$

$s.t.\ \alpha\leqslant \alpha_1\leqslant T$。

类似于 $SCNA-1$，最优回收率存在两种情况：当 $\alpha_{SCRA}\leqslant \alpha_1$时，$\alpha^{SCNA*}=\alpha_{SCNA}$；当 $\alpha_{SCNA}\leqslant \alpha_1$时，$\alpha^{SCNA*}=\alpha_1$。接下来分析$p_n$的最优决策。

（i）$\alpha_{SCNA}\leqslant \alpha_1$，$\alpha^{SCNA*}=\alpha_{SCNA}$。

$$\pi(p_n)=-p_n^2+(1+c_n)p_n+\frac{4\Delta c_n^2-24\Delta c_n+4\Delta+3G_1^2}{16\Delta}$$

$$s.t.\begin{cases}p_{h1}\leqslant p_n\leqslant p_{n1}^{SCNA}\\ \bar{\bar{w}}-\frac{2h}{3}\leqslant ccr\leqslant \bar{\bar{w}}\end{cases}\tag{6.15}$$

其中 $p_{h1}=1-\frac{h}{2\Delta\alpha_1}$，$p_{n1}^{SCNA}=1-\frac{3G_1}{4\Delta\alpha_1}$。易发现$p_n$的最优解存在三种情况。求解目标函数对$p_n$的一阶导数并令其等于0，可以得到$p_{nA}^{SCNA*}=\frac{1+c_n}{2}$。

（i－1）$p_n^{SCNA*}=p_{h1}$。此时需要同时满足条件$p_{nA}^{SCNA*}\leqslant p_{h1}$和$\bar{\bar{w}}-\frac{2h}{3}\leqslant ccr\leqslant \bar{\bar{w}}$。注意到$p_{nA}^{SCNA*}\leqslant p_{h1}$等价于 $h\leqslant \Delta H_1$。因此，取得该最优解所需满足的

条件为 $\left(h \leqslant \Delta H_1 \ \& \ \bar{\bar{w}} - \frac{2h}{3} \leqslant ccr \leqslant \bar{\bar{w}}\right)$。

（i－2）$p_n^{SCNA*} = p_{nA}^{SCNA*}$。此时需要同时满足条件 $p_{h1} \leqslant p_{nA}^{SCNA*} \leqslant p_{n1}^{SCNA}$ 和 $\bar{\bar{w}} - \frac{2h}{3} \leqslant ccr \leqslant \bar{\bar{w}}$。注意到 $p_{h1} \leqslant p_{nA}^{SCNA*} \leqslant p_{n1}^{SCNA}$ 等价于 $h \geqslant \Delta H_1 \ \& \ ccr \geqslant \bar{\bar{w}} - \frac{2}{3}\Delta H_1$。因此，取得该最优解所需满足的条件为 $\left(h \geqslant \Delta H_1 \ \& \ \bar{\bar{w}} - \frac{2}{3}\Delta H_1 \leqslant ccr \leqslant \bar{\bar{w}}\right)$。

（i－3）$p_n^{SCNA*} = p_{n1}^{SCNA}$。此时需要同时满足条件 $p_{nA}^{SCNA*} \geqslant p_{n1}^{SCNA}$ 和 $\bar{\bar{w}} - \frac{2h}{3} \leqslant ccr \leqslant \bar{\bar{w}}$。注意到 $p_{nA}^{SCNA*} \geqslant p_{n1}^{SCNA}$ 等价于 $ccr \leqslant \bar{\bar{w}} - \frac{2}{3}\Delta H_1$。因此，取得该最优解所需满足的条件为 $\left(h \geqslant \Delta H_1 \ \& \ \bar{\bar{w}} - \frac{2h}{3} \leqslant ccr \leqslant \bar{\bar{w}} - \frac{2}{3}\Delta H_1\right)$。

（ii）$\alpha_{SCNA} \geqslant \alpha_1$，$\alpha^{SCNA*} = \alpha_1$。

$$\pi(p_n) = \left(-1 - \frac{\Delta\alpha_1^2}{3}\right)p_n^2 + \left(1 + c_n + \frac{2\Delta\alpha_1^2}{3} - \frac{G_1\alpha_1}{2}\right)p_n - \frac{\Delta\alpha_1^2}{3} + \frac{G_1\alpha_1}{2} - c_n + \frac{(1-c_n)^2}{4} \tag{6.16}$$

$$s.t.\begin{cases} p_n \geqslant p_{n1}^{SCNA} \\ \bar{\bar{w}} - \frac{2h}{3} \leqslant ccr \leqslant \bar{\bar{w}} \end{cases} \tag{6.17}$$

$$or\ s.t.\begin{cases} p_n \geqslant p_{h1} \\ ccr \leqslant \bar{\bar{w}} - \frac{2h}{3} \end{cases} \tag{6.18}$$

存在两组约束，先求解约束式（6.17），求解式（6.16）对 p_n 的一阶导数并令其等于0，可以得到 $p_{n1}^{SCNA*} = \frac{6(1+c_n) - 3G_1\alpha_1 + 4\Delta\alpha_1^2}{4(\Delta\alpha_1^2 + 3)}$。

（ii－11）$p_n^{SCNA*} = p_{n1}^{SCNA*}$。此时需要同时满足条件 $p_{n1}^{SCNA*} \geqslant p_{n1}^{SCNA}$ 和 $\bar{\bar{w}} - \frac{2h}{3} \leqslant ccr \leqslant \bar{\bar{w}}$。注意到 $p_{n1}^{SCNA*} \geqslant p_{n1}^{SCNA}$ 等价于 $ccr \leqslant \bar{\bar{w}} - \frac{2}{3}\Delta H_1$。因此，取得该最优

解所需满足的条件为 $\left(h\geqslant\Delta H_1\ \&\ \bar{\bar{w}}-\frac{2h}{3}\leqslant ccr\leqslant\bar{\bar{w}}-\frac{2}{3}\Delta H_1\right)$。

（ii－12）$p_n^{SCNA*}=p_{n1}^{SCNA}$。此时需要同时满足条件 $p_n^{SCNA*}\leqslant p_{n1}^{SCNA}$ 和 $\bar{\bar{w}}-\frac{2h}{3}\leqslant ccr\leqslant\bar{\bar{w}}$。注意到 $p_n^{SCNA*}\leqslant p_{n1}^{SCNA}$ 等价于 $ccr\geqslant\bar{\bar{w}}-\frac{2}{3}\Delta H_1$。因此，取得该最优解所需满足的条件为 $\left(h\leqslant\Delta H_1\ \&\ \bar{\bar{w}}-\frac{2h}{3}\leqslant ccr\leqslant\bar{\bar{w}}\right)\cup\left(h\geqslant\Delta H_1\ \&\ \bar{\bar{w}}-\frac{2}{3}\Delta H_1\leqslant ccr\leqslant\bar{\bar{w}}\right)$。

对于约束式（6.18），解的情况如下：

（ii－21）$p_n^{SCNA*}=p_{n1}^{SCNA*}$。此时需要同时满足条件 $p_{n1}^{SCNA*}\geqslant p_{h1}$ 和 $ccr\leqslant\bar{\bar{w}}-\frac{2h}{3}$。注意到 $p_{n1}^{SCNA*}\geqslant p_{h1}$ 等价于 $ccr\geqslant\bar{\bar{w}}-v_{11}$。因此，取得该最优解所需满足的条件为 $\left(h\geqslant\Delta H_1\ \&\ \bar{\bar{w}}-v_{11}\leqslant ccr\leqslant\bar{\bar{w}}-\frac{2h}{3}\right)$。

（ii－22）$p_n^{SCNA*}=p_{h1}$。此时需要同时满足条件 $p_{n1}^{SCNA*}\leqslant p_{h1}$ 和 $ccr\leqslant\bar{\bar{w}}-\frac{2h}{3}$。注意到 $p_{n1}^{SCNA*}\leqslant p_{h1}$ 等价于 $ccr\leqslant\bar{\bar{w}}-v_{11}$。因此，取得该最优解所需满足的条件为（$h\geqslant\Delta H_1\ \&\ ccr\leqslant\bar{\bar{w}}-v_{11}$）$\cup\left(h\leqslant\Delta H_1\ \&\ ccr\leqslant\bar{\bar{w}}-\frac{2h}{3}\right)$。

为方便阅读，模型 *SCNA* 满足 $\alpha\leqslant\alpha_1\leqslant T\ \&\ G_1\geqslant0$ 时的所有可能解见附录 *D*。

为了清晰地描述各个区间的最优解，以及方便后面进行比较，图 6.2 描述模型 *SCNA* 所有可能的解（注意：还应考虑 $G_1\leqslant0$ 的情形）。

注意到图 6.2 中共有 7 个区间，各区间对应所有可能最优解的情况如下：

在区间①中，只有唯一解，$\left(0,\frac{1+c_n}{2}\right)$。

在区间②中，有三组解，（$\alpha_{SCNA},p_{nA}^{SCNA*}$），（$\alpha_1,p_{n1}^{SCNA}$）以及（$\alpha_{SCNA},p_{h1}$）。

在区间③中，有两组解，（T,p_{nA}^{SCNA*}）和（α_1,p_{h1}）。

在区间④中，有三组解，（$\alpha_{SCNA},p_{nA}^{SCNA*}$），（$\alpha_1,p_{n1}^{SCNA}$）以及（$\alpha_{SCNA},p_{h1}$）。

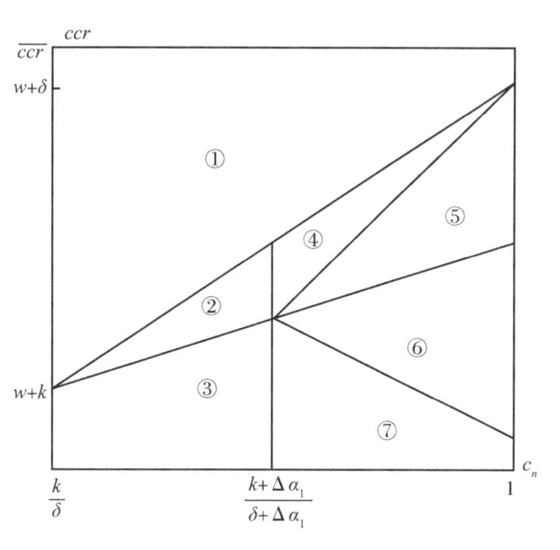

图 6.2　模型 *SCNA* 所有可能解对应的区间

在区间⑤中，有三组解，(α_1, p_{n1}^{SCNA*})，(α_{SCNA}, p_{n1}^{SCNA}) 以及 (α_{SCNA}, p_{h1})。

在区间⑥中，有两组解，(α_1, p_{n1}^{SCNA*}) 和 (T, p_{h1})。

在区间⑦中，有两组解，(α_1, p_{h1}) 和 (T, p_{h1})。

到目前为止，已经找出了模型 *SCNA* 各个区间对应的所有可能解。接下来将采用同样的方法找出模型 *SCNB* 各个区间对应的所有可能解，最后对两种模型共同区间的所有可能解进行比较，从而找出各个区间中唯一最优解。

6.4.2　求解模型 *SCNB*

对于模型 *SCNB*，由 6.3.2 小节可知，制造商的问题如下：

$$\pi(\alpha)=(p_n-c_n)D_1-\frac{h^3}{24\Delta^2 D_1\alpha}+\frac{h^2}{4\Delta}+\frac{(1-c_n)^2}{4}-\frac{1}{2}GD_1\alpha;$$

$s.t.\ T\leqslant\alpha\leqslant\alpha_1$。

求解制造商的期望利润函数关于 α 的一阶导数，可以得到：

$$\frac{\partial E[\pi(\alpha)]}{\partial\alpha}=-\frac{1}{2}GD_n+\frac{h^3}{24\,\Delta D_1\alpha^2}。$$

（1）当 $G\leqslant 0$ 时，$\frac{\partial E[\pi(\alpha)]}{\partial\alpha}\geqslant 0$。制造商的期望利润函数是关于 α 的增函数，那么 $\alpha^{SCRB*}=\alpha_1$。制造商的问题如下：

$$E[\pi(p_n)]=-p_n^2+\left(1+c_n+\frac{1}{2}G\alpha_1\right)p_n-\frac{h^3}{24\Delta^2 D_1\alpha_1}+\frac{h^2}{4\Delta}+\frac{(1-c_n)^2}{4}-\left(c_n+\frac{1}{2}G\alpha_1\right) \tag{6.19}$$

$$s.t.\begin{cases}p_n\leqslant p_{h1}\\ ccr\leqslant w+k\end{cases} \tag{6.20}$$

易发现式（6.19）是关于p_n的凹函数$\left(\frac{\partial^2 E[\pi(p_n)]}{\partial p_n^2}=-2-\frac{h^3}{12\Delta^2\alpha_1(1-p_n)^3}\leqslant 0\right)$，计算式（6.19）关于$p_n$的一阶导数并令其为0，可以得到$p_{n1}^{SCNB*}=\frac{2}{3}+\frac{N_1}{6}-\frac{\sqrt[3]{z_1^{SCNB}}}{12\Delta\alpha_1}-\frac{\Delta\alpha_1(2-N_1)^2}{3\sqrt[3]{z_1^{SCNB}}}$。$\left(z_i^{SCNB}=\Delta\alpha_i^2(\sqrt{8\Delta^2\alpha_i(2-N_i)^3+9h^3}-3h\sqrt{h})^2,\ N_i=1+c_n+\frac{1}{2}G\alpha_i,\ i=0,\ 1\right)$，此时新产品的最优价格存在两种情况：当$p_{n1}^{SCNB*}\leqslant p_{h1}$时，$p_n^{SCNB*}=p_{n1}^{SCNB*}$；当$p_{n1}^{SCNB*}\geqslant p_{h1}$时，$p_n^{SCNB*}=p_{h1}$。

（i）$p_n^{SCNB*}=p_{n1}^{SCNB*}$。此时需要同时满足条件 $p_{n1}^{SCNB*}\leqslant p_{h1}$ 和 $ccr\leqslant w+k$。注意到 $p_{n1}^{SCNB*}\leqslant p_{h1}$ 等价于 $ccr\leqslant w+k+\frac{h}{3}-\frac{2(h-\Delta H_1)}{\Delta\alpha_1^2}=\bar{\bar{w}}-v_{11}$。因此，取得该最优解所需满足的条件为 $(h\geqslant\sigma_1\Delta H_1\ \&\ ccr\leqslant\bar{\bar{w}}-v_{11})\cup(h\leqslant\sigma_1\Delta H_1\ \&\ ccr\leqslant w+k)$。

（ii）$p_n^{SCNB*}=p_{h1}$。此时需要同时满足条件$p_{n1}^{SCNB*}\geqslant p_{h1}$和 $ccr\leqslant w+k$。注意到$p_{n1}^{SCNB*}\geqslant p_{h1}$等价于 $ccr\geqslant\bar{\bar{w}}-v_{11}$。因此，取得该最优解所需满足的条件为 $(h\leqslant\sigma_1\Delta H_1\ \&\ \bar{\bar{w}}-v_{11}\leqslant ccr\leqslant w+k)$。

（2）当 $G\leqslant 0$ 时，求解制造商的期望利润函数对回收率的一阶导数并令其等于0，可以得到 $\alpha_{SCNB}=\frac{h}{2\Delta D_1}\sqrt{\frac{h}{3G}}$。此时最优回收率存在三种情况。

（i）$\alpha_{SCNB} \leqslant T$，$\alpha^{SCNB*}=T$。

$$E[\pi(p_n)] = -p_n^2 + (1+c_n)p_n + \frac{3\Delta c_n^2 - 18\Delta c_n - 3Gh + 2h^2 + 3\Delta}{12\Delta} \tag{6.21}$$

$$s.t.\begin{cases} p_n \leqslant p_{h1} \\ ccr \geqslant w + k + \dfrac{h}{3} \end{cases} \tag{6.22}$$

易发现式（6.21）是关于p_n的二次函数且为凹。求解式（6.21）对p_n的导数并令其0，可以得到$p_{nT}^{SCNB*}=\frac{1+c_n}{2}$。类似地，$p_n$的最优值存在两种情况。

（i-1）$p_n^{SCNB*}=p_{nT}^{SCNB*}$。此时需要同时满足条件$p_{nT}^{SCNB*} \leqslant p_{h1}$和$ccr \leqslant w + k + \frac{h}{3}$。注意到$p_{nT}^{SCNB*} \leqslant p_{h1}$等价于$h \leqslant \Delta H_1$。因此，取得该最优解所需满足的条件为$\left(h \leqslant \Delta H_1 \ \& \ ccr \leqslant w + k + \frac{h}{3}\right)$。

（i-2）$p_n^{SCNB*}=p_{h1}$。此时需要同时满足条件$p_{nT}^{SCNB*} \leqslant p_{h1}$和$ccr \leqslant w + k + \frac{h}{3}$。注意到$p_{nT}^{SCNB*} \leqslant p_{h1}$等价于$h \leqslant \Delta H_1$。因此，取得该最优解所需满足的条件为$\left(h \leqslant \Delta H_1 \ \& \ ccr \leqslant w + k + \frac{h}{3}\right)$。

（ii）$T \leqslant \alpha_{SCNB} \leqslant \alpha_1$，$\alpha^{SCNB*}=\alpha_{SCNB}$。

$$E[\pi(p_n)] = -p_n^2 + (1+c_n)p_n + \frac{3\Delta\sqrt{Gh}c_n^2 - 2\sqrt{3}Gh^2 - 18\Delta\sqrt{Gh}c_n + 3h^2\sqrt{Gh} + 3\Delta\sqrt{Gh}}{12\Delta\sqrt{Gh}} \tag{6.23}$$

$$s.t.\begin{cases} p_n \leqslant p_{n1}^{SCNB} \\ w + k \leqslant ccr \leqslant w + k + \dfrac{h}{3} \end{cases} \tag{6.24}$$

求解目标函数关于p_n的一阶导数并令其为0，可以得到$p_{nB}^{SCNB*}=\frac{1+c_n}{2}$。类似地，$p_n$的最优值存在两种情况。

(ii-1) $p_n^{SCNB*}=p_{nB}^{SCNB*}$。此时需要同时满足条件$p_{nB}^{SCNB*}\leqslant p_{n1}^{SCNB}$和 $w+k\leqslant ccr\leqslant w+k+\frac{h}{3}$。注意到$p_{nB}^{SCNB*}\leqslant p_{n1}^{SCNB}$等价于 $ccr\geqslant\varepsilon_1$。因此，取得该最优解所需满足的条件为$\left(h\leqslant\Delta H_1\ \&\ \varepsilon_1\leqslant ccr\leqslant w+k+\frac{h}{3}\right)$。

(ii-2) $p_n^{SCNB*}=p_{n1}^{SCNB}$。此时需要同时满足条件$p_{nB}^{SCNB*}\geqslant p_{n1}^{SCNB}$和 $w+k\leqslant ccr\leqslant w+k+\frac{h}{3}$。注意到$p_{nB}^{SCNB*}\geqslant p_{n1}^{SCNB}$等价于 $ccr\leqslant\varepsilon_1$。因此，取得该最优解所需满足的条件为（$h\leqslant\Delta H_1\ \&\ w+k\leqslant ccr\leqslant\varepsilon_1$）∪$\left(h\geqslant\Delta H_1\ \&\ w+k\leqslant ccr\leqslant w+k+\frac{h}{3}\right)$。

(iii) $\alpha_{SCNB}\geqslant\alpha_1$，$\alpha^{SCNB*}=\alpha_1$。

$$E[\pi(p_n)]=-p_n^2+\left(1+c_n+\frac{1}{2}G\alpha_1\right)p_n-\frac{h^3}{24\Delta^2D_1\alpha_1}+\frac{h^2}{4\Delta}+\frac{(1-c_n)^2}{4}-\left(c_n+\frac{1}{2}G\alpha_1\right);$$

$$s.t.\begin{cases}p_{n1}^{SCNB}\leqslant p_n\leqslant p_{h1}\\ w+k\leqslant ccr\leqslant w+k+\frac{h}{3}。\end{cases}$$

求解制造商的期望利润函数关于p_n的一阶导数并令其为0，可以得到$p_{n1}^{SCRB*}=\frac{2}{3}+\frac{N_1}{6}-\frac{\sqrt[3]{z_1^{SCRB}}}{12\Delta\alpha_1}-\frac{\Delta\alpha_1(2-N_1)^2}{3\sqrt[3]{z_1^{SCRB}}}$。解的情况如下：

(iii-1) $p_n^{SCNB*}=p_{n1}^{SCNB}$，此时需要同时满足条件$p_{n1}^{SCNB*}\leqslant p_{n1}^{SCNB}$和 $w+k\leqslant ccr\leqslant w+k+\frac{h}{3}$。注意到$p_{n1}^{SCNB*}\leqslant p_{n1}^{SCNB}$等价于 $ccr\geqslant\varepsilon_1$。因此，取得该最优解所需满足的条件为$\left(h\leqslant\Delta H_1\ \&\ \varepsilon_1\leqslant ccr\leqslant w+k+\frac{h}{3}\right)$。

(iii-2) $p_n^{SCNB*}=p_{n1}^{SCNB*}$，此时需要同时满足条件$p_{n1}^{SCNB}\leqslant p_{n1}^{SCNB*}\leqslant p_{h1}$和 $w+k\leqslant ccr\leqslant w+k+\frac{h}{3}$。注意到$p_{n1}^{SCNB}\leqslant p_{n1}^{SCNB*}\leqslant p_{h1}$等价于 $ccr\leqslant\bar{\bar{w}}-v_{11}\ \&\ ccr\leqslant\varepsilon_1$。因此，取得该最优解所需满足的条件为（$h\leqslant\Delta H_1\ \&\ w+k\leqslant ccr\leqslant\varepsilon_1$）∪

$(\Delta H_1 \leqslant h \leqslant \sigma\Delta H_1 \ \& \ w+k \leqslant ccr \leqslant \bar{\bar{w}} - v_{11})$。

(iii-3) $p_n^{SCNB*} = p_{h1}$，此时需要同时满足条件$p_{n1}^{SCNB*} \geqslant p_{h1}$和$w+k \leqslant ccr \leqslant w+k+\frac{h}{3}$。注意到$p_{n1}^{SCNB*} \geqslant p_{h1}$等价于$ccr \geqslant \bar{\bar{w}} - v_{11}$。因此，取得该最优解所需满足的条件为$\left(\Delta H_1 \leqslant h \leqslant \sigma\Delta H_1 \ \& \ \bar{\bar{w}} - v_{11} \leqslant ccr \leqslant w+k+\frac{h}{3}\right) \cup \left(h \geqslant \sigma\Delta H_1 \ \& \ w+k \leqslant ccr \leqslant w+k+\frac{h}{3}\right)$。

为方便阅读，模型 *SCNB* 满足 $T \leqslant \alpha \leqslant \alpha_1 \ \& \ G \geqslant 0$ 时的所有可能解见附录 *D*。为了清晰地描述各个区间的最优解，以及方便后面进行比较，图 6.3 描述模型 *SCNB* 所有可能解（注意：还应考虑 $G \leqslant 0$ 的情形）。

注意到图 6.3 中共有 12 个区间，各区间对应所有可能解的情况如下：

在区间 a1 中，只有唯一解，(T, p_{nT}^{SCNB*})。

在区间 a2 中，有两组解，$(\alpha_{SCNB}, p_{nB}^{SCNB*})$ 和 $(\alpha_1, p_{n1}^{SCNB})$。

在区间 a3 中，有两组解，$(\alpha_{SCNB}, p_{n1}^{SCNB})$ 和 $(\alpha_1, p_{n1}^{SCNB*})$。

在区间 a4 中，只有唯一解，$(\alpha_1, p_{n1}^{SCNB*})$。

在区间 a5 中，只有唯一解，(T, p_{h1})。

在区间 a6 中，有两组解，$(\alpha_{SCNB}, p_{n1}^{SCNB})$ 和 (α_1, p_{H1})。

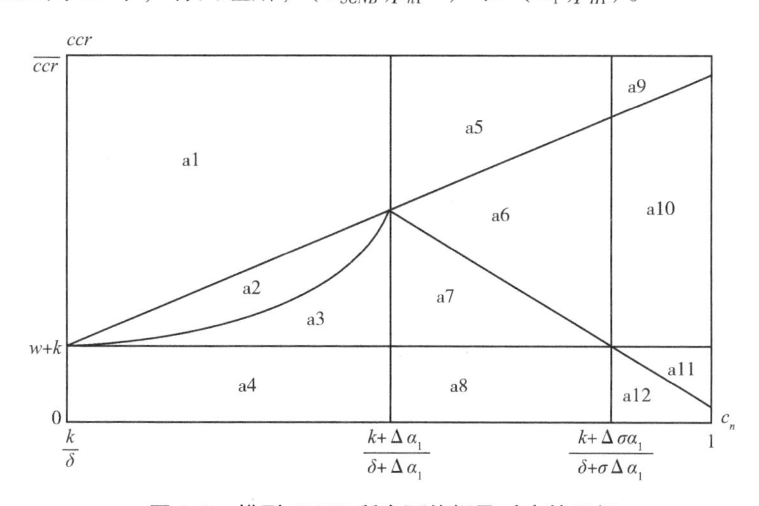

图 6.3　模型 *SCNB* 所有可能解及对应的区间

在区间 a7 中，有两组解，($\alpha_{SCNB}, p_{n1}^{SCNB}$) 和 ($\alpha_1, p_{n1}^{SCNB*}$)。

在区间 a8 中，只有唯一解，(α_1, p_{n1}^{SCNB*})。

在区间 a9 中，只有唯一解，(T, p_{h1})。

在区间 a10 中，有两组解，($\alpha_{SCNB}, p_{n1}^{SCNB}$) 和 ($\alpha_1, p_{h1}$)。

在区间 a11 中，只有唯一解，(α_1, p_{h1})。

在区间 a12 中，只有唯一解，(α_1, p_{n1}^{SCNB*})。

以上为模型 *SCNB* 各个区间对应的所有可能解。接下来对两种模型共同区间的所有可能解进行比较，从而找出各个区间中唯一最优解。图 6.4 描述了两个模型（*SCNA* 和 *SCNB*）的共同区间。

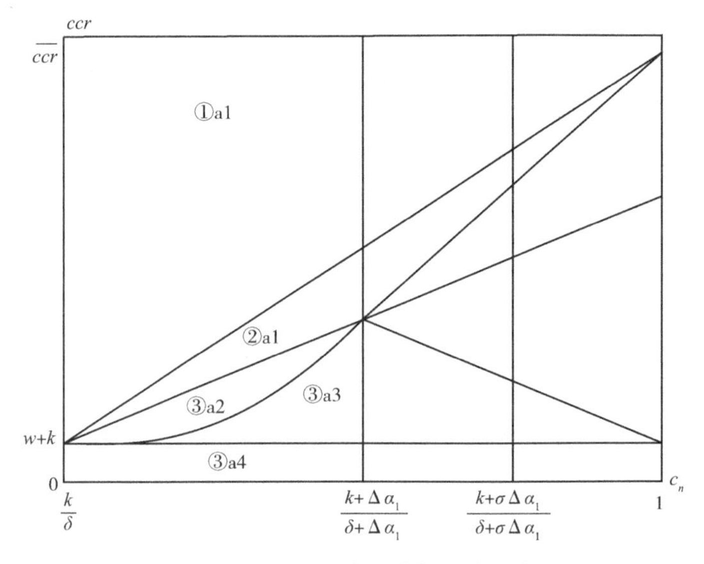

图 6.4　模型 *SCN* 所有可能解及对应的区间

公共区间①a1

在该区间中，所有可能的解分别是 $\left(0, \frac{1+c_n}{2}\right)$ 和 (T, p_{nT}^{SCNB*})。其中 $\left(0, \frac{1+c_n}{2}\right)$ 隶属于 $M \geqslant 1$。(T, p_{nT}^{SCNB*}) 隶属于 $m \leqslant 1$ & $T \leqslant \alpha \leqslant \alpha_1$。对于 ($T, p_{nT}^{SCNB*}$)，最优回收率 $\alpha^{SCNB*} = T$，$M = \frac{h}{2\Delta D_1 \alpha^{SCNB*}} = 1$，即为 $M \geqslant 1$ 的特

殊情况。因此，在公共区间①a1 中，唯一的最优解为$\left(0,\frac{1+c_n}{2}\right)$。

公共区间②a1

在该区间中，所有可能的解分别是（$\alpha_{SCNA},p_{nA}^{SCNA*}$）、（$\alpha_{SCNA},p_{h1}$）、（$\alpha_1$，$p_{n1}^{SCNA}$）和（$T,p_{nT}^{SCNB*}$）。其中（$\alpha_{SCNA},p_{nA}^{SCNA*}$）隶属于$M\geqslant1$ & $\alpha\leqslant T\leqslant\alpha_1$。（$\alpha_{SCNA},p_{h1}$）和（$\alpha_1,p_{n1}^{SCNA}$）隶属于$M\geqslant1$ & $\alpha\leqslant\alpha_1\leqslant T$。（$T,p_{nT}^{SCNB*}$）隶属于$M\leqslant1$& $T\leqslant\alpha\leqslant\alpha_1$。

$$\pi(\alpha_{SCNA},p_{nA}^{SCNA*})-\pi(\alpha_{SCNA},p_{h1})=\frac{1}{4\Delta^2\alpha_1^2}(h-\Delta H_1)^2\geqslant0。$$

$$\pi(\alpha_{SCNA},p_{nA}^{SCNA*})-\pi(\alpha_1,p_{n1}^{SCNA})=\frac{1}{16\Delta^2\alpha_1^2}(3G_1-2\Delta H_1)^2\geqslant0。$$

又（T,p_{nT}^{SCNB*}）被$M\geqslant1$的情况占优。因此，在公共区间②a1 中，唯一的最优解为（$\alpha_{SCNA},p_{nA}^{SCNA*}$）。

公共区间③a2

在该区间中，所有可能的解分别是（T,p_{nT}^{SCNA*}）、（α_1,p_{h1}）、（$\alpha_{SCNB},p_{nB}^{SCNB*}$）和（$\alpha_1,p_{n1}^{SCNB}$）。其中（$T,p_{nT}^{SCNA*}$）和（$\alpha_1,p_{h1}$）分别隶属于$M\geqslant1$ & $\alpha\leqslant T\leqslant\alpha_1$和$M\geqslant1$ & $\alpha\leqslant\alpha_1\leqslant T$。（$\alpha_{SCNB},p_{nB}^{SCNB*}$）和（$\alpha_1,p_{n1}^{SCNB}$）隶属于$m\leqslant1$ & $T\leqslant\alpha\leqslant\alpha_1$。

$$\pi(\alpha_{SCNB},p_{nB}^{SCNB*})-\pi(\alpha_1,p_{n1}^{SCNB})=\frac{h^3}{12\Delta^2\alpha_1^2}\left(\frac{1}{\sqrt{G}}-\frac{\sqrt{3}\Delta H_1}{\sqrt{h^3}}\right)^2\geqslant0。$$

对于（α_1,p_{H1}），$M=\frac{h}{2\Delta D_1\alpha^{SCNA*}}=\frac{h}{2(1-p_{h1})\alpha_1}=1$，为$M\leqslant1$的特殊情况。同理（$T,p_{nT}^{SCNA*}$）为$M\leqslant1$的特殊情况。综上所述，在公共区间③a2 中，唯一的最优解为（$\alpha_{SCNB},p_{nB}^{SCNB*}$）。

公共区间③a3

在该区间中，所有可能的解分别是（T,p_{nT}^{SCNA*}）、（α_1,p_{h1}）、（$\alpha_{SCNB},p_{n1}^{SCNB}$）和（$\alpha_1,p_{n1}^{SCNB*}$）。其中（$T,p_{nT}^{SCNA*}$）和（$\alpha_1,p_{h1}$）分别隶属于$M\geqslant1$ & $\alpha\leqslant T\leqslant\alpha_1$和$M\geqslant1$ & $\alpha\leqslant\alpha_1\leqslant T$。（$\alpha_{SCNB},p_{n1}^{SCNB}$）和（$\alpha_1,p_{n1}^{SCNB*}$）隶属于$m\leqslant1$ & $T\leqslant\alpha\leqslant\alpha_1$。

由表 D3 可知（$\alpha_{SCNB},p_{n1}^{SCNB}$）被（$\alpha_1,p_{n1}^{SCNB*}$）占优。又（$T,p_{nT}^{SCNA*}$）和

(α_1, p_{h1}) 被 $M \leqslant 1$ 占优。综上所述，在公共区间③$a3$ 中，唯一的最优解为 $(\alpha_1, p_{n1}^{SCNB*})$。

公共区间③a4

在该区间中，所有可能的解分别是 (T, p_{nT}^{SCNA*})、(α_1, p_{h1}) 和 $(\alpha_1, p_{n1}^{SCNB*})$。其中 (T, p_{nT}^{SCNA*}) 和 (α_1, p_{h1}) 分别隶属于 $M \geqslant 1$ & $\alpha \leqslant T \leqslant \alpha_1$ 和 $M \geqslant 1$ & $\alpha \leqslant \alpha_1 \leqslant T$。$(\alpha_1, p_{n1}^{SCNB*})$ 隶属于 $m \leqslant 1$ & $T \leqslant \alpha \leqslant \alpha_1$。同理，在公共区间③a4 中，唯一的最优解为 $(\alpha_1, p_{n1}^{SCNB*})$。

注意到在公共区间③a3 和③a4 中，由于具有相同的最优解，因此可以把这两个区间合并。利用同样的方法，可以求解出其余公共区间中的最优解。考虑到市场需求需满足 $D_1 \geqslant 0$，使逆向运营成本存在上限约束，$ccr \leqslant \overline{ccr} = \bar{\bar{w}} - \frac{2(c_n - 1)}{\alpha_1}$。令 $\bar{\bar{w}} - v_{11} = 0$，可得 $c_{nmax}^{SC} = \frac{2\Delta\alpha_1^2 k + 3\Delta\alpha_1^2 w + 6\Delta\alpha_1 + 6k}{6\Delta\alpha_1 + 6\delta - \Delta\alpha_1^2\delta} \leqslant 1$。

6.5 模型 *SCN* 计算结果

根据对模型 *SCNA* 和模型 *SCNB* 的计算，可以得到模型 *SCN* 的最优解，见定理 6.2。

定理 6.2：对于模型 *SCN*，第一阶段新产品的价格、第二阶段回收率以及第三阶段新产品和再造品的最优价格如表 6.3 所示。

定理 6.2 表明：

（1）在区间 *SCN*1 中，$\left(\bar{\bar{w}} \leqslant ccr \leqslant \bar{\bar{w}} - \frac{2(c_n - 1)}{\alpha_1} \text{ \& } \frac{k}{\delta} \leqslant c_n \leqslant 1\right)$。此时逆向运营成本非常高，无法律约束时，制造商没有经济动力回收旧产品。因此，在第三阶段制造仅生产新产品，此时新产品的最优价格为$\frac{1 + c_n}{2}$，对应的需求为$\frac{1 - c_n}{2}$。

（2）在区间 *SCN*2 中，$\left(\bar{\bar{w}} - \frac{2h}{3} \leqslant ccr \leqslant \bar{\bar{w}} \text{ \& } \frac{k}{\delta} \leqslant c_n \leqslant \frac{k + \Delta\alpha_1}{\delta + \Delta\alpha_1}\right) \cup \left(\bar{\bar{w}} -\right.$

$\frac{2}{3}\Delta H_1 \leqslant ccr \leqslant \bar{\bar{w}}$ & $\frac{k+\Delta\alpha_1}{\delta+\Delta\alpha_1} \leqslant c_n \leqslant 1$)。最优回收率为$\frac{3G_1}{2\Delta(1-c_n)}$。容易发现$\frac{3G_1}{2\Delta(1-c_n)}$与新产品生产成本$c_n$以及替代强度$\delta$密切相关，见推论6.1。

推论6.1：在区间$SCN2$中，最优回收率关于c_n与δ单调。

推论6.1表明新产品的生产成本越高，回收率越大。替代强度δ越大，表明再造品对新产品的替代性越强，因此回收率越高（详见附录D）。

表6.3　模型SCN：随机及竞争情形下不存在法律约束时制造商的最优决策

区间	p_n^{SCN*}	α^{SCN*}	p_{2n}^{SCN*}	p_{2r}^{SCN*}	D_{2n}^{SCN*}	D_{2r}^{SCN*}
$SCN1$	$\frac{1+c_n}{2}$	0	$\frac{1+c_n}{2}$	N/A	$\frac{1-c_n}{2}$	N/A
$SCN2$	$\frac{1+c_n}{2}$	$\frac{3G_1}{2\Delta(1-c_n)}$	$\frac{1+c_n}{2}$	$\frac{\delta(1+c_n)}{2}-\frac{3G_1}{8}$	$\frac{1-c_n}{2}-\frac{3G_1}{8(1-\delta)}$	$\frac{3G_1}{8\Delta}$
$SCN3$	$\frac{1+c_n}{2}$	$\frac{h}{\Delta(1-c_n)}$ $\sqrt{\frac{h}{3G}}$	$\frac{1+c_n}{2}$	$\frac{\sqrt{3Gh}+2k+2\delta}{4}$	$\frac{\sqrt{3Gh}}{4(1-\delta)}+\frac{c_n+\delta-1-k}{2(\delta-1)}$	$\frac{2h-\sqrt{3Gh}}{4\Delta}$
$SCN4$	p_{n1}^{SCNA*}	α_1	$\frac{1+c_n}{2}$	$\frac{\delta(1+c_n)}{2}-\frac{3\Delta G_1\alpha_1^2+6\Delta H_1}{8(\Delta\alpha_1^2+3)}$	$\frac{1-c_n}{2}-\frac{3\delta G_1\alpha_1^2+6\delta H_1}{8(\Delta\alpha_1^2+3)}$	$\frac{3\Delta G_1\alpha_1^2+6\Delta H_1}{8(\Delta\alpha_1^2+3)}$
$SCN5$	p_{n1}^{SCNB*}	α_1	$\frac{1+c_n}{2}$	$\frac{h^2}{8\Delta\alpha_1(1-p_{n1}^{SCRB*})}+\frac{\delta+k}{2}$	$\frac{h^2}{8(1-\delta)\Delta\alpha_1(1-p_{n1}^{SCRB*})}+\frac{c_n+\delta-1-k}{2(\delta-1)}$	$\frac{h}{2\Delta}-\frac{h^2}{8\Delta^2\alpha_1(1-p_{n1}^{SCRB*})}$

$G_1=w+\delta c_n-ccr, h=\delta c_n-k, p_{n1}^{SCRA*}=\frac{4\Delta\alpha_1^2-3G_1\alpha_1+6(1+c_n)}{4(\Delta\alpha_1^2+3)}, \Delta=\delta(1-\delta), p_{n1}^{SCRB*}=\frac{2}{3}+\frac{N_1}{6}-\frac{\sqrt[3]{z_1^{SCRB}}}{12\Delta\alpha_1}-\frac{\Delta\alpha_1(2-N_1)^2}{3\sqrt[3]{z_1^{SCRB}}}$

$z_1^{SCRB}=\Delta\alpha_1^2(\sqrt{8\Delta^2\alpha_1(2-N_1)^3+9h^3}-3h\sqrt{h})^2, N_1=1+c_n+\frac{1}{2}G\alpha_1, \bar{\bar{w}}=w+\delta c_n$

（3）在区间 $SCN3$ 中，$\left(\varepsilon_1 \leqslant ccr \leqslant \bar{\bar{w}} - \frac{2h}{3}\ \&\ \frac{k}{\delta} \leqslant c_n \leqslant \frac{k+\Delta\alpha_1}{\delta+\Delta\alpha_1}\right)$。最优回收率为$\frac{h}{\Delta(1-c_n)}\sqrt{\frac{h}{3G}}$。类似地，可以得到推论 6.2。

推论 6.2：在区间 $SCN3$ 中，最优回收率关于c_n与 δ 以及 k 单调。

类似于推论 6.1，推论 6.2 表明最优回收率与新产品的生产成本、替代强度呈正比例的关系。除此之外，推论 6.2 还表明，当再造品残值越高时，回收率越高。因为当再造品的残值较高时，制造商可以通过获取残值来保障自身的利益（详见附录 D）。

（4）在区间 $SCN4$ 中，$\left(\bar{\bar{w}} - v_{11} \leqslant ccr \leqslant \bar{\bar{w}} - \frac{2}{3}\Delta H_1\ \&\ \frac{k+\Delta\alpha_1}{\delta+\Delta\alpha_1} \leqslant c_n \leqslant c_{nmax}^{SC}\right) \cup \left(0 \leqslant ccr \leqslant \bar{\bar{w}} - \frac{2}{3}\Delta H_1\ \&\ c_{nmax}^{SC} \leqslant c_n \leqslant 1\right)$。此时制造商的最优回收率为 α_1。注意到在该区间中逆向运营成本并不是非常低，但是新产品的生产成本较高。回顾推论 6.1 和推论 6.2，新产品的生产成本越高，回收率越大。

（5）在区间 $SCN5$ 中，$\left(0 \leqslant ccr \leqslant \varepsilon_1\ \&\ \frac{k}{\delta} \leqslant c_n \leqslant \frac{k+\Delta\alpha_1}{\delta+\Delta\alpha_1}\right) \cup \left(0 \leqslant ccr \leqslant \bar{\bar{w}} - v_{11}\ \&\ \frac{k+\Delta\alpha_1}{\delta+\Delta\alpha_1} \leqslant c_n \leqslant c_{nmax}^{SC}\right)$。此时逆向运营成本非常低，不管新产品的生产成本高或低，制造商的最优回收率都为 α_1。

在图 6.5 中，从区间 $SCN1$ 到 $SCN5$ 的变化过程中，最优回收率从 0 变成 α_1。区间 $SCN1$、$SCN2$ 以及 $SCN4$ 表示 $M>1$ 的情形，$SCN3$ 和 $SCN5$ 表示 $M<1$ 的情形。除此之外，图 6.5 表明，当 $ccr \leqslant w + \delta c_n$时，在无法律约束情形下，制造商的最优回收率为 0，此时制造商只需决策新产品价格；当 $ccr \leqslant w + k$ 时，制造商的最优回收率为 α_1，此时新产品和再造品存在市场竞争。

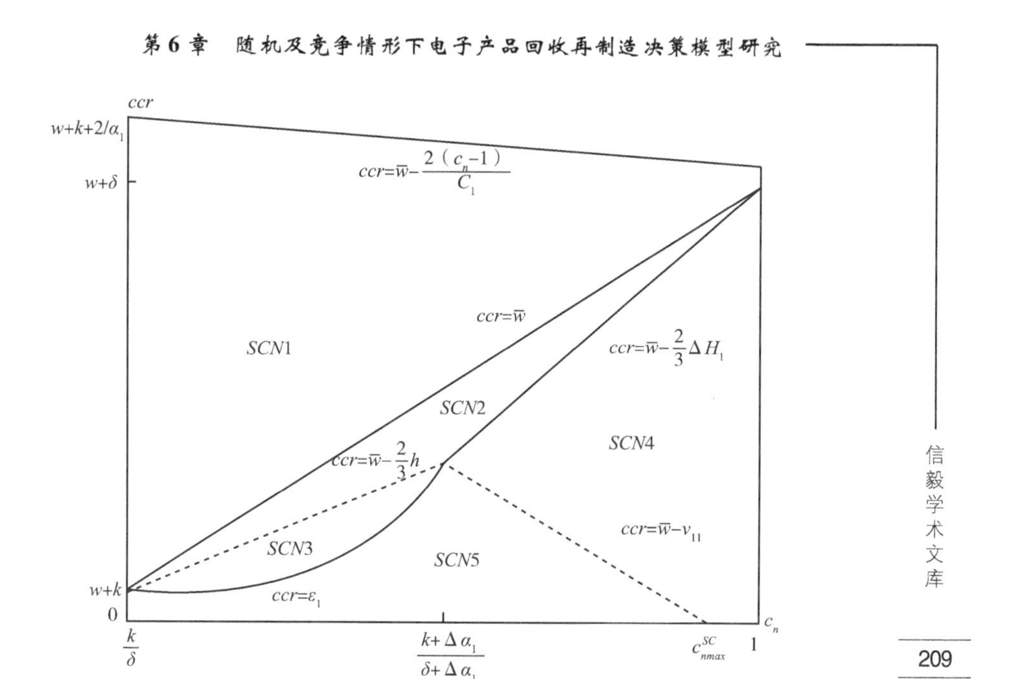

图 6.5 模型 *SCN*：制造商的最优决策区间

6.6 模型 *SCR*：随机及竞争情境下存在法律约束

6.5 节讨论了不存在法律约束的情形，并得到了制造商的最优决策区间。本节讨论存在法律约束时制造商最优决策会发生怎样的变化。在本章中，假设制造商有能力满足政府规定的回收要求，即满足约束条件 $\alpha \geqslant \alpha_0$。

6.6.1 模型 *SCRA*

类似于无法律约束的情形，采用逆向推导法来求解制造商的最优决策。注意到第三阶段的计算过程与无法律约束的情形一致。在此，省略第三阶段的计算过程。用 R 表示存在法律约束的情形。类似地，称确定及竞争情境下存在法律约束时的情形 A 为模型 *SCRA*。

第一阶段和第二阶段分析：类似于不存在法律约束的情形，同时给出第一阶段和第二阶段的最优解。

现在从第二阶段开始求解制造商的最优决策。在求解之前，需要讨论 M 的值与 1 的大小关系。注意到 $M=\frac{h}{2\Delta D_1\alpha}\geqslant 1$ 等价于 $\alpha\leqslant\frac{h}{2\Delta D_1}=T$。与此同时，在法律约束的情形下，回收率的约束为 $\alpha_0\leqslant\alpha\leqslant\alpha_1$。因此，在模型 $SCRA$ 中，关于回收率的约束需要讨论两种情况，$\alpha_0\leqslant\alpha\leqslant\alpha_1\leqslant T$ 和 $\alpha_0\leqslant\alpha\leqslant T\leqslant\alpha_1$。此时制造商的利润函数与式（6.7）一样，但是需要增加新的关于回收率的约束。综上所述，制造商面临的问题如下：

$$SCRA-1:\ \pi(\alpha)=-\frac{1}{3}\Delta D_1^2\alpha^2+\frac{1}{2}G_1D_1\alpha+\frac{(1-c_n)^2}{4}+(p_n-c_n)D_1$$

$$s.t.\ \alpha_0\leqslant\alpha\leqslant\alpha_1\leqslant T \tag{6.25}$$

$$SCRA-2:\ \pi(\alpha)=-\frac{1}{3}\Delta D_1^2\alpha^2+\frac{1}{2}G_1D_1\alpha+\frac{(1-c_n)^2}{4}+(p_n-c_n)D_1$$

$$s.t.\ \alpha_0\leqslant\alpha\leqslant T\leqslant\alpha_1 \tag{6.26}$$

6.6.2 模型 *SCRB*

类似地，称随机及竞争情境下存在法律约束时的情形 B 为模型 $SCRB$。同样，从第二阶段开始求解制造商的最优决策。类似地，需要讨论 M 的值与 1 的大小关系。注意到 $M=\frac{h}{2\Delta D_1\alpha}\leqslant 1$ 等价于 $\alpha\geqslant\frac{h}{2\Delta D_1}=T$。因此，在 $SCRB$ 中，关于回收率的约束需要讨论两种情况，$T\leqslant\alpha_0\leqslant\alpha\leqslant\alpha_1$ 和 $\alpha_0\leqslant T\leqslant\alpha\leqslant\alpha_1$。此时制造商的利润函数与式（6.11）一样，但是需要增加新的关于回收率的约束。综上所述，制造商面临的问题如下：

$$SCRB-1:\ \pi(\alpha)=(p_n-c_n)D_1-\frac{h^3}{24\Delta^2D_1\alpha}+\frac{h^2}{4\Delta}+\frac{(1-c_n)^2}{4}-\frac{1}{2}GD_1\alpha$$

$$s.t.\ T\leqslant\alpha_0\leqslant\alpha\leqslant\alpha_1 \tag{6.27}$$

$$SCRB-1:\ \pi(\alpha)=(p_n-c_n)D_1-\frac{h^3}{24\Delta^2D_1\alpha}+\frac{h^2}{4\Delta}+\frac{(1-c_n)^2}{4}-\frac{1}{2}GD_1\alpha$$

$$s.t.\ \alpha_0\leqslant T\leqslant\alpha\leqslant\alpha_1 \tag{6.28}$$

6.7　求解模型 *SCR*

在本节中，分别求解模型 *SCRA* 和模型 *SCRB* 的所有可能解。在求解过程中发现最优回收率和新产品价格与模型 *SCRA* 和模型 *SCRB* 均有关。因此需要对模型 *SCRA* 和模型 *SCRB* 中的所有可能解进行比较，然后从中找出唯一最优。基于此，本节同时给出第一阶段和第二阶段的最优解。为方便表示，记$\varepsilon_0 = w + k + \frac{h^3}{3\Delta^2 H_0^2}$，$\varepsilon_1 = w + k + \frac{h^3}{3\Delta^2 H_1^2}$，$v_{11} = \frac{2(3+\Delta\alpha_1^2)h - 6\Delta H_1}{3\Delta\alpha_1^2}$，$v_{01} = \frac{2(3+\Delta\alpha_0^2)h - 6\Delta H_1}{3\Delta\alpha_0\alpha_1}$，$\bar{\bar{w}} = w + \delta c_n$，$G_1 = \bar{\bar{w}} - ccr$，$v_{00} = \frac{2(3+\Delta\alpha_0^2)h - 6\Delta H_0}{3\Delta\alpha_0^2}$，$v_{10} = h - \frac{h\alpha_0^2}{3\alpha_1^2} + \frac{2(h-\Delta H_0)}{\Delta\alpha_0\alpha_1}$，$\xi = \frac{3}{3+\Delta\alpha_0^2}$，$\beta = \frac{3\alpha_1}{3\alpha_1 + \Delta\alpha_0^2(\alpha_1 - \alpha_0)}$，$\sigma_0 = \frac{6\alpha_1}{6\alpha_1 - \Delta\alpha_0^3}$，$\sigma = \frac{6}{6-\Delta(\alpha_1^2-\alpha_0^2)}$，$\sigma_1 = \frac{6}{6-\Delta\alpha_1^2}$。

6.7.1　求解模型 *SCRA*

对于模型 *SCRA*，存在两个关于 α 的约束，$\alpha_0 \leqslant \alpha \leqslant \alpha_1 \leqslant T$ 和 $\alpha_0 \leqslant \alpha \leqslant T \leqslant \alpha_1$。先考虑第一个约束，由 6.6.1 小节可知，制造商面临的问题如下：

$$SCRA-1: \pi(\alpha) = -\frac{1}{3}\Delta D_1^2\alpha^2 + \frac{1}{2}G_1 D_1\alpha + \frac{(1-c_n)^2}{4} + (p_n - c_n)D_1;$$

$$s.t.\ \alpha_0 \leqslant \alpha \leqslant \alpha_1 \leqslant T。$$

通过计算制造商的利润函数对回收率 α 的一阶导数，可以得到$\frac{\partial\pi(\alpha)}{\partial\alpha} = -\frac{2}{3}\Delta D_1^2\alpha + \frac{1}{2}G_1 D_1$。当$G_1 \leqslant 0$，即 $ccr \geqslant w + \delta c_n$时，$\frac{\partial\pi(\alpha)}{\partial\alpha} \leqslant 0$。此时制造商的利润函数是关于回收率的减函数，那么 $\alpha^{SCRA*} = \alpha_0$。相应地，制造商的问题如下：

$$\pi(p_n)=\left(-1-\frac{\Delta\alpha_0^2}{3}\right)p_n^2+\left(1+c_n+\frac{2\Delta\alpha_0^2}{3}-\frac{G_1\alpha_0}{2}\right)p_n$$
$$-\frac{\Delta\alpha_0^2}{3}+\frac{G_1\alpha_0}{2}-c_n+\frac{(1-c_n)^2}{4} \tag{6.29}$$

$$s.t.\begin{cases}p_n\geqslant p_{h0}\\ ccr\geqslant\bar{\bar{w}}\end{cases} \tag{6.30}$$

其中 $p_{h0}=1-\frac{h}{2\Delta\alpha_0}$。注意到式（6.29）是关于$p_n$的二次函数且为凹。求解式（6.29）对 p_n 的一阶导数并令其等于 0，可以得到 $p_{n0}^{SCRA*}=\frac{6(1+c_n)-3G_1\alpha_0+4\Delta\alpha_0^2}{4(\Delta\alpha_0^2+3)}$。此时$p_n$的最优值存在两种情况：当$p_{n0}^{SCRA*}\geqslant p_{h0}$时，$p_n^{SCRA*}=p_{n0}^{SCRA*}$；当$p_{n0}^{SCRA*}\leqslant p_{h0}$时，$p_n^{SCRA*}=p_{h0}$。

（i）$p_n^{SCRA*}=p_{n0}^{SCRA*}$。此时需要同时满足条件$p_{n0}^{SCRA*}\geqslant p_{h0}$和 $ccr\geqslant\bar{\bar{w}}$。注意到$p_{n0}^{SCRA*}\geqslant p_{h0}$等价于 $ccr\geqslant\bar{\bar{w}}-v_{00}$。因此，取得该最优解所需满足的条件为$(h\geqslant\xi\Delta H_0\ \&\ ccr\geqslant\bar{\bar{w}})\cup(h\leqslant\xi\Delta H_0\ \&\ ccr\geqslant\bar{\bar{w}}-v_{00})$。

（ii）$p_n^{SCRA*}=p_{h0}$。此时需要同时满足条件$p_{n0}^{SCRA*}\leqslant p_{h0}$和 $ccr\geqslant\bar{\bar{w}}$。注意到$p_{n0}^{SCRA*}\leqslant p_{h0}$等价于 $ccr\leqslant\bar{\bar{w}}-v_{00}$。因此，取得该最优解所需满足的条件为$(h\leqslant\xi\Delta H_0\ \&\ \bar{\bar{w}}\leqslant ccr\leqslant\bar{\bar{w}}-v_{00})$。

前面分析了当$G_1\leqslant0$ 时制造商的最优决策。接下来分析当$G_1\geqslant0$ 时制造商的最优决策将发生怎样的变化。令$\frac{\partial\pi(\alpha)}{\partial\alpha}=-\frac{2}{3}\Delta D_1^2\alpha+\frac{1}{2}G_1D_1=0$，可以得到 $\alpha_{SCRA}=\frac{3G_1}{4\Delta D_1}$。此时 α 的最优值存在三种情况：当 $\alpha_{SCRA}\leqslant\alpha_0$时，$\alpha^{SCRA*}=\alpha_0$；当 $\alpha_0\leqslant\alpha_{SCRA}\leqslant\alpha_1$时，$\alpha^{SCRA*}=\alpha_{SCRA}$；当 $\alpha_{SCRA}\geqslant\alpha_1$时，$\alpha^{SCRA*}=\alpha_1$。接下来分析$p_n$的取值情况。

（i）$\alpha_{DCRA}\leqslant\alpha_0$，$\alpha^{DCRA*}=\alpha_0$。

$$\pi(p_n)=\left(-1-\frac{\Delta\alpha_0^2}{3}\right)p_n^2+\left(1+c_n+\frac{2\Delta\alpha_0^2}{3}-\frac{G_1\alpha_0}{2}\right)p_n$$
$$-\frac{\Delta\alpha_0^2}{3}+\frac{G_1\alpha_0}{2}-c_n+\frac{(1-c_n)^2}{4}$$

$$s.t.\begin{cases}p_{h1}\leqslant p_n\leqslant p_{n0}^{SCRA}\\ \bar{\bar{w}}-\dfrac{2h}{3}\dfrac{\alpha_0}{\alpha_1}\leqslant ccr\leqslant \bar{\bar{w}}\end{cases} \tag{6.31}$$

其中 $p_{h1}=1-\dfrac{h}{2\Delta\alpha_1}$，$p_{n0}^{SCRA}=1-\dfrac{3G_1}{4\Delta\alpha_0}$。类似地，$p_n$的最优解存在三种情况。求解目标函数对$p_n$的导数并令其等于0，可以得到 $p_{n0}^{SCRA*}=\dfrac{6(1+c_n)-3G_1\alpha_0+4\Delta\alpha_0^2}{4(\Delta\alpha_0^2+3)}$。

（i-1）$p_n^{SCRA*}=p_{h1}$。此时需要同时满足条件$p_{n0}^{SCRA*}\leqslant p_{h1}$和$\bar{\bar{w}}-\dfrac{2h}{3}\dfrac{\alpha_0}{\alpha_1}\leqslant ccr\leqslant \bar{\bar{w}}$。注意到$p_{n0}^{SCRA*}\leqslant p_{h1}$等价于 $ccr\leqslant \bar{\bar{w}}-v_{01}$。因此，取得该最优解所需满足的条件为$\left(h\leqslant\xi\Delta H_1\ \&\ \bar{\bar{w}}-\dfrac{2h}{3}\dfrac{\alpha_0}{\alpha_1}\leqslant ccr\leqslant \bar{\bar{w}}\right)\cup\left(\xi\Delta H_1\leqslant h\leqslant\Delta H_1\ \&\ \bar{\bar{w}}-\dfrac{2h}{3}\dfrac{\alpha_0}{\alpha_1}\leqslant ccr\leqslant \bar{\bar{w}}-v_{01}\right)$。

（i-2）$p_n^{SCRA*}=p_{n0}^{SCRA*}$。此时需要同时满足条件$p_{h1}\leqslant p_{n0}^{SCRA*}\leqslant p_{n0}^{SCRA}$和$\bar{\bar{w}}-\dfrac{2h}{3}\dfrac{\alpha_0}{\alpha_1}\leqslant ccr\leqslant \bar{\bar{w}}$。注意到$p_{h1}\leqslant p_{n0}^{SCRA*}\leqslant p_{n0}^{SCRA}$等价于 $ccr\leqslant \bar{\bar{w}}-\dfrac{2}{3}\Delta H_0\ \&\ ccr\leqslant \bar{\bar{w}}-v_{01}$。因此，取得该最优解所需满足的条件为（$\xi\Delta H_1\leqslant h\leqslant\Delta H_1\ \&\ \bar{\bar{w}}-v_{01}\leqslant ccr\leqslant \bar{\bar{w}}$）$\cup\left(h\geqslant\Delta H_1\ \&\ \bar{\bar{w}}-\dfrac{2}{3}\Delta H_0\leqslant ccr\leqslant \bar{\bar{w}}\right)$。

（i-3）$p_n^{SCRA*}=p_{n0}^{SCRA}$。此时需要同时满足条件$p_{n0}^{SCRA*}\leqslant p_{n0}^{SCRA}$和$\bar{\bar{w}}-\dfrac{2h}{3}\dfrac{\alpha_0}{\alpha_1}\leqslant ccr\leqslant \bar{\bar{w}}$。注意到$p_{n0}^{SCRA*}\leqslant p_{n0}^{SCRA}$等价于 $ccr\leqslant \bar{\bar{w}}-\dfrac{2}{3}\Delta H_0$。因此，取得该最优解所需满足的条件为$\left(h\leqslant\Delta H_1\ \&\ \bar{\bar{w}}-\dfrac{2h}{3}\dfrac{\alpha_0}{\alpha_1}\leqslant ccr\leqslant \bar{\bar{w}}-\dfrac{2}{3}\Delta H_0\right)$。

（ii）$\alpha_0\leqslant\alpha_{SCRA}\leqslant\alpha_1$，$\alpha^{SCRA*}=\alpha_{SCRA}$。

$$\pi(p_n)=-p_n^2+(1+c_n)p_n+\frac{4\Delta c_n^2-24\Delta c_n+4\Delta+3G_1^2}{16\Delta} \tag{6.32}$$

$$s.t.\begin{cases}p_{n0}^{SCRA}\leqslant p_n\leqslant p_{n1}^{SCRA}\\ \bar{\bar{w}}-\frac{2h}{3}\frac{\alpha_0}{\alpha_1}\leqslant ccr\leqslant\bar{\bar{w}}\end{cases}\tag{6.33}$$

$$or\ s.t.\begin{cases}p_{h1}\leqslant p_n\leqslant p_{n1}^{SCRA}\\ \bar{\bar{w}}-\frac{2h}{3}\leqslant ccr\leqslant\bar{\bar{w}}-\frac{2h}{3}\frac{\alpha_0}{\alpha_1}\end{cases}\tag{6.34}$$

其中 $p_{h1}=1-\frac{h}{2\Delta\alpha_1}$，$p_{n0}^{SCRA}=1-\frac{3G_1}{4\Delta\alpha_0}$，$p_{n1}^{SCRA}=1-\frac{3G_1}{4\Delta\alpha_1}$，$h=\delta c_n-k$。存在两个约束，先求解约束式（6.33）。类似地，p_n的最优解存在三种情况。求解目标函数对p_n的一阶导数并令其等于0，可以得到$p_{nA}^{SCRA*}=\frac{1+c_n}{2}$。

（ii-11）$p_n^{SCRA*}=p_{n0}^{SCRA}$。此时需要同时满足条件$p_{nA}^{SCRA*}\leqslant p_{n0}^{SCRA}$和$\bar{\bar{w}}-\frac{2h}{3}\frac{\alpha_0}{\alpha_1}\leqslant ccr\leqslant\bar{\bar{w}}$。注意到$p_{nA}^{SCRA*}\leqslant p_{n0}^{SCRA}$等价于$ccr\geqslant\bar{\bar{w}}-\frac{2}{3}\Delta H_0$。因此，取得该最优解所需满足的条件为$\left(h\leqslant\Delta H_1\ \&\ \bar{\bar{w}}-\frac{2h}{3}\frac{\alpha_0}{\alpha_1}\leqslant ccr\leqslant\bar{\bar{w}}\right)\cup\left(h\geqslant\Delta H_1\ \&\ \bar{\bar{w}}-\frac{2}{3}\Delta H_0\leqslant ccr\leqslant\bar{\bar{w}}\right)$。

（ii-12）$p_n^{SCRA*}=p_{nA}^{SCRA*}$。此时需要同时满足条件$p_{n0}^{SCRA}\leqslant p_{nA}^{SCRA*}\leqslant p_{n1}^{SCRA}$和$\bar{\bar{w}}-\frac{2h}{3}\frac{\alpha_0}{\alpha_1}\leqslant ccr\leqslant\bar{\bar{w}}$。注意到$p_{n0}^{SCRA}\leqslant p_{nA}^{SCRA*}\leqslant p_{n1}^{SCRA}$等价于$\bar{\bar{w}}-\frac{2}{3}\Delta H_1\leqslant ccr\leqslant\bar{\bar{w}}-\frac{2}{3}\Delta H_0$。因此，取得该最优解所需满足的条件为$\left(\Delta H_1\leqslant h\leqslant\frac{\alpha_1}{\alpha_0}\Delta H_1\ \&\ \bar{\bar{w}}-\frac{2h}{3}\frac{\alpha_0}{\alpha_1}\leqslant ccr\leqslant\bar{\bar{w}}-\frac{2}{3}\Delta H_0\right)\cup\left(h\leqslant\frac{\alpha_1}{\alpha_0}\Delta H_1\ \&\ \bar{\bar{w}}-\frac{2}{3}\Delta H_1\leqslant ccr\leqslant\bar{\bar{w}}-\frac{2}{3}\Delta H_0\right)$。

（ii-13）$p_n^{SCRA*}=p_{n1}^{SCRA}$。此时需要同时满足条件$p_{nA}^{SCRA*}\leqslant p_{n1}^{SCRA}$和$\bar{\bar{w}}-\frac{2h}{3}\frac{\alpha_0}{\alpha_1}\leqslant ccr\leqslant\bar{\bar{w}}$。注意到$p_{nA}^{SCRA*}\geqslant p_{n1}^{SCRA}$等价于$ccr\leqslant\bar{\bar{w}}-\frac{2}{3}\Delta H_1$。因此，取得该最

优解所需满足的条件为$\left(h\geqslant\frac{\alpha_1}{\alpha_0}\Delta H_1\ \&\ \bar{\bar{w}}-\frac{2h}{3}\frac{\alpha_0}{\alpha_1}\leqslant ccr\leqslant\bar{\bar{w}}-\frac{2}{3}\Delta H_1\right)$。

对于约束式（6.34），解的情况如下：

（ii－21）$p_n^{SCRA*}=p_{h1}$。此时需要同时满足条件$p_{nA}^{SCRA*}\leqslant p_{h1}$和$\bar{\bar{w}}-\frac{2h}{3}\leqslant ccr\leqslant\bar{\bar{w}}-\frac{2h}{3}\frac{\alpha_0}{\alpha_1}$。注意到$p_{nA}^{SCRA*}\leqslant p_{h1}$等价于$h\leqslant\Delta H_1$。因此，取得该最优解所需满足的条件为$\left(h\leqslant\Delta H_1\ \&\ \bar{\bar{w}}-\frac{2h}{3}\leqslant ccr\leqslant\bar{\bar{w}}-\frac{2h}{3}\frac{\alpha_0}{\alpha_1}\right)$。

（ii－22）$p_n^{SCRA*}=p_{nA}^{SCRA*}$。此时需要同时满足条件$p_{h1}\leqslant p_{nA}^{SCRA*}\leqslant p_{n1}^{SCRA}$和$\bar{\bar{w}}-\frac{2h}{3}\leqslant ccr\leqslant\bar{\bar{w}}-\frac{2h}{3}\frac{\alpha_0}{\alpha_1}$。注意到$p_{h1}\leqslant p_{nA}^{SCRA*}\leqslant p_{n1}^{SCRA}$等价于$h\geqslant\Delta H_1\ \&\ ccr\geqslant\bar{\bar{w}}-\frac{2}{3}\Delta H_1$。因此，取得该最优解所需满足的条件为$\left(\Delta H_1\leqslant h\leqslant\frac{\alpha_1}{\alpha_0}\Delta H_1\ \&\ \bar{\bar{w}}-\frac{2}{3}\Delta H_1\leqslant ccr\leqslant\bar{\bar{w}}-\frac{2h}{3}\frac{\alpha_0}{\alpha_1}\right)$。

（ii－23）$p_n^{SCRA*}=p_{n1}^{SCRA}$。此时需要同时满足条件$p_{nA}^{SCRA*}\geqslant p_{n1}^{SCRA}$和$\bar{\bar{w}}-\frac{2h}{3}\leqslant ccr\leqslant\bar{\bar{w}}-\frac{2h}{3}\frac{\alpha_0}{\alpha_1}$。注意到$p_{nA}^{SCRA*}\geqslant p_{n1}^{SCRA}$等价于$ccr\leqslant\bar{\bar{w}}-\frac{2}{3}\Delta H_1$。因此，取得该最优解所需满足的条件为$\left(\Delta H_1\leqslant h\leqslant\frac{\alpha_1}{\alpha_0}\Delta H_1\ \&\ \bar{\bar{w}}-\frac{2h}{3}\leqslant ccr\leqslant\bar{\bar{w}}-\frac{2}{3}\Delta H_1\right)\cup\left(h\geqslant\frac{\alpha_1}{\alpha_0}\Delta H_1\ \&\ \bar{\bar{w}}-\frac{2h}{3}\leqslant ccr\leqslant\bar{\bar{w}}-\frac{2h}{3}\frac{\alpha_0}{\alpha_1}\right)$。

（iii）$\alpha_{SCRA}\geqslant\alpha_1$，$\alpha^{SCRA*}=\alpha_1$。

$$\pi(p_n)=\left(-1-\frac{\Delta\alpha_1^2}{3}\right)p_n^2+\left(1+c_n+\frac{2\Delta\alpha_1^2}{3}-\frac{G_1\alpha_1}{2}\right)p_n-\frac{\Delta\alpha_1^2}{3}+\frac{G_1\alpha_1}{2}-c_n+\frac{(1-c_n)^2}{4}\tag{6.35}$$

$$s.t.\begin{cases}p_n\geqslant p_{n1}^{SCRA}\\ \bar{\bar{w}}-\frac{2h}{3}\leqslant ccr\leqslant\bar{\bar{w}}\end{cases}\tag{6.36}$$

$$\text{or } s.t.\begin{cases}p_n \geqslant p_{h1} \\ ccr \leqslant \bar{\bar{w}} - \dfrac{2h}{3}\end{cases} \tag{6.37}$$

其中 $p_{h1}=1-\dfrac{h}{2\Delta\alpha_1}$，$p_{n1}^{SCRA}=1-\dfrac{3G_1}{4\Delta\alpha_1}$。存在两组约束，先求解约束式（6.36），求解式（6.35）对p_n的一阶导数并令其等于0，可以得到$p_{n1}^{SCRA*}=\dfrac{6(1+c_n)-3G_1\alpha_1+4\Delta\alpha_1^2}{4(\Delta\alpha_1^2+3)}$。

（iii－11）$p_n^{SCRA*}=p_{n1}^{SCRA*}$。此时需要同时满足条件$p_{n1}^{SCRA*}\geqslant p_{n1}^{SCRA}$和$\bar{\bar{w}}-\dfrac{2h}{3}\leqslant ccr\leqslant\bar{\bar{w}}$。注意到$p_{n1}^{SCRA*}\geqslant p_{n1}^{SCRA}$等价于 $ccr\leqslant\bar{\bar{w}}-\dfrac{2}{3}\Delta H_1$。因此，取得该最优解所需满足的条件为$\left(h\geqslant\Delta H_1\ \&\ \bar{\bar{w}}-\dfrac{2h}{3}\leqslant ccr\leqslant\bar{\bar{w}}-\dfrac{2}{3}\Delta H_1\right)$。

（iii－12）$p_n^{SCRA*}=p_{n1}^{SCRA}$。此时需要同时满足条件$p_n^{SCRA*}\leqslant p_{n1}^{SCRA}$和$\bar{\bar{w}}-\dfrac{2h}{3}\leqslant ccr\leqslant\bar{\bar{w}}$。注意到$p_n^{SCRA*}\leqslant p_{n1}^{SCRA}$等价于 $ccr\geqslant\bar{\bar{w}}-\dfrac{2}{3}\Delta H_1$。因此，取得该最优解所需满足的条件为$\left(h\leqslant\Delta H_1\ \&\ \bar{\bar{w}}-\dfrac{2h}{3}\leqslant ccr\leqslant\bar{\bar{w}}\right)\cup\left(h\geqslant\Delta H_1\ \&\ \bar{\bar{w}}-\dfrac{2}{3}\Delta H_1\leqslant ccr\leqslant\bar{\bar{w}}\right)$。

对于约束式（6.37），解的情况如下：

（iii－21）$p_n^{SCRA*}=p_{n1}^{SCRA*}$。此时需要同时满足条件$p_{n1}^{SCRA*}\geqslant p_{h1}$和 $ccr\leqslant\bar{\bar{w}}-\dfrac{2h}{3}$。注意到$p_{n1}^{SCRA*}\geqslant p_{h1}$等价于 $ccr\geqslant\bar{\bar{w}}-v_{11}$。因此，取得该最优解所需满足的条件为$\left(h\geqslant\Delta H_1\ \&\ \bar{\bar{w}}-v_{11}\leqslant ccr\leqslant\bar{\bar{w}}-\dfrac{2h}{3}\right)$。

（iii－22）$p_n^{SCRA*}=p_{h1}$。此时需要同时满足条件$p_{n1}^{SCRA*}\leqslant p_{h1}$和 $ccr\leqslant\bar{\bar{w}}-\dfrac{2h}{3}$。注意到$p_{n1}^{SCRA*}\leqslant p_{h1}$等价于 $ccr\leqslant\bar{\bar{w}}-v_{11}$。因此，取得该最优解所需满足的条件为（$h\geqslant\Delta H_1\ \&\ ccr\leqslant\bar{\bar{w}}-v_{11}$）$\cup\left(h\leqslant\Delta H_1\ \&\ ccr\leqslant\bar{\bar{w}}-\dfrac{2h}{3}\right)$。

为方便阅读，模型 $SCRA$ 满足 $\alpha_0\leqslant\alpha\leqslant\alpha_1\leqslant T\ \&\ G_1\geqslant0$ 时的所有可能解

见附录D。接下来分析模型SCRA满足$\alpha_0 \leqslant \alpha \leqslant T \leqslant \alpha_1$ & $G_1 \geqslant 0$时制造商的最优决策问题。

$$SCRA-2: \pi(\alpha) = -\frac{1}{3}\Delta D_1^2\alpha^2 + \frac{1}{2}G_1 D_1 \alpha + \frac{(1-c_n)^2}{4} + (p_n - c_n)D_1;$$

$$s.t. \alpha_0 \leqslant \alpha \leqslant T \leqslant \alpha_1。$$

类似地，当$G_1 \leqslant 0$时，目标函数是关于α的减函数，那么$\alpha^{SCRA*} = \alpha_0$（上一节已详细分析该情形）。当$G_1 \geqslant 0$时，$\alpha$的最优值存在三种情况：当$\alpha_{SCRA} \leqslant \alpha_0$时，$\alpha^{SCRA*} = \alpha_0$；当$\alpha_0 \leqslant \alpha_{SCRA} \leqslant T$时，$\alpha^{SCRA*} = \alpha_{SCRA}$；当$\alpha_{SCRA} \geqslant T$时，$\alpha^{SCRA*} = T$。接下来分析$p_n$的最优决策。

（i）$\alpha_{SCRA} \leqslant \alpha_0$，$\alpha^{SCRA*} = \alpha_0$。

$$\pi(p_n) = \left(-1 - \frac{\Delta\alpha_0^2}{3}\right)p_n^2 + \left(1 + c_n + \frac{2\Delta\alpha_0^2}{3} - \frac{G_1\alpha_0}{2}\right)p_n - \frac{\Delta\alpha_0^2}{3} + \frac{G_1\alpha_0}{2} - c_n + \frac{(1-c_n)^2}{4}$$

$$s.t. \begin{cases} p_{h0} \leqslant p_n \leqslant p_{h1} \\ \bar{\bar{w}} - \frac{2h}{3}\frac{\alpha_0}{\alpha_1} \leqslant ccr \leqslant \bar{\bar{w}} \end{cases} \tag{6.38}$$

$$\text{or } s.t. \begin{cases} p_{h0} \leqslant p_n \leqslant p_{n0}^{SCRA} \\ \bar{\bar{w}} - \frac{2h}{3} \leqslant ccr \leqslant \bar{\bar{w}} - \frac{2h}{3}\frac{\alpha_0}{\alpha_1} \end{cases} \tag{6.39}$$

其中$p_{h0} = 1 - \frac{h}{2\Delta D_1\alpha_0}$，$p_{h1} = 1 - \frac{h}{2\Delta D_1\alpha_1}$，$p_{n0}^{SCRA} = 1 - \frac{3G_1}{4\Delta\alpha_0}$。存在两个约束，先求解约束式（6.38）。类似地，p_n的最优解存在三种情况。求解目标函数对p_n的一阶导数并令其等于0，可以得到$p_{n0}^{SCRA*} = \frac{6(1+c_n) - 3G_1\alpha_0 + 4\Delta\alpha_0^2}{4(\Delta\alpha_0^2 + 3)}$。

（i-11）$p_n^{SCRA*} = p_{h0}$。此时需要同时满足条件$p_{n0}^{SCRA*} \leqslant p_{h0}$和$\bar{\bar{w}} - \frac{2h}{3}\frac{\alpha_0}{\alpha_1} \leqslant ccr \leqslant \bar{\bar{w}}$。注意到$p_{n0}^{SCRA*} \leqslant p_{h0}$等价于$ccr \leqslant \bar{\bar{w}} - v_{00}$。因此，取得该最优解所需满足的条件为$\left(h \leqslant \xi\Delta H_0 \text{ \& } \bar{\bar{w}} - \frac{2h}{3}\frac{\alpha_0}{\alpha_1} \leqslant ccr \leqslant \bar{\bar{w}}\right) \cup \left(\xi\Delta H_0 \leqslant h \leqslant \beta\Delta H_0 \text{ \& } \bar{\bar{w}} -\right.$

$\frac{2h}{3}\frac{\alpha_0}{\alpha_1}\leqslant ccr\leqslant \bar{\bar{w}}-v_{00}\Big)$。

（i-12）$p_n^{SCRA*}=p_{n0}^{SCRA*}$。此时需要同时满足条件 $p_{h0}\leqslant p_{n0}^{SCRA*}\leqslant p_{h1}$ 和 $\bar{\bar{w}}-\frac{2h}{3}\frac{\alpha_0}{\alpha_1}\leqslant ccr\leqslant \bar{\bar{w}}$。注意到 $p_{h0}\leqslant p_{n0}^{SCRA*}\leqslant p_{h1}$ 等价于 $\bar{\bar{w}}-v_{00}\leqslant ccr\leqslant \bar{\bar{w}}-v_{01}$。因此，取得该最优解所需满足的条件为（$\xi\Delta H_0\leqslant h\leqslant\beta\Delta H_0$ & $\bar{\bar{w}}-v_{00}\leqslant ccr\leqslant\bar{\bar{w}}$）∪ $\Big(\beta\Delta H_0\leqslant h\leqslant\xi\Delta H_1$ & $\bar{\bar{w}}-\frac{2h}{3}\frac{\alpha_0}{\alpha_1}\leqslant ccr\leqslant\bar{\bar{w}}\Big)$ ∪ $\Big(\xi\Delta H_1\leqslant h\leqslant\Delta H_1$ & $\bar{\bar{w}}-\frac{2h}{3}\frac{\alpha_0}{\alpha_1}\leqslant ccr\leqslant\bar{\bar{w}}-v_{01}\Big)$。

（i-13）$p_n^{SCRA*}=p_{h1}$。此时需要同时满足条件 $p_{n0}^{SCRA*}\geqslant p_{h1}$ 和 $\bar{\bar{w}}-\frac{2h}{3}\frac{\alpha_0}{\alpha_1}\leqslant ccr\leqslant\bar{\bar{w}}$。注意到 $p_{n0}^{SCRA*}\geqslant p_{h1}$ 等价于 $ccr\geqslant\bar{\bar{w}}-v_{01}$。因此，取得该最优解所需满足的条件为（$\xi\Delta H_1\leqslant h\leqslant\Delta H_1$ & $\bar{\bar{w}}-v_{01}\leqslant ccr\leqslant\bar{\bar{w}}$）∪ $\Big(h\geqslant\Delta H_1$ & $\bar{\bar{w}}-\frac{2h}{3}\frac{\alpha_0}{\alpha_1}\leqslant ccr\leqslant\bar{\bar{w}}\Big)$。

对于约束式（6.39），解的情况如下：

（i-21）$p_n^{SCRA*}=p_{h0}$。此时需要同时满足条件 $p_{n0}^{SCRA*}\leqslant p_{h0}$ 和 $\bar{\bar{w}}-\frac{2h}{3}\leqslant ccr\leqslant\bar{\bar{w}}-\frac{2h}{3}\frac{\alpha_0}{\alpha_1}$。注意到 $p_{n0}^{SCRA*}\leqslant p_{h0}$ 等价于 $ccr\leqslant\bar{\bar{w}}-v_{00}$。因此，取得该最优解所需满足的条件为 $\Big(h\leqslant\beta\Delta H_0$ & $\bar{\bar{w}}-\frac{2h}{3}\leqslant ccr\leqslant\bar{\bar{w}}-\frac{2h}{3}\frac{\alpha_0}{\alpha_1}\Big)$ ∪ $\Big(\beta\Delta H_0\leqslant h\leqslant\Delta H_0$ & $\bar{\bar{w}}-\frac{2h}{3}\leqslant ccr\leqslant\bar{\bar{w}}-v_{00}\Big)$。

（i-22）$p_n^{SCRA*}=p_{n0}^{SCRA*}$。此时需要同时满足条件 $p_{h0}\leqslant p_{n0}^{SCRA*}\leqslant p_{n0}^{SCRA}$ 和 $\bar{\bar{w}}-\frac{2h}{3}\leqslant ccr\leqslant\bar{\bar{w}}-\frac{2h}{3}\frac{\alpha_0}{\alpha_1}$。注意到 $p_{h0}\leqslant p_{n0}^{SCRA*}\leqslant p_{n0}^{SCRA}$ 等价于 $ccr\geqslant\bar{\bar{w}}-v_{00}$ & $ccr\geqslant\bar{\bar{w}}-\frac{2\Delta H_0}{3}$。因此，取得该最优解所需满足的条件为 $\Big(\beta\Delta H_0\leqslant h\leqslant$

ΔH_0 & $\bar{\bar{w}}-v_{00}\leqslant ccr\leqslant\bar{\bar{w}}-\frac{2h}{3}\frac{\alpha_0}{\alpha_1}\Big)\cup\Big(\Delta H_0\leqslant h\leqslant\Delta H_1$ & $\bar{\bar{w}}-\frac{2\Delta H_0}{3}\leqslant ccr\leqslant\bar{\bar{w}}-\frac{2h}{3}\frac{\alpha_0}{\alpha_1}\Big)$。

（i－23）$p_n^{SCRA*}=p_{n0}^{SCRA}$。此时需要同时满足条件$p_{n0}^{SCRA*}\leqslant p_{n0}^{SCRA}$和$\bar{\bar{w}}-\frac{2h}{3}\leqslant CCT\leqslant\bar{\bar{w}}-\frac{2h}{3}\frac{\alpha_0}{\alpha_1}$。注意到$p_{n0}^{SCRA*}\geqslant p_{n0}^{SCRA}$等价于 $ccr\leqslant\bar{\bar{w}}-\frac{2\Delta H_0}{3}$。因此，取得该最优解所需满足的条件为$\Big(\Delta H_0\leqslant h\leqslant\Delta H_1$ & $\bar{\bar{w}}-\frac{2h}{3}\leqslant ccr\leqslant\bar{\bar{w}}-\frac{2\Delta H_0}{3}\Big)\cup\Big(h\leqslant\Delta H_1$ & $\bar{\bar{w}}-\frac{2h}{3}\leqslant ccr\leqslant\bar{\bar{w}}-\frac{2h}{3}\frac{\alpha_0}{\alpha_1}\Big)$。

（ii）$\alpha_0\leqslant\alpha_{SCRA}\leqslant T$，$\alpha^{SCRA*}=\alpha_{SCRA}$。

$$\pi(p_n)=-p_n^2+(1+c_n)p_n+\frac{4\Delta c_n^2-24\Delta c_n+4\Delta+3G_1^2}{16\Delta}$$

$$s.t.\begin{cases}p_{n0}^{SCRA}\leqslant p_n\leqslant p_{h1}\\ \bar{\bar{w}}-\frac{2h}{3}\leqslant ccr\leqslant\bar{\bar{w}}-\frac{2h}{3}\frac{\alpha_0}{\alpha_1}\end{cases}\tag{6.40}$$

求解目标函数对p_n的一阶导数并令其等于0，可以得到$p_{nA}^{SCRA*}=\frac{1+c_n}{2}$。类似地，$p_n$的最优解存在三种情况。

（ii－1）$p_n^{SCRA*}=p_{n0}^{SCRA}$。此时需要同时满足条件$p_{nA}^{SCRA*}\leqslant p_{n0}^{SCRA}$和$\bar{\bar{w}}-\frac{2h}{3}\leqslant ccr\leqslant\bar{\bar{w}}-\frac{2h}{3}\frac{\alpha_0}{\alpha_1}$。注意到$p_{nA}^{SCRA*}\leqslant p_{n0}^{SCRA}$等价于 $ccr\geqslant\bar{\bar{w}}-\frac{2\Delta H_0}{3}$。因此，取得该最优解所需满足的条件为$\Big(h\leqslant\Delta H_0$ & $\bar{\bar{w}}-\frac{2h}{3}\leqslant ccr\leqslant\bar{\bar{w}}-\frac{2h}{3}\frac{\alpha_0}{\alpha_1}\Big)\cup\Big(\Delta H_0\leqslant h\leqslant\Delta H_1$ & $\bar{\bar{w}}-\frac{2\Delta H_0}{3}\leqslant ccr\leqslant\bar{\bar{w}}-\frac{2h}{3}\frac{\alpha_0}{\alpha_1}\Big)$。

（ii－2）$p_n^{SCRA*}=p_{nA}^{SCRA*}$。此时需要同时满足条件$p_{n0}^{SCRA}\leqslant p_{nA}^{SCRA*}\leqslant p_{h1}$和$\bar{\bar{w}}-\frac{2h}{3}\leqslant ccr\leqslant\bar{\bar{w}}-\frac{2h}{3}\frac{\alpha_0}{\alpha_1}$。注意到$p_{n0}^{SCRA}\leqslant p_{nA}^{SCRA*}\leqslant p_{h1}$等价于 $h\leqslant\Delta H_1$ & ccr

$\leqslant \bar{\bar{w}} - \frac{2\Delta H_0}{3}$。因此，取得该最优解所需满足的条件为$\left(\Delta H_0 \leqslant h \leqslant \Delta H_1 \ \& \ \bar{\bar{w}} - \frac{2h}{3} \leqslant ccr \leqslant \bar{\bar{w}} - \frac{2\Delta H_0}{3}\right)$。

（ii－3）$p_n^{SCRA*} = p_{h1}$。此时需要同时满足条件$p_{nA}^{SCRA*} \leqslant p_{h1}$和$\bar{\bar{w}} - \frac{2h}{3} \leqslant ccr \leqslant \bar{\bar{w}} - \frac{2h}{3}\frac{\alpha_0}{\alpha_1}$。注意到$p_{nA}^{SCRA*} \leqslant p_{h1}$等价于$h \leqslant \Delta H_1$。因此，取得该最优解所需满足的条件为$\left(h \leqslant \Delta H_1 \ \& \ \bar{\bar{w}} - \frac{2h}{3} \leqslant ccr \leqslant \bar{\bar{w}} - \frac{2h}{3}\frac{\alpha_0}{\alpha_1}\right)$。

（iii）$\alpha_{SCRA} \leqslant T$，$\alpha^{SCRA*} = T$。

$$\pi(p_n) = -p_n^2 + (1 + c_n)p_n + \frac{3\Delta c_n^2 - 18\Delta c_n + 3G_1 h - h^2 + 3\Delta}{12\Delta}$$

$$s.t.\begin{cases} p_{h0} \leqslant p_n \leqslant p_{h1} \\ ccr \leqslant \bar{\bar{w}} - \frac{2h}{3} \end{cases} \tag{6.41}$$

求解目标函数对p_n的一阶导数并令其等于0，可以得到$p_{nT}^{SCRA*} = \frac{1 + c_n}{2}$。类似地，$p_n$的最优解存在三种情况。

（iii－1）$p_n^{SCRA*} = p_{h0}$。此时需要同时满足条件$p_{nT}^{SCRA*} \leqslant p_{h0}$和$ccr \leqslant \bar{\bar{w}} - \frac{2h}{3}$。注意到$p_{nT}^{SCRA*} \leqslant p_{h0}$等价于$h \leqslant \Delta H_0$。因此，取得该最优解所需满足的条件为$\left(h \leqslant \Delta H_0 \ \& \ ccr \leqslant \bar{\bar{w}} - \frac{2h}{3}\right)$。

（iii－2）$p_n^{SCRA*} = p_{nT}^{SCRA*}$。此时需要同时满足条件$p_{h0} \leqslant p_{nT}^{SCRA*} \leqslant p_{h1}$和$ccr \leqslant \bar{\bar{w}} - \frac{2h}{3}$。注意到$p_{h0} \leqslant p_{nT}^{SCRA*} \leqslant p_{h1}$等价于$\Delta H_0 \leqslant h \leqslant \Delta H_1$。因此，取得该最优解所需满足的条件为$\left(\Delta H_0 \leqslant h \leqslant \Delta H_1 \ \& \ ccr \leqslant \bar{\bar{w}} - \frac{2h}{3}\right)$。

（iii－3）$p_n^{SCRA*} = p_{h1}$。此时需要同时满足条件$p_{nT}^{SCRA*} \leqslant p_{h1}$和$ccr \leqslant \bar{\bar{w}} - \frac{2h}{3}$。注意到$p_{nT}^{SCRA*} \leqslant p_{h1}$等价于$h \leqslant \Delta H_1$。因此，取得该最优解所需满足的条

件为 $\left(h\leqslant\Delta H_1 \ \& \ ccr\leqslant\bar{\bar{w}}-\dfrac{2h}{3}\right)$。

为方便阅读，模型 *SCRA* 满足 $\alpha_0\leqslant\alpha\leqslant T\leqslant\alpha_1 \ \& \ G_1\geqslant 0$ 时的所有可能解见附录 *D*。为了清晰地描述各个区间的最优解，以及方便后面进行比较，图 6.6 描述模型 *SCRA* 所有可能的解（注意：还应考虑 $G_1\leqslant 0$ 的情形）。

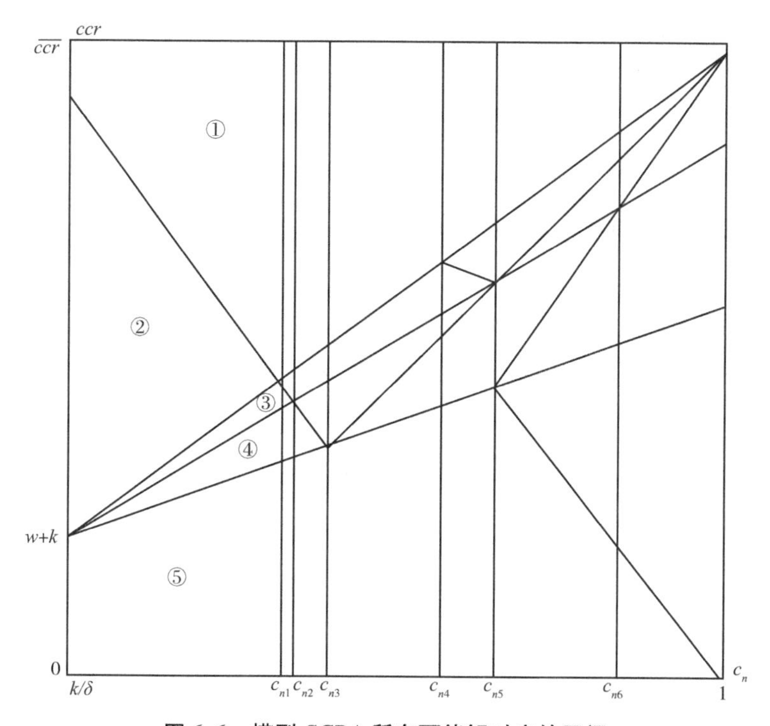

图 6.6　模型 *SCRA* 所有可能解对应的区间

在图 6.6 中，$c_{n1}=\dfrac{k+\xi\Delta\alpha_0}{\delta+\xi\Delta\alpha_0}$，$c_{n2}=\dfrac{k+\beta\Delta\alpha_0}{\delta+\beta\Delta\alpha_0}$，$c_{n3}=\dfrac{k+\Delta\alpha_0}{\delta+\Delta\alpha_0}$，$c_{n4}=\dfrac{k+\xi\Delta\alpha_1}{\delta+\xi\Delta\alpha_1}$，$c_{n5}=\dfrac{k+\Delta\alpha_1}{\delta+\Delta\alpha_1}$，$c_{n6}=\dfrac{k\alpha_0+\Delta\alpha_1^2}{\delta\alpha_0+\Delta\alpha_1^2}$。注意到图 6.6 中共有 40 个区间，在此仅给出第一列五个区间中的所有可能解以作示例。

在区间①中，只有唯一解，$(\alpha_0, p_{n0}^{SCNA*})$。

在区间②中，只有唯一解，(α_0, p_{h0})。

在区间③中，有四组解，$(\alpha_1, p_{n1}^{SCRA})$，$(\alpha_0, p_{h1})$，$(\alpha_{SCRA}, p_{n0}^{SCRA})$ 以及 (α_0, p_{h0})。

在区间④中，有四组解，(α_{SCRA}, p_{h1})，$(\alpha_1, p_{n1}^{SCRA})$，$(\alpha_{SCRA}, p_{n0}^{SCRA})$ 以及 (α_0, p_{h0})。

在区间⑤中，有两组解，(α_1, p_{h1}) 和 (T, p_{h0})。

到目前为止，已经找出了模型 *SCRA* 中各个区间对应的所有可能解。接下来将采用同样的方法找出模型 *SCRB* 中各个区间对应的所有可能解，最后对两种情形下共同区间的所有可能解进行比较，从而找出各个区间中唯一最优解。

6.7.2 求解模型 *SCRB*

在模型 *SCRB* 中，有两个关于 α 的约束，$T \leqslant \alpha_0 \leqslant \alpha \leqslant \alpha_1$ 和 $\alpha_0 \leqslant T \leqslant \alpha \leqslant \alpha_1$。先考虑第一个约束。由 6.6.2 小节可知，制造商的问题如下：

$$SCRB-1: E[\pi(\alpha)] = (p_n - c_n)D_1 - \frac{h^3}{24\Delta^2 D_1 \alpha} + \frac{h^2}{4\Delta} + \frac{(1-c_n)^2}{4} - \frac{1}{2}GD_1\alpha;$$

$$s.t.\ T \leqslant \alpha_0 \leqslant \alpha \leqslant \alpha_1。$$

求解制造商的期望利润函数关于 α 的导数，可以得到 $\frac{\partial E[\pi(\alpha)]}{\partial \alpha} = -\frac{1}{2}GD_1 + \frac{h^3}{24\Delta^2 D_1 \alpha^2}$。

(1) 当 $G \leqslant 0$ 时，$\frac{\partial E[\pi(\alpha)]}{\partial \alpha} \geqslant 0$。制造商的期望利润函数是关于 α 的增函数，那么 $\alpha^{SCRB*} = \alpha_1$。此时，制造商的问题如下：

$$E[\pi(p_n)] = -p_n^2 + \left(1 + c_n + \frac{1}{2}G\alpha_1\right)p_n - \frac{h^3}{24\Delta^2 D_1 \alpha_1} + \frac{h^2}{4\Delta} + \frac{(1-c_n)^2}{4} - \left(c_n + \frac{1}{2}G\alpha_1\right) \tag{6.42}$$

$$s.t. \begin{cases} p_n \leqslant p_{h1} \\ ccr \leqslant w + k \end{cases} \tag{6.43}$$

易发现式（6.42）是关于p_n的凹函数$\left(\frac{\partial^2 E[\pi(p_n)]}{\partial p_n^2}=-2-\frac{h^3}{12\Delta^2\alpha_1(1-p_n)^3}\leq 0\right)$，计算式（6.42）关于$p_n$的一阶导数并令其为0，可以得到$p_{n1}^{SCRB*}=\frac{2}{3}+\frac{N_1}{6}-\frac{\sqrt[3]{z_1^{SCRB}}}{12\Delta\alpha_1}-\frac{\Delta\alpha_1(2-N_1)^2}{3\sqrt[3]{z_1^{SCRB}}}$。（$z_i^{SCRB}=\Delta\alpha_i^2(\sqrt{8\Delta^2\alpha_i(2-N_i)^3+9h^3}-3h\sqrt{h})^2$，$N_i=1+c_n+\frac{1}{2}G\alpha_i$，$i=0,1$）此时新产品的最优价格存在两种情况：当$p_{n1}^{SCRB*}\leq p_{h1}$时，$p_n^{SCRB*}=p_{n1}^{SCRB*}$；当$p_{n1}^{SCRB*}\leq p_{h1}$时，$p_n^{SCRB*}=p_{h1}$。

（i）$p_n^{SCRB*}=p_{n1}^{SCRB*}$。此时需要同时满足条件$p_{n1}^{SCRB*}\leq p_{h1}$和$ccr\leq w+k$。注意到$p_{n1}^{SCRB*}\leq p_{h1}$等价于$ccr\leq w+k+\frac{h}{3}-\frac{2(h-\Delta H_1)}{\Delta\alpha_1^2}=\bar{\bar{w}}-v_{11}$。因此，取得该最优解所需满足的条件为$(h\leq\sigma_1\Delta H_1\ \&\ ccr\leq\bar{\bar{w}}-v_{11})\cup(h\leq\sigma_1\Delta H_1\ \&\ ccr\leq w+k)$。

（ii）$p_n^{SCRB*}=p_{h1}$。此时需要同时满足条件$p_{n1}^{SCRB*}\leq p_{h1}$和$ccr\leq w+k$。注意到$p_{n1}^{SCRB*}\leq p_{h1}$等价于$ccr\leq\bar{\bar{w}}-v_{11}$。因此，取得该最优解所需满足的条件为$(h\leq\sigma_1\Delta H_1\ \&\ \bar{\bar{w}}-v_{11}\leq ccr\leq w+k)$。

（2）当$G\leq 0$时，求解制造商的期望利润函数对回收率的一阶导数并令其等于0，可以得到$\alpha_{SCRB}=\frac{h}{2\Delta D_1}\sqrt{\frac{h}{3G}}$。此时最优回收率存在三种情况。

（i）$\alpha_{SCRB}\leq\alpha_0$，$\alpha^{SCRB*}=\alpha_0$。

$$
\begin{aligned}
E[\pi(p_n)]=&-p_n^2+\left(1+c_n+\frac{1}{2}G\alpha_0\right)p_n-\frac{h^3}{24\Delta^2 D_1\alpha_0}\\
&+\frac{h^2}{4\Delta}+\frac{(1-c_n)^2}{4}-\left(c_n+\frac{1}{2}G\alpha_0\right)
\end{aligned}
\tag{6.44}
$$

$$
s.t.\begin{cases}p_n\leq p_{h0}\\ ccr\geq w+k+\frac{h}{3}\end{cases}
\tag{6.45}
$$

$$\text{or } s.t.\begin{cases} p_n \leqslant p_{n0}^{SCRB} \\ w+k \leqslant ccr \leqslant w+k+\dfrac{h}{3} \end{cases} \tag{6.46}$$

先分析约束式（6.45），求解制造商的期望利润函数关于p_n的一阶导数并令其为0，可以得到$p_{n0}^{SCRB*}=\frac{2}{3}+\frac{N_0}{6}-\frac{\sqrt[3]{z_0^{SCRB}}}{12\Delta\alpha_0}-\frac{\Delta\alpha_0(2-N_0)^2}{3\sqrt[3]{z_0^{SCRB}}}$。解的情况如下：

（i－11）$p_n^{SCRB*}=p_{n0}^{SCRB*}$。此时需要同时满足条件$p_{n0}^{SCRB*}\leqslant p_{h0}$和$ccr\geqslant w+k+\frac{h}{3}$。注意到$p_{n0}^{SCRB*}\leqslant p_{h0}$等价于$ccr\leqslant w+k+\frac{h}{3}-\frac{2(h-\Delta H_0)}{\Delta\alpha_0^2}=\bar{\bar{w}}-v_{00}$。因此，取得该最优解所需满足的条件为$\left(h\leqslant\Delta H_0\ \&\ w+k+\frac{h}{3}\leqslant ccr\leqslant\bar{\bar{w}}-v_{00}\right)$。

（i－12）$p_n^{SCRB*}=p_{h0}$。此时需要同时满足条件$p_{n0}^{SCRB*}\geqslant p_{h0}$和$ccr\geqslant w+k+\frac{h}{3}$。注意到$p_{n0}^{SCRB*}\geqslant p_{h0}$等价于$ccr\geqslant\bar{\bar{w}}-v_{00}$。因此，取得该最优解所需满足的条件为（$h\leqslant\Delta H_0\ \&\ ccr\geqslant\bar{\bar{w}}-v_{00}$）$\cup\left(h\geqslant\Delta H_0\ \&\ ccr\geqslant w+k+\frac{h}{3}\right)$。

对于约束式（6.46），解的情况如下：

（i－21）$p_n^{SCRB*}=p_{n0}^{SCRB*}$。此时需要同时满足条件$p_{n0}^{SCRB*}\leqslant p_{n0}^{SCRB}$和$w+k\leqslant ccr\leqslant w+k+\frac{h}{3}$。注意到$p_{n0}^{SCRB*}\leqslant p_{n0}^{SCRB}$等价于$ccr\geqslant\varepsilon_0$。因此，取得该最优解所需满足的条件为$\left(h\leqslant\Delta H_0\ \&\ \varepsilon_0\leqslant ccr\leqslant w+k+\frac{h}{3}\right)$。

（i－22）$p_n^{SCRB*}=p_{n0}^{SCRB}$。此时需要同时满足条件$p_{n0}^{SCRB*}\geqslant p_{n0}^{SCRB}$和$w+k\leqslant ccr\leqslant w+k+\frac{h}{3}$。注意到$p_{n0}^{SCRB*}\geqslant p_{n0}^{SCRB}$等价于$ccr\leqslant\varepsilon_0$。因此，取得该最优解所需满足的条件为（$h\leqslant\Delta H_0\ \&\ w+k\leqslant ccr\leqslant\varepsilon_0$）$\cup\left(h\geqslant\Delta H_0\ \&\ w+k\leqslant ccr\leqslant w+k+\frac{h}{3}\right)$。

（ii）$\alpha_0 \leqslant \alpha_{SCRB} \leqslant \alpha_1$，$\alpha^{SCRB*} = \alpha_B$。

$$E[\pi(p_n)] = -p_n^2 + (1+c_n)p_n + \frac{3\Delta\sqrt{Gh}c_n^2 - 2\sqrt{3}Gh^2 - 18\Delta\sqrt{Gh}c_n + 3h^2\sqrt{Gh} + 3\Delta\sqrt{Gh}}{12\Delta\sqrt{Gh}} \tag{6.47}$$

$$s.t.\begin{cases} p_{n0}^{SCRB} \leqslant p_n \leqslant p_{n1}^{SCRB} \\ w+k \leqslant ccr \leqslant w+k+\dfrac{h\alpha_0^2}{3\alpha_1^2} \end{cases} \tag{6.48}$$

$$\text{or } s.t.\begin{cases} p_{n0}^{SCRB} \leqslant p_n \leqslant p_{h0} \\ w+k+\dfrac{h\alpha_0^2}{3\alpha_1^2} \leqslant ccr \leqslant w+k+\dfrac{h}{3} \end{cases} \tag{6.49}$$

先分析约束式（6.48），求解式（6.47）对p_n的一阶导数并令其为0，可以得到$p_{nB}^{SCRB*} = \dfrac{1+c_n}{2}$。解的情况如下：

（ii-11）$p_n^{SCRB*} = p_{n0}^{SCRB}$，此时需要同时满足条件$p_{nB}^{SCRB*} \leqslant p_{n0}^{SCRB}$和$w+k \leqslant ccr \leqslant w+k+\dfrac{h\alpha_0^2}{3\alpha_1^2}$。注意到$p_{nB}^{SCRB*} \leqslant p_{n0}^{SCRB}$等价于$ccr \geqslant \varepsilon_0$。因此，取得该最优解所需满足的条件为$\left(h \leqslant \dfrac{\alpha_0}{\alpha_1}\Delta H_0 \ \& \ \varepsilon_0 \leqslant ccr \leqslant w+k+\dfrac{h\alpha_0^2}{3\alpha_1^2}\right)$。

（ii-12）$p_n^{SCRB*} = p_{nB}^{SCRB*}$，此时需要同时满足条件$p_{n0}^{SCRB} \leqslant p_{nB}^{SCRB*} \leqslant p_{n1}^{SCRB}$和$w+k \leqslant ccr \leqslant w+k+\dfrac{h\alpha_0^2}{3\alpha_1^2}$。注意到$p_{n0}^{SCRB} \leqslant p_{nB}^{SCRB*} \leqslant p_{n1}^{SCRB}$等价于$\varepsilon_1 \leqslant ccr \leqslant \varepsilon_0$。因此，取得该最优解所需满足的条件为$\left(\dfrac{\alpha_0}{\alpha_1}\Delta H_0 \leqslant h \leqslant \Delta H_0 \ \& \ \varepsilon_1 \leqslant ccr \leqslant w+k+\dfrac{h\alpha_0^2}{3\alpha_1^2}\right) \cup \left(h \leqslant \dfrac{\alpha_0}{\alpha_1}\Delta H_0 \ \& \ \varepsilon_1 \leqslant ccr \leqslant \varepsilon_0\right)$。

（ii-13）$p_n^{SCRB*} = p_{n1}^{SCRB}$，此时需要同时满足条件$p_{nB}^{SCRB*} \geqslant p_{n1}^{SCRB}$和$w+k \leqslant ccr \leqslant w+k+\dfrac{h\alpha_0^2}{3\alpha_1^2}$。注意到$p_{nB}^{SCRB*} \geqslant p_{n1}^{SCRB}$等价于$ccr \leqslant \varepsilon_1$。因此，取得该最优解

所需满足的条件为（$h\leqslant\Delta H_0$ & $w+k\leqslant ccr\leqslant\varepsilon_1$）$\cup\left(h\geqslant\Delta H_0\ \&\ w+k\leqslant ccr\leqslant w+k+\frac{h\alpha_0^2}{3\alpha_1^2}\right)$。

对于约束式（6.49），解的情况如下：

（ii－21）$p_n^{SCRB*}=p_{n0}^{SCRB}$，此时需要同时满足条件$p_{nB}^{SCRB*}\leqslant p_{n0}^{SCRB}$和$w+k+\frac{h\alpha_0^2}{3\alpha_1^2}\leqslant ccr\leqslant w+k+\frac{h}{3}$。注意到$p_{nB}^{SCRB*}\leqslant p_{n0}^{SCRB}$等价于$ccr\geqslant\varepsilon_0$。因此，取得该最优解所需满足的条件为$\left(\frac{\alpha_0}{\alpha_1}\Delta H_0\leqslant h\leqslant\Delta H_0\ \&\ \varepsilon_0\leqslant ccr\leqslant w+k+\frac{h}{3}\right)\cup\left(h\leqslant\frac{\alpha_0}{\alpha_1}\Delta H_0\ \&\ w+k+\frac{h\alpha_0^2}{3\alpha_1^2}\leqslant ccr\leqslant w+k+\frac{h}{3}\right)$。

（ii－22）$p_n^{SCRB*}=p_{nB}^{SCRB*}$，此时需要同时满足条件$p_{n0}^{SCRB}\leqslant p_{nB}^{SCRB*}\leqslant p_{h0}$和$w+k+\frac{h\alpha_0^2}{3\alpha_1^2}\leqslant ccr\leqslant w+k+\frac{h}{3}$。注意到$p_{n0}^{SCRB}\leqslant p_{nB}^{SCRB*}\leqslant p_{h0}$等价于$ccr\leqslant\varepsilon_0$&$h\leqslant\Delta H_0$。因此，取得该最优解所需满足的条件为$\left(\frac{\alpha_0}{\alpha_1}\Delta H_0\leqslant h\leqslant\Delta H_0\ \&\ w+k+\frac{h\alpha_0^2}{3\alpha_1^2}\leqslant ccr\leqslant\varepsilon_0\right)$。

（ii－23）$p_n^{SCRB*}=p_{h0}$，此时需要同时满足条件$p_{nB}^{SCRB*}\geqslant p_{h0}$和$w+k+\frac{h\alpha_0^2}{3\alpha_1^2}\leqslant ccr\leqslant w+k+\frac{h}{3}$。注意到$p_{nB}^{SCRB*}\geqslant p_{h0}$等价于$h\geqslant\Delta H_0$。因此，取得该最优解所需满足的条件为$\left(h\geqslant\Delta H_0\ \&\ w+k+\frac{h\alpha_0^2}{3\alpha_1^2}\leqslant ccr\leqslant w+k+\frac{h}{3}\right)$。

（iii）$\alpha_{SCRB}\geqslant\alpha_1$，$\alpha^{SCRB*}=\alpha_1$。

$$E[\pi(p_n)]=-p_n^2+\left(1+c_n+\frac{1}{2}G\alpha_1\right)p_n-\frac{h^3}{24\Delta^2D_1\alpha_1}$$
$$+\frac{h^2}{4\Delta}+\frac{(1-c_n)^2}{4}-\left(c_n+\frac{1}{2}G\alpha_1\right)$$

$$s.t.\begin{cases}p_{n1}^{SCRB}\leqslant p_n\leqslant p_{h0}\\ w+k\leqslant ccr\leqslant w+k+\dfrac{h\alpha_0^2}{3\alpha_1^2}\end{cases} \tag{6.50}$$

求解制造商的期望利润函数关于p_n的一阶导数并令其为0，可以得到$p_{n1}^{SCRB*}=\dfrac{2}{3}+\dfrac{N_1}{6}-\dfrac{\sqrt[3]{z_1^{SCRB}}}{12\Delta\alpha_1}-\dfrac{\Delta\alpha_1(2-N_1)^2}{3\sqrt[3]{z_1^{SCRB}}}$。解的情况如下：

（iii－1）$p_n^{SCRB*}=p_{n1}^{SCRB}$，此时需要同时满足条件$p_{n1}^{SCRB*}\leqslant p_{n1}^{SCRB}$和$w+k\leqslant ccr\leqslant w+k+\dfrac{h\alpha_0^2}{3\alpha_1^2}$。注意到$p_{n1}^{SCRB*}\leqslant p_{n1}^{SCRB}$等价于$ccr\geqslant\varepsilon_1$。因此，取得该最优解所需满足的条件为$\left(h\leqslant\Delta H_0\ \&\ \varepsilon_1\leqslant ccr\leqslant w+k+\dfrac{h\alpha_0^2}{3\alpha_1^2}\right)$。

（iii－2）$p_n^{SCRB*}=p_{n1}^{SCRB*}$，此时需要同时满足条件$p_{n1}^{SCRB}\leqslant p_{n1}^{SCRB*}\leqslant p_{h0}$和$w+k\leqslant ccr\leqslant w+k+\dfrac{h\alpha_0^2}{3\alpha_1^2}$。注意到$p_{n1}^{SCRB}\leqslant p_{n1}^{SCRB*}\leqslant p_{h0}$等价于$ccr\leqslant\varepsilon_1\ \&\ ccr\leqslant w+k+\dfrac{h\alpha_0^2}{3\alpha_1^2}-\dfrac{2(h-\Delta H_0)}{\Delta\alpha_0\alpha_1}=\bar{\bar{w}}-\left(h-\dfrac{h\alpha_0^2}{3\alpha_1^2}+\dfrac{2(h-\Delta H_0)}{\Delta\alpha_0\alpha_1}\right)=\bar{\bar{w}}-v_{10}$。因此，取得该最优解所需满足的条件为$(h\leqslant\Delta H_0\ \&\ w+k\leqslant ccr\leqslant\varepsilon_1)\cup(\Delta H_0\leqslant h\leqslant\sigma_0\Delta H_0\ \&\ w+k\leqslant ccr\leqslant\bar{\bar{w}}-v_{10})$。

（iii－3）$p_n^{SCRB*}=p_{h0}$，此时需要同时满足条件$p_{n1}^{SCRB*}\geqslant p_{h0}$和$w+k\leqslant ccr\leqslant w+k+\dfrac{h\alpha_0^2}{3\alpha_1^2}$。注意到$p_{n1}^{SCRB*}\geqslant p_{h0}$等价于$ccr\geqslant\bar{\bar{w}}-v_{10}$。因此，取得该最优解所需满足的条件为$\left(h\geqslant\sigma_0\Delta H_0\ \&\ w+k\leqslant ccr\leqslant w+k+\dfrac{h\alpha_0^2}{3\alpha_1^2}\right)\cup\left(\Delta H_0\leqslant h\leqslant\sigma_0\Delta H_0\ \&\ \bar{\bar{w}}-v_{10}\leqslant ccr\leqslant w+k+\dfrac{h\alpha_0^2}{3\alpha_1^2}\right)$。

为方便阅读，模型*SCRB*满足$T\leqslant\alpha_0\leqslant\alpha\leqslant\alpha_1\ \&\ G\geqslant0$时的所有可能解见附录*D*。接下来分析模型*SCRB*满足$\alpha_0\leqslant T\leqslant\alpha\leqslant\alpha_1\ \&\ G\geqslant0$时的所有可能解。制造商的问题如下：

$$SCRB-2:E[\pi(\alpha)]=(p_n-c_n)D_1-\frac{h^3}{24\Delta^2D_1\alpha}+\frac{h^2}{4\Delta}+\frac{(1-c_n)^2}{4}-\frac{1}{2}GD_1\alpha;$$

$s.t.\ \alpha_0 \leqslant T \leqslant \alpha \leqslant \alpha_1$。

求解制造商的期望利润函数关于 α 的导数，可以得到$\frac{\partial E[\pi(\alpha)]}{\partial\alpha}=-\frac{1}{2}GD_n+\frac{h^3}{24\Delta D_1\alpha^2}$。

（1）当 $G\leqslant 0$ 时，$\frac{\partial E[\pi(\alpha)]}{\partial\alpha}\geqslant 0$。制造商的期望利润函数是关于 α 的增函数，那么 $\alpha^{SCRB*}=\alpha_1$。该情形在 $SCRB-1$ 已讨论过。

（2）当 $G\geqslant 0$ 时，求解制造商的期望利润函数对回收率的一阶导数并令其等于 0，可以得到 $\alpha_{SCRB}=\frac{h}{2\Delta D_1}\sqrt{\frac{h}{3G}}$。此时最优回收率存在三种情况。

（i）$\alpha_{SCRB}\leqslant T$，$\alpha^{SCRB*}=T$。

$$E[\pi(p_n)]=-p_n^2+(1+c_n)p_n+\frac{3\Delta c_n^2-18\Delta c_n-3Gh+2h^2+3\Delta}{12\Delta} \tag{6.51}$$

$$s.t.\begin{cases}p_{h0}\leqslant p_n\leqslant p_{h1}\\ ccr\geqslant w+k+\frac{h}{3}\end{cases} \tag{6.52}$$

易发现式（6.51）是关于p_n的二次函数且为凹。求解式（6.51）对p_n的导数并令其为 0，可以得到$p_{nT}^{SCRB*}=\frac{1+c_n}{2}$。类似地，$p_n$的最优值存在三种情况。具体如下：

（i-1）$p_n^{SCRB*}=p_{h0}$。此时需要同时满足条件$p_{nT}^{SCRB*}\leqslant p_{h0}$和 $ccr\geqslant w+k+\frac{h}{3}$。注意到$p_{nT}^{SCRB*}\leqslant p_{h0}$等价于 $h\leqslant\Delta H_0$。因此，取得该最优解所需满足的条件为$\left(h\leqslant\Delta H_0\ \&\ ccr\geqslant w+k+\frac{h}{3}\right)$。

（i-2）$p_n^{SCRB*}=p_{nT}^{SCRB*}$。此时需要同时满足条件 $p_{h0}\leqslant p_{nT}^{SCRB*}\leqslant p_{h1}$和 $ccr\geqslant w+k+\frac{h}{3}$。注意到 $p_{h0}\leqslant p_{nT}^{SCRB*}\leqslant p_{h1}$等价于 $\Delta H_0\leqslant h\leqslant\Delta H_1$。因此，取得该最优解所需满足的条件为$\left(\Delta H_0\leqslant h\leqslant\Delta H_1\ \&\ ccr\geqslant w+k+\frac{h}{3}\right)$。

（i－3）$p_n^{SCRB*}=p_{h1}$。此时需要同时满足条件$p_{nT}^{SCRB*}\geqslant p_{h1}$和$ccr\geqslant w+k+\frac{h}{3}$。注意到$p_{nT}^{SCRB*}\geqslant p_{h1}$等价于$h\geqslant \Delta H_1$。因此，取得该最优解所需满足的条件为$\left(h\geqslant \Delta H_1\ \&\ ccr\geqslant w+k+\frac{h}{3}\right)$。

（ii）$T\leqslant \alpha_{SCRB}\leqslant \alpha_1$，$\alpha^{SCRB*}=\alpha_{SCRB}$。

$$E[\pi(p_n)]=-p_n^2+(1+c_n)p_n+\frac{3\Delta\sqrt{Gh}c_n^2-2\sqrt{3}Gh^2-18\Delta\sqrt{Gh}c_n+3h^2\sqrt{Gh}+3\Delta\sqrt{Gh}}{12\Delta\sqrt{Gh}}$$

$$s.t.\begin{cases}p_{h0}\leqslant p_n\leqslant p_{n1}^{SCRB}\\ w+k+\dfrac{h\alpha_0^2}{3\alpha_1^2}\leqslant ccr\leqslant w+k+\dfrac{h}{3}\end{cases}\tag{6.53}$$

求解目标函数关于p_n的一阶导数并令其为0，可以得到$p_{nB}^{SCRB*}=\frac{1+c_n}{2}$。类似地，$p_n$的最优值存在三种情况。具体如下：

（ii－1）$p_n^{SCRB*}=p_{h0}$。此时需要同时满足条件$p_{nB}^{SCRB*}\leqslant p_{h0}$和$w+k+\frac{h\alpha_0^2}{3\alpha_1^2}\leqslant CCT\leqslant w+k+\frac{h}{3}$。注意到$p_{nB}^{SCRB*}\leqslant p_{h0}$等价于$h\leqslant \Delta H_0$。因此，取得该最优解所需满足的条件为$\left(h\leqslant \Delta H_0\ \&\ w+k+\frac{h\alpha_0^2}{3\alpha_1^2}\leqslant ccr\leqslant w+k+\frac{h}{3}\right)$。

（ii－2）$p_n^{SCRB*}=p_{nB}^{SCRB*}$。此时需要同时满足条件$p_{h0}\leqslant p_{nB}^{SCRB*}\leqslant p_{n1}^{SCRB}$和$w+k+\frac{h\alpha_0^2}{3\alpha_1^2}\leqslant ccr\leqslant w+k+\frac{h}{3}$。注意到$p_{h0}\leqslant p_{nB}^{SCRB*}\leqslant p_{n1}^{SCRB}$等价于$h\leqslant \Delta H_0\ \&\ ccr\leqslant \varepsilon_1$。因此，取得该最优解所需满足的条件为$\left(\Delta H_0\leqslant h\leqslant \Delta H_1\ \&\ \varepsilon_1\leqslant ccr\leqslant w+k+\frac{h}{3}\right)$。

（ii－3）$p_n^{SCRB*}=p_{n1}^{SCRB}$。此时需要同时满足条件$p_{nB}^{SCRB*}\leqslant p_{n1}^{SCRB}$和$w+k+\frac{h\alpha_0^2}{3\alpha_1^2}\leqslant ccr\leqslant w+k+\frac{h}{3}$。注意到$p_{nB}^{SCRB*}\leqslant p_{n1}^{SCRB}$等价于$ccr\leqslant \varepsilon_1$。因此，取得该

最优解所需满足的条件为$\left(\Delta H_0 \leqslant h \leqslant \Delta H_1 \ \& \ w+k+\frac{h\alpha_0^2}{3\alpha_1^2} \leqslant ccr \leqslant \varepsilon_1\right) \cup \left(h \leqslant \Delta H_1 \ \& \ w+k+\frac{h\alpha_0^2}{3\alpha_1^2} \leqslant ccr \leqslant w+k+\frac{h}{3}\right)$。

（iii）$\alpha_{SCRB} \leqslant \alpha_1$，$\alpha^{SCRB*}=\alpha_1$。

$$E[\pi(p_n)] = -p_n^2 + \left(1+c_n+\frac{1}{2}G\alpha_1\right)p_n - \frac{h^3}{24\Delta^2 D_1 \alpha_1} + \frac{h^2}{4\Delta} + \frac{(1-c_n)^2}{4} - \left(c_n+\frac{1}{2}G\alpha_1\right)$$

$$s.t.\begin{cases} p_{h0} \leqslant p_n \leqslant p_{h1} \\ w+k \leqslant ccr \leqslant w+k+\dfrac{h\alpha_0^2}{3\alpha_1^2} \end{cases} \tag{6.54}$$

$$\text{or } s.t.\begin{cases} p_{n1}^{SCRB} \leqslant p_n \leqslant p_{h1} \\ w+k+\dfrac{h\alpha_0^2}{3\alpha_1^2} \leqslant ccr \leqslant w+k+\dfrac{h}{3} \end{cases} \tag{6.55}$$

存在两个约束，先分析约束式（6.54）。求解制造商的期望利润函数关于p_n的一阶导数并令其为0，可得到$p_{n1}^{SCRB*}=\frac{2}{3}+\frac{N_1}{6}-\frac{\sqrt[3]{z_1^{SCRB}}}{12\Delta\alpha_1}-\frac{\Delta\alpha_1(2-N_1)^2}{3\sqrt[3]{z_1^{SCRB}}}$。解的情况如下：

（iii－11）$p_n^{SCRB*}=p_{n1}^{SCRB}$，此时需要同时满足条件$p_{n1}^{SCRB*} \leqslant p_{h0}$和$w+k \leqslant ccr \leqslant w+k+\frac{h\alpha_0^2}{3\alpha_1^2}$。注意到$p_{n1}^{SCRB*} \leqslant p_{h0}$等价于$ccr \leqslant \bar{\bar{w}}-v_{10}$。因此，取得该最优解所需满足的条件为$\left(h \leqslant \Delta H_0 \ \& \ w+k \leqslant ccr \leqslant w+k+\frac{h\alpha_0^2}{3\alpha_1^2}\right) \cup (\Delta H_0 \leqslant h \leqslant \sigma_0 \Delta H_0 \ \& \ w+k \leqslant ccr \leqslant \bar{\bar{w}}-v_{10})$。

（iii－12）$p_n^{SCRB*}=p_{n1}^{SCRB*}$，此时需要同时满足条件$p_{h0} \leqslant p_{n1}^{SCRB*} \leqslant p_{h1}$和$w+k \leqslant ccr \leqslant w+k+\frac{h\alpha_0^2}{3\alpha_1^2}$。注意到$p_{h0} \leqslant p_{n1}^{SCRB*} \leqslant p_{h1}$等价于$\bar{\bar{w}}-v_{10} \leqslant ccr \leqslant \bar{\bar{w}}-$

v_{11}。因此，取得该最优解所需满足的条件为 $\left(\Delta H_0 \leqslant h \leqslant \sigma_0 \Delta H_0 \ \& \ \bar{\bar{w}} - v_{10} \leqslant ccr \leqslant w + k + \frac{h\alpha_0^2}{3\alpha_1^2}\right) \cup \left(\sigma_0 \Delta H_0 \leqslant h \leqslant \sigma_0 \Delta H_1 \ \& \ w + k \leqslant ccr \leqslant w + k + \frac{h\alpha_0^2}{3\alpha_1^2}\right) \cup$ $(\sigma_0 \Delta H_1 \leqslant h \leqslant \sigma_1 \Delta H_1 \ \& \ w + k \leqslant ccr \leqslant \bar{\bar{w}} - v_{11})$。

（iii－13）$p_n^{SCRB*} = p_{h1}$，此时需要同时满足条件 $p_{n1}^{SCRB*} \geqslant p_{h1}$ 和 $w + k \leqslant ccr \leqslant w + k + \frac{h\alpha_0^2}{3\alpha_1^2}$。注意到 $p_{n1}^{SCRB*} \geqslant p_{h1}$ 等价于 $ccr \geqslant \bar{\bar{w}} - v_{11}$。因此，取得该最优解所需满足的条件为 $\left(\sigma \Delta H_1 \leqslant h \leqslant \sigma_1 \Delta H_1 \ \& \ \bar{\bar{w}} - v_{11} \leqslant ccr \leqslant w + k + \frac{h\alpha_0^2}{3\alpha_1^2}\right) \cup \left(h \geqslant \sigma_1 \Delta H_1 \& \ w + k \leqslant ccr \leqslant w + k + \frac{h\alpha_0^2}{3\alpha_1^2}\right)$。

对于约束式（6.55），解的情况如下：

（iii－21）$p_n^{SCRB*} = p_{n1}^{SCRB}$，此时需要同时满足条件 $p_{n1}^{SCRB*} \leqslant p_{n1}^{SCRB}$ 和 $w + k + \frac{h\alpha_0^2}{3\alpha_1^2} \leqslant ccr \leqslant w + k + \frac{h}{3}$。注意到 $p_{n1}^{SCRB*} \leqslant p_{n1}^{SCRB}$ 等价于 $ccr \geqslant \varepsilon_1$。因此，取得该最优解所需满足的条件为 $\left(\Delta H_0 \leqslant h \leqslant \Delta H_1 \ \& \ \varepsilon_1 \leqslant ccr \leqslant w + k + \frac{h}{3}\right) \cup \left(h \leqslant \Delta H_0 \& \ w + k + \frac{h\alpha_0^2}{3\alpha_1^2} \leqslant ccr \leqslant w + k + \frac{h}{3}\right)$。

（iii－22）$p_n^{SCRB*} = p_{n1}^{SCRB*}$，此时需要同时满足条件 $p_{n1}^{SCRB} \leqslant p_{n1}^{SCRB*} \leqslant p_{h1}$ 和 $w + k + \frac{h\alpha_0^2}{3\alpha_1^2} \leqslant ccr \leqslant w + k + \frac{h}{3}$。注意到 $p_{n1}^{SCRB} \leqslant p_{n1}^{SCRB*} \leqslant p_{h1}$ 等价于 $ccr \leqslant \bar{\bar{w}} - v_{11}$ & $ccr \leqslant \varepsilon_1$。因此，取得该最优解所需满足的条件为 $\left(\Delta H_0 \leqslant h \leqslant \Delta H_1 \ \& \ w + k + \frac{h\alpha_0^2}{3\alpha_1^2} \leqslant ccr \leqslant \varepsilon_1\right) \cup \left(\Delta H_1 \leqslant h \leqslant \sigma \Delta H_1 \ \& \ w + k + \frac{h\alpha_0^2}{3\alpha_1^2} \leqslant ccr \leqslant \bar{\bar{w}} - v_{11}\right)$。

（iii－23）$p_n^{SCRB*} = p_{h1}$，此时需要同时满足条件 $p_{n1}^{SCRB*} \geqslant p_{h1}$ 和 $w + k + \frac{h\alpha_0^2}{3\alpha_1^2} \leqslant ccr \leqslant w + k + \frac{h}{3}$。注意到 $p_{n1}^{SCRB*} \geqslant p_{h1}$ 等价于 $ccr \geqslant \bar{\bar{w}} - v_{11}$。因此，取得该最优解所需满足的条件为 $\left(\Delta H_1 \leqslant h \leqslant \sigma \Delta H_1 \ \& \ \bar{\bar{w}} - v_{11} \leqslant ccr \leqslant w + k + \frac{h}{3}\right) \cup$

$\left(h \geqslant \sigma \Delta H_1 \ \& \ w+k+\dfrac{h\alpha_0^2}{3\alpha_1^2} \leqslant ccr \leqslant w+k+\dfrac{h}{3}\right)$。

为方便阅读，模型 *SCRB* 满足 $\alpha_0 \leqslant T \leqslant \alpha \leqslant \alpha_1 \ \& \ G \geqslant 0$ 时的所有可能解见附录 *D*。为了清晰地描述各个区间的最优解，以及方便后面进行比较，图 6.7 描述模型 *SCRB* 所有可能的解（注意：还应考虑 $G \leqslant 0$ 的情形）。

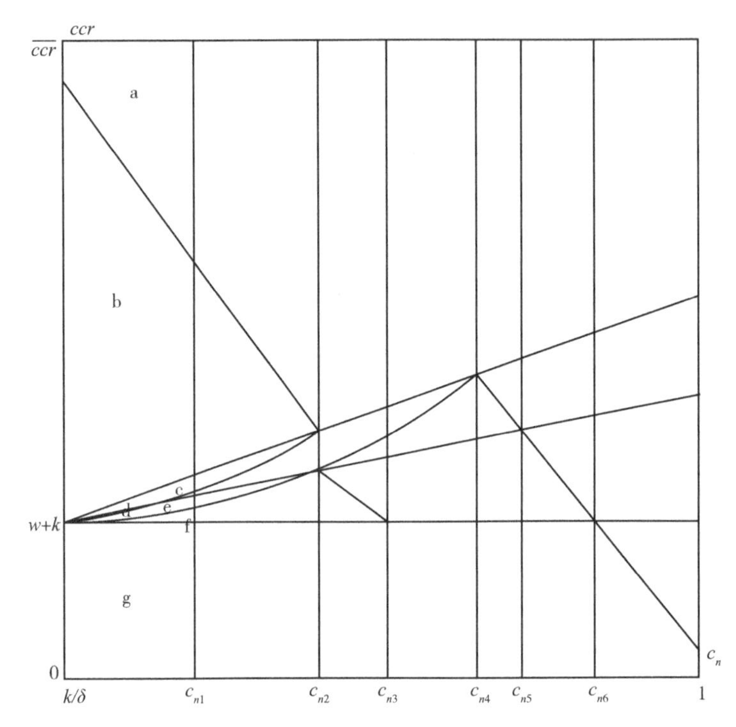

图 6.7　模型 *SCRB* 所有可能解及对应的区间

在图 6.7 中，$c_{n1}=\dfrac{k\alpha_1+\Delta\alpha_0^2}{\delta\alpha_1+\Delta\alpha_0^2}$，$c_{n2}=\dfrac{k+\Delta\alpha_0}{\delta+\Delta\alpha_0}$，$c_{n3}=\dfrac{k+\sigma_0\Delta\alpha_0}{\delta+\sigma_0\Delta\alpha_0}$，$c_{n4}=\dfrac{k+\Delta\alpha_1}{\delta+\Delta\alpha_1}$，$c_{n5}=\dfrac{k+\sigma\Delta\alpha_1}{\delta+\sigma\Delta\alpha_1}$，$c_{n6}=\dfrac{k+\sigma_1\Delta\alpha_1}{\delta+\sigma_1\Delta\alpha_1}$。注意到图 6.7 有 40 个区间，在此仅给出第一列 7 个区间中的所有可能解，以作示例。

在区间 a 中，有两组解，(α_0, p_{h0}) 和 (T, p_{h0})。

在区间 b 中，有两组解，$(\alpha_0, p_{n0}^{SCRB*})$ 和 (T, p_{h0})。

在区间 c 中，有四组解，$(\alpha_0, p_{n0}^{SCRB*})$，$(\alpha_{SCRB}, p_{n0}^{SCRB})$，$(\alpha_1, p_{n1}^{SCRB})$ 以

及（α_{SCRB}, p_{h0}）。

在区间 d 中，有四组解，（α_0, p_{n0}^{SCRB*}），（$\alpha_{SCRB}, p_{n0}^{SCRB}$），（$\alpha_1, p_{n1}^{SCRB}$）以及（$\alpha_1, p_{h0}$）。

在区间 e 中，有四组解，（α_0, p_{n0}^{SCRB}），（α_1, p_{n1}^{SCRB}），（$\alpha_{SCRB}, p_{nB}^{SCRB*}$）以及（$\alpha_1, p_{h0}$）。

在区间 f 中，有四组解，（α_0, p_{n0}^{SCRB}），（α_1, p_{n1}^{SCRB*}），（$\alpha_{SCRB}, p_{n1}^{SCRB}$）以及（$\alpha_1, p_{h0}$）。

在区间 g 中，只有唯一解，（α_1, p_{n1}^{SCRB*}）。

在图6.8中，$c_{n1}=\dfrac{k\alpha_1+\Delta\alpha_0^2}{\delta\alpha_1+\Delta\alpha_0^2}$，$c_{n2}=\dfrac{k+\xi\Delta\alpha_0}{\delta+\xi\Delta\alpha_0}$，$c_{n3}=\dfrac{k+\beta\Delta\alpha_0}{\delta+\beta\Delta\alpha_0}$，$c_{n4}=\dfrac{k+\Delta\alpha_0}{\delta+\Delta\alpha_0}$，

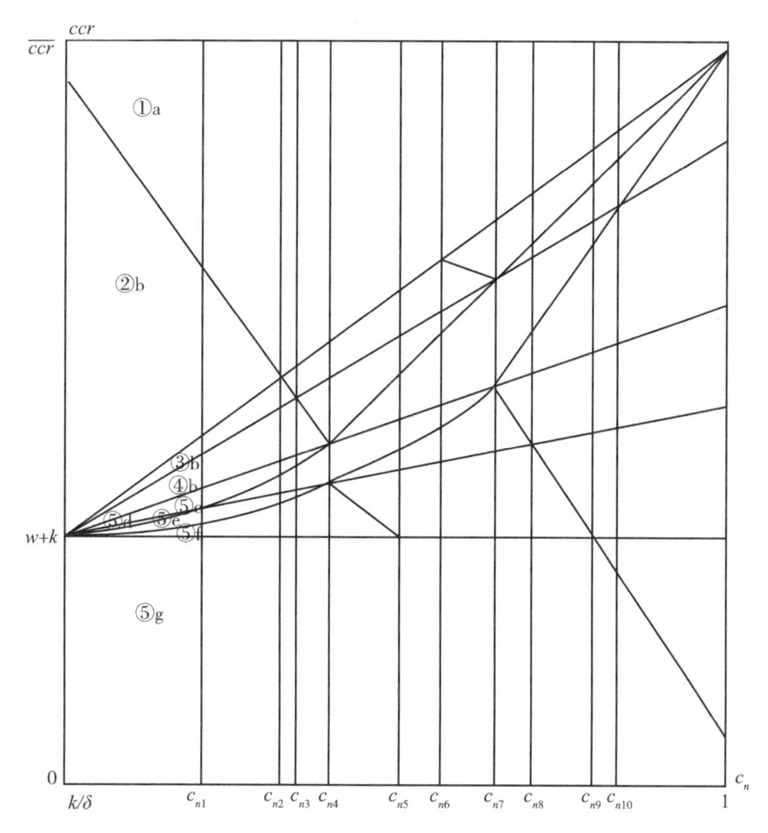

图6.8　模型 *SCR* 所有可能解对应的区间

$c_{n5}=\dfrac{k+\sigma_0\Delta\alpha_0}{\delta+\sigma_0\Delta\alpha_0}$，$c_{n6}=\dfrac{k+\xi\Delta\alpha_1}{\delta+\xi\Delta\alpha_1}$，$c_{n7}=\dfrac{k+\Delta\alpha_1}{\delta+\Delta\alpha_1}$，$c_{n8}=\dfrac{k+\sigma\Delta\alpha_1}{\delta+\sigma\Delta\alpha_1}$，$c_{n9}=\dfrac{k+\sigma_1\Delta\alpha_1}{\delta+\sigma_1\Delta\alpha_1}$，$c_{n10}=\dfrac{k\alpha_0+\Delta\alpha_1^2}{\delta\alpha_0+\Delta\alpha_1^2}$。

公共区间①a

在该区间中，$G_1\leqslant v_{00}$。所有可能解分别是（α_0,p_{n0}^{SCRA*}）、（α_0,p_{h0}）和（T,p_{h0}）。其中（α_0,p_{n0}^{SCRA*}）隶属于$M\geqslant1$。（α_0,p_{h0}）和（T,p_{h0}）分别隶属于$m\leqslant1$ & $T\leqslant\alpha_0\leqslant\alpha\leqslant\alpha_1$和$m\leqslant1$ & $\alpha_0\leqslant T\leqslant\alpha\leqslant\alpha_1$。对于解（$T,p_{h0}$），最优回收率$\alpha^{SCRB*}=T$，$M=\dfrac{h}{2\Delta D_1\alpha^{SCRB*}}=1$，即为$M\geqslant1$的特殊情况。类似地，对于解（$\alpha_0,p_{h0}$），$M=\dfrac{h}{2\Delta D_1\alpha^{SCRB*}}=\dfrac{h}{2\Delta(1-p_{h0})\alpha_0}=1$，同样为$M\geqslant1$的特殊情况。因此在公共区间①a中，唯一的最优解为（α_0,p_{n0}^{SCRA*}）。

公共区间②b

在该区间中，$v_{00}\leqslant G_1\leqslant0$。所有可能的解分别是（$\alpha_0,p_{h0}$）、（$\alpha_0,p_{n0}^{SCRB*}$）和（$T,p_{h0}$）。其中（$\alpha_0,p_{h0}$）隶属于$M\geqslant1$。（$\alpha_0,p_{n0}^{SCRB*}$）和（$T,p_{h0}$）分别隶属于$m\leqslant1$ & $T\leqslant\alpha_0\leqslant\alpha\leqslant\alpha_1$和$m\leqslant1$ & $\alpha_0\leqslant T\leqslant\alpha\leqslant\alpha_1$。类似于公共区间①a的证明，（$\alpha_0,p_{n0}^{SCRB*}$）为公共区间②b的唯一最优解。

公共区间③b

在该区间中，$0\leqslant G_1\leqslant\dfrac{2h\alpha_0}{3\alpha_1}$。所有可能的解分别是（$\alpha_{SCRA},p_{n0}^{SCRA}$）、（$\alpha_1,p_{n1}^{SCRA}$）、（$\alpha_0,p_{h1}$）、（$\alpha_0,p_{h0}$）、（$\alpha_0,p_{n0}^{SCRB*}$）和（$T,p_{h0}$）。其中（$\alpha_{SCRA}$，$p_{n0}^{SCRA}$）、（$\alpha_1,p_{n1}^{SCRA}$）和（$\alpha_0,p_{h1}$）隶属于$M\geqslant1$ & $\alpha_0\leqslant\alpha\leqslant\alpha_1\leqslant T$。（$\alpha_0,p_{h0}$）隶属于$M\geqslant1$ & $\alpha_0\leqslant\alpha\leqslant T\leqslant\alpha_1$。（$\alpha_0,p_{n0}^{SCRB*}$）和（$T,p_{h0}$）分别隶属于$m\leqslant1$ & $T\leqslant\alpha_0\leqslant\alpha\leqslant\alpha_1$和$m\leqslant1$ & $\alpha_0\leqslant T\leqslant\alpha\leqslant\alpha_1$。

$$E[\pi(\alpha_0,p_{h1})]-E[\pi(\alpha_{SCRA},p_{n0}^{SCRA})]\frac{-1}{48\Delta^2\alpha_0^2\alpha_1^2}[(9\Delta\alpha_0^2\alpha_1^2-27\alpha_1^2)G_1^2+(36\alpha_0\alpha_1\Delta H_1-12\Delta h\alpha_0^3\alpha_1)G_1+4h^2\alpha_0^2(3+\Delta\alpha_0^2)-24h\alpha_0^2\Delta H_1]。$$

注意到方程是关于G_1的二次函数且开口向上。方程有两个实根，分别为$\frac{2h\alpha_0}{3\alpha_1}$和$\frac{2\alpha_0(6\Delta H_1-(\Delta\alpha_0^2+3)h)}{3\alpha_1(3-\Delta\alpha_0^2)}$，且$\frac{2h\alpha_0}{3\alpha_1}\leqslant\frac{2\alpha_0(6\Delta H_1-(\Delta\alpha_0^2+3)h)}{3\alpha_1(3-\Delta\alpha_0^2)}$。因为$\frac{2h\alpha_0}{3\alpha_1}\leqslant\frac{2\alpha_0(6\Delta H_1-(\Delta\alpha_0^2+3)h)}{3\alpha_1(3-\Delta\alpha_0^2)}$等价于$h\leqslant\Delta H_1$。注意到在图6.8第1列中满足条件$h\leqslant\frac{\alpha_0}{\alpha_1}\Delta H_0\leqslant\Delta H_1$。否则产生矛盾。综上所述，$E[\pi(\alpha_0,p_{h1})]\geqslant E[\pi(\alpha_{SCRA},p_{n0}^{SCRA})]$。

$E[\pi(\alpha_{SCRA},p_{n0}^{SCRA})]-E[\pi(\alpha_1,p_{n1}^{SCRA})]=\frac{3}{16\Delta^2\alpha_0^2\alpha_1^2}[(3\alpha_0^2-3\alpha_1^2)G_1^2+4\Delta\alpha_0\alpha_1(H_1-H_0)G_1]$。

方程有两个实根，分别为0和$\frac{4\Delta\alpha_0\alpha_1(1-c_n)}{3(\alpha_0+\alpha_1)}$，且$\frac{4\Delta\alpha_0\alpha_1(1-c_n)}{3(\alpha_0+\alpha_1)}\geqslant\frac{2h\alpha_0}{3\alpha_1}$（如果$\frac{4\Delta\alpha_0\alpha_1(1-c_n)}{3(\alpha_0+\alpha_1)}\leqslant\frac{2h\alpha_0}{3\alpha_1}$，那么$h\geqslant\frac{2\alpha_1}{\alpha_0+\alpha_1}\Delta H_1\geqslant\Delta H_1$，与$h\leqslant\frac{\alpha_0}{\alpha_1}\Delta H_0\leqslant\Delta H_1$相矛盾）。因此，$E[\pi(\alpha_{SCRA},p_{n0}^{SCRA})]-E[\pi(\alpha_1,p_{n1}^{SCRA})]\geqslant0$。

对于(α_0,p_{h1})，$T=\frac{h}{2\Delta D_1}=\frac{h}{2\Delta(1-p_{h1})}=\alpha_1$，为$M\geqslant1$ & $\alpha_0\leqslant\alpha\leqslant T\leqslant\alpha_1$的特殊情况。又$(\alpha_0,p_{h0})$和$(T,p_{h0})$均被其他解占优。综上所述，在该区间中，唯一的最优解是$(\alpha_0,p_{n0}^{SCRB*})$。

公共区间④b

在该区间中，$\frac{2h\alpha_0}{3\alpha_1}\leqslant G_1\leqslant\frac{2h}{3}$。所有可能解分别是$(\alpha_{SCRA},p_{h1})$、$(\alpha_1,p_{n1}^{SCRA})$、$(\alpha_{SCRA},p_{n0}^{SCRA})$、$(\alpha_0,p_{h0})$、$(\alpha_0,p_{n0}^{SCRB*})$和$(T,p_{h0})$。其中$(\alpha_{SCRA},p_{h1})$、$(\alpha_1,p_{n1}^{SCRA})$隶属于$M\geqslant1$ & $\alpha_0\leqslant\alpha\leqslant\alpha_1\leqslant T$。$(\alpha_{SCRA},p_{n0}^{SCRA})$和$(\alpha_0,p_{h0})$隶属于$M\geqslant1$ & $\alpha_0\leqslant\alpha\leqslant T\leqslant\alpha_1$。$(\alpha_0,p_{n0}^{SCRB*})$和$(T,p_{h0})$分别隶属于$m\leqslant1$ & $T\leqslant\alpha_0\leqslant\alpha\leqslant\alpha_1$和$m\leqslant1$ & $\alpha_0\leqslant T\leqslant\alpha\leqslant\alpha_1$。

$E[\pi(\alpha_{SCRA},p_{n0}^{SCRA})]-E[\pi(\alpha_1,p_{n1}^{SCRA})]=\frac{3}{16\Delta^2\alpha_0^2\alpha_1^2}[(3\alpha_0^2-3\alpha_1^2)G_1^2+4\Delta\alpha_0\alpha_1(H_1-H_0)G_1]$。

类似于③b，易证$E[\pi(\alpha_{SCRA},p_{n0}^{SCRA})]-E[\pi(\alpha_1,p_{n1}^{SCRA})]\geqslant0$。

$\pi(\alpha_{SCRA},p_{n0}^{SCRA})-\pi(\alpha_{SCRA},p_{h1})=\frac{-1}{16\Delta^2\alpha_0^2\alpha_1^2}[\alpha_1^2G_1^2-12\Delta\alpha_0\alpha_1H_1G_1+8\alpha_0\alpha_1h\Delta H_0-4\alpha_0^2h^2]$。

方程有两个实根，分别为$\frac{2h\alpha_0}{3\alpha_1}$和$\frac{2\alpha_0}{3\alpha_1}$（$2\Delta H_1-h$）。且$\frac{2h\alpha_0}{3\alpha_1}\leqslant G_1\leqslant\frac{2h}{3}\leqslant\frac{2\alpha_0}{3\alpha_1}$（$2\Delta H_1-h$）。又方程开口向下，故$\pi(\alpha_{SCRA},p_{n0}^{SCRA})-\pi(\alpha_{SCRA},p_{h1})\geqslant0$。

$E[\pi(\alpha_0,p_{h0})]-E[\pi(\alpha_{SCRA},p_{n0}^{SCRA})]=\frac{-1}{48\Delta^2\gamma_0^2}[(9\Delta\gamma_0^2-27)G_1^2+(-12\Delta h\gamma_0^2+36\Delta H_0)G_1+4h^2(\Delta\gamma_0^2+3)-24h\Delta H_0]$。

方程有两个实根，分别为$\frac{2h}{3}$和$\frac{2[(\Delta\alpha_0^2+3)h-6\Delta H_0)}{3(\Delta\alpha_0^2-3)}$，且$\frac{2h}{3}\leqslant\frac{2[(\Delta\alpha_0^2+3)h-6\Delta H_0)}{3(\Delta\alpha_0^2-3)}$。同理可得$E[\pi(\alpha_0,p_{h0})]-E[\pi(\alpha_{SCRA},p_{n0}^{SCRA})]\geqslant0$。

对于（α_0,p_{h0}），$M=1$。为$M\leqslant1$的特殊情况。同理（T,p_{h0}）被其他解占优。综上所述，在该区间中唯一的最优解是（α_0,p_{n0}^{SCRB*}）。

公共区间⑤c

在该区间中，$\frac{h\alpha_0^2}{3\alpha_1^2}\leqslant G\leqslant\frac{h}{3}$。所有可能解分别是（$\alpha_1,p_{h1}$）、（$T,p_{h0}$）、（$\alpha_0,p_{n0}^{SCRB*}$）、（$\alpha_{SCRB},p_{n0}^{SCRB}$）、（$\alpha_1,p_{n1}^{SCRB}$）以及（$\alpha_{SCRB},p_{h0}$）。其中（$\alpha_1,p_{h1}$）和（$T,p_{h0}$）分别隶属于$M\geqslant1$ & $\alpha_0\leqslant\alpha\leqslant\alpha_1\leqslant T$和$M\geqslant1$ & $\alpha_0\leqslant\alpha\leqslant T\leqslant\alpha_1$。

（α_0,p_{n0}^{SCRB*}）和（$\alpha_{SCRB},p_{n0}^{SCRB}$）隶属于$m\leqslant1$ & $T\leqslant\alpha_0\leqslant\alpha\leqslant\alpha_1$。（$\alpha_1,p_{n1}^{SCRB}$）和（$\alpha_{SCRB},p_{h0}$）隶属于$m\leqslant1$ & $\alpha_0\leqslant T\leqslant\alpha\leqslant\alpha_1$。

$E[\pi(\alpha_{SCRB},p_{n0}^{SCRB})]-E[\pi(\alpha_{SCRB},p_{h0})]=\frac{h}{12\Delta^2\alpha_0^2}(-h^2\varphi^2+2\sqrt{3h}\Delta H_0\varphi-6\Delta H_0+3h)$；

$s.t.\ \sqrt{\frac{3}{h}}\leqslant\varphi\leqslant\sqrt{\frac{3}{h}\frac{\alpha_1}{\alpha_0}}$。

其中$\varphi=\frac{1}{\sqrt{G}}$。方程是关于$\varphi$的二次函数且开口向下。两个实根分别为

$\sqrt{\frac{3}{h}}$ 和 $\frac{\sqrt{3h}(2\Delta H_0 - h)}{h^2}$，且 $\sqrt{\frac{3}{h}} \leqslant \frac{\sqrt{3h}(2\Delta H_0 - h)}{h^2}$。又 $\sqrt{\frac{3}{h}}\frac{\alpha_1}{\alpha_0} \leqslant \frac{\sqrt{3h}(2\Delta H_0 - h)}{h^2}$，因为$\sqrt{\frac{3}{h}}\frac{\alpha_1}{\alpha_0} \geqslant \frac{\sqrt{3h}(2\Delta H_0 - h)}{h^2}$等价于 $h \geqslant \frac{2\alpha_0}{\alpha_0+\alpha_1}\Delta H_0 \geqslant \frac{\alpha_0}{\alpha_1}\Delta H_0$，与 $h \leqslant \frac{\alpha_0}{\alpha_1}\Delta H_0$ 相矛盾。因此，$E[\pi(\alpha_{SCRB}, p_{n0}^{SCRB})] \geqslant E[\pi(\alpha_{SCRB}, p_{h0})]$。

$$E[\pi(\alpha_1, p_{n1}^{SCRB})] - E[\pi(\alpha_{SCRB}, p_{h0})] = \frac{h}{12\Delta^2\alpha_0^2\alpha_1^2}(-h^2\alpha_0^2\varphi^2 + 2\sqrt{3h}\alpha_0\alpha_1 H_0\varphi + 3h\alpha_1^2 - 6\Delta\alpha_0\alpha_1 H_1);$$

$$s.t.\ \sqrt{\frac{3}{h}} \leqslant \varphi \leqslant \sqrt{\frac{3}{h}}\frac{\alpha_1}{\alpha_0}。$$

同理可得，$E[\pi(\alpha_1, p_{n1}^{SCRB})] \leqslant E[\pi(\alpha_{SCRB}, p_{h0})]$。由表 D6 可知，$(\alpha_{SCRB}, p_{n0}^{SCRB})$ 被 $(\alpha_0, p_{n0}^{SCRB*})$ 占优。又 (α_1, p_{h1}) 和 (T, p_{h0}) 均被其他解占优。综上所述，在该区间中，唯一的最优解为 $(\alpha_0, p_{n0}^{SCRB*})$。

公共区间⑤d

在该区间中，$\frac{h^3}{3\Delta^2 H_0^2} \leqslant G \leqslant \frac{h\alpha_0^2}{3\alpha_1^2}$。所有可能的解分别是 (α_1, p_{h1})、(T, p_{h0})、$(\alpha_0, p_{n0}^{SCRB*})$、$(\alpha_{SRB}, p_{n0}^{SCRB})$、$(\alpha_1, p_{n1}^{SCRB})$ 和 (α_1, p_{h0})。其中 (α_1, p_{h1}) 和 (T, p_{h0}) 分别隶属于 $M \geqslant 1\ \&\ \alpha_0 \leqslant \alpha \leqslant \alpha_1 \leqslant T$ 和 $M \geqslant 1\ \&\ \alpha_0 \leqslant \alpha \leqslant T \leqslant \alpha_1$。$(\alpha_0, p_{n0}^{SCRB*})$、$(\alpha_{SRB}, p_{n0}^{SCRB})$ 和 $(\alpha_1, p_{n1}^{SCRB})$ 隶属于 $m \leqslant 1\ \&\ T \leqslant \alpha_0 \leqslant \alpha \leqslant \alpha_1$。$(\alpha_1, p_{h0})$ 隶属于 $m \leqslant 1\ \&\ \alpha_0 \leqslant T \leqslant \alpha \leqslant \alpha_1$。

$$E[\pi(\alpha_{SCRB}, p_{n0}^{SCRB})] - E[\pi(\alpha_1, p_{n1}^{SCRB})] = \frac{h}{12\Delta^2\alpha_0^2\alpha_1^2}[(\alpha_0^2 - \alpha_1^2)h^2\varphi^2 + 2\sqrt{3h}\Delta\alpha_0\alpha_1(H_1 - H_0)\varphi];$$

$$s.t.\ \sqrt{\frac{3}{h}}\frac{\alpha_1}{\alpha_0} \leqslant \varphi \leqslant \sqrt{\frac{3\Delta^2 H_0^2}{h^3}}。$$

其中 $\varphi = \frac{1}{\sqrt{G}}$。方程有两个实根，分别为 0 和 $\frac{2\sqrt{3}\Delta\alpha_0 H_1}{(\alpha_0+\alpha_1)\sqrt{h^3}}$，且

$\sqrt{\frac{3\Delta^2 H_0^2}{h^3}} \leqslant \frac{2\sqrt{3}\Delta\alpha_0 H_1}{(\alpha_0+\alpha_1)\sqrt{h^3}}$。易证 $E[\pi(\alpha_{SCRB}, p_{n0}^{SCRB})] \geqslant E[\pi(\alpha_1, p_{n1}^{SCRB})]$。类似于区间⑤c，$(\alpha_{SCRB}, p_{n0}^{SCRB})$ 被 $(\alpha_0, p_{n0}^{SCRB*})$ 占优。又 (α_1, p_{h1})、(T, p_{h0}) 和 (α_1, p_{h0}) 均被其他解占优。综上所述，在该区间中，唯一的最优解为 $(\alpha_0, p_{n0}^{SCRB*})$。

公共区间⑤e

在该区间中，$\frac{h^3}{3\Delta^2 H_1^2} \leqslant G \leqslant \frac{h^3}{3\Delta^2 H_0^2}$。所有可能解分别是 (α_1, p_{h1})、(T, p_{h0})、$(\alpha_0, p_{n0}^{SCRB})$、$(\alpha_1, p_{n1}^{SCRB})$、$(\alpha_{SRB}, p_{nB}^{SCRB*})$ 和 (α_1, p_{h0})。其中 (α_1, p_{h1}) 和 (T, p_{h0}) 分别隶属于 $M \geqslant 1$ & $\alpha_0 \leqslant \alpha \leqslant \alpha_1 \leqslant T$ 和 $M \geqslant 1$ & $\alpha_0 \leqslant \alpha \leqslant T \leqslant \alpha_1$。$(\alpha_0, p_{n0}^{SCRB})$、$(\alpha_1, p_{n1}^{SCRB})$ 和 $(\alpha_{SCRB}, p_{nB}^{SCRB*})$ 隶属于 $m \leqslant 1$ & $T \leqslant \alpha_0 \leqslant \alpha \leqslant \alpha_1$。$(\alpha_1, p_{h0})$ 隶属于 $m \leqslant 1$ & $\alpha_0 \leqslant T \leqslant \alpha \leqslant \alpha_1$。

$$E[\pi(\alpha_{SCRB}, p_{nB}^{SCRB*})] - E[\pi(\alpha_0, p_{n0}^{SCRB})] = \frac{h^3}{12\Delta^2\alpha_0^2}\left(\varphi - \frac{\sqrt{3h^3}H_0}{h^3}\right)^2 \geqslant 0。$$

$$E[\pi(\alpha_{SRB}, p_{nB}^{SRB*})] - E[\pi(\alpha_1, p_{n1}^{SRB})] = \frac{h^3}{12\Delta^2\alpha_1^2}\left(\varphi - \frac{\sqrt{3h^3}H_1}{h^3}\right)^2 \geqslant 0。$$

其中 $\varphi = \frac{1}{\sqrt{G}}$。又 (α_1, p_{h1})、(T, p_{h0}) 和 (α_1, p_{h0}) 均被其他解占优。综上所述，在该区间中，唯一的最优解为 $(\alpha_{SCRB}, p_{nB}^{SCRB*})$。

公共区间⑤f

在该区间中，$0 \leqslant G \leqslant \frac{h^3}{3\Delta^2 H_1^2}$。所有可能解分别是 (α_1, p_{h1})、(T, p_{h0})、$(\alpha_0, p_{n0}^{SCRB})$、$(\alpha_1, p_{n1}^{SCRB*})$、$(\alpha_{SCRB}, p_{n1}^{SCRB})$ 和 (α_1, p_{h0})。其中 (α_1, p_{h1}) 和 (T, p_{h0}) 分别隶属于 $M \geqslant 1$ & $\alpha_0 \leqslant \alpha \leqslant \alpha_1 \leqslant T$ 和 $M \geqslant 1$ & $\alpha_0 \leqslant \alpha \leqslant T \leqslant \alpha_1$。$(\alpha_0, p_{n0}^{SCRB})$、$(\alpha_1, p_{n1}^{SCRB*})$ 和 $(\alpha_{SCRB}, p_{n1}^{SCRB})$ 隶属于 $m \leqslant 1$ & $T \leqslant \alpha_0 \leqslant \alpha \leqslant \alpha_1$。$(\alpha_1, p_{h0})$ 隶属于 $m \leqslant 1$ & $\alpha_0 \leqslant T \leqslant \alpha \leqslant \alpha_1$。

$$E[\pi(\alpha_{SCRB}, p_{n1}^{SCRB})] - E[\pi(\alpha_0, p_{n0}^{SCRB})] = \frac{h}{12\Delta^2\alpha_0^2\alpha_1^2}[(\alpha_1^2 - \alpha_0^2)h^2\varphi^2 + 2\sqrt{3h}\Delta\alpha_0\alpha_1(H_0 - H_1)\varphi];$$

$s.t.\ \varphi \geqslant \sqrt{\dfrac{3\Delta^2 H_1^2}{h^3}}$。

方程有两个实根，分别为0和$\dfrac{2\sqrt{3}\alpha_1\Delta H_0}{(\alpha_1+\alpha_0)\sqrt{h^3}}$。由于$\sqrt{\dfrac{3\Delta^2 H_1^2}{h^3}} \geqslant \dfrac{2\sqrt{3}\alpha_1\Delta H_0}{(\alpha_1+\alpha_0)\sqrt{h^3}}$，因此$E[\pi(\alpha_{SCRB}, p_{n1}^{SCRB})] \geqslant E[\pi(\alpha_0, p_{n0}^{SCRB})]$。此外，由表D6可知，$(\alpha_{SCRB}, p_{n1}^{SCRB})$被$(\alpha_1, p_{n1}^{SCRB*})$占优。又$(t, p_{h0})$、$(\alpha_1, p_{h1})$和$(\alpha_1, p_{h0})$均被其他解占优。综上所述，在该区间中，唯一的最优解是$(\alpha_1, p_{n1}^{SCRB*})$。

公共在区间⑤g

在该区间中，$G \leqslant 0$。所有可能解分别是(α_1, p_{h1})、(T, p_{h0})和$(\alpha_1, p_{n1}^{SCRB*})$。其中$(\alpha_1, p_{h1})$和$(T, p_{h0})$分别隶属于$M \geqslant 1\ \&\ \alpha_0 \leqslant \alpha \leqslant \alpha_1 \leqslant T$和$M \geqslant 1\ \&\ \alpha_0 \leqslant \alpha \leqslant T \leqslant \alpha_1$。$(\alpha_1, p_{n1}^{SCRB*})$隶属于$M \leqslant 1$。又$(\alpha_1, p_{h1})$和$(T, p_{h0})$均被其他解占优。综上所述，在该区间中，唯一的最优解是$(\alpha_1, p_{n1}^{SCRB*})$。

注意到在公共区间②b、③b、④b、⑤c、⑤d，具有相同的最优解$(\alpha_0, p_{n0}^{SCRB*})$。公共区间⑤f和⑤g具有相同的最优解$(\alpha_1, p_{n1}^{SCRB*})$。因此可把所有具有相同最优解的区间合并。对于图6.8中的其他区间，可以用同样的方法证明。类似于无法律约束的情形，运营成本存在上限约束，$ccr \leqslant \overline{ccr} = \bar{\bar{w}} - \dfrac{2(c_n-1)}{\alpha_1}$。此外还需满足$\bar{\bar{w}} - v_{00} \leqslant \bar{\bar{w}} - \dfrac{2(c_n-1)}{\alpha_1}$，该约束等价于$c_n \leqslant \dfrac{\Delta\alpha_0^2\alpha_1 k - 3\Delta\alpha_0^2 + 3\Delta\alpha_0\alpha_1 + 3k\alpha_1}{\Delta\alpha_0^2\alpha_1\delta - 3\Delta\alpha_0^2 + 3\Delta\alpha_0\alpha_1 + 3\delta\alpha_1}$。故$c_n$的下限为$c_{nmin}^{SC} = max\left\{\dfrac{k}{\delta}, \dfrac{\Delta\alpha_0^2\alpha_1 k - 3\Delta\alpha_0^2 + 3\Delta\alpha_0\alpha_1 + 3k\alpha_1}{\Delta\alpha_0^2\alpha_1\delta - 3\Delta\alpha_0^2 + 3\Delta\alpha_0\alpha_1 + 3\delta\alpha_1}\right\}$，且$c_{nmax}^{SC} = \dfrac{2\Delta\alpha_1^2 k + 3\Delta\alpha_1^2 w + 6\Delta\alpha_1 + 6k}{6\Delta\alpha_1 + 6\delta - \Delta\alpha_1^2\delta} \leqslant 1$。

6.8　模型 *SCR* 计算结果

通过求解模型*SCRA*和模型*SCRB*，可以获得模型*SCR*制造商的最优决策。见定理6.3。

定理6.3：对于模型*SCR*，第一阶段新产品价格、第二阶段旧产品回收率、第三阶段新产品和再造品的最优价格如表6.4所示。

定理6.3表明：

（1）在区间 $SCR1$ 中，$\left(\bar{\bar{w}}-v_{00}\leqslant ccr\leqslant\bar{\bar{w}}-\frac{2(c_n-1)}{\alpha_1}\ \&\ c_{nmin}^{SC}\leqslant c_n\leqslant\frac{k+\Delta\alpha_0}{\delta+\Delta\alpha_0}\right)\cup\left(\bar{\bar{w}}-\frac{2}{3}\Delta H_0\leqslant ccr\leqslant\bar{\bar{w}}-\frac{2(c_n-1)}{\alpha_1}\ \&\ \frac{k+\Delta\alpha_0}{\delta+\Delta\alpha_0}\leqslant c_n\leqslant 1\right)$。逆向运营成本非常高，制造商选择法律制定的最小回收率。

（2）在区间 $SCR2$ 中，$\left(\varepsilon_0\leqslant ccr\leqslant\bar{\bar{w}}-v_{00}\ \&\ c_{nmin}^{SC}\leqslant c_n\leqslant\frac{k+\Delta\alpha_0}{\delta+\Delta\alpha_0}\right)$。此时逆向运营成本略低于区间 $SCR1$。最优回收率为 α_0。

（3）在区间 $SCR3$ 中，$\left(\bar{\bar{w}}-\frac{2}{3}h\leqslant ccr\leqslant\bar{\bar{w}}-\frac{2}{3}\Delta H_0\ \&\ \frac{k+\Delta\alpha_0}{\delta+\Delta\alpha_0}\leqslant c_n\leqslant\frac{k+\Delta\alpha_1}{\delta+\Delta\alpha_1}\right)\cup\left(\bar{\bar{w}}-\frac{2}{3}\Delta H_1\leqslant ccr\leqslant\bar{\bar{w}}-\frac{2}{3}\Delta H_0\ \&\ \frac{k+\Delta\alpha_1}{\delta+\Delta\alpha_1}\leqslant c_n\leqslant 1\right)$。最优回收率为 $\frac{3G_1}{2\Delta(1-c_n)}$。类似于无法律约束的情形，最优回收率 $\frac{3G_1}{2\Delta(1-c_n)}$ 关于新产品的生产成本 c_n 以及替代强度 δ 单调。

（4）在区间 $SCR4$ 中，$\left(\varepsilon_1\leqslant ccr\leqslant\varepsilon_0\ \&\ c_{nmin}^{SC}\leqslant c_n\leqslant\frac{k+\Delta\alpha_0}{\delta+\Delta\alpha_0}\right)\cup\left(\varepsilon_1\leqslant ccr\leqslant\bar{\bar{w}}-\frac{2h}{3}\ \&\ \frac{k+\Delta\alpha_0}{\delta+\Delta\alpha_0}\leqslant c_n\leqslant\frac{k+\Delta\alpha_1}{\delta+\Delta\alpha_1}\right)$。制造商的最优回收率为 $\frac{h}{\Delta(1-c_n)}\sqrt{\frac{h}{3G}}$。类似于无法律约束的情形，最优回收率关于新产品的生产成本、替代强度以及再造品的残值单调。

（5）在区间 $SCR5$ 中，$\left(\bar{\bar{w}}-v_{11}\leqslant ccr\leqslant\bar{\bar{w}}-\frac{2}{3}\Delta H_1\ \&\ \frac{k+\Delta\alpha_1}{\delta+\Delta\alpha_1}\leqslant c_n\leqslant c_{nmax}^{SC}\right)\cup\left(0\leqslant ccr\leqslant\bar{\bar{w}}-\frac{2}{3}\Delta H_1\ \&\ c_{nmax}^{SC}\leqslant c_n\leqslant 1\right)$。此时制造商的最优回收率为 α_1。注意到在该区间中逆向运营成本并不是非常低，但是新产品的生产成本较高。回顾无法律约束的情形中推论6.1和推论6.2，新产品的生产成本越高，回收率越大。

（6）在区间 $SCR6$ 中，$\left(0\leqslant ccr\leqslant\varepsilon_1\ \&\ c_{nmin}^{SC}\leqslant c_n\leqslant\frac{k+\Delta\alpha_1}{\delta+\Delta\alpha_1}\right)\cup\left(0\leqslant ccr\leqslant\bar{\bar{w}}-v_{11}\ \&\ \frac{k+\Delta\alpha_1}{\delta+\Delta\alpha_1}\leqslant c_n\leqslant c_{nmax}^{SC}\right)$。此时逆向运营成本非常低，不管新产品的生产成本高或低，制造商的最优回收率都为 α_1。

表 6.4　　　　模型 SCR：制造商的最优决策

区间	p_n^{SCR*}	α^{SCR*}	p_{2n}^{SCR*}	p_{2r}^{SCR*}	D_{2n}^{SCR*}	D_{2r}^{SCR*}
$SCR1$	p_{n0}^{SCRA*}	α_0	$\frac{1+c_n}{2}$	$\frac{\delta(1+c_n)}{2}-\frac{3\Delta G_1\alpha_0^2+6\Delta H_0}{8(\Delta\alpha_0^2+3)}$	$\frac{1-c_n}{2}-\frac{3\delta G_1\alpha_0^2+6\delta H_0}{8(\Delta\alpha_0^2+3)}$	$\frac{3G_1\alpha_0^2+6H_0}{8(\Delta\alpha_0^2+3)}$
$SCR2$	p_{n0}^{SCRB*}	α_0	$\frac{1+c_n}{2}$	$\frac{h^2}{8\Delta\alpha_0(1-p_{n0}^{SCRB*})}+\frac{\delta+k}{2}$	$\frac{h^2}{8(1-\delta)\Delta\alpha_0(1-p_{n0}^{SCRB*})}+\frac{c_n+\delta-1-k}{2(\delta-1)}$	$\frac{h}{2\Delta}-\frac{h^2}{8\Delta^2\alpha_0(1-p_{n0}^{SCRB*})}$
$SCR3$	$\frac{1+c_n}{2}$	$\frac{3G_1}{2\Delta(1-c_n)}$	$\frac{1+c_n}{2}$	$\frac{\delta(1+c_n)}{2}-\frac{3G_1}{8}$	$\frac{1-c_n}{2}-\frac{3G_1}{8(1-\delta)}$	$\frac{3G_1}{8\Delta}$
$SCR4$	$\frac{1+c_n}{2}$	$\frac{h}{\Delta(1-c_n)}\sqrt{\frac{h}{3G}}$	$\frac{1+c_n}{2}$	$\frac{\sqrt{3Gh}+2k+2\delta}{4}$	$\frac{\sqrt{3Gh}}{4(1-\delta)}+\frac{c_n+\delta-1-k}{2(\delta-1)}$	$\frac{2h-\sqrt{3Gh}}{4\Delta}$
$SCR5$	p_{n1}^{SCRA*}	α_1	$\frac{1+c_n}{2}$	$\frac{\delta(1+c_n)}{2}-\frac{3\Delta G_1\alpha_1^2+6\Delta H_1}{8(\Delta\alpha_1^2+3)}$	$\frac{1-c_n}{2}-\frac{3\delta G_1\alpha_1^2+6\delta H_1}{8(\Delta\alpha_1^2+3)}$	$\frac{3\Delta G_1\alpha_1^2+6\Delta H_1}{8(\Delta\alpha_1^2+3)}$
$SCR6$	p_{n1}^{SCRB*}	α_1	$\frac{1+c_n}{2}$	$\frac{h^2}{8\Delta\alpha_1(1-p_{n1}^{SCRB*})}+\frac{\delta+k}{2}$	$\frac{h^2}{8(1-\delta)\Delta\alpha_1(1-p_{n1}^{SCRB*})}+\frac{c_n+\delta-1-k}{2(\delta-1)}$	$\frac{h}{2\Delta}-\frac{h^2}{8\Delta^2\alpha_1(1-p_{n1}^{SCRB*})}$

$p_{ni}^{SCRA*}=\frac{4\Delta\alpha_i^2-3G_1\alpha_i+6(1+c_n)}{4(\Delta\alpha_i^2+3)}$，$p_{ni}^{SCRB*}=\frac{2}{3}+\frac{N_i}{6}-\frac{\sqrt[3]{z_i^{SCRB}}}{12\Delta\alpha_i}-\frac{\Delta\alpha_i(2-N_i)^2}{3\sqrt[3]{z_i^{SCRB}}}$，$z_i^{SCRB}=\Delta\alpha_i^2(\sqrt{8\Delta^2\alpha_i(2-N_i)^3+9h^3}-3h\sqrt{h})^2$，$N_i=1+c_n+\frac{1}{2}G\alpha_i, i=0,1, G_1=w+\delta c_n-ccr.$

图 6.9 清晰地描述了制造商所有可能决策区间。这些区间的选择与制造商的成本参数密切相关。如在区间 $SCR1$ 中，不管新产品生产成本高或低，制造商的最优回收率均为 α_0。同理，在区间 $SCR6$ 中，制造商的最优回收率为 α_1。然而，在区间 $SCR2$、$SCR3$、$SCR4$ 和 $SCR5$ 中，最优回收率不仅与逆向运营成本有关，还与新产品生产成本有关。换言之，制造商的最优决策由新产品生产成本与运营成本的组合决定。

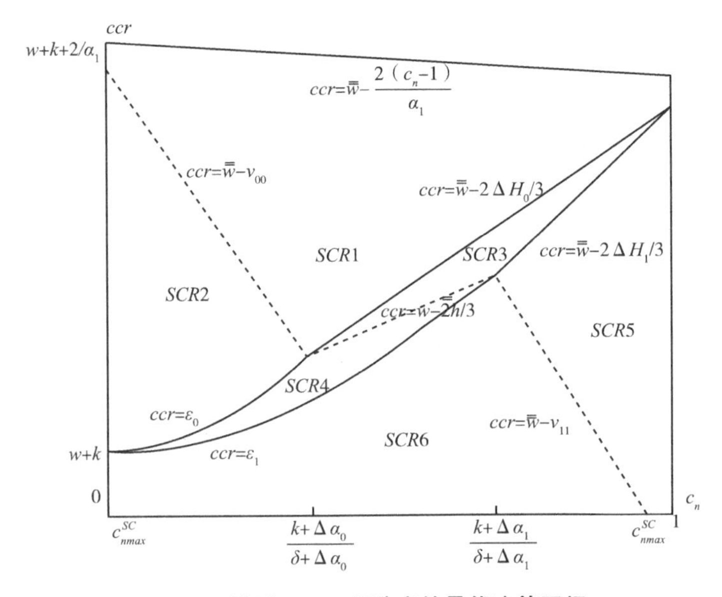

图 6.9　模型 SCR：制造商的最优决策区间

6.9　对比模型 SCN 与模型 SCR

在本节中，对无法律约束与存在法律约束两种情形下的最优利润进行比较。即比较 $E(\pi^{SCN*})$ 与 $E(\pi^{SCR*})$。首先找出两种情形下的公共区间，如图 6.10 所示。本节仅给出$\frac{k+\Delta\alpha_1}{\delta+\Delta\alpha_1}\leqslant c_n\leqslant 1$ 时的证明，$c_n\leqslant\frac{k+\Delta\alpha_1}{\delta+\Delta\alpha_1}$时的证明过程同理。两种模型比较如下：

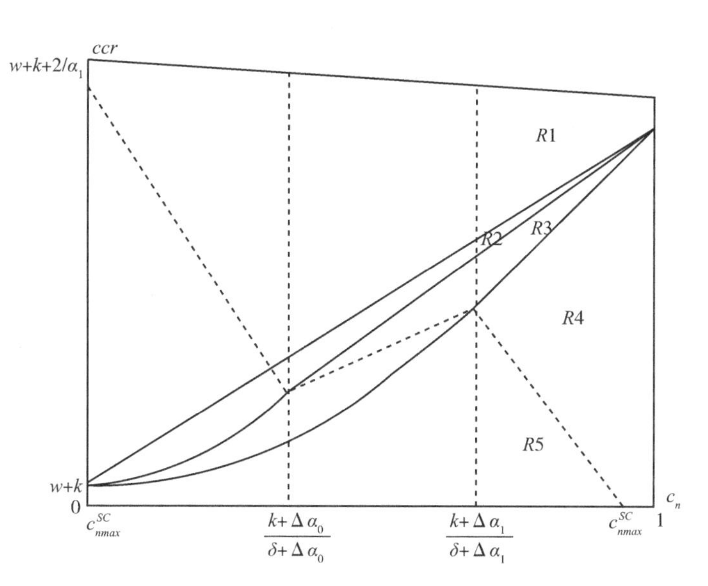

图 6.10　模型 *SCN* 与模型 *SCR* 的公共区间

信毅学术文库

（1）在公共区间 *R*1 中，$\bar{\bar{w}} \leqslant ccr \leqslant \bar{\bar{w}} - \dfrac{2(c_n - 1)}{\alpha_1}$，即$\dfrac{2(c_n-1)}{\alpha_1} \leqslant G_1 \leqslant 0$。两种模型的利润差如下：

$E(\pi^{SCN*}) - E(\pi^{SCR*}) = \dfrac{1}{16(\Delta\alpha_0^2+3)}[-3\alpha_0^2 G_1^2 - 12H_0G_1 + 4\Delta H_0^2]$方程是关于$G_1$的二次函数且为凹。两个实根分别为：$-\dfrac{2(3+\sqrt{3\Delta\alpha_0^2+9})H_0}{3\alpha_0^2}$，$\dfrac{2(\sqrt{3\Delta\alpha_0^2+9}-3)H_0}{3\alpha_0^2}$，且 $-\dfrac{2(3+\sqrt{3\Delta\alpha_0^2+9})H_0}{3\alpha_0^2} \leqslant \dfrac{2(c_n-1)}{\alpha_1} \leqslant 0 \leqslant \dfrac{2(\sqrt{3\Delta\alpha_0^2+9}-3)H_0}{3\alpha_0^2}$。当$G_1 = 0$ 时，$E(\pi^{SCN*}) - E(\pi^{SCR*}) = \dfrac{\Delta H_0^2}{4(\Delta\alpha_0^2+3)} \geqslant 0$，综上所述，当$\bar{\bar{w}} \leqslant ccr \leqslant \bar{\bar{w}} - \dfrac{2(c_n-1)}{\alpha_1}$时，$E(\pi^{SCN*}) \geqslant E(\pi^{SCR*})$。

（2）在公共区间 *R*2 中，$\bar{\bar{w}} - \dfrac{2}{3}\Delta H_0 \leqslant ccr \leqslant \bar{\bar{w}}$，即 $0 \leqslant G_1 \leqslant \dfrac{2}{3}\Delta H_0$。两种模型的利润差如下：

$$E(\pi^{SCN*})-E(\pi^{SCR*})=\frac{(3G_1-2\Delta H_0)^2}{16\Delta(\Delta\alpha_0^2+3)}\geqslant 0。$$

（3）在公共区间 $R3$ 中，$\bar{\bar{w}}-\frac{2}{3}\Delta H_1\leqslant ccr\leqslant\bar{\bar{w}}-\frac{2}{3}\Delta H_0$，即$\frac{2}{3}\Delta H_0\leqslant G_1\leqslant\frac{2}{3}\Delta H_1$。此时两种情形下具有相同的利润函数。

（4）在公共区间 $R4$ 中，$\left(\bar{\bar{w}}-v_{11}\leqslant ccr\leqslant\bar{\bar{w}}-\frac{2}{3}\Delta H_1\right)\cup\left(0\leqslant ccr\leqslant\bar{\bar{w}}-\frac{2}{3}\Delta H_1\right)$，即$\frac{2}{3}\Delta H_1\leqslant G_1\leqslant v_{11}$。此时两种情形下具有相同的利润函数。

（5）在公共区间 $R5$ 中，$0\leqslant ccr\leqslant\bar{\bar{w}}-v_{11}$，即$G_1\geqslant v_{11}$。此时两种情形下具有相同的利润函数。

对于$\frac{k}{\delta}\leqslant c_n\leqslant\frac{k+\Delta\alpha_1}{\delta+\Delta\alpha_1}$时的情形，分析过程同理。通过上述讨论，可以得到定理6.4。

定理6.4：对于逆向运营成本 ccr，存在临界值$\bar{\bar{w}}-\frac{2}{3}\Delta H_0$，使当$\bar{\bar{w}}-\frac{2}{3}\Delta H_0\leqslant ccr\leqslant\bar{\bar{w}}-\frac{2(c_n-1)}{\alpha_1}$时，$E(\pi^{SCN*})\geqslant E(\pi^{SCR*})$；当$0\leqslant ccr\leqslant\bar{\bar{w}}-\frac{2}{3}\Delta H_0$时，$E(\pi^{SCN*})=E(\pi^{SCR*})$。

定理6.4表明无法律约束情形下制造商的最优利润总是大于或等于存在法律约束时制造商的最优利润。例如，当新产品的生产成本满足$\frac{k+\Delta\alpha_1}{\delta+\Delta\alpha_1}\leqslant c_n\leqslant 1$时，在公共区间 $R1$ 中，$\bar{\bar{w}}\leqslant ccr\leqslant\bar{\bar{w}}-\frac{2(c_n-1)}{\alpha_1}$。此时无法律约束时制造商的最优利润不低于存在法律约束时制造商的最优利润。在公共区间 $R2$ 中，$\bar{\bar{w}}-\frac{2}{3}\Delta H_0\leqslant ccr\leqslant\bar{\bar{w}}$。无法律约束情形下制造商的最优利润仍然大于等于存在法律约束时制造商的最优利润。在公共区间 $R3$、$R4$ 以及 $R5$ 中，两种情形下制造商的最优利润相同。

通过上述讨论可以发现，当逆向运营成本非常低时，不管有无法律约束，制造商会采取相同的决策方案。在该情形下，政府制定的最小回收率并不会对企业决策造成影响。此时法律约束失去了其本身的意义。然而，当逆向运营成本非常高时，制造商的最优决策受法律约束的影响。在现实生活中，直觉告诉我们政府强加法律约束很可能损害制造商的利益。然而，上述研究表明，当逆向运营成本低于某个临界值时，政府强加的法律约束并不会损害制造商的利益。

6.10　本章小结

本章在第5章的基础上进行扩展，研究随机及竞争情形下电子产品回收再制造问题。制造商的决策分为三个阶段。在第一阶段，制造商仅决策新产品的价格；在第二阶段，制造商决策回收率；在第三阶段，制造商同时决策新产品和再造品的价格。本章分别分析存在法律约束和不存在法律约束的情形，得到制造商在不同情形下的最优决策。研究发现：（1）根据新产品生产成本和逆向运营成本的组合，无法律约束时，制造商有五个决策区间。存在法律约束时，制造商有六个决策区间。（2）当逆向运营成本小于旧产品残值和再造品残值之和时，此时制造商愿意回收所有旧产品。当逆向运营成本大于替代强度与新产品生产成本之积与旧产品残值之和时，制造商没有意愿回收旧产品。然而，当逆向运营成本的取值适中时，最优回收率的选择由新产品生产成本和逆向运营成本的组合决定。（3）关于逆向运营成本 ccr，存在临界值 $w+\delta c_n-\frac{2}{3}\Delta H_0$，使当 $w+\delta c_n-\frac{2}{3}\Delta H_0 \leqslant ccr \leqslant w+\delta c_n-\frac{2(c_n-1)}{\alpha_1}$ 时，无法律约束时制造商的最优利润总是不低于存在法律约束时制造商的最优利润；当 $0 \leqslant ccr \leqslant w+\delta c_n-\frac{2}{3}\Delta H_0$ 时，两种情形下的利润相等。

第7章　实例应用

本书共研究四个模型（*DR*，*DCR*，*SR*，*SCR*），前两个模型探讨确定情境下制造商的最优决策问题。然而，现实中由于回收的不确定性导致旧产品再制造率具有随机性。因此，后两个模型更具普适性。基于此，本书从实际出发主要分析模型 *SR* 和 *SCR* 的可用性。本实例的主要目的是依据现有数据，通过模型计算分析两种情境下相关参数变化对制造商最优决策的影响，为企业管理提供科学合理的依据。

7.1　案例背景

苹果公司成立于1977年，一直以来依靠打造高端产品吸引消费者。近年来更是以iPhone、iPad、Mac Notebook以及Apple Watch赢得消费者的喜爱。然而，企业的发展往往会对生态环境产生影响。面对当前日益严重的环境问题，苹果公司积极加入承担社会责任的潮流之中。

自2013年以来，苹果公司开启旧产品回收计划（Apple Renew）。在美国，苹果公司回收的产品主要包括iPhone、iPad、Mac Notebook、iPod以及Apple Watch。对某一类产品而言，苹果公司并不会回收该类产品所有系列。比如说iPhone，苹果公司仅回收iPhone 4s及以后机型（iPhone 7系列产品除外）。同样，对于iPad，苹果公司仅回收iPad 2及以后机型①（iPad

① 注：此以后机型不包括iPad Pro系列产品。虽然官网上有二手iPad Pro，但是笔者通过走访零售店了解到这类产品来自消费者使用14天内的无条件退货产品。

Pro 系列产品除外）。与此同时，苹果公司通过线上线下两种方式回收旧产品。（1）线下交易：消费者把旧产品拿到苹果官方零售店，由工作人员现场评估，给出折抵价格，消费者获得一张金额等同于折抵价格的礼品卡（gift card），该卡可用于购买店内苹果产品；（2）线上交易：苹果公司通过在线评估回收旧产品。消费者登录苹果美国官方网站（http：//www. apple. com/recycling/），输入产品型号及使用状况，系统给出该产品的折抵价格。消费者把产品寄到回收点，由工作人员对产品进行检测。类似于线下交易，消费者获得一张可购买店内产品的礼品卡。由上述两种交易方式可以看出，苹果公司采用以旧换新的方式回收旧产品。

在中国大陆，旧产品回收类型不包括 Mac 系列。类似地，苹果公司提供两种回收模式。（1）线下交易：该模式与美国零售店一样，现场评估，然后用折抵价格购买店内苹果产品；（2）线上交易：消费者登录苹果中国官方网站（http：//www. apple. com/cn/recycling/），输入产品相关信息，系统给出评估价格。消费者把产品寄到回收点，由公司进一步检测并给出新的评估价格，若消费者接受新价格，与美国模式不同的是，消费者可以获得产品折抵现金。

对于回收的旧产品，苹果公司对其进行清洗、拆解以及检测，以确定该产品是进入再使用（reuse）阶段还是再循环（recycling）[①] 阶段，进入再使用阶段的产品放到二级市场用于重新销售（http：//www. apple. com/recycling/gift - card/faq. html）。此时新产品和再造品放在两个不同的市场销售，换言之，两种产品不存在市场竞争，这与模型 *SR* 研究的情境一致。

另外，消费者可在苹果官网在线同时购买新产品和再造品，这意味着两种产品存在相互竞争的情形，与模型 *SCR* 研究的情境一致。基于此，本书将采用苹果公司的经营案例验证模型的应用价值。

---

① 苹果公司回收项目中第二条明确指出，对于那些具有货币价值、能够用于再制造并在二级市场销售的产品视为再使用。对那些不具货币价值的产品，通过提取里面的金属、塑料以及玻璃用于再循环。

7.2 产品选择

苹果美国官网显示的再造品种类较多。包括 iPhone、iPad、Mac、iPod 以及 Apple Watch。比如说 iPhone，主要有 iPhone 6s 以及 iPhone 6s Plus，这两款手机只有 16GB 和 64GB 两个版本。然而官网上新产品对应的容量分别为 32GB 和 128GB。严格地说，iPhone 6s 以及 iPhone 6s Plus 对应的新品和再造品不属于同一款产品，因此不适合本书的研究情境。同理，iPad Air 2 Wi－Fi 128GB 与 iPad Air 2 Wi－Fi＋Cellular 128GB 也被视为两款不一样的产品，因为前者不具备 4G 功能。基于上述考虑，本书以 iPad mini 2 Wi－Fi＋Cellular 32GB for AT & T①为例验证模型 *SR* 和模型 *SCR* 的应用价值（注：随着时间的推移以及市场需求的变化，官网销售的产品款式也会发生相应的变化）。

7.3 数据获得

本书数据来源：（1）文献阅读；（2）企业调研。

①α_0：政府制定的最小回收量。欧盟提出的《电子产品回收条例》指出到 2019 年旧产品的回收率需达到 65%（Esenduran et al.，2015）。故取 $\alpha_0=0.65$。

②α_1：旧产品回收率的上限值。理论上而言，旧产品回收率的上限值应为 1。然而实际情况中企业不可能回收所有旧产品。如部分消费者可能会担心信息泄漏而把旧产品保留在家里。一般而言，最大回收率在 0.85～0.95 之间。本书取平均值 0.9。

③δ：再造品的替代强度。Subramanian 和 Subramanyam（2012）比较

① AT & T 是美国一家运营商的名字。

新产品和再造品的线上价格。他们通过实证分析发现，对电子产品而言，再造品的替代强度约为0.85。

④c_c：旧产品回收成本。7.2节已确定以iPad mini 2 Wi-Fi + Cellular 32GB for AT & T为例验证模型*SR*和模型*SCR*的应用价值。笔者通过委托在美国工作的同学访问北卡罗莱纳州罗利市格兰屋大街4325号瑰柏翠谷购物中心的苹果官方直营店（Apple Store，Crabtree Valley Mall，4325 Glenwood Avenue，Raleigh，North Carolina）以及登录苹果美国官方网站了解到该款产品目前的回收价格为85美元（见附录*E*）。此外，通过与工作人员沟通得知从2014年开始产品回收价格每一次调整幅度大约为5%，也就是说，上一次的回收价格约为85(1+5%)=89.25美元。在不失一般性的前提下，以当前价格85美元为中心，按照5%的波动幅度共选取10个数据。它们分别为：69.23、72.87、76.71、80.75、85、89.25、93.71、98.40、103.32、108.49。参考Atasu等（2008）和Raz等（2014），模型*SR*和模型*SCR*均假设市场最大容量为1，因此需对上述数据进行无量纲化处理，且需落在0~1之间。本书采取线性比重法$\left(y_i = \frac{x_i}{\sum_{i=1}^{n} x_i}\right)$对上述数据进行处理，得到新的数据为：0.079、0.083、0.087、0.092、0.097、0.102、0.107、0.112、0.118、0.124。通过上述数据可以发现，前三个数据增长幅度为0.004，后三个数据增长幅度为0.006，中间数据增长幅度为0.005，取其平均值0.005代表回收成本$c_c \in [0.079, 0.124]$的增长幅度。

⑤c_r：旧产品再制造成本。Neira等（2006）认为回收成本约为总成本的80%，即再制造成本为总成本的20%。取回收成本的中间值（0.097 + 0.102）/2≈0.1，相应地，再制造成本为0.025。

⑥w：旧产品残值。参考Raz等（2014），旧产品残值约为回收成本的5%。类似于再制造成本的计算，取回收成本的中间值，则旧产品残值约为0.005。

⑦k：再造品残值。再造品残值是指当再造品的数量超过市场需求时产生的残值。从理论上讲，再造品的残值应大于旧产品的回收成本，小于

再造品的零售价格。在不失一般性的情况下，假设再造品的残值约为0.2。

⑧u：二级市场容量。在主要市场中，消费者对新产品的支付意愿服从0~1上的均匀分布。相应地，消费者对再造品的支付意愿服从0~u上的均匀分布，且$u\leqslant 1$，因为通常情况下消费者认为再造品的质量低于新产品。Raz等（2014）认为u的取值约在0.4~0.6之间，本书取其平均值0.5。

7.4 实例分析

7.4.1 模型 *SR*

将上述数据代入模型*SR*中，由图5.9可知，新产品生产成本的四个区间段分别为：

$$I1: c_n \in \left[c_{nmin}^S, 1 - \frac{H}{\alpha_0}\right] = [0, 0.538462],$$

$$I2: c_n \in \left[1 - \frac{H}{\alpha_0}, 1 - \frac{H}{\alpha_1}\right] = [0.538462, 0.666667],$$

$$I3: c_n \in \left[1 - \frac{H}{\alpha_1}, c_{nmax}^S\right] = [0.666667, 0.803917],$$

$$I4: c_n \in [c_{nmax}^S, 1] = [0.803917, 1]$$

为方便表示，按照从左到右的顺序记上述四个区间$\left[c_{nmin}^S, 1 - \frac{H}{\alpha_0}\right]$，$\left[1 - \frac{H}{\alpha_0}, 1 - \frac{H}{\alpha_1}\right]$，$\left[1 - \frac{H}{\alpha_1}, c_{nmax}^S\right]$，$[c_{nmax}^S, 1]$分别为$I1$，$I2$，$I3$，$I4$。根据模型计算结果，分析当新产品生产成本$c_n$以及逆向运作成本$ccr$[①]发生变化

① ccr表示旧产品的逆向运作成本，且$ccr = 2c_c + c_r$，详见5.3.1小节脚注说明。当回收成本c_c发生变化时，势必会引起ccr发生变化。由于制造商的最优决策区间由c_n和ccr的组合决定。因此回收成本变化给制造商决策带来的影响转化成了ccr产生的影响。

时，制造商的最优决策将发生怎样的变化。根据 $I1$、$I2$、$I3$ 以及 $I4$ 四个区间段c_n的分布情况，在不失一般性的情况下，以 0.1 作为c_n的增长幅度分析制造商最优决策选择的变化情况。取c_n的初始值为 0.01，相应地，在区间 $I1$ 中，c_n 的取值分别为 0.01、0.11、0.21、0.31、0.41 以及 0.51。

表 7.1 给出了区间 $I1$ 中制造商的最优决策选择。先分析$c_n=0.01$ 时制造商的决策情况。当 $ccr\leqslant 0.213$，即 $ccr\leqslant\rho_1$时，制造商愿意回收所有旧产品，因为此时逆向运作成本较低，回收再制造可使企业获利。由图 5.9 可知，制造商的最优决策区间为 $SR6$。当$\rho_1\leqslant ccr\leqslant\rho_0$时，制造商的最优区间为 $SR4$，此时各决策变量（再造品价格、再造品产量、回收率以及新产品价格）的最优值分别为 0.381820、0.176777、0.714249、0.505000。当 $ccr\geqslant\rho_0$时，制造商的最优决策区间变为 $SR2$。上述结果表明，随着逆向运作成本的不断增大，最优回收率越来越小。相应地，再造品的产量也在不断变小。此外，逆向运作成本总是满足 $ccr\leqslant\bar{w}-G_{00}$，故当$c_n\in\left[c_{nmin}^S,1-\dfrac{H}{\alpha_0}\right]$时，$SR1$ 不可能为制造商的最优决策区间。然而，随着c_n的不断增大，如表 7.1 中 $c_n=0.51$ 时，逆向运作成本总是小于ρ_0，此时制造商的最优决策区间为 $SR4$ 和 $SR6$。

在区间 $I2$ 中，c_n的取值为 0.538462 和 0.638462。由表 7.2 可知，随着新产品生产成本的增加，制造商最优决策区间的选择范围变得越来越小。当$c_n=0.538462$ 时，根据 ccr 的不同取值，制造商的最优区间分别为 $SR4$ 和 $SR6$。当$c_n=0.638462$ 时，制造商只有唯一最优区间 $SR6$，因为此时 $ccr\leqslant\rho_1$。

在区间 $I3$ 中，c_n的取值为 0.666667 和 0.766667。由表 7.3 可知，当 $c_n=0.666667$ 时，逆向运作成本总是满足 $ccr\leqslant\bar{w}-G_{11}$。由图 5.9 可知，此时制造商的最优决策区间仅为 $SR6$。当$c_n=0.766667$ 时，$\bar{w}-G_{11}\leqslant ccr\leqslant\bar{w}-2H_1/3$，制造商的最优决策区间为 $SR5$。

最后，分析当c_n落在区间 $I4$ 中制造商的最优决策情况。类似地，c_n 的取值为 0.803917 和 0.903917。由表 7.4 可知，当新产品生产成本较大时，制造商愿意回收所有旧产品。因为面对较高的生产成本，制造商愿意循环利用旧产品以节约成本。此时$\bar{w}-G_{11}\leqslant 0$，类似于区间$I3$，逆向运作成本总是满足$\bar{w}-G_{11}\leqslant ccr\leqslant\bar{w}-2H_1/3$，$SR5$为制造商唯一决策区间。

表 7.1　模型 SR：新产品生产成本位于区间 $I1$ 时制造商的最优决策

	$c_n=0.010000$，$\bar{w}-G_{00}=1.931036$，$\rho_0=0.226734$，$\rho_1=0.216337$				$c_n=0.110000$，$\bar{w}-G_{00}=1.623343$，$\rho_0=0.231893$，$\rho_1=0.219027$			
ccr	$E(p_r)$	$E(X)$	α^{SR*}	p_n^{SR*}	$E(p_r)$	$E(X)$	α^{SR*}	p_n^{SR*}
0.183000	0.374879	0.226092	0.900000	0.497574	0.377594	0.203848	0.900000	0.547004
0.193000	0.374990	0.225089	0.900000	0.499802	0.377730	0.202849	0.900000	0.549224
0.203000	0.375102	0.224087	0.900000	0.502030	0.377867	0.201850	0.900000	0.551444
0.213000	0.375215	0.223084	0.900000	0.504257	0.378006	0.200852	0.900000	0.553663
0.223000	0.381820	0.176777	0.714249	0.505000	0.381820	0.176777	0.794502	0.555000
0.233000	0.385229	0.159669	0.650000	0.506004	0.389166	0.143618	0.650000	0.555176
0.243000	0.385389	0.158945	0.650000	0.507606	0.389364	0.142897	0.650000	0.556770
0.253000	0.385551	0.158222	0.650000	0.509207	0.389564	0.142176	0.650000	0.558363
0.263000	0.385715	0.157499	0.650000	0.510809	0.389765	0.141456	0.650000	0.559956
0.273000	0.385879	0.156775	0.650000	0.512410	0.389969	0.140736	0.650000	0.561548
	$c_n=0.210000$，$\bar{w}-G_{00}=1.315651$，$\rho_0=0.239132$，$\rho_1=0.222803$				$c_n=0.310000$，$\bar{w}-G_{00}=1.007959$，$\rho_0=0.249742$，$\rho_1=0.228338$			
ccr	$E(p_r)$	$E(X)$	α^{SR*}	p_n^{SR*}	$E(p_r)$	$E(X)$	α^{SR*}	p_n^{SR*}
0.183000	0.380957	0.181703	0.900000	0.596217	0.385220	0.159710	0.900000	0.645088
0.193000	0.381127	0.180709	0.900000	0.598424	0.385439	0.158726	0.900000	0.647276
0.203000	0.381299	0.179716	0.900000	0.600631	0.385660	0.157741	0.900000	0.649464
0.213000	0.381473	0.178723	0.900000	0.602838	0.385883	0.156758	0.900000	0.651650
0.223000	0.381820	0.176777	0.895072	0.605000	0.386110	0.155775	0.900000	0.653834
0.233000	0.389686	0.141737	0.717654	0.605000	0.389686	0.141737	0.821662	0.655000
0.243000	0.394316	0.126928	0.650000	0.605611	0.396233	0.121666	0.705311	0.655000
0.253000	0.394568	0.126212	0.650000	0.607191	0.400962	0.110376	0.650000	0.655508
0.263000	0.394822	0.125496	0.650000	0.608771	0.401291	0.109668	0.650000	0.657066
0.273000	0.395079	0.124780	0.650000	0.610350	0.401625	0.108960	0.650000	0.658624

续表

	$c_n=0.410000$，$\bar{w}-G_{00}=0.700266$，$\rho_0=0.266194$，$\rho_1=0.236919$				$c_n=0.510000$，$\bar{w}-G_{00}=0.392574$，$\rho_0=0.293720$，$\rho_1=0.251277$			
ccr	$E(p_r)$	$E(X)$	α^{SR*}	p_n^{SR*}	$E(p_r)$	$E(X)$	α^{SR*}	p_n^{SR*}
0.183000	0.390770	0.137969	0.900000	0.693401	0.398216	0.116662	0.900000	0.740751
0.193000	0.391059	0.136999	0.900000	0.695557	0.398609	0.115718	0.900000	0.742848
0.203000	0.391351	0.136030	0.900000	0.697710	0.399009	0.114776	0.900000	0.744943
0.213000	0.391648	0.135062	0.900000	0.699862	0.399414	0.113835	0.900000	0.747033
0.223000	0.391948	0.134095	0.900000	0.702011	0.399825	0.112896	0.900000	0.749120
0.233000	0.392252	0.133128	0.900000	0.704159	0.400242	0.111959	0.900000	0.751203
0.243000	0.396233	0.121666	0.824855	0.705000	0.400665	0.111023	0.900000	0.753282
0.253000	0.401962	0.108253	0.733920	0.705000	0.401962	0.108253	0.883699	0.755000
0.263000	0.407118	0.098480	0.667660	0.705000	0.407118	0.098480	0.80391	0.755000
0.273000	0.410248	0.093364	0.650000	0.706036	0.411847	0.090951	0.742456	0.755000

表7.2　模型SR：新产品生产成本位于区间I2时制造商的最优决策

	$c_n=0.538462$，$\bar{w}-2H_0/3=0.305000$，$w+k+H/3=0.305000$，$\rho_1=0.257160$				$c_n=0.638462$，$\bar{w}-2H_0/3=0.348333$，$w+k+H/3=0.305000$，$\rho_1=0.290006$			
ccr	$E(p_r)$	$E(X)$	α^{SR*}	p_n^{SR*}	$E(p_r)$	$E(X)$	α^{SR*}	p_n^{SR*}
0.183000	0.400804	0.110720	0.900000	0.753957	0.412138	0.090524	0.900000	0.798836
0.193000	0.401236	0.109786	0.900000	0.756030	0.412746	0.089648	0.900000	0.800783
0.203000	0.401674	0.108855	0.900000	0.758100	0.413362	0.088775	0.900000	0.802722
0.213000	0.402119	0.107926	0.900000	0.760165	0.413989	0.087906	0.900000	0.804653
0.223000	0.402571	0.106998	0.900000	0.762226	0.414625	0.087041	0.900000	0.806575
0.233000	0.403030	0.106073	0.900000	0.764282	0.415271	0.086180	0.900000	0.808490
0.243000	0.403495	0.105150	0.900000	0.766334	0.415927	0.085322	0.900000	0.810395
0.253000	0.403968	0.104229	0.900000	0.768381	0.416593	0.084468	0.900000	0.812292
0.263000	0.407118	0.098480	0.853492	0.769231	0.417269	0.083619	0.900000	0.814180
0.273000	0.411847	0.090951	0.788241	0.769231	0.417956	0.082774	0.900000	0.816058

表7.3　模型 *SR*：新产品生产成本位于区间 *I*3 时制造商的最优决策

	$c_n=0.666667$, $\bar{w}-2H_0/3=0.360556$, $\bar{w}-2H_1/3=0.305000$, $\bar{w}-G_{11}=0.305000$				$c_n=0.766667$, $\bar{w}-2H_0/3=0.403889$, $\bar{w}-2H_1/3=0.365000$, $\bar{w}-G_{11}=0.082778$			
ccr	$E(p_r)$	$E(X)$	α^{SR*}	p_n^{SR*}	$E(p_r)$	$E(X)$	α^{SR*}	p_n^{SR*}
0.183000	0.416104	0.085093	0.900000	0.810904	0.451858	0.067010	0.900000	0.851089
0.193000	0.416773	0.084241	0.900000	0.812799	0.452321	0.066213	0.900000	0.852861
0.203000	0.417452	0.083392	0.900000	0.814684	0.452784	0.065415	0.900000	0.854633
0.213000	0.418142	0.082548	0.900000	0.816560	0.453247	0.064618	0.900000	0.856404
0.223000	0.418843	0.081708	0.900000	0.818426	0.453709	0.063821	0.900000	0.858176
0.233000	0.419554	0.080873	0.900000	0.820283	0.454172	0.063024	0.900000	0.859948
0.243000	0.420276	0.080042	0.900000	0.822129	0.454635	0.062226	0.900000	0.861719
0.253000	0.421008	0.079216	0.900000	0.823965	0.455098	0.061429	0.900000	0.863491
0.263000	0.421752	0.078395	0.900000	0.825790	0.455561	0.060632	0.900000	0.865262
0.273000	0.422507	0.077578	0.900000	0.827604	0.456024	0.059835	0.900000	0.867034

表7.4　模型 *SR*：新产品生产成本位于区间 *I*4 时制造商的最优决策

	$c_n=0.803917$, $\bar{w}-2H_0/3=0.420031$, $\bar{w}-2H_1/3=0.387350$, $\bar{w}-G_{11}=0$				$c_n=0.903917$, $\bar{w}-2H_0/3=0.463364$, $\bar{w}-2H_1/3=0.447350$, $\bar{w}-G_{11}=-0.222222$			
ccr	$E(p_r)$	$E(X)$	α^{SR*}	p_n^{SR*}	$E(p_r)$	$E(X)$	α^{SR*}	p_n^{SR*}
0.183000	0.457164	0.060410	0.900000	0.865755	0.471408	0.042694	0.900000	0.905125
0.193000	0.457627	0.059613	0.900000	0.867526	0.471871	0.041897	0.900000	0.906896
0.203000	0.458089	0.058816	0.900000	0.869298	0.472333	0.041099	0.900000	0.908668
0.213000	0.458552	0.058019	0.900000	0.871070	0.472796	0.040302	0.900000	0.910440
0.223000	0.459015	0.057221	0.900000	0.872841	0.473259	0.039505	0.900000	0.912211
0.233000	0.459478	0.056424	0.900000	0.874613	0.473722	0.038708	0.900000	0.913983
0.243000	0.459941	0.055627	0.900000	0.876385	0.474185	0.037910	0.900000	0.915755
0.253000	0.460404	0.054830	0.900000	0.878156	0.474648	0.037113	0.900000	0.917526
0.263000	0.460867	0.054032	0.900000	0.879928	0.475111	0.036316	0.900000	0.919298
0.273000	0.461330	0.053235	0.900000	0.881699	0.475574	0.035519	0.900000	0.921070

7.4.2 模型 *SCR*

将上述数据代入模型 *SCR* 中，由图 6.9 可知，新产品生产成本的四个区间段分别为：

$J1: c_n \in \left[c_{nmin}^{SC}, \frac{k+\Delta\alpha_0}{\delta+\Delta\alpha_0}\right] = [0.255112, 0.303229]$，

$J2: c_n \in \left[\frac{k+\Delta\alpha_0}{\delta+\Delta\alpha_0}, \frac{k+\Delta\alpha_1}{\delta+\Delta\alpha_1}\right] = [0.303229, 0.326250]$，

$J3: c_n \in \left[\frac{k+\Delta\alpha_1}{\delta+\Delta\alpha_1}, c_{nmax}^{SC}\right] = [0.326250, 0.338792]$

$J4: c_n \in [c_{nmax}^{SC}, 1] = [0.338792, 1]$。

类似于模型 *SR*，为方便表示，按照从左到右的顺序记上述四个区间 $\left[c_{nmin}^{SC}, \frac{k+\Delta\alpha_0}{\delta+\Delta\alpha_0}\right]$，$\left[\frac{k+\Delta\alpha_0}{\delta+\Delta\alpha_0}, c_{nmax}^{SC}\right]$，$[c_{nmax}^{SC}, 1]$ 分别为 *J*1，*J*2，*J*3，*J*4。注意到c_n在区间 *J*1，*J*2 以及 *J*3 中的间隔较小，为了更加清晰地了解制造商最优决策区间的变化情况，在不失一般性的情况下，以 0.01 作为c_n的增长幅度。相应地，在区间 *J*1 中，c_n的取值分别为 0.255112、0.265112、0.275112、0.285112 以及 0.295112。模型计算结果详见表 7.5。

由表 7.5 可知，当 $c_n \in [0.255112, 0.303229]$ 时，制造商的最优决策区间主要分布在 *SCR*2、*SCR*4 以及 *SCR*6。以$c_n = 0.295112$ 为例，当 $ccr \leqslant 0.203$，即 $ccr \leqslant \varepsilon_1$ 时，由图 6.9 可知，此时制造商的最优决策区间为 *SCR*6，最优回收率为其上限值 0.9。当$\varepsilon_1 \leqslant ccr \leqslant \varepsilon_0$时，制造商的最优决策区间为 *SCR*4，此时最优回收率为 0.823460。当 *ccr* 继续增加时，制造商的最优决策区间变为 *SCR*2。在区间 *J*1 中，*ccr* 总是小于 $\bar{\bar{w}} - v_{00}$，故当 $c_n \in [0.255112, 0.303229]$ 时，*SCR*1 不可能成为制造商的最优决策区间。注意到第二阶段新产品价格p_{2n}^{SCR*}总是保持不变，是因为本书只考虑两个阶段的情形。$p_{2n}^{SCR*} = \frac{1+c_n}{2}$，完全独立于替代强度与回收率，仅与自身的生产成本有关。

表 7.5　模型 *SCR*：新产品生产成本位于区间 *J*1 时制造商的最优决策

	$c_n=0.255112$，$\overline{\overline{w}}-v_{00}=1.877151$，$\varepsilon_0=0.205418$，$\varepsilon_1=0.205218$				$c_n=0.265112$，$\overline{\overline{w}}-v_{00}=1.533634$，$\varepsilon_0=0.206463$，$\varepsilon_1=0.205763$			
ccr	p_n^{SCR*}	α^{SCR*}	p_{2n}^{SCR*}	p_{2r}^{SCR*}	p_n^{SCR*}	α^{SCR*}	p_{2n}^{SCR*}	p_{2r}^{SCR*}
0.183000	0.622558	0.900000	0.627556	0.525819	0.627439	0.900000	0.632556	0.526878
0.193000	0.624808	0.900000	0.627556	0.525824	0.629687	0.900000	0.632556	0.526890
0.203000	0.627057	0.900000	0.627556	0.525829	0.631935	0.900000	0.632556	0.526901
0.213000	0.628788	0.650000	0.627556	0.526153	0.633617	0.650000	0.632556	0.527645
0.223000	0.630412	0.650000	0.627556	0.526158	0.635240	0.650000	0.632556	0.527656
0.233000	0.632037	0.650000	0.627556	0.526163	0.636863	0.650000	0.632556	0.527668
0.243000	0.633661	0.650000	0.627556	0.526168	0.638486	0.650000	0.632556	0.527680
0.253000	0.635285	0.650000	0.627556	0.526174	0.640108	0.650000	0.632556	0.527692
0.263000	0.636910	0.650000	0.627556	0.526179	0.641731	0.650000	0.632556	0.527704
0.273000	0.638534	0.650000	0.627556	0.526184	0.643354	0.650000	0.632556	0.527717

	$c_n=0.275112$，$\overline{\overline{w}}-v_{00}=1.190116$，$\varepsilon_0=0.208581$，$\varepsilon_1=0.206868$				$c_n=0.285112$，$\overline{\overline{w}}-v_{00}=0.846598$，$\varepsilon_0=0.212211$，$\varepsilon_1=0.208761$			
ccr	p_n^{SCR*}	α^{SCR*}	p_{2n}^{SCR*}	p_{2r}^{SCR*}	p_n^{SCR*}	α^{SCR*}	p_{2n}^{SCR*}	p_{2r}^{SCR*}
0.183000	0.632198	0.900000	0.637556	0.528393	0.636787	0.900000	0.642556	0.530378
0.193000	0.634443	0.900000	0.637556	0.528414	0.639026	0.900000	0.642556	0.530411
0.203000	0.636688	0.900000	0.637556	0.528435	0.641266	0.900000	0.642556	0.530445
0.213000	0.638272	0.650000	0.637556	0.529776	0.642684	0.650000	0.642556	0.532569
0.223000	0.639892	0.650000	0.637556	0.529798	0.644298	0.650000	0.642556	0.532604
0.233000	0.641511	0.650000	0.637556	0.529820	0.645912	0.650000	0.642556	0.532638
0.243000	0.643131	0.650000	0.637556	0.529841	0.647526	0.650000	0.642556	0.532673
0.253000	0.644750	0.650000	0.637556	0.529864	0.649140	0.650000	0.642556	0.532708
0.263000	0.646370	0.650000	0.637556	0.529886	0.650754	0.650000	0.642556	0.532744
0.273000	0.647989	0.650000	0.637556	0.529908	0.652367	0.650000	0.642556	0.532780

	$c_n=0.295112$，$\overline{\overline{w}}-v_{00}=0.503080$，$\varepsilon_0=0.217840$，$\varepsilon_1=0.211697$			
ccr	p_n^{SCR*}	α^{SCR*}	p_{2n}^{SCR*}	p_{2r}^{SCR*}
0.183000	0.641153	0.900000	0.647556	0.532848
0.193000	0.643384	0.900000	0.647556	0.532897
0.203000	0.645616	0.900000	0.647556	0.532947

续表

	$c_n = 0.295112$, $\bar{\bar{w}} - v_{00} = 0.503080$, $\varepsilon_0 = 0.217840$, $\varepsilon_1 = 0.211697$			
ccr	p_n^{SCR*}	α^{SCR*}	p_{2n}^{SCR*}	p_{2r}^{SCR*}
0.213000	0.647556	0.823460	0.647556	0.533733
0.223000	0.648385	0.650000	0.647556	0.536090
0.233000	0.649991	0.650000	0.647556	0.536141
0.243000	0.651596	0.650000	0.647556	0.536192
0.253000	0.653201	0.650000	0.647556	0.536244
0.263000	0.654806	0.650000	0.647556	0.536296
0.273000	0.656411	0.650000	0.647556	0.536349

在区间 $J2$ 中，c_n的取值分别为 0.303229、0.313229 和 0.323229，见表 7.6。当$c_n = 0.303229$ 时，由图 6.9 可知，区间 $SCR3$ 和 $SCR4$ 重合，随着 ccr 的变化，制造商的最优决策区间为 $SCR6$、$SCR4$ 以及 $SCR1$。

当$c_n = 0.313229$ 时，随着 ccr 不断增加，制造商的最优决策区间分别为 $SCR6$、$SCR4$、$SCR3$ 以及 $SCR1$。当$c_n = 0.323229$ 时，最优决策区间分别为 $SCR6$、$SCR3$ 以及 $SCR1$。

在区间 $J3$ 中，c_n的取值为 0.326250 和 0.336250。表 7.7 表明，当$c_n = 0.326250$ 时，随着 ccr 的增加，由图 6.9 可知，制造商的最优决策区间分别为 $SCR6$、$SCR3$ 以及 $SCR1$。当$c_n = 0.336250$ 时，制造商的最优决策区间分别为 $SCR5$、$SCR3$ 以及 $SCR1$。

在区间 $J4$ 中，由于该区间跨度较大且c_n的增长幅度为 0.01，因此计算结果较多。本书给出前两个计算结果以作示例，见表 7.8。对于其他结果，分析方法类似。由表 7.8 可知，当c_n的取值较小时，随着逆向运作成本的增加，制造商的最优决策区间分别为 $SCR5$、$SCR3$ 以及 $SCR1$。然而，当c_n的取值较大时，制造商的最优决策区间仅为 $SCR5$。因为逆向运作成本总是满足 $ccr \leqslant \bar{\bar{w}} - v_{11}$。

表 7.6　模型 *SCR*：新产品生产成本位于区间 *J*2 时制造商的最优决策

	$c_n=0.303229$，$\bar{\bar{w}}-2\Delta H_0/3=0.224248$，$\bar{\bar{w}}-2h/3=0.224248$，$\varepsilon_1=0.215040$				$c_n=0.313229$，$\bar{\bar{w}}-2\Delta H_0/3=0.233301$，$\bar{\bar{w}}-2h/3=0.227082$，$\varepsilon_1=0.220603$			
ccr	p_n^{SCR*}	α^{SCR*}	p_{2n}^{SCR*}	p_{2r}^{SCR*}	p_n^{SCR*}	α^{SCR*}	p_{2n}^{SCR*}	p_{2r}^{SCR*}
0.183000	0.644495	0.900000	0.651615	0.535217	0.648318	0.900000	0.656615	0.538593
0.193000	0.646718	0.900000	0.651615	0.535282	0.650525	0.900000	0.656615	0.538679
0.203000	0.648940	0.900000	0.651615	0.535347	0.652732	0.900000	0.656615	0.538766
0.213000	0.651161	0.900000	0.651615	0.535413	0.654938	0.900000	0.656615	0.538854
0.223000	0.651615	0.672161	0.651615	0.538960	0.656615	0.837934	0.656615	0.539952
0.233000	0.653012	0.650000	0.651615	0.539494	0.656615	0.655153	0.656615	0.543781
0.243000	0.654608	0.650000	0.651615	0.539560	0.658163	0.650000	0.656615	0.543958
0.253000	0.656204	0.650000	0.651615	0.539626	0.659759	0.650000	0.656615	0.544024
0.263000	0.657801	0.650000	0.651615	0.539693	0.661356	0.650000	0.656615	0.544090
0.273000	0.659397	0.650000	0.651615	0.539759	0.662952	0.650000	0.656615	0.544156

	$c_n=0.323229$，$\bar{\bar{w}}-2\Delta H_0/3=0.242353$，$\bar{\bar{w}}-2h/3=0.229915$，$\varepsilon_1=0.228080$			
ccr	p_n^{SCR*}	α^{SCR*}	p_{2n}^{SCR*}	p_{2r}^{SCR*}
0.183000	0.651761	0.900000	0.661615	0.542476
0.193000	0.653949	0.900000	0.661615	0.542587
0.203000	0.656136	0.900000	0.661615	0.542698
0.213000	0.658321	0.900000	0.661615	0.542812
0.223000	0.660506	0.900000	0.661615	0.542926
0.233000	0.661615	0.812594	0.661615	0.544843
0.243000	0.661718	0.650000	0.661615	0.548355
0.253000	0.663314	0.650000	0.661615	0.548421
0.263000	0.664911	0.650000	0.661615	0.548487
0.273000	0.666507	0.650000	0.661615	0.548553

表 7.7　模型 *SCR*：新产品生产成本位于区间 *J*3 时制造商的最优决策

	$c_n=0.326250$，$\bar{\bar{w}}-2\Delta H_0/3=0.245088$，$\bar{\bar{w}}-2\Delta H_1/3=0.230771$，$\bar{\bar{w}}-v_{11}=0.230771$				$c_n=0.336250$，$\bar{\bar{w}}-2\Delta H_0/3=0.254141$，$\bar{\bar{w}}-2\Delta H_1/3=0.240036$，$\bar{\bar{w}}-v_{11}=0.046773$			
ccr	p_n^{SCR*}	α^{SCR*}	p_{2n}^{SCR*}	p_{2r}^{SCR*}	p_n^{SCR*}	α^{SCR*}	p_{2n}^{SCR*}	p_{2r}^{SCR*}
0.183000	0.652719	0.900000	0.663125	0.543749	0.655719	0.900000	0.668125	0.548153
0.193000	0.654900	0.900000	0.663125	0.543868	0.657894	0.900000	0.668125	0.548278
0.203000	0.657079	0.900000	0.663125	0.543987	0.660069	0.900000	0.668125	0.548403

续表

	$c_n=0.326250$，$\bar{\bar{w}}-2\Delta H_0/3=0.245088$，$\bar{\bar{w}}-2\Delta H_1/3=0.230771$，$\bar{\bar{w}}-v_{11}=0.230771$				$c_n=0.336250$，$\bar{\bar{w}}-2\Delta H_0/3=0.254141$，$\bar{\bar{w}}-2\Delta H_1/3=0.240036$，$\bar{\bar{w}}-v_{11}=0.046773$			
ccr	p_n^{SCR*}	α^{SCR*}	p_{2n}^{SCR*}	p_{2r}^{SCR*}	p_n^{SCR*}	α^{SCR*}	p_{2n}^{SCR*}	p_{2r}^{SCR*}
0.213000	0.659258	0.900000	0.663125	0.544109	0.662245	0.900000	0.668125	0.548528
0.223000	0.661434	0.900000	0.663125	0.544232	0.664420	0.900000	0.668125	0.548652
0.233000	0.663125	0.861077	0.663125	0.545164	0.666595	0.900000	0.668125	0.548777
0.243000	0.663125	0.686462	0.663125	0.548914	0.668125	0.847463	0.668125	0.549977
0.253000	0.664388	0.650000	0.663125	0.549749	0.668125	0.670217	0.668125	0.553727
0.263000	0.665985	0.650000	0.663125	0.549816	0.669539	0.650000	0.668125	0.554213
0.273000	0.667581	0.650000	0.663125	0.549882	0.671136	0.650000	0.668125	0.554279

表7.8 模型 *SCR*：新产品生产成本位于区间 *J*4 时制造商的最优决策

	$c_n=0.338792$，$\bar{\bar{w}}-2\Delta H_0/3=0.256442$，$\bar{\bar{w}}-2\Delta H_1/3=0.242391$，$\bar{\bar{w}}-v_{11}=0$				$c_n=0.348792$，$\bar{\bar{w}}-2\Delta H_0/3=0.265494$，$\bar{\bar{w}}-2\Delta H_1/3=0.251656$，$\bar{\bar{w}}-v_{11}=-0.183998$			
ccr	p_n^{SCR*}	α^{SCR*}	p_{2n}^{SCR*}	p_{2r}^{SCR*}	p_n^{SCR*}	α^{SCR*}	p_{2n}^{SCR*}	p_{2r}^{SCR*}
0.183000	0.656478	0.900000	0.669396	0.549277	0.659463	0.900000	0.674396	0.553698
0.193000	0.658653	0.900000	0.669396	0.549402	0.661638	0.900000	0.674396	0.553823
0.203000	0.660828	0.900000	0.669396	0.549527	0.663813	0.900000	0.674396	0.553948
0.213000	0.663003	0.900000	0.669396	0.549652	0.665988	0.900000	0.674396	0.554073
0.223000	0.665178	0.900000	0.669396	0.549776	0.668163	0.900000	0.674396	0.554198
0.233000	0.667353	0.900000	0.669396	0.549901	0.670338	0.900000	0.674396	0.554322
0.243000	0.669396	0.889166	0.669396	0.550247	0.672513	0.900000	0.674396	0.554447
0.253000	0.669396	0.711239	0.669396	0.553997	0.674396	0.875722	0.674396	0.555059
0.263000	0.670443	0.650000	0.669396	0.555331	0.674396	0.695062	0.674396	0.558809
0.273000	0.672039	0.650000	0.669396	0.555397	0.675594	0.650000	0.674396	0.559794

通过对模型 *SR* 和 *SCR* 进行分析发现，当给定相关参数时，根据新产品生产成本与逆向运作成本的不同组合，制造商能找到与之相对应的决策区间，且计算结果均在模型推导的合理区间内，说明模型具有较强的稳健性。另外，对于模型 *SCR*，研究发现再造品价格与新产品价格之比位于 82% ~ 83% 之间。苹果美国官网（http：//www. apple. com/shop/browse/home/specialdeals/ipad）显示 iPad mini 2 Wi - Fi + Cellular 32GB for AT & T 再造品的价格为 339 美元，新产品价格为 399 美元（见附录 *E*），两者价格之比约为 85%，这与模型 *SCR* 计算结果相近，说明模型具有应用价值。

7.5 本章小结

本章从实际出发，以苹果公司为案例背景，通过文献阅读以及企业调研获取相关数据，实例分析表明模型具有较强的稳健性与实用性。

第8章　研究总结、管理启示与展望

8.1　研究结论

科技的发展以及全球一体化进程的加快导致电子产品更新速度加快、生命周期缩短，这一变化在满足消费者需求的同时也伴随着严重的环境问题。基于此，不同国家和地区纷纷出台相应法律、法规，要求制造商承担生产者责任延伸制，对旧产品进行回收处理。再制造作为产品循环的一种方式，不仅可以挖掘产品潜在价值，还可以减少环境危害。基于此，本书从废旧电子产品回收法的角度分析电子产品回收再制造问题，探讨政府制定的法律约束对企业决策的影响。

（1）考虑基础模型 *DR*。研究确定情形下电子产品回收再制造问题。假设所有回收的旧产品都能用于再制造，且新产品和再造品在不同市场销售。分析法律约束对企业决策的影响。

（2）考虑模型 *DCR*。在模型 *DR* 的基础上进行扩展，研究存在产品竞争时制造商的最优决策将发生怎样的变化？

（3）考虑模型 *SR*。由于回收的旧产品在数量、质量以及到达目的地的时间均存在不确定性，基于此，在模型 *DR* 的基础上，分析再制造率随机情形下法律约束对制造商决策的影响。

（4）结合模型 *DCR* 和模型 *SR*。研究再制造率随机及竞争情形下电子产品回收再制造问题。

上述四个模型分别对应本书的第3章、第4章、第5章以及第6章。对四个模型结论进行总结对比，本书主要结论如下。

（1）再制造率确定情形（模型 *DR* 和模型 *DCR*）。

①当旧产品逆向运营成本小于再造品残值时，制造商愿意回收所有旧产品。因为对制造商而言，即使再造品有剩余，也可以通过残值保障其自身利益；当新产品和再造品不存在市场竞争且逆向运营成本大于二级市场容量时，制造商没有经济动力回收旧产品。在法律约束情形下，制造商选择政府制定的最小回收率。上述结论表明，当运营成本的取值比较极端时，制造商可以比较容易地确定旧产品回收率。然而，当运营成本的取值不那么极端时，研究表明制造商最优回收率的选择不仅与运营成本有关，还与新产品生产成本有关。具体而言，根据新产品生产成本和旧产品逆向运营成本的不同组合，存在法律约束时制造商拥有五个决策区间。无法律约束时制造商拥有四个决策区间，每个区间存在唯一决策组合。②当新产品和再造品存在市场竞争且逆向运营成本大于替代强度与新产品生产成本之积时，回收旧产品会损害企业的利益。具体而言，当替代强度较小时，消费者愿意支付购买再造品的价格会降低。因此，制造商没有经济动力回收旧产品。同理，当新产品生产成本较小时，相对于再造品，制造商更愿意生产新产品。③当最优回收率取极端值时，新产品价格随着逆向运营成本的增加而增加。对制造商而言，逆向运营成本的增加导致回收再制造无利可图，因此，制造商通过提高新产品价格弥补回收再制造产生的损失。值得注意的是，模型 *DCR* 第三阶段新产品价格完全独立于逆向运营成本，仅与其自身的生产成本有关，这是因为模型 *DCR* 只考虑两个周期的情形。④对于模型 *DR*，当 $m>1$ 时，再造品价格关于逆向运营成本单调递增。当 $m<1$ 时，再造品价格完全独立于逆向运营成本，仅与二级市场容量、再造品残值有关。⑤对于模型 *DCR*，当 $M>1$ 时，再造品价格随着运营成本的增加而增加；当 $M<1$ 时，再造品价格仅与替代强度以及再造品残值有关。

（2）再制造率随机情形（模型 *SR* 和模型 *SCR*）。

①当逆向运营成本小于旧产品残值与再造品残值之和时，制造商愿意回收所有旧产品；当不存在市场竞争且运营成本大于旧产品残值与二级市

场容量之和时，回收旧产品对企业不利。在法律约束的情形下，企业选择政府制定的最小回收率。类似于确定情形，当逆向运营成本取两个极端值时，制造商要么选择不回收，要么选择回收所有旧产品。然而当运营成本的取值适中时，最优回收率的选择由新产品生产成本与运营成本的组合决定。具体而言，根据新产品生产成本和旧产品逆向运营成本的不同组合，存在法律约束时制造商拥有六个决策区间。无法律约束时制造商拥有五个决策区间，每个区间存在唯一决策组合。②当存在市场竞争且逆向运营成本大于替代强度与新产品生产成本乘积以及旧产品残值之和时，企业没有意愿回收旧产品。③对于模型 *SR*，在区间 *SR*1 和 *SR*2 中，最优回收率相同。但是新产品价格、再造品价格和产量却不相同。因为再造品的产量不仅与回收率有关，而且与新产品生产成本、二级市场容量、再造品的残值以及逆向运营成本有关。注意到在区间 *SR*1 和 *SR*2 中，尽管两个区间的回收率，二级市场容量以及再造品残值相同，但是两者的逆向运营成本不同。因此，两个区间产量和新产品价格不同。在区间 *SR*5 和 *SR*6 中，可以观察到类似现象。④对于模型 *SCR*，在区间 *SCR*1 和 *SCR*2 中，最优回收率相同。但是新产品价格和再造品价格却不相同。其主要原因在于两个区间的逆向运营成本不同。在区间 *SCR*5 和 *SCR*6 中，可以观察到类似现象。

（3）确定及随机情形（模型 *DR* 和模型 *DCR*、模型 *SR* 和模型 *SCR*）。

①旧产品回收率是关于二级市场容量、新产品生产成本、旧产品残值、再造品残值以及替代强度的单调递增函数。具体而言，二级市场容量越大，市场需求潜力也越大，那么制造商愿意回收更多的旧产品；同样，新产品生产成本越高，制造商对旧产品进行再制造的意愿越高，因为这样可以节约更多的成本；同理，残值越高，回收再制造对制造商越有利；替代强度越大，说明消费者对再造品的认可度越高。那么制造商选择回收再制造的动力越大。因此回收率与二级市场容量、新产品制造成本、旧产品残值、再造品残值以及替代强度呈正比例关系。②无论是确定情形还是随机情形，无法律约束时制造商的最优利润总是不低于存在法律约束时制造商的最优利润。具体而言，对上述四个模型，分别存在一个临界值，使当逆向运营成本低于该临界值时，存在法律约束和无法律约束两种情形下制

造商的最优利润相等；当逆向运营成本大于该临界值时，无法律约束的情形优于法律约束的情形。③当最优回收率取非极端值时，新产品最优价格与无法律约束时的情形一致，完全独立于回收率与逆向运营成本，仅与其自身的生产成本有关。

最后，本书以苹果产品为例验证模型 *SR* 与模型 *SCR* 的应用性。实例分析表明，当给定相关参数时，根据新产品生产成本与逆向运作成本的不同组合，制造商能找到与之相对应的决策区间，且计算结果均在模型推导的合理区间内，说明模型具有较强的稳健性与实用性，可为企业管理决策提供依据。

8.2 管理启示与对策

根据上述研究结论以及当前电子产品回收再制造环境，本书给出相应管理启示及对策。具体如下：

（1）无论是确定情形还是随机情形，当逆向运营成本取极端值时，在法律约束情形下，企业要么选择回收所有旧产品，要么选择政府制定的最小回收率。然而，当逆向运营成本取非极端值时，最优回收率的确定就不那么直观了。此时企业可以根据新产品生产成本和逆向运营成本的组合确定最优回收率。例如，在某些情形下，当运营成本不是非常低时，企业仍可考虑回收所有旧产品。因为此时新产品生产成本较高。

（2）通过比较存在法律约束与不存在法律约束时制造商的最优利润，可以发现当逆向运营成本低于临界值时，不管是否存在法律约束，制造商会采取相同的决策方案。此时，法律约束没有对企业决策造成影响。然而，当逆向运营成本高于临界值时，法律约束会使制造商的利润遭受损失。换言之，法律约束是否对企业决策产生影响与逆向运营成本密切相关。逆向运营成本主要包括回收成本和再制造成本[①]。因此，企业可以通

① 在本书中，回收成本包括旧产品回收价格以及运输成本。再制造成本包括对旧产品进行拆卸、分类、清洗，检测以及再加工成本。

过降低回收成本和再制造成本来提升再制造的利润，同时弱化法律约束对自身决策的影响。第一，企业设立固定回收点，通过宣传教育的方式鼓励消费者主动把旧产品送到回收点，这样不仅可以减少回收过程中产生的运输成本，还可以增加回收率；第二，企业在产品设计之初就考虑产品的再制造性。尽管这样会增加新产品生产成本，但是随着消费者环保意识的加强以及废旧电子产品回收条例的完善，设计之初的投入有利于企业长远发展。

（3）从政府的角度来看，政府希望法律约束不仅能够起到保护环境的作用，同时还能提升企业利润，满足消费者需求，以致提升整个社会福利。基于此，政府可从以下两个方面着手。第一，对完成政府制定最小回收率的企业给予奖励，对未实现政府要求的企业收取环境税，如国外的税收模式，根据产品销量收取相应费用；第二，政府牵头建立以企业为核心的旧电子产品管理平台，使电子产品回收再制造活动产业化、规模化、合法化。

8.3 展　　望

本书结合现实情况运用运筹学知识建立相关数理模型，研究不同情形下法律约束对企业决策的影响，并得到了一些有意义的结论。模型的建立是以相关假设为前提，放松这些假设是本书未来的研究方向。具体如下：

（1）本书考虑的是确定性市场需求。然而，现实中需求随机的情形更为常见，有时甚至会随着季节变化发生波动。因此，未来可以考虑随机情形。

（2）本书假设制造商能够实现政府制定的最小回收率。由再制造的特征可以知道，回收的旧产品到达目的地的时间存在不确定性。因此，未来可以研究当制造商不能满足政府制定的最小回收率时，制造商的决策将发生怎样的变化？

（3）本书假设旧产品的回收成本是关于回收量的线性函数。在现实中，旧产品分散面广，因此，就回收成本而言，可以考虑存在规模经济与不存在规模经济的情形。

（4）本书考虑垄断制造商的情形。事实上，市场中可能存在独立的第三方再制造商，当再制造商与传统制造商竞争回收旧产品时，传统制造商该如何应对?

（5）参考 Galbreth 和 Blackburn（2010），本书假设旧产品再制造率服从 0 到 1 上的均匀分布。当再制造率的分布为一般情形或正态分布时，本书的研究结论会更具普适性。

参考文献

[1] Agrawal, V., Ferguson, M. Toktay, L. B., & Thomas, V. Is leasing greener than selling? Management Science, 2012, 58 (3): 523-533.

[2] Agrawal, V., Kavadias, S., & Toktay, L. B. The limits of planned obsolescence for conspicuous durable goods. Manufacturing & Service Operations Management, 2016, 18 (2): 216-226.

[3] Apple Recycling Program. http://www.apple.com/recycling/, 2013.

[4] Atasu, A., & Souza, G. C. How does product recovery affect quality choice? Production and Operations Management, 2013, 22 (4): 991-1010.

[5] Atasu, A., & Subramanian, R. Extended producer responsibility for e-waste: individual or collective producer responsibility? Production and Operations Management, 2012, 21 (6): 1042-1059.

[6] Atasu, A., & Souza, G. How does product recovery affect quality choice? Production and Operations Management, 2013, 22 (4): 991-1010.

[7] Atasu, A., Ozdemir, O., & Van Wassenhove, L. N. Stakeholder perspective on e-waste take back legislation. Production and Operations Management, 2013, 22 (2): 382-396.

[8] Atasu, A., Van Wassenhove, L. N., & Sarvary, M. Efficient Take-Back Legislation. Production and Operations Management, 2009, 18 (3): 243-258.

[9] Atasu, A., Sarvary, M., & Van Wassenhove, L. N. Remanufacturing as a marketing strategy. Management Science, 2008, 54 (10): 1731-

1746.

[10] Atasu, A., Toktay, L. B., & Van Wassenhove, L. N. How collection cost structure drives a manufacturer's reverse channel choice. Production and Operations Management, 2013, 22 (5): 1089 – 1102.

[11] Bakal, I. S., & Akcali, E. Effects of random yield in remanufacturing with price sensitive supply and demand. Production and Operations Management, 2006, 15 (3): 407 – 420.

[12] Bulmus, S. C., Zhu, S. X., & Teunter, R. Competition for cores in remanufacturing. European Journal of Operational Research, 2014, 233 (1): 105 – 113.

[13] Bulow, J. Durable – goodsmonopolists. The Journal of Political Economy, 1982, 90 (2): 314 – 332.

[14] Bulow, J. Aneconomic theory of planned obsolescence. Quarterly Journal of Economics, 1986, 101 (4): 729 – 749.

[15] Chamama, J., Cohen, M., Lobel, R., & Perakis, G. Consumer subsidies with a strategic supplier: commitment vs. flexibility. Working Paper, Massachusetts Institute of Technology, 2015.

[16] Chen, C. Design for the environment: a quality – based model for green product development. Management Science, 2001, 47 (2): 24 – 25.

[17] Chen, J. M., & Chang, C. I. The co – operative strategy of a closed – loop supply chain with remanufacturing. Transportation Research Part E, 2012, 48 (2): 387 – 400.

[18] Choi, T. M., Li, Y., & Xu, L. Channel leadership, performance and coordination in closed loop supply chains. International Journal of Production Economics, 2013, 146 (1): 371 – 380.

[19] Chung, C. J., & Wee, H. M. Green – component life – cycle value on design and reverse manufacturing in semi – closed supply chain. International Journal of Production Economics, 2008, 113 (2): 528 – 545.

[20] CNN. China: The electronic wastebasket of the world. http: //edi-

tion. cnn. Com/ 2013/05/30/world/asia/china - electronic - waste - e - waste/, 2013.

[21] Coase, R. H. Durability and monopoly. Journal of Law and Economics, 1972, 15 (1): 143 - 149.

[22] Cohen, M., Lobel, R., & Perakis, G. The impact of demand uncertainty on consumer subsidies for green technology adoption. Management Science, 2015, 62 (5): 1235 - 1258.

[23] Debo, L. G., Toktay, L. B., & Van Wassenhove, L. N. Joint life - cycle dynamics of new and remanufactured products. Production and Operations Management, 2006, 15 (4): 498 - 513.

[24] Debo, L. G., Toktay, L. B., & Van Wassenhove, L. N. Market segmentation and production technology selection for remanufacturable products. Management Science, 2005, 51 (8): 1193 - 1205.

[25] Ekumakad. cz. Electronics TakeBack Coalition about e - waste. http: // ekum akad. cz/en/temataen/electronics - takeback - coalition - about - e - waste, 2009.

[26] Esenduran, G., & Kemahlioglu - Ziya, E. A comparison of product take back compliance schemes. Production and Operations Management, 2015, 24 (1): 71 - 88.

[27] Esenduran, G., Atasu, A., & Van Wassenhove, L. N. Valuable e - waste: implications for extended producer responsibility. Working paper, Fisher College of Business, The Ohio State University, 2015.

[28] Esenduran, G., Kemahlioglu - Ziya, E., & Swaminathan, J. M. Take - back legislation: Consequence for remanufacturing and environment. Decision Sciences, 2016, 47 (2): 219 - 256.

[29] ETBC. http: // www. electronics takeback. com, 2014.

[30] ETBC. Promote Good Laws. http: //www. electronicstakeback. com/promote - good - laws/state - legislation/, 2011.

[31] Ferguson, M. E., & Koenigsberg, O. How should a firm manage

deteriorating inventory? Production and Operations Management, 2007, 16 (3): 306 -321.

[32] Ferguson, M. E., & Toktay, L. B. The effect of competition on recovery strategies. Production and Operations Management, 2006, 15 (3): 351 - 368.

[33] Ferguson, M. E., Fleischmann, M., & Souza, G. C. A profit - maximizing approach to disposition decision for product returns. Decision Sciences, 2011, 42 (3): 773 - 798.

[34] Ferrer, G. The remanufacturing process of defense assets with stochastic yield. Working paper, Naval Postgraduate School, Monterey, CA, 2010.

[35] Ferrer, G. Yield information and supplier responsiveness in remanufacturing operations. European Journal of Operational Research, 2003, 149 (3): 540 -556.

[36] Ferrer, G., & Ketzenberg, M. E. Value of information in remanufacturing complex products. IIE Transactions, 2004, 36 (3): 265 -277.

[37] Ferrer, G., & Swaminathan, J. M. Managing new and differentiated products. European Journal of Operational Research, 2010, 203 (2): 370 - 379.

[38] Ferrer, G., & Swaminathan, J. M. Managing new and remanufactured products. Management Science, 2006, 52 (1): 15 -26.

[39] Fleischmann, M., Galbreth, M., & Tagaras, G. Productacquisition, grading, and disposition decisions. In M. Ferguson & G. Souza (Eds.), Closed - loop supply chains: New developments to improve the sustainability of business practices. Boca Raton, FL: CRC Press, 2010, 23 -38.

[40] Fleischmann, M., Krikke, H. R., Dekker, R., & Flapper, S. D. P. A characterization of logistics networks for product recovery. Omega, 2000, 28 (6): 653 -666.

[41] Galbreth, M. R., & Blackburn, J. D. Optimalacquisition and sor-

ting policies for remanufacturing. Production and Operations Management, 2006, 15 (3): 384 -392.

[42] Galbreth, M. R. , & Blackburn, J. D. Optimalacquisition quantities in remanufacturing with condition uncertainty. Production and Operations Management, 2010, 19 (1): 61 -69.

[43] Galbreth, M. R. , Boyaci, T. , & Veter, V. Product reuse in innovative industries. Production and Operations Management, 2013, 22 (4): 1011 -1033.

[44] Gu, W. , Chhajed, D. , Petruzzi, N. C. , & Yalabik, B. Quality design and environmental implications of green consumerism in remanufacturing. International Journal of Production Economics, 2015, 162, 55 -69.

[45] Guide, V. D. R. Production planning and control for remanufacturing: industry practice and research needs. Journal of Operations Management, 2000, 18 (4): 467 -483.

[46] Guide, V. D. R. , & Jayaraman, V. Product acquisition management: Current industry practice and a proposed framework. International Journal of Production Research, 2000, 38 (16): 3779 -3800.

[47] Guide, V. D. R. , & Srivastava, R. An evaluation of order release strategies in a remanufacturing environment. Computers and Operations Research, 1997, 24 (1): 37 -47.

[48] Guide, V. D. R. , & Van Wassenhove, L. N. The evolution of closed - loop supply chain research. Operations Research, 2009, 57 (1): 10 -18.

[49] Guide, V. D. R. , Jayaraman, V. , Srivastava, R. , & Benton, W. C. Supply - chain management for recoverable manufacturing systems. Interfaces, 2000, 30 (3): 125 -142.

[50] Guide, V. D. R. , Teunter, R. H. , & Van Wassenhove, L. N. Matching demand and supply to maximize profits from remanufacturing. Manufacturing and Service Operations Management, 2003, 5 (4): 303 -316.

[51] Hendel, I., & Lizzeri, A. Interfering with secondary markets. Rand Journal of Economics, 1999, 30 (1): 1 –21.

[52] Hoetker, G., Swaminathan, A., & Mitchell, W. Modularity and the impact of buyer v supplier relationships on the survival of suppliers. Management Science, 2007 53 (2): 178 –191.

[53] Huang, M., Song, M., Lee, L. H., & Ching, W. K. Analysis for Strategy of Closed – Loop Supply Chain with Dual Recycling Channel. International Journal of Production Economics, 2013, 144 (2): 510 –520.

[54] Huang, S., Yang, Y., & Anderson, K. A theory of finitely durable goods monopoly with used – goods market and transaction costs. Management Science, 2001, 47 (11): 1515 –1532.

[55] Huang, X., Atasu, A., & Toktay, L. B. Design Implications of Extended Producer Responsibility for Durable Products. Working paper, Scheller College of Business, Georgia College of Institute, 2015.

[56] Inderfurth, K. Impact of uncertainties on recovery behavior in a remanufacturing environment: A numerical analysis. International Journal of Physical Distribution & Logistics Management, 2005, 35 (5): 318 –336.

[57] Inderfurth, K. Simple optimal replenishment and disposal policies for a product recovery system with lead times. OR Spectrum, 1997, 19 (2): 111 –122.

[58] Inderfurth, K., Flapper, S. D. P, Lambert, A. D. J., Pappis, C., & Voutsinas, T. Production planning for product recovery management. In R. Dekker, M. Fleischmann, K. Inderfurth & L. N. Van Wassenhove (Eds.), Reverse logistics: Quantitative models for closed – loop supply chains. Berlin: Springer, 2004.

[59] Jacobs, B. W., & Subramanian, R. Sharing responsibility for product recovery across the supply chain. Production and Operations Management, 2012, 21 (1): 85 –100.

[60] Jung, KS., & Hwang, H. Competition and cooperation in a reman-

ufacturing system with take - back requirement. Journal of Intelligent Manufacturing, 2011, 22 (3): 427 - 433.

[61] Karakayali, I., Boyaci, T., Verter, V., & Van Wassenhove, L. N. On the Incorporation of Remanufacturing in Recovery Targets. Working paper, Desautels Faculty of Management, McGill University, 2011.

[62] Ketzenberg, M., van der Laan, E. A., & Teunter, R. H., 2006. Value of information in closed loop supply chains. Production and Operations Management, 2006, 15 (3): 393 -406.

[63] Kim, J. C. Trade - in used goods and durability choice. International Economic Journal, 1989, 3 (3): 53 -63.

[64] Kim, K., & Chhajed, D. Commonality in product design: cost saving, valuation change and cannibalization. European Journal of Operational Research, 2000, 125 (3): 602 -621.

[65] Kim, K., & Chhajed, D. Product design with multiple quality - type attributes. Management Science, 2002, 48 (11): 1502 -1511.

[66] Krass, D., Nedorezov, T., & Ovchinnikov, A. Environmental taxes and the choice of green technology. Production and Operations Management, 2013, 22 (5): 1035 - 1055.

[67] Krishnan, V., & Zhu, W. Designing a family of development - intensive products. Management Science, 2006, 52 (6): 813 -825.

[68] Lacourbe, P., Loch, C. H., & Kavadias, S. Product positioning in a two - dimensional market space. Production and Operations Management, 2009, 18 (3): 315 -332.

[69] Li, X., Li, Y., & Cai, X. Remanufacturing and pricing decisions with random yield and random demand. Computers & Operations Research, 2015, 54 (2): 195 - 203.

[70] Majumder, P., & Groenevelt, H. Competition in remanufacturing. Production and Operations Management, 2001, 10 (2): 125 -141.

[71] Maukhopadhyay, S. K., & Setoputro, R. Optimal return policy and

modular design for build - to - order products. Journal of Operations Management, 2005, 23 (5): 496 -506.

[72] Mitra, S. Optimal pricing and coreacquisition strategy for a hybrid manufacturing/remanufacturing system. International Journal of Production Research, 2016, 54 (5): 1285 -1302.

[73] Moorthy, K. S. Market segmentation, self - selection, and product line design. Marketing Science, 1984, 3 (4): 288 -307.

[74] Mussa, M., & Rosen, S. Monopoly and product quality. Journal of Economic Theory, 1978, 18 (2): 301 -317.

[75] Mutha, A., Bansal, S., & Guide, V. D. R. Managing demand uncertainty through coreacquisition in remanufacturing. Production and Operations Management, 2016, 25 (8): 1449 -1464

[76] Neira, J., Favret, L., Fuji, M., Miller, R., Mahdavi, S., & Doctori Blass, V. End - of - life management of cell phones in the United States. Master's Thesis, Donald Bren School of Environment Science and Management, University of California, Santa Barbara, 2006.

[77] Orsdemir, A., Kemahlioglu - Ziya, E., & Parlakturk, A. K. Competitive quality choice and remanufacturing. Production and Operations Management, 2014, 23 (1): 48 -64.

[78] Ovchinnikov, A. Revenue and costmanagement for remanufactured products. Production and Operations Management, 2011, 20 (6): 824 -840.

[79] Raz, G., Blass, V., & Druehl, C. The effect of environmental regulation on DfE innovation: assessing social cost in primary and secondary markets. Working paper, Darden School of Business, University of Virginia, 2014.

[80] Raz, G., Druehl, C. T., & Blass, V. Design for the environment: life - cycle approach using a newsvendor model. Production and Operations Management, 2013, 22 (4): 940 -957.

[81] Savaskan, R. C., & Van Wassenhove, L. N. Reverse channel de-

sign: The case of competing retailers. Management Science, 2006, 52 (1): 1 - 14.

[82] Savaskan, R. C., Bhattacharya, S., & Van Wassenhove, L. N. Closed - loop Supply Chain with Product Remanufacturing. Management Science, 2004, 50 (2): 239 - 252.

[83] Shi, Y., Nie, J., Qu, T., Chu, L. K., & Sculli, D. Choosing reverse channels undercollection responsibility sharing in a closed - loop supply chain with remanufacturing. Journal of Intelligent Manufacturing, 2015, 26 (2): 387 - 402.

[84] Shu, L. H., & Flowers, W. C. A structured approach to design for remanufacture. In: Proceedings of the Symposium on Intelligent Concurrent Design: Fundamentals, Methodology, Modeling & Practice. ASME, New Orleans, 1993, 13 - 19.

[85] Souza. Closed loop supply chains: A critical review, and future research. Decision Sciences, 2013, 44 (1): 7 - 38.

[86] Steinhilper, R. 著. 朱胜, 姚巨坤, 邓流溪. 译. 再制造—再循环的最佳形式. 北京: 国防工业出版社, 2006: 7 - 7.

[87] Stuart, J. A., Ammons, J., & Turbini, L. A product and process selection model with multidisciplinary environmental considerations. Operations Research, 1999, 47 (2): 221 - 234.

[88] Subramanian, R., & Subramanyam, R. Key factors in the market for remanufactured products. Manufacturing and Service Operations Management, 2012, 14 (2): 315 - 326.

[89] Subramanian, R., Gupta, S., & Talbot, B. Product design and supply chain coordination under extended producer responsibility. Production and Operations Management, 2009, 18 (3): 259 - 277.

[90] Tao, Z., Zhou, S. X., & Tang, C. S. Managing a remanufacturing system with random yield: properties, observations, and heuristics. Production and Operations Management, 2012, 21 (5): 797 - 813.

[91] Teunter, R. H., & Flapper, S. D. P. Optimal coreacquisition and remanufacturing policies under uncertain core quality fractions. European Journal of Operational Research, 2011, 210 (2): 241 -248.

[92] Toktay, L. B., Wein, L. M., & Zenios, S. A. Inventory management of remanufacturable products. Management Science, 2000, 46 (11): 1412 -1426.

[93] Toyasaki, F., Boyaci, T., Verter, V. An analysis of monopolistic and competitive take - back schemes for WEEE recycling. Production and Operations Management, 2011, 20 (6): 805 -823.

[94] Ulrich, K. The role of product architecture in the manufacturing firm. Research Policy, 1995, 24 (3): 419 -438.

[95] van der Laan, E., Salomon, M., Dekker, R., & Van Wassenhove, L. K. Inventory control in hybrid systems with remanufacturing. Management Science, 1999, 45 (5): 733 -747.

[96] Vorasayan, J., & Ryan, S. Optimal price and quantity of refurbished products. Production and Operations Management, 2006, 15 (3): 369 -383.

[97] Waldman, M. Durablegoods pricing when quality matters. Journal of Business, 1996, 69 (4): 583 -595.

[98] Wu, C. H. OEM product design in a price competition with remanufactured product. Omega, 2013, 41 (2): 287 -298.

[99] Wu, C. H. Price and service competition between new and remanufactured products in a two - echelon supply chain. International Journal of Production Economics, 2012, 140 (1): 496 -507.

[100] Xu, J., & Liu, N. Research on closed loop supply chain with reference price effect. Journal of Intelligent Manufacturing, 2017, 28 (1): 51 -64.

[101] Yayla - Kullu, H. M., Parlakturk, A. K., & Swaminathan, J. M. Segmentation opportunities for a social planner: impact of limited resources. De-

cision. Sciences, 2011, 42 (1): 275 - 296.

[102] Yenipazarli, A. & Vakharia, A. Does "to go green" translate into profitability? Working paper, University of Florida, 2012.

[103] Zhou, S. X., Tao, Z., & Chao, X. Optimal control of inventory systems with multiple types of remanufacturable products. Manufacturing & Service Operations Management, 2011, 13 (1): 20 - 34.

[104] Zikopoulos, C., & Tagaras, G. Impact of uncertainty in the quality of returns on the profitability of a single - period refurbishing operation. European Journal of Operational Research, 2007, 182 (1): 205 - 225.

[105] Zikopoulos, C., & Tagaras, G. On the attractiveness of sorting before disassembly in remanufacturing. IIE Transactions, 2008, 440 (3): 313 - 323.

[106] 曹俊，熊中楷，刘莉莎．闭环供应链中新件制造商和再制造商的价格及质量水平竞争．2010，18 (5)：82 - 90.

[107] 樊松，张敏洪．闭环供应链中回收价格变化的回收渠道选择问题．中国科学院研究生院学报，2008，25 (2)：151 - 160.

[108] 高鹏，聂佳佳，陆玉梅，赵映雪．不同市场领导下竞争型再制造供应链质量决策研究．管理工程学报，2016，30 (4)：187 - 195.

[109] 高艳红，陈德敏，张瑞．保证金退还制度下废旧电器电子产品回收定价模型．科研管理，2015，36 (8)：152 - 160.

[110] 公彦德，达庆利，占济舟．基于处理基金和拆解补贴的电器电子产品 CLSC 研究．中国管理科学，2016，24 (6)：97 - 105.

[111] 郭军华，李帮义，倪明．双寡头再制造进入决策的演化博弈分析．系统工程理论与实践，2013，33 (2)：370 - 377.

[112] 韩小花．基于制造商竞争的闭环供应链回收渠道的决策分析．系统工程，2010，28 (5)：36 - 41.

[113] 洪宪培，王宗军，赵丹．闭环供应链定价模型与回收渠道选择决策．管理学报，2012，9 (12)：1848 - 1855.

[114] 胡燕娟，关启亮．基于复合渠道回收的闭环供应链决策模型研

究. 管理科学, 2009, 23 (12): 13 - 17.

[115] 环球网. 全球电子垃圾毁了中国环境. http: //finance. huanqiu. com/special/dzlj/, 2013.

[116] 黄永, 达庆利. 基于制造商和产品差异的闭环供应链结构选择. 东南大学学报, 2012, 42 (3): 577 - 582.

[117] 黄永, 孙浩, 达庆利. 制造商竞争环境下基于产品生命周期的闭环供应链的定价和生产策略研究. 中国管理科学, 2013, 21 (3): 96 - 102.

[118] 黄宗盛, 聂佳佳, 胡培. 基于微分对策的再制造闭环供应链回收渠道选择策略. 管理工程学报, 2013, 27 (3): 93 - 102.

[119] 黄祖庆, 魏洁, 王发鸿. 逆向物流管理. 杭州: 浙江大学出版社, 2010: 169 - 170.

[120] 李晓静, 艾兴政, 唐小我. 竞争性供应链下再制造产品的回收渠道研究. 管理工程学报, 2016, 30 (3): 90 - 98.

[121] 李新然, 牟宗玉, 宋志成. 基于博弈论的制造商回收再制造闭环供应链模型研究. 科研管理, 2013, 34 (9): 64 - 71.

[122] 梁喜, 马春梅. 不同混合回收模式下闭供应链决策研究. 工业工程与管理, 2015, 20 (4): 54 - 60.

[123] 林杰, 曹凯. 双渠道竞争环境下的闭环供应链定价模型. 系工程理论与实践, 2014, 34 (6): 1416 - 1424.

[124] 马祖军, 胡书, 代颖. 政府规制下混合渠道销售/回收的电器电子产品闭环供应链决策. 中国管理科学, 2016, 24 (1): 82 - 90.

[125] 聂佳佳. 零售商信息分享对闭环供应链回收模式的影响. 管理科学学报, 2013, 16 (5): 69 - 82.

[126] 聂佳佳. 渠道结构对第三方负责回收闭环供应链的影响. 管理工程学报, 2012, 26 (3): 151 - 158.

[127] 申成然, 熊中楷, 彭志强. 专利保护与政府补贴下再制造闭环供应链的决策和协调. 管理工程学报, 2013, 27 (3): 132 - 138.

[128] 舒秘, 聂佳佳. 产能约束对闭环供应链回收渠道选择的影响.

运筹与管理，2015，24（4）：52－57.

［129］宋敏，黄敏，王兴伟．基于链链竞争的闭环供应链渠道结构选择策略．控制与决策，2013，28（8）：1247－1252.

［130］搜狐科技．为什么美国每年要往中国倒300万吨的电子垃圾？http：//it. sohu. com/20160629/n456879839. shtml，2016.

［131］搜狐网．震惊！中国电子垃圾之灾．http：//mt. sohu. com/20150619/n415347 108. shtml，2015.

［132］孙嘉轶，滕春贤，陈兆波．基于回收价格与销售数量的再制造闭环供应链渠道选择模型．系统工程理论与实践，2013，33（12）：3079－3086.

［133］腾讯·大浙网．暗访洋垃圾回收地：台州电子垃圾竟形成产业链．http：//zj. qq. com/a/20130924/013732. htm，2013.

［134］童昕．全球化视野下的生产者责任——电子废物跃增转移及我国的对策研究．吉林：吉林出版集团股份有限公司，2016：24－24.

［135］王京．联想开展旧电脑回收服务．http：//news. jinghua. cn/348/c/200612/26/ n432038. shtml，2006.

［136］王文宾，陈琴，达庆利．奖惩机制下制造商竞争的闭环供应链决策模型．中国管理科学，2013，21（6）：57－63.

［137］王文宾，达庆利，聂锐．考虑渠道权力结构的闭环供应链定价与协调．中国管理科学，2011，19（5）：29－36.

［138］谢家平，迟琳娜，梁玲．基于产品质量内生的制造/再制造最优生产决策．管理科学学报，2012，15（8）：12－23.

［139］徐滨士，左铁镛，冯之浚．再制造与循环经济．北京：科学出版社，2007：3－3.

［140］徐滨士，左铁镛，冯之浚．再制造与循环经济．北京：科学出版社，2007：345－346.

［141］许茂增，唐飞．基于第三方回收的比渠道闭环供应链协调机制．计算机集成制造系统，2013，19（8）：2083－2089.

［142］易余胤，袁江．渠道冲突环境下的闭环供应链协调定价模型．

管理科学学报，2012，15（1）：54－65.

［143］余福茂，徐玉军．零售商主导闭环供应链的奖惩机制研究．中国管理科学，2014，22（11）：491－495.

［144］余福茂．电子废弃物回收管理理论与政策——利益相关主体回收行为分析的视角．杭州：浙江大学出版社，2014：1－1.

［145］张成堂，杨善森．双渠道回收下闭环供应链的定价与协调策略．计算机集成制造系统，2013，19（7）：1676－1683.

［146］张念．政府规制下电器电子产品闭环供应链合作模型研究．博士学位论文，西南交通大学，2015.

［147］张威．政府约束下废旧家电回收再制造闭环供应链定价决策．硕士学位论文，华东交通大学，2014.

［148］赵晓敏，林英晖，苏承明．不同渠道权力结构下的S－M两级闭环供应链绩效分析．中国管理科学，2012，20（2）：78－86.

［149］中国新闻网．温家宝：解决突出环境污染问题，让人民看到希望．http：// www. legaldaily. com. cn/zt/content/2013－03/05/content_4245470. htm？ node＝42296，2013.

［150］中国经济网．http：//www. ce. cn/xwzx/gnsz/szyw/201305/24/t20130524_244178 83. shtml，2013.

［151］中华人民共和国环境保护部．关于发布《废弃家用电器与电子产品污染防治技术政策》的通知，2006.

［152］周海云．政府干涉下闭环供应链的定价与协调机制研究．博士学位论文，天津大学，2013.

［153］朱胜，姚巨坤．再制造技术与工艺．北京：机械工业出版社，2010：1－1.

附录 *A*

证明： $X \leqslant D_r$被$X \geqslant D_r$占优。

当$X \leqslant D_r$时，制造商的问题如下：

$$max\ \pi(p_r \mid p_n, \alpha, X) = (p_n - c_n)D_n + (p_r - c_r)X - c_c\alpha D_n \tag{A1}$$

$$s.t.\ X \leqslant D_r \tag{A2}$$

求解（*A*1）对p_r的一阶导数，可以得到$\dfrac{\partial \pi}{\partial p_r} = X \geqslant 0$，制造商的利润函数是关于再造品价格的增函数。又 $X \leqslant D_r$等价于$p_r \leqslant u - X$，因此当$p_r = u - X$，即 $X = D_r$时，制造商的利润最大。注意到 $X = D_r$是$X \geqslant D_r$的特殊情况。综上可知，$X \leqslant D_r$被$X \geqslant D_r$占优。

证明定理 3.1

当$X \geqslant D_r$时，制造商的问题如下：

$$\begin{aligned} max\ \pi(p_r \mid p_n, \alpha, X) = & -p_r^2 + (u + k)p_r + (p_n - c_n - c_c\alpha)(1 - p_n) \\ & + (k - c_r)X - uk \end{aligned} \tag{A3}$$

$$s.t.\ D_r \leqslant X \leqslant \alpha D_n \tag{A4}$$

易发现（*A*3）是关于p_r的二次函数且为凹，求解（*A*3）对p_r的一阶导数并令其等于 0，可以得到$p_{r1} = \dfrac{u + k}{2}$。又约束$X \geqslant D_r$等价于$p_r \geqslant u - X = p_{r0}$。当$p_{r1} \geqslant p_{r0}$，即 $X \geqslant \dfrac{u - k}{2} = A_1$时，最优价格为$p_{r1}$，否则的话，最优价格为$p_{r0}$。为方便表示，记$A_2 = \alpha D_n$。综上所述，当$A_2 \leqslant A_1$时，最优价格为$p_{r0}$；当$A_1 \leqslant A_2$时，最优价格存在两种情况：$X \leqslant A_1$，最优价格为$p_{r0}$；$A_1 \leqslant X \leqslant A_2$，最优价格为$p_{r1}$。

证明定理 3.2

（1）$k \geqslant c_r$

当$A_1 \leqslant A_2$时，再造品的最优产量为 $X = A_1$，为$A_1 \leqslant X \leqslant A_2$的特殊情况。最优产量如表 3.3 所示。

（2）$k \leqslant c_r$

当$A_1 \leqslant A_2$时，如果 $X \leqslant A_1$，最优产量为 $X = \frac{u - c_r}{2}$；如果$A_1 \leqslant X \leqslant A_2$，最优产量为 $X = A_1$，为 $X \leqslant A_1$的特殊情况。

当$A_1 \geqslant A_2$时，存在两种情况：$A_2 \leqslant \frac{u - c_r}{2} \leqslant A_1$和$\frac{u - c_r}{2} \leqslant A_2 \leqslant A_1$。两种情况的最优产量分别为$A_2$和$\frac{u - c_r}{2}$。如表 3.3 所示。

值得注意的是，当市场需求确定时，再造品的最优产量应该等于市场需求量。然而，当再造品残值大于相应的生产成本时，制造商愿意生产所有旧产品，此时再造品的最优产量为其上限值。

证明：推论 3.1

在区间 $DN2$ 中，最优回收率为$\frac{s_0}{(1 - c_n)} = \frac{u - ccr}{(1 - c_n)}$，容易发现回收率关于二级市场容量以及新产品生产成本递增，关于逆向运营成本递减。

证明：模型 *DN* 和 *DR* 各区间中再造品的产量和价格

对于模型 DN，由表 3.3 可知，各区间再造品的产量和价格如下：

区间 *DN*1

由于回收率为 0，因此再造品的产量与价格不存在。

区间 *DN*2

再造品的产量和价格分别为 αD_n，$u - \alpha D_n$。

$$\alpha D_n = \alpha^{DN*}(1 - p_n^{DN*}) = \frac{s_0}{(1 - c_n)} \frac{(1 - c_n)}{2} = \frac{u - ccr}{2}$$

$$u - \alpha D_n = \frac{u + ccr}{2}$$

区间 DN3

再造品的产量和价格分别为 αD_n，$u-\alpha D_n$。

$$\alpha D_n=\alpha^{DN*}(1-p_n^{DN*})=\alpha_1\left(1-\frac{2\alpha_1^2-\alpha_1 s_0+1+c_n}{2(\alpha_1^2+1)}\right)=\frac{\alpha_1^2 s_0+\alpha_1(1-c_n)}{2(\alpha_1^2+1)}$$

$$u-\alpha D_n=u-\frac{\alpha_1^2 s_0+\alpha_1(1-c_n)}{2(\alpha_1^2+1)}$$

区间 DN4

再造品的产量和价格分别为 αD_n，$\frac{u+k}{2}$。

$$\alpha D_n=\alpha^{DN*}(1-p_n^{DN*})=\alpha_1\left(1-\frac{1+c_n-s_1\alpha_1}{2}\right)=\frac{\alpha_1^2 s_1+\alpha_1(1-c_n)}{2}$$

对于模型 DR，由表 3.4 可知，各区间再造品的产量和价格如下：

区间 DR1

再造品的产量和价格分别为 αD_n，$u-\alpha D_n$。

$$\alpha D_n=\alpha^{DR*}(1-p_n^{DR*})=\alpha_0\left(1-\frac{2\alpha_0^2-\alpha_0 s_0+1+c_n}{2(\alpha_0^2+1)}\right)=\frac{\alpha_0^2 s_0+\alpha_0(1-c_n)}{2(\alpha_0^2+1)}$$

$$u-\alpha D_n=u-\frac{\alpha_0^2 s_0+\alpha_0(1-c_n)}{2(\alpha_0^2+1)}$$

区间 DR2

再造品的产量和价格分别为 αD_n，$\frac{u+k}{2}$。

$$\alpha D_n=\alpha^{DR*}(1-p_n^{DR*})=\alpha_0\left(1-\frac{1+c_n-\alpha_0 s_1}{2}\right)=\frac{\alpha_0^2 s_1+\alpha_0(1-c_n)}{2}$$

区间 DR3

再造品的产量和价格分别为 αD_n，$u-\alpha D_n$。

$$\alpha D_n=\alpha^{DR*}(1-p_n^{DR*})=\frac{s_0}{(1-c_n)}\frac{(1-c_n)}{2}=\frac{u-ccr}{2}$$

$$u-\alpha D_n=\frac{u+ccr}{2}$$

区间 DR4

再造品的产量和价格分别为 αD_n，$u-\alpha D_n$。

$$\alpha D_n = \alpha^{DR*}(1 - p_n^{DR*}) = \alpha_1\left(1 - \frac{2\alpha_1^2 - \alpha_1 s_0 + 1 + c_n}{2(\alpha_1^2 + 1)}\right) = \frac{\alpha_1^2 s_0 + \alpha_1(1 - c_n)}{2(\alpha_1^2 + 1)}$$

$$u - \alpha D_n = u - \frac{\alpha_1^2 s_0 + \alpha_1(1 - c_n)}{2(\alpha_1^2 + 1)}$$

区间 *DR5*

再造品的产量和价格分别为 αD_n，$\frac{u+k}{2}$。

$$\alpha D_n = \alpha^{DR*}(1 - p_n^{DR*}) = \alpha_1\left(1 - \frac{1 + c_n - s_1\alpha_1}{2}\right) = \frac{\alpha_1^2 s_1 + \alpha_1(1 - c_n)}{2}$$

表 A1　　模型 *DNA* 满足 $\alpha \leqslant t \leqslant \alpha_1$ & $s_0 \geqslant 0$ 时的所有可能解

α^{DNA*}	p_n^{DNA*}	需满足的条件
$\alpha_{DNA}(\alpha_{DNA} \leqslant t)$ $p_n \leqslant p_{H1}$ $k \leqslant ccr \leqslant u$	p_{nA}^{DNA*} $(p_{nA}^{DNA*} \leqslant p_{H1})$	$H \leqslant H_1$ & $k \leqslant ccr \leqslant u$
	p_{H1} $(p_{nA}^{DNA*} \geqslant p_{H1})$	$H \geqslant H_1$ & $k \leqslant ccr \leqslant u$
$t(\alpha_{DNA} \geqslant t)$ $p_n \leqslant p_{H1}$ $ccr \leqslant k$	p_{nt}^{DNA*} $(p_{nt}^{DNA*} \leqslant p_{H1})$	$H \leqslant H_1$ & $ccr \leqslant k$
	p_{H1} $(p_{nt}^{DNA*} \geqslant p_{H1})$	$H \geqslant H_1$ & $ccr \leqslant k$

表 A2　　模型 *DNA* 满足 $\alpha \leqslant \alpha_1 \leqslant t$ & $s_0 \geqslant 0$ 时的所有可能解

α^{DNA*}	p_n^{DNA*}	需满足的条件
$\alpha_{DNA}(\alpha_{DNA} \leqslant \alpha_1)$ $p_{H1} \leqslant p_n \leqslant p_{n1}^{DNA}$ $k \leqslant ccr \leqslant u$	p_{H1} $(p_{nA}^{DNA*} \leqslant p_{H1})$	$H \leqslant H_1$ & $k \leqslant ccr \leqslant u$
	p_{nA}^{DNA*} $(p_{H1} \leqslant p_{nA}^{DNA*} \leqslant p_{n1}^{DNA})$	$H \geqslant H_1$ & $u - H_1 \leqslant ccr \leqslant u$
	p_{n1}^{DNA} $(p_{nA}^{DNA*} \geqslant p_{n1}^{DNA})$	$H \geqslant H_1$ & $k \leqslant ccr \leqslant u - H_1$

续表

α^{DNA*}	p_n^{DNA*}	需满足的条件
$\alpha_1(\alpha_{DNA}\geqslant\alpha_1)$ $p_n\geqslant p_{n1}^{DNA}$ $k\leqslant ccr\leqslant u$	p_{n1}^{DNA*} $(p_{n1}^{DNA*}\geqslant p_{n1}^{DNA})$	$H\geqslant H_1$ & $k\leqslant ccr\leqslant u-H_1$
	p_{n1}^{DNA} $(p_{n1}^{DNA*}\leqslant p_{n1}^{DNA})$	$H\geqslant H_1$ & $u-H_1\leqslant ccr\leqslant u$ $H\leqslant H_1$ & $k\leqslant ccr\leqslant u$
$\alpha_1(\alpha_{DNA}\geqslant\alpha_1)$ $p_n\geqslant p_{H1}$ $ccr\leqslant k$	p_{n1}^{DNA*} $(p_{n1}^{DNA*}\geqslant p_{H1})$	$H\geqslant H_1$ & $u-s_{11}\leqslant ccr\leqslant k$
	p_{H1} $(p_{n1}^{DNA*}\leqslant p_{H1})$	$H\geqslant H_1$ & $ccr\leqslant u-s_{11}$ $H\leqslant H_1$ & $ccr\leqslant k$

表 A3　　模型 *DNB* 满足$t\leqslant\alpha\leqslant\alpha_1$时的所有可能解

α^{DNB*}	p_n^{DNB*}	需满足的条件
$\alpha_1(s_1\geqslant 0)$ $p_n\leqslant p_{H1}$ $ccr\leqslant k$	p_{H1} $(p_{n1}^{DNB*}\geqslant p_{H1})$	$H\geqslant H_1$ &$u-s_{11}\leqslant ccr\leqslant k$
	p_{n1}^{DNB*} $(p_{n1}^{DNB*}\leqslant p_{H1})$	$H\geqslant H_1$ & $ccr\leqslant u-s_{11}$ $H\leqslant H_1$ & $ccr\leqslant k$
$t(s_1\leqslant 0)$ $p_n\leqslant p_{H1}$ $ccr\geqslant k$	p_{nt}^{DNB*} $(p_{nt}^{DNB*}\leqslant p_{H1})$	$H\leqslant H_1$ & $ccr\geqslant k$
	p_{H1} $(p_{nt}^{DNB*}\geqslant p_{H1})$	$H\geqslant H_1$ & $ccr\geqslant k$

表 A4　　模型 *DRA* 满足 $\alpha_0\leqslant\alpha\leqslant\alpha_1\leqslant t$ & $s_0\geqslant 0$ 时的所有可能解

α^{DRA*}	p_n^{DRA*}	需满足的条件
$\alpha_0(\alpha_{DRA}\leqslant\alpha_0)$ $p_{H1}\leqslant p_n\leqslant p_{n0}^{DRA}$ $u-\frac{\alpha_0}{\alpha_1}H\leqslant ccr\leqslant u$	p_{n0}^{DRA*} $(p_{n0}^{DRA*}\leqslant p_{H1})$	$\frac{H}{H_1}\leqslant\frac{1}{\alpha_0^2+1}$ & $u-\frac{\alpha_0}{\alpha_1}H\leqslant ccr\leqslant u$ $\frac{1}{\alpha_0^2+1}\leqslant\frac{H}{H_1}\leqslant 1$ & $u-\frac{\alpha_0}{\alpha_1}H\leqslant ccr\leqslant u-s_{01}$
	p_{n0}^{DRA*} $(p_{H1}\leqslant p_{n0}^{DRA*}\leqslant p_{n0}^{DRA})$	$H\geqslant H_1$ & $u-H_0\leqslant ccr\leqslant u$ $\frac{H_1}{\alpha_0^2+1}\leqslant H\leqslant H_1$ & $u-s_{01}\leqslant ccr\leqslant u$

续表

α^{DRA*}	p_n^{DRA*}	需满足的条件
$\alpha_0(\alpha_{DRA} \leqslant \alpha_0)$ $p_{H1} \leqslant p_n \leqslant p_{n0}^{DRA}$ $u-\frac{\alpha_0}{\alpha_1}H \leqslant ccr \leqslant u$	p_{n0}^{DRA} $(p_{n0}^{DRA*} \geqslant p_{n0}^{DRA})$	$H \geqslant H_1\ \&\ u-\frac{\alpha_0}{\alpha_1}H \leqslant ccr \leqslant u-H_0$
$\alpha_{DRA}(\alpha_0 \leqslant \alpha_{DRA} \leqslant \alpha_1)$ $p_{n0}^{DRA} \leqslant p_n \leqslant p_{n1}^{DRA}$ $u-\frac{\alpha_0}{\alpha_1}H \leqslant ccr \leqslant u$	p_{n0}^{DRA} $(p_{nA}^{DRA*} \leqslant p_{n0}^{DRA})$	$H \geqslant H_1\ \&\ u-H_0 \leqslant ccr \leqslant u$ $H \leqslant H_1\ \&\ u-\frac{\alpha_0}{\alpha_1}H \leqslant ccr \leqslant u$
	p_{nA}^{DRA*} $(p_{n0}^{DRA} \leqslant p_{nA}^{DRA*} \leqslant p_{n1}^{DRA})$	$H \geqslant \frac{\alpha_1}{\alpha_0}H_1\ \&\ u-H_1 \leqslant ccr \leqslant u-H_0$ $H_1 \leqslant H \leqslant \frac{\alpha_1}{\alpha_0}H_1\ \&\ u-\frac{\alpha_0}{\alpha_1}H \leqslant ccr \leqslant u-H_0$
	p_{n1}^{DRA} $(p_{nA}^{DRA*} \geqslant p_{n1}^{DRA})$	$H \geqslant \frac{\alpha_1}{\alpha_0}H_1\ \&\ u-\frac{\alpha_0}{\alpha_1}H \leqslant ccr \leqslant u-H_1$
$\alpha_{DRA}(\alpha_0 \leqslant \alpha_{DRA} \leqslant \alpha_1)$ $p_{H1} \leqslant p_n \leqslant p_{n1}^{DRA}$ $k \leqslant ccr \leqslant u-\frac{\alpha_0}{\alpha_1}H$	p_{H1} $(p_{nA}^{DRA*} \leqslant p_{H1})$	$H \leqslant H_1\ \&\ k \leqslant ccr \leqslant u-\frac{\alpha_0}{\alpha_1}H$
	p_{nA}^{DRA*} $(p_{H1} \leqslant p_{nA}^{DRA*} \leqslant p_{n1}^{DRA})$	$H_1 \leqslant H \leqslant \frac{\alpha_1}{\alpha_0}H_1\ \&\ u-H_1 \leqslant ccr \leqslant u-\frac{\alpha_0}{\alpha_1}H$
	p_{n1}^{DRA} $(p_{nA}^{DRA*} \geqslant p_{n1}^{DRA})$	$H \geqslant \frac{\alpha_1}{\alpha_0}H_1\ \&\ k \leqslant ccr \leqslant u-\frac{\alpha_0}{\alpha_1}H$ $H_1 \leqslant H \leqslant \frac{\alpha_1}{\alpha_0}H_1\ \&\ k \leqslant ccr \leqslant u-H_1$
$\alpha_1(\alpha_{DRA} \geqslant \alpha_1)$ $p_n \geqslant p_{n1}^{DRA}$ $k \leqslant ccr \leqslant u$	p_{n1}^{DRA*} $(p_{n1}^{DRA*} \geqslant p_{n1}^{DRA})$	$H \geqslant H_1\ \&\ k \leqslant ccr \leqslant u-H_1$
	p_{n1}^{DRA} $(p_{n1}^{DRA*} \leqslant p_{n1}^{DRA})$	$H \geqslant H_1\ \&\ u-H_1 \leqslant ccr \leqslant u$ $H \leqslant H_1\ \&\ k \leqslant ccr \leqslant u$
$\alpha_1(\alpha_{DRA} \geqslant \alpha_1)$ $p_n \geqslant p_{H1}$ $ccr \leqslant k$	p_{n1}^{DRA*} $(p_{n1}^{DRA*} \geqslant p_{H1})$	$H \geqslant H_1\ \&\ u-s_{11} \leqslant ccr \leqslant k$
	p_{H1} $(p_{n1}^{DRA*} \leqslant p_{H1})$	$H \geqslant H_1\ \&\ ccr \leqslant u-s_{11}$ $H \leqslant H_1\ \&\ ccr \leqslant k$

表 A5　模型 DRA 满足 $\alpha_0\le\alpha\le t\le\alpha_1$ & $s_0\ge 0$ 时的所有可能解

α^{DRA*}	p_n^{DRA*}	需满足的条件
$\alpha_0(\alpha_{DRA}\le\alpha_0)$ $p_{H0}\le p_n\le p_{H1}$ $u-\frac{\alpha_0}{\alpha_1}H\le ccr\le u$	p_{H0} $(p_{n0}^{DRA*}\le p_{H0})$	$\frac{H}{H_0}\le\frac{1}{\alpha_0^2+1}$ & $u-\frac{\alpha_0}{\alpha_1}H\le ccr\le u$ $\frac{1}{\alpha_0^2+1}\le\frac{H}{H_0}\le\tau$ & $u-\frac{\alpha_0}{\alpha_1}H\le ccr\le u-s_{00}$
	p_{n0}^{DRA*} $(p_{H0}\le p_{n0}^{DRA*}\le p_{H1})$	$\frac{1}{\alpha_0^2+1}\le\frac{H}{H_0}\le\tau$ & $u-s_{00}\le ccr\le u$ $\tau\le\frac{H}{H_1}\le\frac{1}{\alpha_0^2+1}$ & $u-\frac{\alpha_0}{\alpha_1}H\le ccr\le u$ $\frac{1}{\alpha_0^2+1}\le\frac{H}{H_1}\le 1$ & $u-\frac{\alpha_0}{\alpha_1}H\le ccr\le u-s_{01}$
	p_{H1} $(p_{n0}^{DRA*}\ge p_{H1})$	$\frac{1}{\alpha_0^2+1}\le\frac{H}{H_1}\le 1$ & $u-s_{01}\le ccr\le u$ $\frac{H}{H_1}\ge 1$ & $u-\frac{\alpha_0}{\alpha_1}H\le ccr\le u$
$\alpha_0(\alpha_{DRA}\le\alpha_0)$ $p_{H0}\le p_n\le p_{n0}^{DRA}$ $k\le ccr\le u-\frac{\alpha_0}{\alpha_1}H$	p_{H0} $(p_{n0}^{DRA*}\le p_{H0})$	$\frac{H}{H_0}\le\tau$ & $k\le ccr\le u-\frac{\alpha_0}{\alpha_1}H$ $\tau\le\frac{H}{H_0}\le 1$ & $k\le ccr\le u-s_{00}$
	p_{n0}^{DRA*} $(p_{H0}\le p_{n0}^{DRA*}\le p_{n0}^{DRA})$	$H_0\le H\le H_1$ & $u-H_0\le ccr\le u-\frac{\alpha_0}{\alpha_1}H$ $\tau\le\frac{H}{H_0}\le 1$ & $u-s_{00}\le ccr\le u-\frac{\alpha_0}{\alpha_1}H$
	p_{n0}^{DRA} $p_{n0}^{DRA*}\ge p_{n0}^{DRA}$	$H_0\le H\le H_1$ & $k\le ccr\le u-H_0$ $H\ge H_1$ & $k\le ccr\le u-\frac{\alpha_0}{\alpha_1}H$
$\alpha_{DRA}(\alpha_0\le\alpha_{DRA}\le t)$ $p_{n0}^{DRA}\le p_n\le p_{H1}$ $k\le ccr\le u-\frac{\alpha_0}{\alpha_1}H$	p_{n0}^{DRA} $(p_{nA}^{DRA*}\le p_{n0}^{DRA})$	$H_0\le H\le H_1$ & $u-H_0\le ccr\le u-\frac{\alpha_0}{\alpha_1}H$ $H\le H_0$ & $k\le ccr\le u-\frac{\alpha_0}{\alpha_1}H$
	p_{nA}^{DRA*} $(p_{n0}^{DRA}\le p_{nA}^{DRA*}\le p_{H1})$	$H_0\le H\le H_1$ & $k\le ccr\le u-H_0$
	p_{H1} $(p_{nA}^{DRA*}\ge p_{H1})$	$H\ge H_1$ & $k\le ccr\le u-\frac{\alpha_0}{\alpha_1}H$

续表

α^{DRA*}	p_n^{DRA*}	需满足的条件
$t(\alpha_{DRA} \geq t)$ $p_{H0} \leq p_n \leq p_{H1}$ $ccr \leq k$	p_{H0} $(p_{nt}^{DRA*} \leq p_{H0})$	$H \leq H_0$ & $ccr \leq k$
	p_{nt}^{DRA*} $(p_{H0} \leq p_{nt}^{DRA*} \leq p_{H1})$	$H_0 \leq H \leq H_1$ & $ccr \leq k$
	p_{H1} $(p_{nt}^{DRA*} \geq p_{H1})$	$H \geq H_1$ & $ccr \leq k$

表 A6　　　模型 *DRB* 满足$t \leq \alpha_0 \leq \alpha \leq \alpha_1$时的所有可能解

α^{DRB*}	p_n^{DRB*}	需满足的条件
$\alpha_1(s_1 \geq 0)$ $p_n \leq p_{H0}$ $ccr \leq k$	p_{H0} $(p_{n1}^{DRB*} \geq p_{H0})$	$H \geq H_0$ &$u - s_{10} \leq ccr \leq k$
	p_{n1}^{DRB*} $(p_{n1}^{DRB*} \leq p_{H0})$	$H \geq H_0$ & $ccr \leq u - s_{10}$ $H \leq H_0$ & $ccr \leq k$
$\alpha_0(s_1 \leq 0)$ $p_n \leq p_{H0}$ $ccr \geq k$	p_{n0}^{DRB*} $(p_{n0}^{DRB*} \leq p_{H0})$	$H \leq H_0$ & $k \leq ccr \leq u - s_{00}$
	p_{H0} $(p_{n0}^{DRB*} \geq p_{H0})$	$H \leq H_0$ & $ccr \geq u - s_{00}$ $H \geq H_0$ & $ccr \geq k$

表 A7　　　模型 *DRB* 满足 $\alpha_0 \leq t \leq \alpha \leq \alpha_1$时的所有可能解

α^{DRB*}	p_n^{DRB*}	需满足的条件
$\alpha_1(s_1 \geq 0)$ $p_{H0} \leq p_n \leq p_{H1}$ $ccr \leq k$	p_{H0} $(p_{n1}^{DRB*} \leq p_{H0})$	$H \geq H_0$ & $ccr \leq u - s_{10}$ $H \leq H_0$ & $ccr \leq k$
	p_{n1}^{DRB*} $(p_{H0} \leq p_{n1}^{DRB*} \leq p_{H1})$	$H \geq H_1$ &$u - s_{10} \leq ccr \leq u - s_{11}$ $H_0 \leq H \leq H_1$ & $u - s_{10} \leq ccr \leq k$
	p_{H1} $(p_{n1}^{DRB*} \geq p_{H1})$	$H \geq H_1$ & $u - s_{11} \leq ccr \leq k$

续表

α^{DRB*}	p_n^{DRB*}	需满足的条件
$t(s_1 \leqslant 0)$ $p_{H0} \leqslant p_n \leqslant p_{H1}$ $ccr \geqslant k$	p_{H0} $(p_{nt}^{DRB*} \leqslant p_{H0})$	$H \leqslant H_0$ & $ccr \geqslant k$
	p_{nt}^{DRB*} $(p_{H0} \leqslant p_{nt}^{DRB*} \leqslant p_{H1})$	$H_0 \leqslant H \leqslant H_1$ & $ccr \geqslant k$
	p_{H0} $(p_{nt}^{DRB*} \geqslant p_{H0})$	$H \geqslant H_1$ & $ccr \geqslant k$

附录 B

证明：$\alpha D_1 \leqslant D_{2r}$被$\alpha D_1 \geqslant D_{2r}$占优。

当$\alpha D_1 \leqslant D_{2r}$时，制造商的问题如下：

$$max\ \pi(p_{2n}, p_{2r} \mid p_n, \alpha) = (p_n - c_n)D_1 + (p_{2n} - c_n)D_{2n} + (p_{2r} - c_r)\alpha D_1 + - c_c \alpha D_1 \quad (B1)$$

$$s.t.\ \alpha D_1 \leqslant D_{2r} \quad (B2)$$

其中 $D_1 = 1 - p_n$，$D_{2n} = \dfrac{1 - \delta - p_{2n} + p_{2r}}{1 - \delta}$，$D_{2r} = \dfrac{\delta p_{2n} - p_{2r}}{\delta(1 - \delta)}$。易发现（B1）是关于$p_{2r}$的增函数$\left(\dfrac{\partial \pi}{\partial p_{2r}} = \dfrac{p_{2n} - c_n}{1 - \delta} + \alpha D_1 > 0\right)$。同时约束$\alpha D_1 \leqslant D_{2r}$等价于$p_{2r} \leqslant \delta p_{2n} + \alpha D_1 \delta(1 - \delta)$。当$p_{2r} = \delta p_{2n} + \alpha D_1 \delta(1 - \delta)$，即$\alpha D_1 = D_{2r}$时，制造商的利润最大。$\alpha D_1 = D_{2r}$是$\alpha D_1 \geqslant D_{2r}$的特殊情况。证毕。

证明：定理 4.1

给定第一阶段和第二阶段的决策时，制造商在第三阶段的决策如下：

$$max\ \pi(p_{2n}, p_{2r} \mid p_n, \alpha) = (p_n - c_n)D_1 + (p_{2n} - c_n)\frac{1 - \delta - p_{2n} + p_{2r}}{1 - \delta} + (p_{2r} - c_r)\frac{\delta p_{2n} - p_{2r}}{\delta(1 - \delta)} + (k - c_r)\left(\alpha D_1 - \frac{\delta p_{2n} - p_{2r}}{\delta(1 - \delta)}\right) - c_c \alpha D_1 \quad (B3)$$

$$s.t.\ \frac{\delta p_{2n} - p_{2r}}{\delta(1 - \delta)} \leqslant \alpha D_1 \quad (B4)$$

$\dfrac{\partial^2 \pi}{\partial p_{2n}^2} = \dfrac{-2}{1 - \delta} < 0, \dfrac{\partial^2 \pi}{\partial p_{2r}^2} = \dfrac{-2}{\delta(1 - \delta)} < 0, \dfrac{\partial^2 \pi}{\partial p_{2n} \partial p_{2r}} = \dfrac{1}{1 - \delta}$。且 Hessian 矩阵

$$\begin{bmatrix} \dfrac{\partial^2 \pi}{\partial p_{2n}^2} & \dfrac{\partial^2 \pi}{\partial p_{2n} \partial p_{2r}} \\ \dfrac{\partial^2 \pi}{\partial p_{2r} \partial p_{2n}} & \dfrac{\partial^2 \pi}{\partial p_{2r}^2} \end{bmatrix} = \begin{bmatrix} \dfrac{-2}{1 - \delta} & \dfrac{1}{1 - \delta} \\ \dfrac{1}{1 - \delta} & \dfrac{-2}{\delta(1 - \delta)} \end{bmatrix} \quad (B5)$$

的行列式为$\frac{4-\delta}{\delta(1-\delta)^2}>0$，可知 Hessian 矩阵（B5）为负定。因此目标函数是关于p_{2n}和p_{2r}的凹函数。接下来运用 KKT 条件来求解最优价格。相应地，拉格朗日函数如下：

$$\ell(p_{2n},p_{2r},\lambda)=(p_n-c_n)D_1+(p_{2n}-c_n)\frac{1-\delta-p_{2n}+p_{2r}}{1-\delta}$$
$$+(p_{2r}-c_r)\frac{\delta p_{2n}-p_{2r}}{\delta(1-\delta)}+(k-c_r)\left(\alpha D_1-\frac{\delta p_{2n}-p_{2r}}{\delta(1-\delta)}\right)$$
$$-c_c\alpha D_1+\lambda\alpha D_1-\frac{\delta p_{2n}-p_{2r}}{\delta(1-\delta)} \qquad (B6)$$

$$\frac{\partial\ell}{\partial p_{2n}}=\frac{1-\delta-2p_{2n}+2p_{2r}+c_n-k-\lambda}{1-\delta}$$

$$\frac{\partial\ell}{\partial p_{2r}}=\frac{\delta c_n-2\delta p_{2n}+2p_{2r}-k-\lambda}{\delta(-1+\delta)}$$

（i）$\alpha D_1>\frac{\delta p_{2n}-p_{2r}}{\delta(1-\delta)}$，$\lambda=0$。

$p_{2n}^*=\frac{1+c_n}{2}$，$p_{2r}^*=\frac{\delta+k}{2}$，$D_{2n}^*=\frac{-1+c_n+\delta-k}{2(-1+\delta)}$，$D_{2r}^*=\frac{c_n\delta-k}{2\delta(1-\delta)}$。

注意到 $D_{2n}^*=\frac{-1+c_n+\delta-k}{2(-1+\delta)}\geqslant0\Leftrightarrow k\geqslant-1+c_n+\delta, D_{2r}^*=\frac{c_n\delta-k}{2\delta(1-\delta)}\geqslant\Leftrightarrow k\leqslant\delta c_n$。同时还需满足条件 $\alpha D_1>\frac{\delta p_{2n}-p_{2r}}{\delta(1-\delta)}\Leftrightarrow\alpha>\frac{\delta c_n-k}{2\delta(1-\delta)D_1}$。

（ii）$\alpha D_1=\frac{\delta p_{2n}-p_{2r}}{\delta(1-\delta)}$，$\lambda\geqslant0$。

$p_{2n}^*=\frac{1+c_n}{2}$，$p_{2r}^*=\frac{\delta(1+c_n)}{2}-\alpha D_1\delta(1-\delta)$，$D_{2n}^*=\frac{1-c_n-2\delta\alpha D_1}{2}$，$D_{2r}^*=\alpha D_1$，$\lambda=\delta c_n-k-2\alpha D_1\delta(1-\delta)$。

注意到 $D_{2n}^*=\frac{1-c_n-2\delta\alpha D_1}{2}\geqslant0\Leftrightarrow\alpha\leqslant\frac{1-c_n}{2\delta D_1}$。同时还需满足条件 $\lambda\geqslant0\Leftrightarrow\alpha\leqslant\frac{\delta c_n-k}{2\delta(1-\delta)D_1}$。又$\frac{\delta c_n-k}{2\delta(1-\delta)D_1}\leqslant\frac{1-c_n}{2\delta D_1}\Leftrightarrow k\geqslant-1+c_n+\delta$。

综上，当$-1+c_n+\delta\leqslant k\leqslant\delta c_n$时，制造商的最优决策如表 4.2 所示。

信毅学术文库

证明：模型 *DCN* 和 *DCR* 各区间中再造品价格

对于模型 *DCN*，由表4.2可知，各区间再造品价格如下：

区间 *DCN*1

由于回收率为0，因此再造品价格不存在。

区间 *DCN*2

再造品价格为$\frac{\delta(1+c_n)}{2}-\Delta\alpha D_1$。

$$\frac{\delta(1+c_n)}{2}-\Delta\alpha D_1=\frac{\delta(1+c_n)}{2}-\Delta\alpha^{DCN*}(1-p_n^{DCN*})$$
$$=\frac{\delta(1+c_n)}{2}-\Delta\frac{g_0}{\Delta(1-c_n)}\frac{(1-c_n)}{2}=\frac{\delta(1+c_n)-g_0}{2}$$

区间 *DCN*3

再造品价格为$\frac{\delta(1+c_n)}{2}-\Delta\alpha D_1$。

$$\frac{\delta(1+c_n)}{2}-\Delta\alpha D_1=\frac{\delta(1+c_n)}{2}-\Delta\alpha^{DCN*}(1-p_n^{DCN*})$$
$$=\frac{\delta(1+c_n)}{2}-\Delta\alpha_1\left(1-\frac{1+c_n-g_0\alpha_1+2\Delta\alpha_1^2}{2(\Delta\alpha_1^2+1)}\right)$$
$$=\frac{\delta(1+c_n)}{2}-\frac{(1-c_n+g_0\alpha_1)\Delta\alpha_1}{2(\Delta\alpha_1^2+1)}$$

区间 *DCN*4

再造品价格为$\frac{\delta+k}{2}$。

对于模型 *DCR*，由表4.2可知，各区间再造品价格如下：

区间 *DCR*1

再造品价格为$\frac{\delta(1+c_n)}{2}-\Delta\alpha D_1$。

$$\frac{\delta(1+c_n)}{2}-\Delta\alpha D_1=\frac{\delta(1+c_n)}{2}-\Delta\alpha_0\left(1-\frac{1+c_n-g_0\alpha_0+2\Delta\alpha_0^2}{2(\Delta\alpha_0^2+1)}\right)$$
$$=\frac{\delta(1+c_n)}{2}\frac{\Delta(H_0+g_0\alpha_0^2)}{2(1+\Delta\alpha_0^2)}$$

区间 $DCR2$

再造品价格为$\frac{\delta + k}{2}$。

区间 $DCR3$

再造品价格为$\frac{\delta(1 + c_n)}{2} - \Delta\alpha D_1$。

$$\frac{\delta(1 + c_n)}{2} - \Delta\alpha D_1 = \frac{\delta(1 + c_n)}{2} - \Delta \frac{g_0}{\Delta(1 - c_n)} \frac{(1 - c_n)}{2} = \frac{\delta(1 + c_n) - g_0}{2}$$

区间 $DCR4$

再造品价格为$\frac{\delta(1 + c_n)}{2} - \Delta\alpha D_1$。

$$\frac{\delta(1 + c_n)}{2} - \Delta\alpha D_1 = \frac{\delta(1 + c_n)}{2} - \Delta\alpha_1 \left(1 - \frac{1 + c_n - g_0\alpha_1 + 2\Delta\alpha_1^2}{2(\Delta\alpha_1^2 + 1)}\right)$$

$$= \frac{\delta(1 + c_n)}{2} - \frac{(1 - c_n + g_0\alpha_1)\Delta\alpha_1}{2(\Delta\alpha_1^2 + 1)}$$

区间 $DCR5$

再造品价格为$\frac{\delta + k}{2}$。

表 B1　模型 $DCNA$ 满足 $\alpha \leqslant T \leqslant \alpha_1$ & $g_0 \geqslant 0$ 时的所有可能解

α^{DCNA*}	p_n^{DCNA*}	需满足的条件
$\alpha_{DCNA}(\alpha_{DCNA} \leqslant T)$ $p_n \leqslant p_{h1}$ $k \leqslant ccr \leqslant \delta c_n$	p_{nA}^{DCNA*} $(p_{nA}^{DCNA*} \leqslant p_{h1})$	$h \leqslant \Delta H_1$ & $k \leqslant ccr \leqslant \delta c_n$
	p_{h1} $(p_{nA}^{DCNA*} \geqslant p_{h1})$	$h \geqslant \Delta H_1$ & $k \leqslant ccr \leqslant \delta c_n$
$T(\alpha_{DCNA} \geqslant T)$ $p_n \leqslant p_{h1}$ $ccr \leqslant k$	p_{nT}^{DCNA*} $(p_{nT}^{DCNA*} \leqslant p_{h1})$	$h \leqslant \Delta H_1$ & $ccr \leqslant k$
	p_{h1} $(p_{nT}^{DCNA*} \geqslant p_{h1})$	$h \geqslant \Delta H_1$ & $ccr \leqslant k$

表 B2　　模型 $DCNA$ 满足 $\alpha \leqslant \alpha_1 \leqslant T$ & $g_0 \geqslant 0$ 时的所有可能解

α^{DCNA*}	p_n^{DCRA*}	需满足的条件
α_{DCNA}（$\alpha_{DCNA} \leqslant \alpha_1$） $p_{h1} \leqslant p_n \leqslant p_{n1}^{DCNA}$ $k \leqslant ccr \leqslant \delta c_n$	p_{h1} （$p_{nA}^{DCNA*} \leqslant p_{h1}$）	$h \leqslant \Delta H_1$ & $k \leqslant ccr \leqslant \delta c_n$
	p_{nA}^{DCNA*} （$p_{h1} \leqslant p_{nA}^{DCNA*} \leqslant p_{n1}^{DCNA}$）	$h \geqslant \Delta H_1$ & $\delta c_n - \Delta H_1 \leqslant ccr \leqslant \delta c_n$
	p_{n1}^{DCNA} （$p_{nA}^{DCRA*} \geqslant p_{n1}^{DCNA}$）	$h \geqslant \Delta H_1$ & $k \leqslant ccr \leqslant \delta c_n - \Delta H_1$
α_1（$\alpha_{DCNA} \geqslant \alpha_1$） $p_n \geqslant p_{n1}^{DCNA}$ $k \leqslant ccr \leqslant \delta c_n$	p_{n1}^{DCNA*} （$p_{n1}^{DCNA*} \geqslant p_{n1}^{DCNA}$）	$h \geqslant \Delta H_1$ & $k \leqslant ccr \leqslant \delta c_n - \Delta H_1$
	p_{n1}^{DCNA} （$p_{n1}^{DCNA*} \leqslant p_{n1}^{DCNA}$）	$h \leqslant \Delta H_1$ & $k \leqslant ccr \leqslant \delta c_n$ $h \geqslant \Delta H_1$ & $\delta c_n - \Delta H_1 \leqslant ccr \leqslant \delta c_n$
α_1（$\alpha_{DCNA} \geqslant \alpha_1$） $p_n \geqslant p_{h1}$ $ccr \leqslant k$	p_{n1}^{DCNA*} （$p_{n1}^{DCNA*} \geqslant p_{h1}$）	$h \geqslant \Delta H_1$ & $\delta c_n - g_{11} \leqslant ccr \leqslant k$
	p_{h1} （$p_{n1}^{DCNA*} \leqslant p_{h1}$）	$h \geqslant \Delta H_1$ & $ccr \leqslant \delta c_n - g_{11}$ $h \leqslant \Delta H_1$ & $ccr \leqslant k$

表 B3　　模型 $DCNB$ 满足 $T \leqslant \alpha \leqslant \alpha_1$ 时的所有可能解

α^{DCNB*}	p_n^{DCNB*}	需满足的条件
α_1 $p_n \leqslant p_{h1}$ $ccr \leqslant k$	p_{n1}^{DCNB*} （$p_{n1}^{DCNB*} \leqslant p_{h1}$）	$h \geqslant \Delta H_1$ & $ccr \leqslant \delta c_n - g_{11}$ $h \leqslant \Delta H_1$ & $ccr \leqslant k$
	p_{h1} （$p_{n1}^{DCNB*} \geqslant p_{h1}$）	$h \geqslant \Delta H_1$ & $\delta c_n - g_{11} \leqslant ccr \leqslant k$
T $p_n \leqslant p_{h1}$ $ccr \geqslant k$	p_{nT}^{DCNB*} （$p_{nT}^{DCNB*} \leqslant p_{h1}$）	$h \leqslant \Delta H_1$ & $ccr \geqslant k$
	p_{h1} （$p_{nT}^{DCNB*} \geqslant p_{h1}$）	$h \geqslant \Delta H_1$ & $ccr \geqslant k$

表 B4　模型 *DCRA* 满足 $\alpha_0 \leqslant \alpha \leqslant \alpha_1 \leqslant T$ & $g_0 \geqslant 0$ 时的所有可能解

α^{DCRA*}	p_n^{DCRA*}	需满足的条件
$\alpha_0\ (\alpha_{DCRA} \leqslant \alpha_0)$ $p_{h1} \leqslant p_n \leqslant p_{n0}^{DCRA}$ $\delta c_n - \frac{\alpha_0}{\alpha_1}h \leqslant ccr \leqslant \delta c_n$	p_{h1} $(p_{n0}^{DCRA*} \leqslant p_{h1})$	$h \leqslant \frac{\Delta H_1}{1+\Delta\alpha_0^2}$ & $\delta c_n - \frac{\alpha_0}{\alpha_1}h \leqslant ccr \leqslant \delta c_n$ $\frac{\Delta H_1}{1+\Delta\alpha_0^2} \leqslant h \leqslant \Delta H_1$ & $\delta c_n - \frac{\alpha_0}{\alpha_1}h \leqslant ccr \leqslant \delta c_n - g_{01}$
	p_{n0}^{DCRA*} $(p_{h1} \leqslant p_{n0}^{DCRA*} \leqslant p_{n0}^{DCRA})$	$\frac{\Delta H_1}{1+\Delta\alpha_0^2} \leqslant h \leqslant \Delta H_1$ & $\delta c_n - g_{01} \leqslant ccr \leqslant \delta c_n$
		$h \geqslant \Delta H_1$ & $\delta c_n - \Delta H_0 \leqslant ccr \leqslant \delta c_n$
	p_{n0}^{DCRA} $(p_{n0}^{DCRA*} \geqslant p_{n0}^{DCRA})$	$h \geqslant \Delta H_1$ & $\delta c_n - \frac{\alpha_0}{\alpha_1}h \leqslant ccr \leqslant \delta c_n - \Delta H_0$
$\alpha_{DCRA}\ (\alpha_0 \leqslant \alpha_{DCRA} \leqslant \alpha_1)$ $p_{n0}^{DCRA} \leqslant p_n \leqslant p_{n1}^{DCRA}$ $\delta c_n - \frac{\alpha_0}{\alpha_1}h \leqslant ccr \leqslant \delta c_n$	p_{n0}^{DCRA} $(p_{nA}^{DCRA*} \leqslant p_{n0}^{DCRA})$	$h \leqslant \Delta H_1$ & $\delta c_n - \frac{\alpha_0}{\alpha_1}h \leqslant ccr \leqslant \delta c_n$ $h \geqslant \Delta H_1$ & $\delta c_n - \Delta H_0 \leqslant ccr \leqslant \delta c_n$
	p_{nA}^{DCRA*} $(p_{n0}^{DCRA} \leqslant p_{nA}^{DCRA*} \leqslant p_{n1}^{DCRA})$	$\Delta H_1 \leqslant h \leqslant \frac{\alpha_1}{\alpha_0}\Delta H_1$ & $\delta c_n - \frac{\alpha_0}{\alpha_1}h \leqslant ccr \leqslant \delta c_n - \Delta H_0$
		$h \geqslant \frac{\alpha_1}{\alpha_0}\Delta H_1$ & $\delta c_n - \Delta H_1 \leqslant ccr \leqslant \delta c_n - \Delta H_0$
	p_{n1}^{DCRA} $(p_{nA}^{DCRA*} \geqslant p_{n1}^{DCRA})$	$h \geqslant \frac{\alpha_1}{\alpha_0}\Delta H_1$ & $\delta c_n - \frac{\alpha_0}{\alpha_1}h \leqslant ccr \leqslant \delta c_n - \Delta H_1$
$\alpha_{DCRA}\ (\alpha_0 \leqslant \alpha_{DCRA} \leqslant \alpha_1)$ $p_{h1} \leqslant p_n \leqslant p_{n1}^{DCRA}$ $k \leqslant ccr \leqslant \delta c_n - \frac{\alpha_0}{\alpha_1}h$	p_{h1} $(p_{nA}^{DCRA*} \leqslant p_{h1})$	$h \leqslant \Delta H_1$ & $\delta c_n - h \leqslant ccr \leqslant \delta c_n - \frac{\alpha_0}{\alpha_1}h$
	p_{nA}^{DCRA*} $(p_{h1} \leqslant p_{nA}^{DCRA*} \leqslant p_{n1}^{DCRA})$	$\Delta H_1 \leqslant h \leqslant \frac{\alpha_1}{\alpha_0}\Delta H_1$ & $\delta c_n - \Delta H_1 \leqslant ccr \leqslant \delta c_n - \frac{\alpha_0}{\alpha_1}h$
	p_{n1}^{DCRA} $(p_{nA}^{DCRA*} \geqslant p_{n1}^{DCRA})$	$\Delta H_1 \leqslant h \leqslant \frac{\alpha_1}{\alpha_0}\Delta H_1$ & $k \leqslant ccr \leqslant \delta c_n - \Delta H_1$ $h \geqslant \frac{\alpha_1}{\alpha_0}\Delta H_1$ & $k \leqslant ccr \leqslant \delta c_n - \frac{\alpha_0}{\alpha_1}h$
$\alpha_1\ (\alpha_{DCRA} \geqslant \alpha_1)$ $p_n \geqslant p_{n1}^{DCRA}$ $k \leqslant ccr \leqslant \delta c_n$	p_{n1}^{DCRA*} $(p_{n1}^{DCRA*} \geqslant p_{n1}^{DCRA})$	$h \geqslant \Delta H_1$ & $k \leqslant ccr \leqslant \delta c_n - \Delta H_1$
	p_{n1}^{DCRA} $(p_{n1}^{DCRA*} \leqslant p_{n1}^{DCRA})$	$h \leqslant \Delta H_1$ & $k \leqslant ccr \leqslant \delta c_n$ $h \geqslant \Delta H_1$ & $\delta c_n - \Delta H_1 \leqslant ccr \leqslant \delta c_n$

续表

α^{DCRA*}	p_n^{DCRA*}	需满足的条件
$\alpha_1(\alpha_{DCRA}\geqslant\alpha_1)$ $p_n\geqslant p_{h1}$ $ccr\leqslant k$	p_{n1}^{DCRA*} $(p_{n1}^{DCRA*}\geqslant p_{h1})$	$h\geqslant\Delta H_1$ & $\delta c_n-g_{11}\leqslant ccr\leqslant k$
	p_{h1} $(p_{n1}^{DCRA*}\leqslant p_{h1})$	$h\geqslant\Delta H_1$ & $ccr\leqslant\delta c_n-g_{11}$ $h\leqslant\Delta H_1$ & $ccr\leqslant k$

表 B5　模型 *DCRA* 满足 $\alpha_0\leqslant\alpha\leqslant T\leqslant\alpha_1$ & $g_0\geqslant 0$ 时的所有可能解

α^{DCRA*}	p_n^{DCRA*}	需满足的条件
$\alpha_0(\alpha_{DCRA}\leqslant\alpha_0)$ $p_{h0}\leqslant p_n\leqslant p_{h1}$ $\delta c_n-\dfrac{\alpha_0}{\alpha_1}h\leqslant ccr\leqslant\delta c_n$	p_{h0} $(p_{n0}^{DCRA*}\leqslant p_{h0})$	$h\leqslant\dfrac{\Delta H_0}{1+\Delta\alpha_0^2}$ & $\delta c_n-\dfrac{\alpha_0}{\alpha_1}h\leqslant ccr\leqslant\delta c_n$ $\dfrac{\Delta H_0}{1+\Delta\alpha_0^2}\leqslant h\leqslant\omega_1\Delta H_0$ & $\delta c_n-\dfrac{\alpha_0}{\alpha_1}h\leqslant ccr\leqslant\delta c_n-g_{00}$
	p_{n0}^{DCRA*} $(p_{h0}\leqslant p_{n0}^{DCRA*}\leqslant p_{h1})$	$\dfrac{\Delta H_0}{1+\Delta\alpha_0^2}\leqslant h\leqslant\omega_1\Delta H_0$ & $\delta c_n-g_{00}\leqslant ccr\leqslant\delta c_n$ $\omega_1\Delta H_0\leqslant h\leqslant\dfrac{\Delta H_1}{1+\Delta\alpha_0^2}$ & $\delta c_n-\dfrac{\alpha_0}{\alpha_1}h\leqslant ccr\leqslant\delta c_n$ $\dfrac{\Delta H_1}{1+\Delta\alpha_0^2}\leqslant h\leqslant\Delta H_1$ & $\delta c_n-\dfrac{\alpha_0}{\alpha_1}h\leqslant ccr\leqslant\delta c_n-g_{01}$
	p_{h1} $(p_{n0}^{DCRA*}\geqslant p_{h1})$	$\dfrac{\Delta H_1}{1+\Delta\alpha_0^2}\leqslant h\leqslant\Delta H_1$ & $\delta c_n-g_{01}\leqslant ccr\leqslant\delta c_n$ $h\geqslant\Delta H_1$ & $\delta c_n-\dfrac{\alpha_0}{\alpha_1}h\leqslant ccr\leqslant\delta c_n$
$\alpha_0(\alpha_{DCRA}\leqslant\alpha_0)$ $p_{h0}\leqslant p_n\leqslant p_{n0}^{DCRA}$ $k\leqslant ccr\leqslant\delta c_n-\dfrac{\alpha_0}{\alpha_1}h$	p_{h0} $(p_{n0}^{DCRA*}\leqslant p_{h0})$	$h\leqslant\omega_1\Delta H_0$ & $k\leqslant ccr\leqslant\delta c_n-\dfrac{\alpha_0}{\alpha_1}h$ $\omega_1\Delta H_0\leqslant h\leqslant\Delta H_0$ & $k\leqslant ccr\leqslant\delta c_n-g_{00}$
	p_{n0}^{DCRA*} $(p_{h0}\leqslant p_{n0}^{DCRA*}\leqslant p_{n0}^{DCRA})$	$\omega_1\Delta H_0\leqslant h\leqslant\Delta H_0$ & $\delta c_n-g_{00}\leqslant ccr\leqslant\delta c_n-\dfrac{\alpha_0}{\alpha_1}h$ $\Delta H_0\leqslant h\leqslant\Delta H_1$ & $\delta c_n-\Delta H_0\leqslant ccr\leqslant\delta c_n-\dfrac{\alpha_0}{\alpha_1}h$
	p_{n0}^{DCRA} $(p_{n0}^{DCRA*}\geqslant p_{n0}^{DCRA})$	$h\geqslant\Delta H_1$ & $k\leqslant ccr\leqslant\delta c_n-\dfrac{\alpha_0}{\alpha_1}h$ $\Delta H_0\leqslant h\leqslant\Delta H_1$ & $k\leqslant ccr\leqslant\delta c_n-\Delta H_0$

续表

α^{DCRA*}	p_n^{DCRA*}	需满足的条件
$\alpha_{DCRA}(\alpha_0 \leqslant \alpha_{DCRA} \leqslant T)$ $p_{n0}^{DCRA} \leqslant p_n \leqslant p_{h1}$ $k \leqslant ccr \leqslant \delta c_n - \frac{\alpha_0}{\alpha_1}h$	p_{n0}^{DCRA} $(p_{nA}^{DCRA*} \leqslant p_{n0}^{DCRA})$	$h \leqslant \Delta H_0$ & $k \leqslant ccr \leqslant \delta c_n - \frac{\alpha_0}{\alpha_1}h$ $\Delta H_0 \leqslant h \leqslant \Delta H_1$ & $\delta c_n - \Delta H_0 \leqslant ccr \leqslant \delta c_n - \frac{\alpha_0}{\alpha_1}h$
	p_{nA}^{DCRA*} $(p_{n0}^{DCRA} \leqslant p_{nA}^{DCRA*} \leqslant p_{h1})$	$\Delta H_0 \leqslant h \leqslant \Delta H_1$ & $k \leqslant ccr \leqslant \delta c_n - \Delta H_0$
	p_{h1} $(p_{nA}^{DCRA*} \geqslant p_{h1})$	$h \geqslant \Delta H_1$ & $k \leqslant ccr \leqslant \delta c_n - \frac{\alpha_0}{\alpha_1}h$
$T(\alpha_{DCRA} \geqslant T)$ $p_{h0} \leqslant p_n \leqslant p_{h1}$ $ccr \leqslant k$	p_{nT}^{DCRA*} $(p_{nT}^{DCRA*} \leqslant p_{h0})$	$h \leqslant \Delta H_0$ & $ccr \leqslant k$
	p_{nT}^{DCRA*} $(p_{h0} \leqslant p_{nT}^{DCRA*} \leqslant p_{h1})$	$\Delta H_0 \leqslant h \leqslant \Delta H_1$ & $ccr \leqslant k$
	p_{h1} $(p_{nT}^{DCRA*} \geqslant p_{h1})$	$h \geqslant \Delta H_1$ & $ccr \leqslant k$

表 B6　　模型 *DCRB* 满足 $T \leqslant \alpha_0 \leqslant \alpha \leqslant \alpha_1$ 时的所有可能解

α^{DCRB*}	p_n^{DCRB*}	需满足的条件
α_0 $p_n \leqslant p_{h0}$ $ccr \geqslant k$	p_{n0}^{DCRB*} $(p_{n0}^{DCRB*} \leqslant p_{h0})$	$h \leqslant \Delta H_0$ & $k \leqslant ccr \leqslant \delta c_n - g_{00}$
	p_{h0} $(p_{n0}^{DCRB*} \geqslant p_{h0})$	$h \leqslant \Delta H_0$ & $ccr \geqslant \delta c_n - g_{00}$ $h \geqslant \Delta H_0$ & $ccr \geqslant k$
α_1 $p_n \leqslant p_{h0}$ $ccr \leqslant k$	p_{n1}^{DCRB*} $(p_{n1}^{DCRB*} \leqslant p_{h0})$	$h \geqslant \Delta H_0$ & $ccr \leqslant \delta c_n - g_{10}$ $h \leqslant \Delta H_0$ & $ccr \leqslant k$
	p_{h0} $(p_{n1}^{DCRB*} \geqslant p_{h0})$	$h \geqslant \Delta H_0$ & $\delta c_n - g_{10} \leqslant ccr \leqslant k$

表 B7 模型 *DCRB* 满足 $\alpha_0 \leqslant T \leqslant \alpha \leqslant \alpha_1$ 时的所有可能解

α^{DCRB*}	p_n^{DCRB*}	需满足的条件
α_1 $p_{h0} \leqslant p_n \leqslant p_{h1}$ $ccr \leqslant k$	p_{h0} $(p_{n1}^{DCRB*} \leqslant p_{h0})$	$h \geqslant \Delta H_0$ & $ccr \leqslant \delta c_n - g_{10}$ $h \leqslant \Delta H_0$ & $ccr \leqslant k$
	p_{n1}^{DCRB*} $p_{h0} \leqslant p_{n1}^{DCRB*} \leqslant p_{h1}$	$h \geqslant \Delta H_1$ & $\delta c_n - g_{10} \leqslant ccr \leqslant \delta c_n - g_{11}$ $\Delta H_0 \leqslant h \leqslant \Delta H_1$ & $\delta c_n - g_{10} \leqslant ccr \leqslant k$
	p_{h1} $(p_{n1}^{DCRB*} \geqslant p_{h1})$	$h \geqslant \Delta H_1$ & $\delta c_n - g_{11} \leqslant ccr \leqslant k$
T $p_{h0} \leqslant p_n \leqslant p_{h1}$ $ccr \geqslant k$	p_{h0} $(p_{nT}^{DCRB*} \leqslant p_{h0})$	$h \leqslant \Delta H_0$ & $ccr \geqslant k$
	p_{nT}^{DCRB*} $(p_{h0} \leqslant p_{nT}^{DCRB*} \leqslant p_{h1})$	$\Delta H_0 \leqslant h \leqslant \Delta H_1$ & $ccr \geqslant k$
	p_{h1} $(p_{nT}^{DCRB*} \geqslant p_{h1})$	$h \geqslant \Delta H_1$ & $ccr \geqslant k$

附录 C

证明：推论 5.1

在区间 $SN2$ 中，最优回收率$\frac{3G_0}{2(1-c_n)}=\frac{3(w+u-ccr)}{2(1-c_n)}$。易发现回收率关于旧产品残值、二级市场容量以及新产品生产成本递增，关于逆向运营成本递减。

证明：模型 *SN* 和 *SR* 各区间中再造品的产量和价格

对于模型 SN，由表 5.3 可知，各区间再造品产量和价格如下：

区间 *SN*1

由于回收率为 0，因此再造品的产量与价格不存在。

区间 *SN*2

再造品产量：$E(X)=\int_0^1 \alpha^{SN*}D_n r dr=\frac{1}{2}\frac{3G_0}{4D_n}D_n=\frac{3G_0}{8}$

再造品价格：$E(p_r)=\int_0^1 (u-E(X))dr=u-E(X)=u-\frac{3G_0}{8}$

区间 *SN*3

$$
\begin{aligned}
\text{再造品的产量：}E(X) &= \int_0^m \alpha^{SN*}D_n r dr+\int_m^1 \alpha^{SN*}D_n r dr \\
&= \int_0^1 \alpha^{SN*}D_n r dr=\frac{1}{2}\alpha^{SN*}D_n=\frac{1}{2}\frac{H}{2D_n}\sqrt{\frac{H}{3G}}D_n \\
&= \frac{H}{4}\sqrt{\frac{H}{3G}}
\end{aligned}
$$

$$
\begin{aligned}
\text{再造品价格：}E(p_r) &= \int_0^m (u-\alpha^{SN*}D_n r)dr+\int_m^1 \frac{u+k}{2}dr \\
&= \frac{\sqrt{3GH}+2u+2k}{4}
\end{aligned}
$$

区间 *SN*4

再造品的产量：$E(X) = \int_0^1 \alpha^{SN*} D_n r dr = \frac{1}{2}\alpha^{SN*} D_n$

$$= \frac{3G_0\alpha_1^2 + 6\alpha_1(1 - c_n)}{8(\alpha_1^2 + 3)}$$

再造品价格：$E(p_r) = \int_0^1 (u - \alpha^{SN*} D_n r) dr = u - \frac{3G_0\alpha_1^2 + 6\alpha_1(1 - c_n)}{8(\alpha_1^2 + 3)}$

区间 *SN*5

再造品的产量：$E(X) = \int_0^m \alpha^{SN*} D_n r dr + \int_m^1 \alpha^{SN*} D_n r dr = \frac{1}{2}\alpha_1(1 - p_{n1}^{SNB*})$

再造品价格：$E(p_r) = \int_0^m (u - \alpha^{SN*} D_n r) dr + \int_m^1 \frac{u + k}{2} dr$

$$= \frac{H^2}{8\alpha_1(1 - p_{n1}^{SNB*})} + \frac{u + k}{2}$$

对于模型 *SR*，再造品的产量与价格如下：

区间 *SR*1

再造品的产量：$E(X) = \int_0^1 \alpha^{SR*} D_n r dr = \frac{1}{2}\alpha^{SR*} D_n = \frac{1}{2}\alpha^{SR*}(1 - p_n^{SR*})$

$$= \frac{1}{2}\alpha_0\left(1 - \frac{4\alpha_0^2 - 3G_0\alpha_0 + 6\ (1 + c_n)}{4\ (\alpha_0^2 + 3)}\right)$$

$$= \frac{3G_0\alpha_0^2 + 6\alpha_0\ (1 - c_n)}{8\ (\alpha_0^2 + 3)}$$

再造品价格：$E(p_r) = \int_0^1 (u - \alpha^{SR*} D_n r) dr = u - E(X)$

$$= u - \frac{3G_0\alpha_0^2 + 6\alpha_0\ (1 - c_n)}{8\ (\alpha_0^2 + 3)}$$

区间 *SR*2

再造品的产量：$E(X) = \int_0^m \alpha^{SR*} D_n r dr + \int_m^1 \alpha^{SR*} D_n r dr$

$$= \int_0^1 \alpha^{SR*} D_n r dr = \frac{1}{2}\alpha^{SR*} D_n = \frac{1}{2}\alpha^{SR*}(1 - p_n^{SR*})$$

$$= \frac{1}{2}\alpha_0(1 - p_{n0}^{SRB*})$$

再造品价格：$E(p_r) = \int_0^m (u - \alpha^{SR*} D_n r) dr + \int_m^1 \frac{u+k}{2} dr$

$$= \frac{(u-k)^2}{8\alpha_0(1 - p_{n0}^{SRB*})} + \frac{u+k}{2}$$

区间 *SR*3

再造品的产量：$E(X) = \int_0^1 \alpha^{SR*} D_n r dr = \frac{1}{2} \frac{3G_0}{4D_n} D_n = \frac{3G_0}{8}$

再造品价格：$E(p_r) = \int_0^1 (u - \alpha^{SR*} D_n r) dr = u - E(X) = u - \frac{3G_0}{8}$

区间 *SR*4

再造品的产量：$E(X) = \int_0^m \alpha^{SR*} D_n r dr + \int_m^1 \alpha^{SR*} D_n r dr$

$$= \int_0^1 \alpha^{SR*} D_n r dr = \frac{1}{2}\alpha^{SR*} D_n = \frac{1}{2} \frac{H}{2D_n}\sqrt{\frac{H}{3G}} D_n$$

$$= \frac{H}{4}\sqrt{\frac{H}{3G}}$$

再造品价格：$E(p_r) = \int_0^m (u - \alpha^{SR*} D_n r) dr + \int_m^1 \frac{u+k}{2} dr$

$$= \frac{\sqrt{3GH} + 2u + 2k}{4}$$

区间 *SR*5

再造品的产量：$E(X) = \int_0^1 \alpha^{SR*} D_n r dr = \frac{1}{2}\alpha^{SR*} D_n = \frac{3G_0\alpha_1^2 + 6\alpha_1(1 - c_n)}{8(\alpha_1^2 + 3)}$

再造品价格：$E(p_r) = \int_0^1 (u - \alpha^{SR*} D_n r) dr = u - \frac{3G_0\alpha_1^2 + 6\alpha_1(1 - c_n)}{8(\alpha_1^2 + 3)}$

区间 *SR*6

再造品的产量：$E(X) = \int_0^m \alpha^{SR*} D_n r dr + \int_m^1 \alpha^{SR*} D_n r dr = \frac{1}{2}\alpha_1(1 - p_{n1}^{SRB*})$

$$再造品价格：E(p_r) = \int_0^m (u - \alpha^{SR*} D_n r) dr + \int_m^1 \frac{u+k}{2} dr$$

$$= \frac{H^2}{8\alpha_1(1 - p_{n1}^{SRB*})} + \frac{u+k}{2}$$

表 C1　　模型 *SNA* 满足 $\alpha \leqslant t \leqslant \alpha_1$ & $G_0 \geqslant 0$ 时的所有可能解

α^{SNA*}	p_n^{SNA*}	需满足的条件
$\alpha_{SNA}(\alpha_{SNA} \leqslant t)$ $p_n \leqslant p_{H1}$ $\bar{w} - \frac{2H}{3} \leqslant ccr \leqslant \bar{w}$	p_{nA}^{SNA*} $(p_{nA}^{SNA*} \leqslant p_{H1})$	$H \leqslant H_1$ & $\bar{w} - \frac{2H}{3} \leqslant ccr \leqslant \bar{w}$
	p_{H1} $(p_{nA}^{SNA*} \geqslant p_{H1})$	$H \geqslant H_1$ & $\bar{w} - \frac{2H}{3} \leqslant ccr \leqslant \bar{w}$
$t(\alpha_{SNA} \geqslant t)$ $p_n \leqslant p_{H1}$ $ccr \leqslant \bar{w} - \frac{2H}{3}$	p_{nt}^{SNA*} $(p_{nt}^{SNA*} \leqslant p_{H1})$	$H \leqslant H_1$ & $ccr \leqslant \bar{w} - \frac{2H}{3}$
	p_{H1} $(p_{nt}^{SNA*} \geqslant p_{H1})$	$H \geqslant H_1$ & $ccr \leqslant \bar{w} - \frac{2H}{3}$

表 C2　　模型 *SNA* 满足 $\alpha \leqslant \alpha_1 \leqslant t$ & $G_0 \geqslant 0$ 时的所有可能解

α^{SNA*}	p_n^{SNA*}	需满足的条件
$\alpha_{SNA}(\alpha_{SNA} \leqslant \alpha_1)$ $p_{H1} \leqslant p_n \leqslant p_{n1}^{SNA}$ $\bar{w} - 2H/3 \leqslant ccr \leqslant \bar{w}$	$p_{H1}(p_{nA}^{SNA*} \leqslant p_{H1})$	$H \leqslant H_1$ & $\bar{w} - 2H/3 \leqslant ccr \leqslant \bar{w}$
	$p_{nA}^{SNA*}(p_{H1} \leqslant p_{nA}^{SNA*} \leqslant p_{n1}^{SNA})$	$H \geqslant H_1$ & $\bar{w} - 2H_1/3 \leqslant ccr \leqslant \bar{w}$
	$p_{n1}^{SNA}(p_{nA}^{SNA*} \geqslant p_{n1}^{SNA})$	$H \geqslant H_1$ & $\bar{w} - 2H/3 \leqslant ccr \leqslant \bar{w} - 2H_1/3$
$\alpha_1(\alpha_{SNA} \geqslant \alpha_1)$ $p_n \geqslant p_{H1}$ $ccr \leqslant \bar{w} - 2H/3$	$p_{n1}^{SNA*}(p_{n1}^{SNA*} \geqslant p_{H1})$	$H \geqslant H_1$ & $\bar{w} - G_{11} \leqslant ccr \leqslant \bar{w} - 2H/3$
	$p_{H1}(p_{n1}^{SNA*} \leqslant p_{H1})$	$H \geqslant H_1$ & $ccr \leqslant \bar{w} - G_{11}$ $H \leqslant H_1$ & $ccr \leqslant \bar{w} - 2H/3$
$\alpha_1(\alpha_{SNA} \geqslant \alpha_1)$ $p_n \geqslant p_{n1}^{SNA}$ $\bar{w} - 2H/3 \leqslant ccr \leqslant \bar{w}$	$p_{n1}^{SNA*}(p_{n1}^{SNA*} \geqslant p_{n1}^{SNA})$	$H \geqslant H_1$ & $\bar{w} - 2H/3 \leqslant ccr \leqslant \bar{w} - 2H_1/3$
	$p_{n1}^{SNA}(p_{n1}^{SNA*} \leqslant p_{n1}^{SNA})$	$H \geqslant H_1$ & $\bar{w} - 2H_1/3 \leqslant ccr \leqslant \bar{w}$ $H \leqslant H_1$ & $\bar{w} - 2H/3 \leqslant ccr \leqslant \bar{w}$

表 C3　　模型 *SNB* 满足 $t \leqslant \alpha \leqslant \alpha_1$ & $G \geqslant 0$ 时的所有可能解

α^{SNB*}	p_n^{SNB*}	需满足的条件
$t(\alpha_{SNB} \leqslant t)$ $p_n \leqslant p_{H1}$ $ccr \geqslant w + k + H/3$	$p_{nt}^{SNB*}(p_{nt}^{SNB*} \leqslant p_{H1})$	$H \leqslant H_1$ & $ccr \geqslant w + k + H/3$
	$p_{H1}(p_{nt}^{SNB*} \geqslant p_{H1})$	$H \geqslant H_1$ & $ccr \geqslant w + k + H/3$

续表

α^{SNB*}	p_n^{SNB*}	需满足的条件
$\alpha_{SNB}(t\leqslant\alpha_{SNB}\leqslant\alpha_1)$ $p_n\leqslant p_{n1}^{SNB}$ $w+k\leqslant ccr\leqslant w+k+H/3$	$p_{nB}^{SNB*}(p_{nB}^{SNB*}\leqslant p_{n1}^{SNB})$	$H\leqslant H_1$ & $\rho_1\leqslant ccr\leqslant w+k+H/3$
	$p_{n1}^{SNB}(p_{nB}^{SNB*}\geqslant p_{n1}^{SNB})$	$H\leqslant H_1$ & $w+k\leqslant ccr\leqslant\rho_1$ $H\geqslant H_1$ & $w+k\leqslant ccr\leqslant w+k+H/3$
$\alpha_1(\alpha_{SNB}\geqslant\alpha_1)$ $p_{n1}^{SNB}\leqslant p_n\leqslant p_{H1}$ $w+k\leqslant ccr\leqslant w+k+H/3$	$p_{n1}^{SNB}(p_{n1}^{SNB*}\leqslant p_{n1}^{SNB})$	$H\leqslant H_1$ & $\rho_1\leqslant ccr\leqslant w+k+H/3$
	$p_{n1}^{SNB*}(p_{n1}^{SNB}\leqslant p_{n1}^{SNB*}\leqslant p_{H1})$	$H\leqslant H_1$ & $w+k\leqslant ccr\leqslant\rho_1$ $H_1\leqslant H\leqslant\gamma_1H_1$ & $w+k\leqslant ccr\leqslant\bar{w}-G_{11}$
	$p_{H1}(p_{n1}^{SNB*}\geqslant p_{H1})$	$H_1\leqslant H\leqslant\gamma_1H_1$ & $\bar{w}-G_{11}\leqslant ccr\leqslant w+k+H/3$ $H\geqslant\gamma_1H_1$ & $w+k\leqslant ccr\leqslant w+k+H/3$

表 C4　模型 *SRA* 满足 $\alpha_0\leqslant\alpha\leqslant\alpha_1\leqslant t$ & $G_0\geqslant0$ 时的所有可能解

α^{SRA*}	p_n^{SRA*}	需满足的条件
$\alpha_0(\alpha_{SRA}\leqslant\alpha_0)$ $p_{H1}\leqslant p_n\leqslant p_{n0}^{SRA}$ $\bar{w}-\frac{2H\alpha_0}{3\alpha_1}\leqslant ccr\leqslant\bar{w}$	p_{H1} $(p_{n0}^{SRA*}\leqslant p_{H1})$	$H\leqslant\eta H_1$ & $\bar{w}-\frac{2H\alpha_0}{3\alpha_1}\leqslant ccr\leqslant\bar{w}$
		$\eta H_1\leqslant H\leqslant H_1$ & $\bar{w}-\frac{2H\alpha_0}{3\alpha_1}\leqslant ccr\leqslant\bar{w}-G_{01}$
	p_{n0}^{SRA*} $(p_{H1}\leqslant p_{n0}^{SRA*}\leqslant p_{n0}^{SRA})$	$\eta H_1\leqslant H\leqslant H_1$ & $\bar{w}-G_{01}\leqslant ccr\leqslant\bar{w}$
		$H\geqslant H_1$ & $\bar{w}-\frac{2H_0}{3}\leqslant ccr\leqslant\bar{w}$
	p_{n0}^{SRA} $(p_{n0}^{SRA*}\geqslant p_{n0}^{SRA})$	$H\geqslant H_1$ & $\bar{w}-\frac{2H\alpha_0}{3\alpha_1}\leqslant ccr\leqslant\bar{w}-\frac{2H_0}{3}$
$\alpha_{SRA}(\alpha_0\leqslant\alpha_{SRA}\leqslant\alpha_1)$ $p_{n0}^{SRA}\leqslant p_n\leqslant p_{n1}^{SRA}$ $\bar{w}-\frac{2H\alpha_0}{3\alpha_1}\leqslant ccr\leqslant\bar{w}$	p_{n0}^{SRA} $(p_{nA}^{SRA*}\leqslant p_{n0}^{SRA})$	$H\leqslant H_1$ & $\bar{w}-\frac{2H\alpha_0}{3\alpha_1}\leqslant ccr\leqslant\bar{w}$
		$H\geqslant H_1$ & $\bar{w}-\frac{2H_0}{3}\leqslant ccr\leqslant\bar{w}$
	p_{nA}^{SRA*} $(p_{n0}^{SRA}\leqslant p_{nA}^{SRA*}\leqslant p_{n1}^{SRA})$	$H_1\leqslant H\leqslant\frac{\alpha_1}{\alpha_0}H_1$ & $\bar{w}-\frac{2H\alpha_0}{3\alpha_1}\leqslant ccr\leqslant\bar{w}-\frac{2H_0}{3}$
		$H\geqslant\frac{\alpha_1}{\alpha_0}H_1$ & $\bar{w}-\frac{2H_1}{3}\leqslant ccr\leqslant\bar{w}-\frac{2H_0}{3}$
	p_{n1}^{SRA} $(p_{nA}^{SRA*}\geqslant p_{n1}^{SRA})$	$H\geqslant\frac{\alpha_1}{\alpha_0}H_1$ & $\bar{w}-\frac{2H\alpha_0}{3\alpha_1}\leqslant ccr\leqslant\bar{w}-\frac{2H_1}{3}$

续表

α^{SRA*}	p_n^{SRA*}	需满足的条件
α_{SRA} $(\alpha_0 \leqslant \alpha_{SRA} \leqslant \alpha_1)$ $p_{H1} \leqslant p_n \leqslant p_{n1}^{SRA}$ $\bar{w}-\frac{2H}{3} \leqslant ccr \leqslant \bar{w}-\frac{2H\alpha_0}{3\alpha_1}$	p_{H1} $(p_{nA}^{SRA*} \leqslant p_{H1})$	$H \leqslant H_1$ & $\bar{w}-\frac{2H}{3} \leqslant ccr \leqslant \bar{w}-\frac{2H\alpha_0}{3\alpha_1}$
	p_{nA}^{SRA*} $(p_{H1} \leqslant p_{nA}^{SRA*} \leqslant p_{n1}^{SRA})$	$H_1 \leqslant H \leqslant \frac{\alpha_1}{\alpha_0}H_1$ & $\bar{w}-\frac{2H_1}{3} \leqslant ccr \leqslant \bar{w}-\frac{2H\alpha_0}{3\alpha_1}$
	p_{n1}^{SRA} $(p_{nA}^{SRA*} \geqslant p_{n1}^{SRA})$	$H_1 \leqslant H \leqslant \frac{\alpha_1}{\alpha_0}H_1$ & $\bar{w}-\frac{2H}{3} \leqslant ccr \leqslant \bar{w}-\frac{2H_1}{3}$
		$H \geqslant \frac{\alpha_1}{\alpha_0}H_1$ & $\bar{w}-\frac{2H}{3} \leqslant ccr \leqslant \bar{w}-\frac{2H\alpha_0}{3\alpha_1}$
α_1 $(\alpha_{SRA} \geqslant \alpha_1)$ $p_n \geqslant p_{H1}$ $ccr \leqslant \bar{w}-\frac{2H}{3}$	p_{n1}^{SRA*} $(p_{n1}^{SRA*} \geqslant p_{H1})$	$H \geqslant H_1$ & $\bar{w}-G_{11} \leqslant ccr \leqslant \bar{w}-\frac{2H}{3}$
	p_{H1} $(p_{n1}^{SRA*} \leqslant p_{H1})$	$H \geqslant H_1$ & $ccr \leqslant \bar{w}-G_{11}$
		$H \leqslant H_1$ & $ccr \leqslant \bar{w}-\frac{2H}{3}$
α_1 $(\alpha_{SRA} \geqslant \alpha_1)$ $p_n \geqslant p_{n1}^{SRA}$ $\bar{w}-\frac{2H}{3} \leqslant ccr \leqslant \bar{w}$	p_{n1}^{SRA*} $(p_{n1}^{SRA*} \geqslant p_{n1}^{SRA})$	$H \geqslant H_1$ & $\bar{w}-\frac{2H}{3} \leqslant ccr \leqslant \bar{w}-\frac{2H_1}{3}$
	p_{n1}^{SRA} $(p_{n1}^{SRA*} \leqslant p_{n1}^{SRA})$	$H \geqslant H_1$ & $\bar{w}-\frac{2H_1}{3} \leqslant ccr \leqslant \bar{w}$ $H \leqslant H_1$ & $\bar{w}-\frac{2H}{3} \leqslant ccr \leqslant \bar{w}$

表 C5　模型 SRA 满足 $\alpha_0 \leqslant \alpha \leqslant t \leqslant \alpha_1$ & $G_0 \geqslant 0$ 时的所有可能解

α^{SRA*}	p_n^{SRA*}	需满足的条件
α_0 $(\alpha_{SRA} \leqslant \alpha_0)$ $p_{H0} \leqslant p_n \leqslant p_{n0}^{SRA}$ $\bar{w}-\frac{2H}{3} \leqslant ccr \leqslant \bar{w}-\frac{2H\alpha_0}{3\alpha_1}$	p_{H0} $(p_{n0}^{SRA*} \leqslant p_{H0})$	$H \leqslant \theta H_0$ & $\bar{w}-\frac{2H}{3} \leqslant ccr \leqslant \bar{w}-\frac{2H\alpha_0}{3\alpha_1}$
		$\theta H_0 \leqslant H \leqslant H_0$ & $\bar{w}-\frac{2H}{3} \leqslant ccr \leqslant \bar{w}-G_{00}$
	p_{n0}^{SRA*} $(p_{H0} \leqslant p_{n0}^{SRA*} \leqslant p_{n0}^{SRA})$	$\theta H_0 \leqslant H \leqslant H_0$ & $\bar{w}-G_{00} \leqslant ccr \leqslant \bar{w}-\frac{2H\alpha_0}{3\alpha_1}$
		$H_0 \leqslant H \leqslant H_1$ & $\bar{w}-\frac{2H_0}{3} \leqslant ccr \leqslant \bar{w}-\frac{2H\alpha_0}{3\alpha_1}$
	p_{n0}^{SRA} $(p_{n0}^{SRA*} \geqslant p_{n0}^{SRA})$	$H \geqslant H_1$ & $\bar{w}-\frac{2H}{3} \leqslant ccr \leqslant \bar{w}-\frac{2H\alpha_0}{3\alpha_1}$
		$H_0 \leqslant H \leqslant H_1$ & $\bar{w}-\frac{2H}{3} \leqslant ccr \leqslant \bar{w}-\frac{2H_0}{3}$

续表

α^{SRA*}	p_n^{SRA*}	需满足的条件
$\alpha_0(\alpha_{SRA}\leqslant\alpha_0)$ $p_{H0}\leqslant p_n\leqslant p_{H1}$ $\bar{w}-\frac{2H\alpha_0}{3\alpha_1}\leqslant ccr\leqslant\bar{w}$	p_{H0} $(p_{n0}^{SRA*}\leqslant p_{H0})$	$H\leqslant\eta H_0$ & $\bar{w}-\frac{2H\alpha_0}{3\alpha_1}\leqslant ccr\leqslant\bar{w}$
		$\eta H_0\leqslant H\leqslant\theta H_0$ & $\bar{w}-\frac{2H\alpha_0}{3\alpha_1}\leqslant ccr\leqslant\bar{w}-G_{00}$
	p_{n0}^{SRA*} $(p_{H0}\leqslant p_{n0}^{SRA*}\leqslant p_{H1})$	$\eta H_0\leqslant H\leqslant\theta H_0$ & $\bar{w}-G_{00}\leqslant ccr\leqslant\bar{w}$
		$\theta H_0\leqslant H\leqslant\eta H_1$ & $\bar{w}-\frac{2H_1}{3}\leqslant ccr\leqslant\bar{w}-\frac{2H_0}{3}$
		$\eta H_1\leqslant H\leqslant H_1$ & $\bar{w}-\frac{2H\alpha_0}{3\alpha_1}\leqslant ccr\leqslant\bar{w}-G_{01}$
	p_{H1} $(p_{n0}^{SRA*}\geqslant p_{H1})$	$\eta H_1\leqslant H\leqslant H_1$ & $\bar{w}-G_{01}\leqslant ccr\leqslant\bar{w}$
		$H\geqslant H_1$ & $\bar{w}-\frac{2H\alpha_0}{3\alpha_1}\leqslant ccr\leqslant\bar{w}$
$\alpha_{SRA}(\alpha_0\leqslant\alpha_{SRA}\leqslant t)$ $p_{n0}^{SRA}\leqslant p_n\leqslant p_{H1}$ $\bar{w}-\frac{2H}{3}\leqslant ccr\leqslant\bar{w}-\frac{2H\alpha_0}{3\alpha_1}$	p_{n0}^{SRA} $(p_{nA}^{SRA*}\leqslant p_{n0}^{SRA})$	$H_0\leqslant H\leqslant H_1$ & $\bar{w}-\frac{2H_0}{3}\leqslant ccr\leqslant\bar{w}-\frac{2H\alpha_0}{3\alpha_1}$
		$H\leqslant H_0$ & $\bar{w}-\frac{2H}{3}\leqslant ccr\leqslant\bar{w}-\frac{2H\alpha_0}{3\alpha_1}$
	p_{nA}^{SRA*} $(p_{n0}^{SRA}\leqslant p_{nA}^{SRA*}\leqslant p_{H1})$	$H_0\leqslant H\leqslant H_1$ & $\bar{w}-\frac{2H}{3}\leqslant ccr\leqslant\bar{w}-\frac{2H_0}{3}$
	p_{H1} $(p_{nA}^{SRA*}\geqslant p_{H1})$	$H\geqslant H_1$ & $\bar{w}-\frac{2H}{3}\leqslant ccr\leqslant\bar{w}-\frac{2H\alpha_0}{3\alpha_1}$
$t(\alpha_{SRA}\geqslant t)$ $p_{H0}\leqslant p_n\leqslant p_{H1}$ $ccr\leqslant\bar{w}-\frac{2H}{3}$	p_{H0} $(p_{nt}^{SRA*}\leqslant p_{H0})$	$H\leqslant H_0$ & $ccr\leqslant\bar{w}-\frac{2H}{3}$
	p_{nt}^{SRA*} $(p_{H0}\leqslant p_{nt}^{SRA*}\leqslant p_{H1})$	$H_0\leqslant H\leqslant H_1$ & $ccr\leqslant\bar{w}-\frac{2H}{3}$
	p_{H1} $(p_{nt}^{SRA*}\geqslant p_{H1})$	$H\geqslant H_1$ & $ccr\leqslant\bar{w}-\frac{2H}{3}$

表 C6　模型 *SRB* 满足 $t\leqslant\alpha_0\leqslant\alpha\leqslant\alpha_1$ & $G\geqslant 0$ 时的所有可能的解

α^{SRB*}	p_n^{SRB*}	需满足的条件
$\alpha_0\,(\alpha_{SRB}\leqslant\alpha_0)$ $p_n\leqslant p_{n0}^{SRB}$ $w+k\leqslant ccr\leqslant w+k+H/3$	p_{n0}^{SRB*} $(p_{n0}^{SRB*}\leqslant p_{n0}^{SRB})$	$H\leqslant H_0$ & $\rho_0\leqslant ccr\leqslant w+k+H/3$
	p_{n0}^{SRB} $(p_{n0}^{SRB*}\geqslant p_{n0}^{SRB})$	$H\leqslant H_0$ & $w+k\leqslant ccr\leqslant\rho_0$ $H\geqslant H_0$ & $w+k\leqslant ccr\leqslant w+k+H/3$
$\alpha_0\,(\alpha_{SRB}\leqslant\alpha_0)$ $p_n\leqslant p_{H0}$ $ccr\geqslant w+k+H/3$	p_{n0}^{SRB*} $(p_{n0}^{SRB*}\leqslant p_{H0})$	$H\leqslant H_0$ & $w+k+H/3\leqslant ccr\leqslant\bar{w}-G_{00}$
	p_{H0} $(p_{n0}^{SRB*}\geqslant p_{H0})$	$H\leqslant H_0$ & $ccr\geqslant\bar{w}-G_{00}$ $H\geqslant H_0$ & $ccr\geqslant w+k+H/3$
$\alpha_{SRB}\,(\alpha_0\leqslant\alpha_{SRB}\leqslant\alpha_1)$ $p_{n0}^{SRB}\leqslant p_n\leqslant p_{n1}^{SRB}$ $w+k\leqslant ccr\leqslant w+k+\dfrac{H\alpha_0^2}{3\alpha_1^2}$	p_{n0}^{SRB} $(p_{nB}^{SRB*}\leqslant p_{n0}^{SRB})$	$H\leqslant\dfrac{\alpha_0}{\alpha_1}H_0$ & $\rho_0\leqslant ccr\leqslant w+k+\dfrac{H\alpha_0^2}{3\alpha_1^2}$
	p_{nB}^{SRB*} $(p_{n0}^{SRB}\leqslant p_{nB}^{SRB*}\leqslant p_{n1}^{SRB})$	$H\leqslant\dfrac{\alpha_0}{\alpha_1}H_0$ & $\rho_1\leqslant ccr\leqslant\rho_0$ $\dfrac{\alpha_0}{\alpha_1}H_0\leqslant H\leqslant H_0$ & $\rho_1\leqslant ccr\leqslant w+k+\dfrac{H\alpha_0^2}{3\alpha_1^2}$
	p_{n1}^{SRB} $(p_{nB}^{SRB*}\geqslant p_{n1}^{SRB})$	$H\leqslant H_0$ & $w+k\leqslant ccr\leqslant\rho_1$ $H\geqslant H_0$ & $w+k\leqslant ccr\leqslant w+k+\dfrac{H\alpha_0^2}{3\alpha_1^2}$
$\alpha_{SRB}\,(\alpha_0\leqslant\alpha_{SRB}\leqslant\alpha_1)$ $p_{n0}^{SRB}\leqslant p_n\leqslant p_{H0}$ $w+k+\dfrac{H\alpha_0^2}{3\alpha_1^2}\leqslant ccr$ $\leqslant w+k+H/3$	p_{n0}^{SRB} $(p_{nB}^{SRB*}\leqslant p_{n0}^{SRB})$	$H\leqslant\dfrac{\alpha_0}{\alpha_1}H_0$ & $w+k+\dfrac{H\alpha_0^2}{3\alpha_1^2}\leqslant ccr\leqslant w+k+H/3$ $\dfrac{\alpha_0}{\alpha_1}H_0\leqslant H\leqslant H_0$ & $\rho_0\leqslant ccr\leqslant w+k+H/3$
	p_{nB}^{SRB*} $(p_{n0}^{SRB}\leqslant p_{nB}^{SRB*}\leqslant p_{H0})$	$\dfrac{\alpha_0}{\alpha_1}H_0\leqslant H\leqslant H_0$ & $w+k+\dfrac{H\alpha_0^2}{3\alpha_1^2}\leqslant ccr\leqslant\rho_0$
	p_{H0} $(p_{nB}^{SRB*}\geqslant p_{H0})$	$H\geqslant H_0$ & $w+k+\dfrac{H\alpha_0^2}{3\alpha_1^2}\leqslant ccr\leqslant w+k+H/3$

续表

α^{SRB*}	p_n^{SRB*}	需满足的条件
$\alpha_1(\alpha_{SRB}\geqslant\alpha_1)$ $p_{n1}^{SRB}\leqslant p_n\leqslant p_{H0}$ $w+k\leqslant ccr\leqslant w+k+\frac{H\alpha_0^2}{3\alpha_1^2}$	p_{n1}^{SRB} $(p_{n1}^{SRB*}\leqslant p_{n1}^{SRB})$	$H\leqslant H_0$ & $\rho_1\leqslant ccr\leqslant w+k+\frac{H\alpha_0^2}{3\alpha_1^2}$
	p_{n1}^{SRB*} $(p_{n1}^{SRB}\leqslant p_{n1}^{SRB*}\leqslant p_{H0})$	$H\leqslant H_0$ & $w+k\leqslant ccr\leqslant\rho_1$ $H_0\leqslant H\leqslant H_0\gamma_0$ & $w+k\leqslant ccr\leqslant\bar{w}-G_{10}$
	p_{H0} $(p_{n1}^{SRB*}\geqslant p_{H0})$	$H_0\leqslant H\leqslant H_0\gamma_0$ & $\bar{w}-G_{10}\leqslant ccr\leqslant w+k+\frac{H\alpha_0^2}{3\alpha_1^2}$ $H\geqslant H_0\gamma_0$ & $w+k\leqslant ccr\leqslant w+k+\frac{H\alpha_0^2}{3\alpha_1^2}$

表 C7　模型 *SRB* 满足 $\alpha_0\leqslant t\leqslant\alpha\leqslant\alpha_1$ & $G\geqslant0$ 的所有可能解

α^{SRB*}	p_n^{SRB*}	需满足的条件
$t(\alpha_{SRB}\leqslant t)$ $p_{H0}\leqslant p_n\leqslant p_{H1}$ $ccr\geqslant w+k+H/3$	p_{H0} $(p_{nt}^{SRB*}\leqslant p_{H0})$	$H\leqslant H_0$ & $ccr\geqslant w+k+H/3$
	p_{nt}^{SRB*} $(p_{H0}\leqslant p_{nt}^{SRB*}\leqslant p_{H1})$	$H_0\leqslant H\leqslant H_1$ & $ccr\geqslant w+k+H/3$
	p_{H1} $(p_{nt}^{SRB*}\geqslant p_{H1})$	$H\geqslant H_1$ & $ccr\geqslant w+k+H/3$
$\alpha_{SRB}(t\leqslant\alpha_{SRB}\leqslant\alpha_1)$ $p_{H0}\leqslant p_n\leqslant p_{n1}^{SRB}$ $w+k+\frac{H\alpha_0^2}{3\alpha_1^2}\leqslant ccr\leqslant w+k+H/3$	p_{H0} $(p_{nB}^{SRB*}\leqslant p_{H0})$	$H\leqslant H_0$ & $w+k+\frac{H\alpha_0^2}{3\alpha_1^2}\leqslant ccr\leqslant w+k+H/3$
	p_{nB}^{SRB*} $(p_{H0}\leqslant p_{nB}^{SRB*}\leqslant p_{n1}^{SRB})$	$H_0\leqslant H\leqslant H_1$ & $\rho_1\leqslant ccr\leqslant w+k+H/3$
	p_{n1}^{SRB} $(p_{nB}^{SRB*}\geqslant p_{n1}^{SRB})$	$H_0\leqslant H\leqslant H_1$ & $w+k+\frac{H\alpha_0^2}{3\alpha_1^2}\leqslant ccr\leqslant\rho_1$ $H\geqslant H_1$ & $w+k+\frac{H\alpha_0^2}{3\alpha_1^2}\leqslant ccr\leqslant w+k+H/3$

续表

α^{SRB*}	p_n^{SRB*}	需满足的条件
α_1（$\alpha_{SRB} \geqslant \alpha_1$） $p_{H0} \leqslant p_n \leqslant p_{H1}$ $w+k \leqslant ccr \leqslant w+k+\frac{H\alpha_0^2}{3\alpha_1^2}$	p_{H0} （$p_{n1}^{SRB*} \leqslant p_{H0}$）	$H \leqslant H_0$ & $w+k \leqslant ccr \leqslant w+k+\frac{H\alpha_0^2}{3\alpha_1^2}$ $H_0 \leqslant H \leqslant H_0\gamma_0$ & $w+k \leqslant ccr \leqslant \overline{w}-G_{10}$
	p_{n1}^{SRB*} （$p_{H0} \leqslant p_{n1}^{SRB*} \leqslant p_{H1}$）	$H_0 \leqslant H \leqslant H_0\gamma_0$ & $\overline{w}-G_{10} \leqslant ccr \leqslant w+k+\frac{H\alpha_0^2}{3\alpha_1^2}$ $\gamma_0 H_0 \leqslant H \leqslant \gamma H_1$ & $w+k \leqslant ccr \leqslant w+k+\frac{H\alpha_0^2}{3\alpha_1^2}$ $H_1\gamma \leqslant H \leqslant H_1\gamma_1$ & $w+k \leqslant ccr \leqslant \overline{w}-G_{11}$
	p_{H1} （$p_{n1}^{SRB*} \geqslant p_{H1}$）	$H_1\gamma \leqslant H \leqslant H_1\gamma_1$ & $\overline{w}-G_{11} \leqslant ccr \leqslant w+k+\frac{H\alpha_0^2}{3\alpha_1^2}$ $H \geqslant H_1\gamma_1$ & $w+k \leqslant ccr \leqslant w+k+\frac{H\alpha_0^2}{3\alpha_1^2}$
α_1（$\alpha_{SRB} \geqslant \alpha_1$） $p_{n1}^{SRB} \leqslant p_n \leqslant p_{H1}$ $w+k+\frac{H\alpha_0^2}{3\alpha_1^2} \leqslant ccr \leqslant w+k+H/3$	p_{n1}^{SRB} （$p_{n1}^{SRB*} \leqslant p_{n1}^{SRB}$）	$H \leqslant H_0$ & $w+k+\frac{H\alpha_0^2}{3\alpha_1^2} \leqslant ccr \leqslant w+k+H/3$ $H_0 \leqslant H \leqslant H_1$ & $\rho_1 \leqslant ccr \leqslant w+k+H/3$
	p_{n1}^{SRB*} （$p_{n1}^{SRB} \leqslant p_{n1}^{SRB*} \leqslant p_{H1}$）	$H_0 \leqslant H \leqslant H_1$ & $w+k+\frac{H\alpha_0^2}{3\alpha_1^2} \leqslant ccr \leqslant \rho_1$ $H_1 \leqslant H \leqslant \gamma H_1$ & $w+k+\frac{H\alpha_0^2}{3\alpha_1^2} \leqslant ccr \leqslant \overline{w}-G_{11}$
	p_{H1} （$p_{n1}^{SRB*} \geqslant p_{H1}$）	$H_1 \leqslant H \leqslant \gamma H_1$ & $\overline{w}-G_{11} \leqslant ccr \leqslant w+k+H/3$ $H \geqslant \gamma H_1$ & $w+k+\frac{H\alpha_0^2}{3\alpha_1^2} \leqslant ccr \leqslant w+k+H/3$

附录 *D*

证明：推论 6.1

（i）求解回收率关于新产品生产成本的导数可以得到$\frac{\partial\alpha}{\partial c_n}=\frac{3(w+\delta-ccr)}{2\delta(1-\delta)(1-c_n)^2}$。分母大于 0，对于分子 $3(w+\delta-ccr)$，在区间 $SCN2$ 中，$G_1=w+\delta c_n-ccr\geqslant 0$。又$c_n\leqslant 1$，则 $w+\delta-ccr>0$，综上所述，$\frac{\partial\alpha}{\partial c_n}\geqslant 0$，即回收率是关于新产品生产成本的增函数。

（ii）求解回收率关于替代强度的导数可以得到$\frac{\partial\alpha}{\partial\delta}=\frac{3(c_n\delta^2+2\delta(w-ccr)-(w-ccr))}{2(1-c_n)\Delta^2}$。分母大于 0。分子 $3(c_n\delta^2+2\delta(w-ccr)-(w-ccr))$ 是关于 δ 的二次函数且开口向上。由于二次函数的判别式 $4(w-ccr)(w+c_n-ccr)<0$（回顾正文 w 表示旧产品残值，ccr 表示旧产品逆向运营成本。如果 $w\geqslant ccr$，那么对制造商而言，在任何情况下都愿意回收所有旧产品。显然在这种情形下把回收率作为决策变量没有任何意义。即在本文中假设 $w\leqslant ccr$。在区间 $SCN2$ 中，$G_1=w+\delta c_n-ccr\geqslant 0$。由于 $\delta\leqslant 1$，则 $w+c_n-ccr>0$，即 $4(w-ccr)(w+c_n-ccr)<0$），因此 $3(c_n\delta^2+2\delta(w-ccr)-(w-ccr))$ 恒大于 0。综上所述，$\frac{\partial\alpha}{\partial\delta}>0$，即回收率是关于替代强度的增函数。

证明：推论 6.2

（i）求解回收率关于新产品生产成本的一阶导数可以得到：$\frac{\partial\alpha}{\partial c_n}=\frac{\sqrt{3}[(c_n^2-3c_n)\delta^2+(kc_n+3k)\delta-2k^2]}{6\delta(-1+\delta)(1-c_n)^2\sqrt{Gh}}$。分母小于 0($\delta\leqslant 1$)，分子 $\sqrt{3}[(c_n^2-3c_n)\delta^2+(kc_n+3k)\delta-2k^2]$ 是关于 δ 的二次函数且开口向下。又该二次函

数的两根分别为$\frac{2k}{3-c_n}$和$\frac{k}{c_n}$，且$\frac{2k}{3-c_n}\leqslant\frac{k}{c_n}$。回顾在定理6.1中假设$k$的取值满足$c_n+\delta-1<k<\delta c_n$。故$\sqrt{3}[(c_n^2-3c_n)\delta^2+(kc_n+3k)\delta-2k^2]\leqslant 0$。综上所述，$\frac{\partial\alpha}{\partial c_n}\geqslant 0$，即回收率是关于新产品生产成本的增函数。

（ii）求解回收率关于替代强度的一阶导数可以得到：$\frac{\partial\alpha}{\partial\delta}=\frac{\sqrt{3}[(\delta^2+\delta^3)c_n^2+(k\delta-5k\delta^2)c_n+4\delta k^2-2k^2]}{6(1-c_n)\Delta^2\sqrt{Gh}}$。分母大于0。易发现分子$\sqrt{3}[(\delta^2+\delta^3)c_n^2+(k\delta-5k\delta^2)c_n+4\delta k^2-2k^2]$是关于$c_n$的二次函数且开口向上。又该二次函数的两根分别为$\frac{2k(2\delta-1)}{\delta(1+\delta)}$和$\frac{k}{\delta}$，且$\frac{2k(2\delta-1)}{\delta(1+\delta)}\leqslant\frac{k}{\delta}$（因为$\frac{2k(2\delta-1)}{\delta(1+\delta)}\geqslant\frac{k}{\delta}$等价于$\delta\geqslant 1$，产生矛盾）。故$\sqrt{3}[(\delta^2+\delta^3)c_n^2+(k\delta-5k\delta^2)c_n+4\delta k^2-2k^2]\geqslant 0$。综上所述，$\frac{\partial\alpha}{\partial\delta}=\frac{\sqrt{3}[(\delta^2+\delta^3)c_n^2+(k\delta-5k\delta^2)c_n+4\delta k^2-2k^2]}{6(1-c_n)\Delta^2\sqrt{Gh}}\geqslant 0$。即回收率是关于替代强度的增函数。

（iii）求解回收率关于再造品残值的一阶导数可以得到：$\frac{\partial\alpha}{\partial k}=\frac{\sqrt{3}[(-3\delta c_n+3k)ccr+\delta^2c_n^2+\delta c_nk+3\delta c_nw-2k^2-3wk]}{6(1-c_n)\Delta G\sqrt{Gh}}$。分母大于0。易发现分子$\sqrt{3}[(-3\delta c_n+3k)ccr+\delta^2c_n^2+\delta c_nk+3\delta c_nw-2k^2-3wk]$是关于$ccr$的一次函数且单调递减。又该一次函数有一根为$w+\frac{2}{3}k+\frac{1}{3}\delta c_n$。注意到在区间$SCN3$中，$\varepsilon_1\leqslant ccr\leqslant\bar{\bar{w}}-\frac{2h}{3}$，又$\bar{\bar{w}}-\frac{2h}{3}=w+\frac{2}{3}k+\frac{1}{3}\delta c_n$。故$\sqrt{3}[(-3\delta c_n+3k)ccr+\delta^2c_n^2+\delta c_nk+3\delta c_nw-2k^2-3wk]\geqslant 0$。综上所述，$\frac{\partial\alpha}{\partial k}\geqslant 0$。即回收率是关于再造品残值的增函数。

证明：模型 *SCN* 和 *SCR* 各区间中再造品价格

对于模型SCN，由表6.2可知，各区间再造品价格如下所示：

区间 *SCN*1

由于回收率为 0，因此再造品价格不存在。

区间 *SCN*2

$$E(p_{2r}) = \int_0^1 \left[\frac{\delta(1+c_n)}{2} - \Delta\alpha^{SCN*} D_1 r\right] dr = \frac{\delta(1+c_n)}{2} - \frac{1}{2}\Delta\alpha^{SCN*} D_1$$

$$= \frac{\delta(1+c_n)}{2} - \frac{1}{2}\Delta\frac{3G_1}{4\Delta D_1} D_1 = \frac{\delta(1+c_n)}{2} - \frac{3G_1}{8}$$

区间 *SCN*3

$$E(p_{2r}) = \int_0^M \left(\frac{\delta(1+c_n)}{2} - \Delta\alpha^{SCN*} D_1 r\right) dr + \int_M^1 \frac{\delta+k}{2} dr$$

$$= \frac{\sqrt{3Gh} + 2k + 2\delta}{4}$$

区间 *SCN*4

$$E(p_{2r}) = \int_0^1 \left[\frac{\delta(1+c_n)}{2} - \Delta\alpha^{SCR*} D_1 r\right] dr = \frac{\delta(1+c_n)}{2} - \frac{1}{2}\Delta\alpha^{SCR*} D_1$$

$$= \frac{\delta(1+c_n)}{2} - \frac{3\Delta G_1\alpha_1^2 + 6\Delta H_1}{8(\Delta\alpha_1^2 + 3)}$$

区间 *SCN*5

$$E(p_{2r}) = \int_0^M \left(\frac{\delta(1+c_n)}{2} - \Delta\alpha^{SCN*} D_1 r\right) dr + \int_M^1 \frac{\delta+k}{2} dr$$

$$= \frac{h^2}{8\Delta\alpha_1(1 - p_{n1}^{SCNB*})} + \frac{\delta+k}{2}$$

对于模型 *SCR*，由表 6.2 可知，各区间再造品价格如下所示：

区间 *SCR*1

$$E(p_{2r}) = \int_0^1 \left[\frac{\delta(1+c_n)}{2} - \Delta\alpha^{SCR*} D_1 r\right] dr = \frac{\delta(1+c_n)}{2} - \frac{1}{2}\Delta\alpha^{SCR*} D_1$$

$$= \frac{\delta(1+c_n)}{2} - \frac{1}{2}\Delta\alpha_0\left(1 - \frac{4\Delta\alpha_0^2 - 3G_1\alpha_0 + 6(1+c_n)}{4(\Delta\alpha_0^2 + 3)}\right)$$

$$= \frac{\delta(1+c_n)}{2} - \frac{3\Delta G_1\alpha_0^2 + 6\Delta H_0}{8(\Delta\alpha_0^2 + 3)}$$

区间 ***SCR*2**

$$E(p_{2r}) = \int_0^M \left(\frac{\delta(1+c_n)}{2} - \Delta\alpha^{SCR*}D_1 r\right)dr + \int_M^1 \frac{\delta+k}{2}dr$$
$$= \frac{h^2}{8\Delta\alpha_0(1-p_{n0}^{SCRB*})} + \frac{\delta+k}{2}$$

区间 ***SCR*3**

$$E(p_{2r}) = \int_0^1 \left[\frac{\delta(1+c_n)}{2} - \Delta\alpha^{SCR*}D_1 r\right]dr = \frac{\delta(1+c_n)}{2} - \frac{1}{2}\Delta\alpha^{SCR*}D_1$$
$$= \frac{\delta(1+c_n)}{2} - \frac{1}{2}\Delta\frac{3G_1}{4\Delta D_1}D_1 = \frac{\delta(1+c_n)}{2} - \frac{3G_1}{8}$$

区间 ***SCR*4**

$$E(p_{2r}) = \int_0^M \left(\frac{\delta(1+c_n)}{2} - \Delta\alpha^{SCR*}D_1 r\right)dr + \int_M^1 \frac{\delta+k}{2}dr$$
$$= \frac{\sqrt{3Gh}+2k+2\delta}{4}$$

区间 ***SCR*5**

$$E(p_{2r}) = \int_0^1 \left[\frac{\delta(1+c_n)}{2} - \Delta\alpha^{SCR*}D_1 r\right]dr = \frac{\delta(1+c_n)}{2} - \frac{1}{2}\Delta\alpha^{SCR*}D_1$$
$$= \frac{\delta(1+c_n)}{2} - \frac{3\Delta G_1\alpha_1^2 + 6\Delta H_1}{8(\Delta\alpha_1^2+3)}$$

区间 ***SCR*6**

$$E(p_{2r}) = \int_0^M \left(\frac{\delta(1+c_n)}{2} - \Delta\alpha^{SCR*}D_1 r\right)dr + \int_M^1 \frac{\delta+k}{2}dr$$
$$= \frac{h^2}{8\Delta\alpha_1(1-p_{n1}^{SCRB*})} + \frac{\delta+k}{2}$$

表 D1　　模型 *SCNA* 满足 $\alpha \leqslant T \leqslant \alpha_1$ & $G_1 \geqslant 0$ 时的所有可能解

α^{SCNA*}	p_n^{SCNA*}	需满足的条件
$\alpha_{SCNA}(\alpha_{SCNA} \leqslant T)$ $p_n \leqslant p_{h1}$ $\bar{\bar{w}} - \frac{2h}{3} \leqslant ccr \leqslant \bar{\bar{w}}$	p_{nA}^{SCNA*} $(p_{nA}^{SCNA*} \leqslant p_{h1})$	$h \leqslant \Delta H_1$ & $\bar{\bar{w}} - \frac{2h}{3} \leqslant ccr \leqslant \bar{\bar{w}}$
	p_{h1} $(p_{nA}^{SCNA*} \geqslant p_{h1})$	$h \geqslant \Delta H_1$ & $\bar{\bar{w}} - \frac{2h}{3} \leqslant ccr \leqslant \bar{\bar{w}}$

续表

α^{SCNA*}	p_n^{SCNA*}	需满足的条件
$T(\alpha_{SCNA}\geqslant T)$ $p_n\leqslant p_{h1}$ $ccr\leqslant \bar{\bar{w}}-\frac{2h}{3}$	p_{nT}^{SCNA*} $(p_{nT}^{SCNA*}\leqslant p_{h1})$	$h\leqslant\Delta H_1$ & $ccr\leqslant\bar{\bar{w}}-\frac{2h}{3}$
	p_{h1} $(p_{nT}^{SCNA*}\geqslant p_{h1})$	$h\geqslant\Delta H_1$ & $ccr\leqslant\bar{\bar{w}}-\frac{2h}{3}$

表 D2　　模型 *SCNA* 满足 $\alpha\leqslant\alpha_1\leqslant T$ & $G_1\geqslant 0$ 时的所有可能解

α^{SCNA*}	p_n^{SCNA*}	需满足的条件
$\alpha_{SCNA}(\alpha_{SCNA}\leqslant\alpha_1)$ $p_{h1}\leqslant p_n\leqslant p_{n1}^{SCNA}$ $\bar{\bar{w}}-\frac{2h}{3}\leqslant ccr\leqslant\bar{\bar{w}}$	p_{h1} $(p_{nA}^{SCNA*}\leqslant p_{h1})$	$h\leqslant\Delta H_1$ & $\bar{\bar{w}}-\frac{2h}{3}\leqslant ccr\leqslant\bar{\bar{w}}$
	p_{nA}^{SCNA*} $(p_{h1}\leqslant p_{nA}^{SCNA*}\leqslant p_{n1}^{SCNA})$	$h\geqslant\Delta H_1$ & $\bar{\bar{w}}-\frac{2\Delta H_1}{3}\leqslant ccr\leqslant\bar{\bar{w}}$
	p_{n1}^{SCNA} $(p_{nA}^{SCNA*}\geqslant p_{n1}^{SCNA})$	$h\geqslant\Delta H_1$ & $\bar{\bar{w}}-\frac{2h}{3}\leqslant ccr\leqslant\bar{\bar{w}}-\frac{2\Delta H_1}{3}$
$\alpha_1(\alpha_{SCNA}\geqslant\alpha_1)$ $p_n\geqslant p_{h1}$ $ccr\leqslant\bar{\bar{w}}-\frac{2h}{3}$	p_{n1}^{SCNA*} $(p_{n1}^{SCNA*}\geqslant p_{h1})$	$h\geqslant\Delta H_1$ & $\bar{\bar{w}}-v_{11}\leqslant ccr\leqslant\bar{\bar{w}}-\frac{2h}{3}$
	p_{h1} $(p_{n1}^{SCNA*}\leqslant p_{h1})$	$h\geqslant\Delta H_1$ & $ccr\leqslant\bar{\bar{w}}-v_{11}$ $h\leqslant\Delta H_1$ & $ccr\leqslant\bar{\bar{w}}-\frac{2h}{3}$
$\alpha_1(\alpha_{SCNA}\geqslant\alpha_1)$ $p_n\geqslant p_{n1}^{SCNA}$ $\bar{\bar{w}}-\frac{2h}{3}\leqslant ccr\leqslant\bar{\bar{w}}$	p_{n1}^{SCNA*} $(p_{n1}^{SCNA*}\geqslant p_{n1}^{SCNA})$	$h\geqslant\Delta H_1$ & $\bar{\bar{w}}-\frac{2h}{3}\leqslant ccr\leqslant\bar{\bar{w}}-\frac{2\Delta H_1}{3}$
	p_{n1}^{SCNA} $(p_{n1}^{SCNA*}\leqslant p_{n1}^{SCNA})$	$h\geqslant\Delta H_1$ & $\bar{\bar{w}}-\frac{2\Delta H_1}{3}\leqslant ccr\leqslant\bar{\bar{w}}$ $h\leqslant\Delta H_1$ & $\bar{\bar{w}}-\frac{2h}{3}\leqslant ccr\leqslant\bar{\bar{w}}$

表 D3　　模型 SCNB 满足 $T \leq \alpha \leq \alpha_1$ & $G \geq 0$ 时的所有可能解

α^{SCNB*}	p_n^{SCNB*}	需满足的条件
$T(\alpha_{SCNB} \leq T)$ $p_n \leq p_{h1}$ $ccr \geq w+k+h/3$	p_{nT}^{SCNB*} $(p_{nT}^{SCNB*} \leq p_{h1})$	$h \leq \Delta H_1$ & $ccr \geq w+k+h/3$
	p_{h1} $(p_{nT}^{SCNB*} \geq p_{h1})$	$h \geq \Delta H_1$ & $ccr \geq w+k+h/3$
$\alpha_{SCNB}(T \leq \alpha_{SCNB} \leq \alpha_1)$ $p_n \leq p_{n1}^{SCNB}$ $w+k \leq ccr \leq w+k+h/3$	p_{nB}^{SCNB*} $(p_{nB}^{SCNB*} \leq p_{n1}^{SCNB})$	$h \leq \Delta H_1$ & $\varepsilon_1 \leq ccr \leq w+k+h/3$
	p_{n1}^{SCNB} $(p_{nB}^{SCNB*} \geq p_{n1}^{SCNB})$	$h \leq \Delta H_1$ & $w+k \leq ccr \leq \varepsilon_1$
		$h \geq \Delta H_1$ & $w+k \leq ccr \leq w+k+h/3$
$\alpha_1(\alpha_{SCNB} \geq \alpha_1)$ $p_{n1}^{SCNB} \leq p_n \leq p_{h1}$ $w+k \leq ccr \leq w+k+h/3$	p_{n1}^{SCNB} $(p_{n1}^{SCNB*} \leq p_{n1}^{SCNB})$	$h \leq \Delta H_1$ & $\varepsilon_1 \leq ccr \leq w+k+h/3$
	p_{n1}^{SCNB*} $(p_{n1}^{SCNB} \leq p_{n1}^{SCNB*} \leq p_{h1})$	$h \leq \Delta H_1$ & $w+k \leq ccr \leq \varepsilon_1$ $\Delta H_1 \leq h \leq \sigma\Delta H_1$ & $w+k \leq ccr \leq \bar{\bar{w}} - v_{11}$
	p_{h1} $(p_{n1}^{SCNB*} \geq p_{h1})$	$\Delta H_1 \leq h \leq \sigma\Delta H_1$ & $\bar{\bar{w}} - v_{11} \leq ccr \leq w+k+h/3$ $h \geq \sigma\Delta H_1$ & $w+k \leq ccr \leq w+k+h/3$

表 D4　　模型 SCRA 满足 $\alpha_0 \leq \alpha \leq \alpha_1 \leq T$ & $G_1 \geq 0$ 时的所有可能解

α^{SCRA*}	p_n^{SCRA*}	需满足的条件
$\alpha_0(\alpha_{SCRA} \leq \alpha_0)$ $p_{h1} \leq p_n \leq p_{n0}^{SCRA}$ $\bar{\bar{w}} - \frac{2h\alpha_0}{3\alpha_1} \leq ccr \leq \bar{\bar{w}}$	p_{h1} $(p_{n0}^{SCRA*} \leq p_{h1})$	$h \leq \xi\Delta H_1$ & $\bar{\bar{w}} - \frac{2h\alpha_0}{3\alpha_1} \leq ccr \leq \bar{\bar{w}}$
		$\xi\Delta H_1 \leq h \leq \Delta H_1$ & $\bar{\bar{w}} - \frac{2h\alpha_0}{3\alpha_1} \leq ccr \leq \bar{\bar{w}} - v_{01}$
	p_{n0}^{SCRA*} $(p_{h1} \leq p_{n0}^{SCRA*} \leq p_{n0}^{SCRA})$	$\xi\Delta H_1 \leq h \leq \Delta H_1$ & $\bar{\bar{w}} - v_{01} \leq ccr \leq \bar{\bar{w}}$
		$h \geq \Delta H_1$ & $\bar{\bar{w}} - \frac{2\Delta H_0}{3} \leq ccr \leq \bar{\bar{w}}$
	p_{n0}^{SCRA} $(p_{n0}^{SCRA*} \geq p_{n0}^{SCRA})$	$h \geq \Delta H_1$ & $\bar{\bar{w}} - \frac{2h\alpha_0}{3\alpha_1} \leq ccr \leq \bar{\bar{w}} - \frac{2\Delta H_0}{3}$

续表

α^{SCRA*}	p_n^{SCRA*}	需满足的条件
$\alpha_{SCRA}(\alpha_0 \leqslant \alpha_{SCRA} \leqslant \alpha_1)$ $p_{n0}^{SCRA} \leqslant p_n \leqslant p_{n1}^{SCRA}$ $\bar{\bar{w}} - \frac{2h\alpha_0}{3\alpha_1} \leqslant ccr \leqslant \bar{\bar{w}}$	p_{n0}^{SCRA} $(p_{nA}^{SRA*} \leqslant p_{n0}^{SCRA})$	$h \leqslant \Delta H_1$ & $\bar{\bar{w}} - \frac{2h\alpha_0}{3\alpha_1} \leqslant ccr \leqslant \bar{\bar{w}}$
		$h \geqslant \Delta H_1$ & $\bar{\bar{w}} - \frac{2\Delta H_0}{3} \leqslant ccr \leqslant \bar{\bar{w}}$
	p_{nA}^{SCRA*} $(p_{n0}^{SCRA} \leqslant p_{nA}^{SCRA*} \leqslant p_{n1}^{SRA})$	$\Delta H_1 \leqslant h \leqslant \frac{\alpha_1}{\alpha_0}\Delta H_1$ & $\bar{\bar{w}} - \frac{2h\alpha_0}{3\alpha_1} \leqslant ccr \leqslant \bar{\bar{w}} - \frac{2\Delta H_0}{3}$
		$h \geqslant \frac{\alpha_1}{\alpha_0}\Delta H_1$ & $\bar{\bar{w}} - \frac{2\Delta H_1}{3} \leqslant ccr \leqslant \bar{\bar{w}} - \frac{2\Delta H_0}{3}$
	p_{n1}^{SRA} $(p_{nA}^{SCRA*} \geqslant p_{n1}^{SRA})$	$h \geqslant \frac{\alpha_1}{\alpha_0}\Delta H_1$ & $\bar{\bar{w}} - \frac{2h\alpha_0}{3\alpha_1} \leqslant ccr \leqslant \bar{\bar{w}} - \frac{2\Delta H_1}{3}$
$\alpha_{SCRA}(\alpha_0 \leqslant \alpha_{SCRA} \leqslant \alpha_1)$ $p_{h1} \leqslant p_n \leqslant p_{n1}^{SCRA}$ $\bar{\bar{w}} - \frac{2h}{3} \leqslant ccr \leqslant \bar{\bar{w}} - \frac{2h\alpha_0}{3\alpha_1}$	p_{h1} $(p_{nA}^{SCRA*} \leqslant p_{h1})$	$h \leqslant \Delta H_1$ & $\bar{\bar{w}} - \frac{2h}{3} \leqslant ccr \leqslant \bar{\bar{w}} - \frac{2h\alpha_0}{3\alpha_1}$
	p_{nA}^{SCRA*} $(p_{h1} \leqslant p_{nA}^{SCRA*} \leqslant p_{n1}^{SCRA})$	$\Delta H_1 \leqslant h \leqslant \frac{\alpha_1}{\alpha_0}\Delta H_1$ & $\bar{\bar{w}} - \frac{2\Delta H_1}{3} \leqslant ccr \leqslant \bar{\bar{w}} - \frac{2h\alpha_0}{3\alpha_1}$
	p_{n1}^{SCRA} $(p_{nA}^{SCRA*} \geqslant p_{n1}^{SCRA})$	$\Delta H_1 \leqslant h \leqslant \frac{\alpha_1}{\alpha_0}\Delta H_1$ & $\bar{\bar{w}} - \frac{2h}{3} \leqslant ccr \leqslant \bar{\bar{w}} - \frac{2\Delta H_1}{3}$
		$h \geqslant \frac{\alpha_1}{\alpha_0}\Delta H_1$ & $\bar{\bar{w}} - \frac{2h}{3} \leqslant ccr \leqslant \bar{\bar{w}} - \frac{2h\alpha_0}{3\alpha_1}$
$\alpha_1(\alpha_{SCRA} \geqslant \alpha_1)$ $p_n \geqslant p_{h1}$ $ccr \leqslant \bar{\bar{w}} - \frac{2h}{3}$	p_{n1}^{SCRA*} $(p_{n1}^{SCRA*} \geqslant p_{h1})$	$h \geqslant \Delta H_1$ & $\bar{\bar{w}} - v_{11} \leqslant ccr \leqslant \bar{\bar{w}} - \frac{2h}{3}$
	p_{h1} $(p_{n1}^{SCRA*} \leqslant p_{h1})$	$h \geqslant \Delta H_1$ & $ccr \leqslant \bar{\bar{w}} - v_{11}$
		$h \leqslant \Delta H_1$ & $ccr \leqslant \bar{\bar{w}} - \frac{2h}{3}$
$\alpha_1(\alpha_{SCRA} \geqslant \alpha_1)$ $p_n \geqslant p_{n1}^{SCRA}$ $\bar{\bar{w}} - \frac{2h}{3} \leqslant ccr \leqslant \bar{\bar{w}}$	p_{n1}^{SCRA*} $(p_{n1}^{SCRA*} \geqslant p_{n1}^{SCRA})$	$h \geqslant \Delta H_1$ & $\bar{\bar{w}} - \frac{2h}{3} \leqslant ccr \leqslant \bar{\bar{w}} - \frac{2\Delta H_1}{3}$
	p_{n1}^{SCRA} $(p_{n1}^{SCRA*} \leqslant p_{n1}^{SCRA})$	$h \geqslant \Delta H_1$ & $\bar{\bar{w}} - \frac{2\Delta H_1}{3} \leqslant ccr \leqslant \bar{\bar{w}}$ $h \leqslant \Delta H_1$ & $\bar{\bar{w}} - \frac{2h}{3} \leqslant ccr \leqslant \bar{\bar{w}}$

表 D5　模型 $SCRA$ 满足 $\alpha_0 \leqslant \alpha \leqslant T \leqslant \alpha_1$ & $G_1 \geqslant 0$ 时的所有可能解

α^{SCRA*}	p_n^{SCRA*}	需满足的条件
α_0 ($\alpha_{SCRA} \leqslant \alpha_0$) $p_{h0} \leqslant p_n \leqslant p_{n0}^{SCRA}$ $\bar{\bar{w}} - \frac{2h}{3} \leqslant ccr \leqslant \bar{\bar{w}} - \frac{2h\alpha_0}{3\alpha_1}$	p_{h0} ($p_{n0}^{SCRA*} \leqslant p_{h0}$)	$h \leqslant \beta\Delta H_0$ & $\bar{\bar{w}} - \frac{2h}{3} \leqslant ccr \leqslant \bar{\bar{w}} - \frac{2h\alpha_0}{3\alpha_1}$
		$\beta\Delta H_0 \leqslant h \leqslant \Delta H_0$ & $\bar{\bar{w}} - \frac{2h}{3} \leqslant ccr \leqslant \bar{\bar{w}} - v_{00}$
	p_{n0}^{SCRA*} ($p_{h0} \leqslant p_{n0}^{SCRA*} \leqslant p_{n0}^{SCRA}$)	$\beta\Delta H_0 \leqslant h \leqslant \Delta H_0$ & $\bar{\bar{w}} - v_{00} \leqslant ccr \leqslant \bar{\bar{w}} - \frac{2h\alpha_0}{3\alpha_1}$
		$\Delta H_0 \leqslant h \leqslant \Delta H_1$ & $\bar{\bar{w}} - \frac{2\Delta H_0}{3} \leqslant ccr \leqslant \bar{\bar{w}} - \frac{2h\alpha_0}{3\alpha_1}$
	p_{n0}^{SCRA} ($p_{n0}^{SCRA*} \geqslant p_{n0}^{SCRA}$)	$h \geqslant \Delta H_1$ & $\bar{\bar{w}} - \frac{2h}{3} \leqslant ccr \leqslant \bar{\bar{w}} - \frac{2h\alpha_0}{3\alpha_1}$
		$\Delta H_0 \leqslant h \leqslant \Delta H_1$ & $\bar{\bar{w}} - \frac{2h}{3} \leqslant ccr \leqslant \bar{\bar{w}} - \frac{2\Delta H_0}{3}$
α_0 ($\alpha_{SCRA} \leqslant \alpha_0$) $p_{h0} \leqslant p_n \leqslant p_{H1}$ $\bar{\bar{w}} - \frac{2h\alpha_0}{3\alpha_1} \leqslant ccr \leqslant \bar{\bar{w}}$	p_{h0} ($p_{n0}^{SCRA*} \leqslant p_{h0}$)	$h \leqslant \xi\Delta H_0$ & $\bar{\bar{w}} - \frac{2h\alpha_0}{3\alpha_1} \leqslant ccr \leqslant \bar{\bar{w}}$
		$\xi\Delta H_0 \leqslant h \leqslant \beta\Delta H_0$ & $\bar{\bar{w}} - \frac{2h\alpha_0}{3\alpha_1} \leqslant ccr \leqslant \bar{\bar{w}} - v_{00}$
	p_{n0}^{SCRA*} ($p_{h0} \leqslant p_{n0}^{SCRA*} \leqslant p_{h1}$)	$\xi\Delta H_0 \leqslant h \leqslant \beta\Delta H_0$ & $\bar{\bar{w}} - v_{00} \leqslant ccr \leqslant \bar{\bar{w}}$
		$\beta\Delta H_0 \leqslant h \leqslant \xi\Delta H_1$ & $\bar{\bar{w}} - \frac{2\Delta H_1}{3} \leqslant ccr \leqslant \bar{\bar{w}} - \frac{2\Delta H_0}{3}$
		$\xi\Delta H_1 \leqslant h \leqslant \Delta H_1$ & $\bar{\bar{w}} - \frac{2h\alpha_0}{3\alpha_1} \leqslant ccr \leqslant \bar{\bar{w}} - v_{00}$
	p_{h1} ($p_{n0}^{SCRA*} \geqslant p_{h1}$)	$\xi\Delta H_1 \leqslant h \leqslant \Delta H_1$ & $\bar{\bar{w}} - v_{01} \leqslant ccr \leqslant \bar{\bar{w}}$
		$h \geqslant \Delta H_1$ & $\bar{\bar{w}} - \frac{2h\alpha_0}{3\alpha_1} \leqslant ccr \leqslant \bar{\bar{w}}$
α_{SCRA} ($\alpha_0 \leqslant \alpha_{SCRA} \leqslant T$) $p_{n0}^{SCRA} \leqslant p_n \leqslant p_{h1}$ $\bar{\bar{w}} - \frac{2h}{3} \leqslant ccr \leqslant \bar{\bar{w}} - \frac{2h\alpha_0}{3\alpha_1}$	p_{n0}^{SCRA} ($p_{nA}^{SCRA*} \leqslant p_{n0}^{SCRA}$)	$\Delta H_0 \leqslant h \leqslant \Delta H_1$ & $\bar{\bar{w}} - \frac{2\Delta H_0}{3} \leqslant ccr \leqslant \bar{\bar{w}} - \frac{2h\alpha_0}{3\alpha_1}$
		$h \leqslant \Delta H_0$ & $\bar{\bar{w}} - \frac{2h}{3} \leqslant ccr \leqslant \bar{\bar{w}} - \frac{2h\alpha_0}{3\alpha_1}$
	p_{nA}^{SCRA*} ($p_{n0}^{SCRA} \leqslant p_{nA}^{SCRA*} \leqslant p_{h1}$)	$\Delta H_0 \leqslant h \leqslant \Delta H_1$ & $\bar{\bar{w}} - \frac{2h}{3} \leqslant ccr \leqslant \bar{\bar{w}} - \frac{2\Delta H_0}{3}$
	p_{h1} ($p_{nA}^{SCRA*} \geqslant p_{h1}$)	$h \geqslant \Delta H_1$ & $\bar{\bar{w}} - \frac{2h}{3} \leqslant ccr \leqslant \bar{\bar{w}} - \frac{2h\alpha_0}{3\alpha_1}$

续表

α^{SCRA*}	p_n^{SCRA*}	需满足的条件
$T(\alpha_0 \geqslant T)$ $p_{h0} \leqslant p_n \leqslant p_{h1}$ $ccr \leqslant \overline{\overline{w}} - \frac{2h}{3}$	p_{h0} $(p_{nT}^{SCRA*} \leqslant p_{h0})$	$h \leqslant \Delta H_0$ & $ccr \leqslant \overline{\overline{w}} - \frac{2h}{3}$
	p_{nT}^{SCRA*} $(p_{h0} \leqslant p_{nT}^{SCRA*} \leqslant p_{h1})$	$\Delta H_0 \leqslant h \leqslant \Delta H_1$ & $ccr \leqslant \overline{\overline{w}} - \frac{2h}{3}$
	p_{h1} $(p_{nT}^{SCRA*} \geqslant p_{h1})$	$h \geqslant \Delta H_1$ & $ccr \leqslant \overline{\overline{w}} - \frac{2h}{3}$

表 D6　模型 $SCRB$ 满足 $T \leqslant \alpha_0 \leqslant \alpha \leqslant \alpha_1$ & $G \geqslant 0$ 时的所有可能的解

α^{SCRB*}	p_n^{SCRB*}	需满足的条件
$\alpha_0(\alpha_{SCRB} \leqslant \alpha_0)$ $p_n \leqslant p_{n0}^{SCRB}$ $w + k \leqslant ccr \leqslant w + k + h/3$	p_{n0}^{SCRB*} $(p_{n0}^{SCRB*} \leqslant p_{n0}^{SCRB})$	$h \leqslant \Delta H_0$ & $\varepsilon_0 \leqslant ccr \leqslant w + k + h/3$
	p_{n0}^{SCRB} $(p_{n0}^{SCRB*} \geqslant p_{n0}^{SCRB})$	$h \leqslant \Delta H_0$ & $w + k \leqslant ccr \leqslant \varepsilon_0$ $h \geqslant \Delta H_0$ & $w + k \leqslant ccr \leqslant w + k + h/3$
$\alpha_0(\alpha_{SCRB} \leqslant \alpha_0)$ $p_n \leqslant p_{h0}$ $ccr \geqslant w + k + h/3$	p_{n0}^{SCRB*} $(p_{n0}^{SCRB*} \leqslant p_{h0})$	$h \leqslant \Delta H_0$ & $w + k + h/3 \leqslant ccr \leqslant \overline{\overline{w}} - v_{00}$
	p_{h0} $(p_{n0}^{SCRB*} \geqslant p_{H0})$	$h \leqslant \Delta H_0$ & $ccr \geqslant \overline{\overline{w}} - v_{00}$ $h \geqslant \Delta H_0$ & $ccr \geqslant w + k + h/3$
$\alpha_{SCRB}(\alpha_0 \leqslant \alpha_{SCRB} \leqslant \alpha_1)$ $p_{n0}^{SCRB} \leqslant p_n \leqslant p_{n1}^{SCRB}$ $w + k \leqslant ccr \leqslant w + k + \frac{h\alpha_0^2}{3\alpha_1^2}$	p_{n0}^{SCRB} $(p_{nB}^{SCRB*} \leqslant p_{n0}^{SCRB})$	$h \leqslant \frac{\alpha_0}{\alpha_1}\Delta H_0$ & $\varepsilon_0 \leqslant ccr \leqslant w + k + \frac{h\alpha_0^2}{3\alpha_1^2}$
	p_{nB}^{SCRB*} $(p_{n0}^{SCRB} \leqslant p_{nB}^{SCRB*} \leqslant p_{n1}^{SCRB})$	$h \leqslant \frac{\alpha_0}{\alpha_1}\Delta H_0$ & $\varepsilon_1 \leqslant ccr \leqslant \varepsilon_0$ $\frac{\alpha_0}{\alpha_1}\Delta H_0 \leqslant h \leqslant \Delta H_0$ & $\varepsilon_1 \leqslant ccr \leqslant w + k + \frac{h\alpha_0^2}{3\alpha_1^2}$
	p_{n1}^{SCRB} $(p_{nB}^{SCRB*} \geqslant p_{n1}^{SCRB})$	$h \leqslant \Delta H_0$ & $w + k \leqslant ccr \leqslant \varepsilon_1$ $h \geqslant \Delta H_0$ & $w + k \leqslant ccr \leqslant w + k + \frac{h\alpha_0^2}{3\alpha_1^2}$

续表

α^{SCRB*}	p_n^{SCRB*}	需满足的条件
$\alpha_{SCRB}(\alpha_0 \leqslant \alpha_{SCRB} \leqslant \alpha_1)$ $p_{n0}^{SCRB} \leqslant p_n \leqslant p_{h0}$ $w+k+\frac{h\alpha_0^2}{3\alpha_1^2} \leqslant ccr \leqslant w+k+h/3$	p_{n0}^{SCRB} $(p_{nB}^{SCRB*} \leqslant p_{n0}^{SCRB})$	$h \leqslant \frac{\alpha_0}{\alpha_1}\Delta H_0$ & $w+k+\frac{h\alpha_0^2}{3\alpha_1^2} \leqslant ccr \leqslant w+k+h/3$ $\frac{\alpha_0}{\alpha_1}\Delta H_0 \leqslant h \leqslant \Delta H_0$ & $\varepsilon_0 \leqslant ccr \leqslant w+k+h/3$
	p_{nB}^{SCRB*} $(p_{n0}^{SCRB} \leqslant p_{nB}^{SCRB*} \leqslant p_{h0})$	$\frac{\alpha_0}{\alpha_1}\Delta H_0 \leqslant h \leqslant \Delta H_0$ & $w+k+\frac{h\alpha_0^2}{3\alpha_1^2} \leqslant ccr \leqslant \varepsilon_0$
	p_{h0} $(p_{nB}^{SCRB*} \geqslant p_{h0})$	$h \geqslant \Delta H_0$ & $w+k+\frac{h\alpha_0^2}{3\alpha_1^2} \leqslant ccr \leqslant w+k+h/3$
$\alpha_1(\alpha_{SCRB} \geqslant \alpha_1)$ $p_{n1}^{SCRB} \leqslant p_n \leqslant p_{h0}$ $w+k \leqslant ccr \leqslant w+k+\frac{h\alpha_0^2}{3\alpha_1^2}$	p_{n1}^{SCRB} $(p_{n1}^{SCRB*} \leqslant p_{n1}^{SCRB})$	$h \leqslant \Delta H_0$ & $\varepsilon_1 \leqslant ccr \leqslant w+k+\frac{h\alpha_0^2}{3\alpha_1^2}$
	p_{n1}^{SCRB*} $(p_{n1}^{SCRB} \leqslant p_{n1}^{SCRB*} \leqslant p_{h0})$	$h \leqslant \Delta H_0$ & $w+k \leqslant ccr \leqslant \varepsilon_1$ $\Delta H_0 \leqslant h \leqslant \sigma_0 \Delta H_0$ & $w+k \leqslant ccr \leqslant \overline{\overline{w}}-v_{10}$
	p_{h0} $(p_{n1}^{SCRB*} \geqslant p_{h0})$	$\Delta H_0 \leqslant h \leqslant \sigma_0 \Delta H_0$ & $\overline{\overline{w}}-v_{10} \leqslant ccr \leqslant w+k+\frac{h\alpha_0^2}{3\alpha_1^2}$ $h \geqslant \sigma_0 \Delta H_0$ & $w+k \leqslant ccr \leqslant w+k+\frac{h\alpha_0^2}{3\alpha_1^2}$

表 D7　模型 *SCRB* 满足 $\alpha_0 \leqslant T \leqslant \alpha \leqslant \alpha_1$ & $G \geqslant 0$ 时的所有可能解

α^{SCRB*}	p_n^{SCRB*}	需满足的条件
$T(\alpha_{SCRB} \leqslant T)$ $p_{h0} \leqslant p_n \leqslant p_{h1}$ $ccr \geqslant w+k+h/3$	p_{h0} $(p_{nT}^{SCRB*} \leqslant p_{h0})$	$h \leqslant \Delta H_0$ & $ccr \geqslant w+k+h/3$
	p_{nT}^{SCRB*} $(p_{h0} \leqslant p_{nT}^{SCRB*} \leqslant p_{h1})$	$\Delta H_0 \leqslant h \leqslant \Delta H_1$ & $CCT \geqslant w+k+h/3$
	p_{H1} $(p_{nT}^{SCRB*} \geqslant p_{h1})$	$h \geqslant \Delta H_1$ & $CCT \geqslant w+k+h/3$

续表

α^{SCRB*}	p_n^{SCRB*}	需满足的条件
$\alpha_{SCRB}(T \leqslant \alpha_{SCRB} \leqslant \alpha_1)$ $p_{h0} \leqslant p_n \leqslant p_{n1}^{SCRB}$ $w+k+\frac{h\alpha_0^2}{3\alpha_1^2} \leqslant ccr \leqslant w+k+h/3$	p_{h0} $(p_{nB}^{SCRB*} \leqslant p_{h0})$	$h \leqslant \Delta H_0 \ \& \ w+k+\frac{h\alpha_0^2}{3\alpha_1^2} \leqslant ccr \leqslant w+k+h/3$
	p_{nB}^{SCRB*} $(p_{h0} \leqslant p_{nB}^{SCRB*} \leqslant p_{n1}^{SCRB})$	$\Delta H_0 \leqslant h \leqslant \Delta H_1 \ \& \ \varepsilon_1 \leqslant ccr \leqslant w+k+h/3$
	p_{n1}^{SCRB} $(p_{nB}^{SCRB*} \geqslant p_{n1}^{SCRB})$	$\Delta H_0 \leqslant h \leqslant \Delta H_1 \ \& \ w+k+\frac{h\alpha_0^2}{3\alpha_1^2} \leqslant ccr \leqslant \varepsilon_1$ $h \geqslant \Delta H_1 \ \& \ w+k+\frac{h\alpha_0^2}{3\alpha_1^2} \leqslant ccr \leqslant w+k+h/3$
$\alpha_1(\alpha_{SCRB} \geqslant \alpha_1)$ $p_{h0} \leqslant p_n \leqslant p_{h1}$ $w+k \leqslant ccr \leqslant w+k+\frac{h\alpha_0^2}{3\alpha_1^2}$	p_{h0} $(p_{n1}^{SCRB*} \leqslant p_{h0})$	$h \leqslant \Delta H_0 \ \& \ w+k \leqslant ccr \leqslant w+k+\frac{h\alpha_0^2}{3\alpha_1^2}$ $\Delta H_0 \leqslant h \leqslant \sigma_0 \Delta H_0 \ \& \ w+k \leqslant ccr \leqslant \bar{\bar{w}}-v_{10}$
	p_{n1}^{SCRB*} $(p_{h0} \leqslant p_{n1}^{SCRB*} \leqslant p_{h1})$	$\Delta H_0 \leqslant h \leqslant \sigma_0 \Delta H_0 \ \& \ \bar{\bar{w}}-v_{10} \leqslant ccr \leqslant w+k+\frac{h\alpha_0^2}{3\alpha_1^2}$ $\sigma_0 \Delta H_0 \leqslant h \leqslant \sigma \Delta H_1 \ \& \ w+k \leqslant ccr \leqslant w+k+\frac{h\alpha_0^2}{3\alpha_1^2}$ $\sigma \Delta H_1 \leqslant h \leqslant \sigma_1 \Delta H_1 \ \& \ w+k \leqslant ccr \leqslant \bar{\bar{w}}-v_{11}$
	p_{h1} $(p_{n1}^{SCRB*} \geqslant p_{h1})$	$\sigma \Delta H_1 \leqslant h \leqslant \sigma_1 \Delta H_1 \ \& \ \bar{\bar{w}}-v_{11} \leqslant ccr \leqslant w+k+\frac{h\alpha_0^2}{3\alpha_1^2}$ $h \geqslant \sigma_1 \Delta H_1 \ \& \ w+k \leqslant ccr \leqslant w+k+\frac{h\alpha_0^2}{3\alpha_1^2}$
$\alpha_1(\alpha_{SCRB} \geqslant \alpha_1)$ $p_{n1}^{SCRB} \leqslant p_n \leqslant p_{h1}$ $w+k+\frac{h\alpha_0^2}{3\alpha_1^2} \leqslant ccr \leqslant w+k+h/3$	p_{n1}^{SCRB} $(p_{n1}^{SCRB*} \leqslant p_{n1}^{SCRB})$	$h \leqslant \Delta H_0 \ \& \ w+k+\frac{h\alpha_0^2}{3\alpha_1^2} \leqslant ccr \leqslant w+k+h/3$ $\Delta H_0 \leqslant h \leqslant \Delta H_1 \ \& \ \varepsilon_1 \leqslant ccr \leqslant w+k+h/3$
	p_{n1}^{SCRB*} $(p_{n1}^{SCRB} \leqslant p_{n1}^{SCRB*} \leqslant p_{h1})$	$\Delta H_0 \leqslant h \leqslant \Delta H_1 \ \& \ w+k+\frac{h\alpha_0^2}{3\alpha_1^2} \leqslant ccr \leqslant \varepsilon_1$ $\Delta H_1 \leqslant h \leqslant \sigma \Delta H_1 \ \& \ w+k+\frac{h\alpha_0^2}{3\alpha_1^2} \leqslant ccr \leqslant \bar{\bar{w}}-v_{11}$
	p_{h1} $(p_{n1}^{SCRB*} \geqslant p_{h1})$	$\Delta H_1 \leqslant h \leqslant \sigma \Delta H_1 \ \& \ \bar{\bar{w}}-v_{11} \leqslant ccr \leqslant w+k+h/3$ $h \geqslant \sigma \Delta H_1 \ \& \ w+k+\frac{h\alpha_0^2}{3\alpha_1^2} \leqslant ccr \leqslant w+k+h/3$

附录 *E*

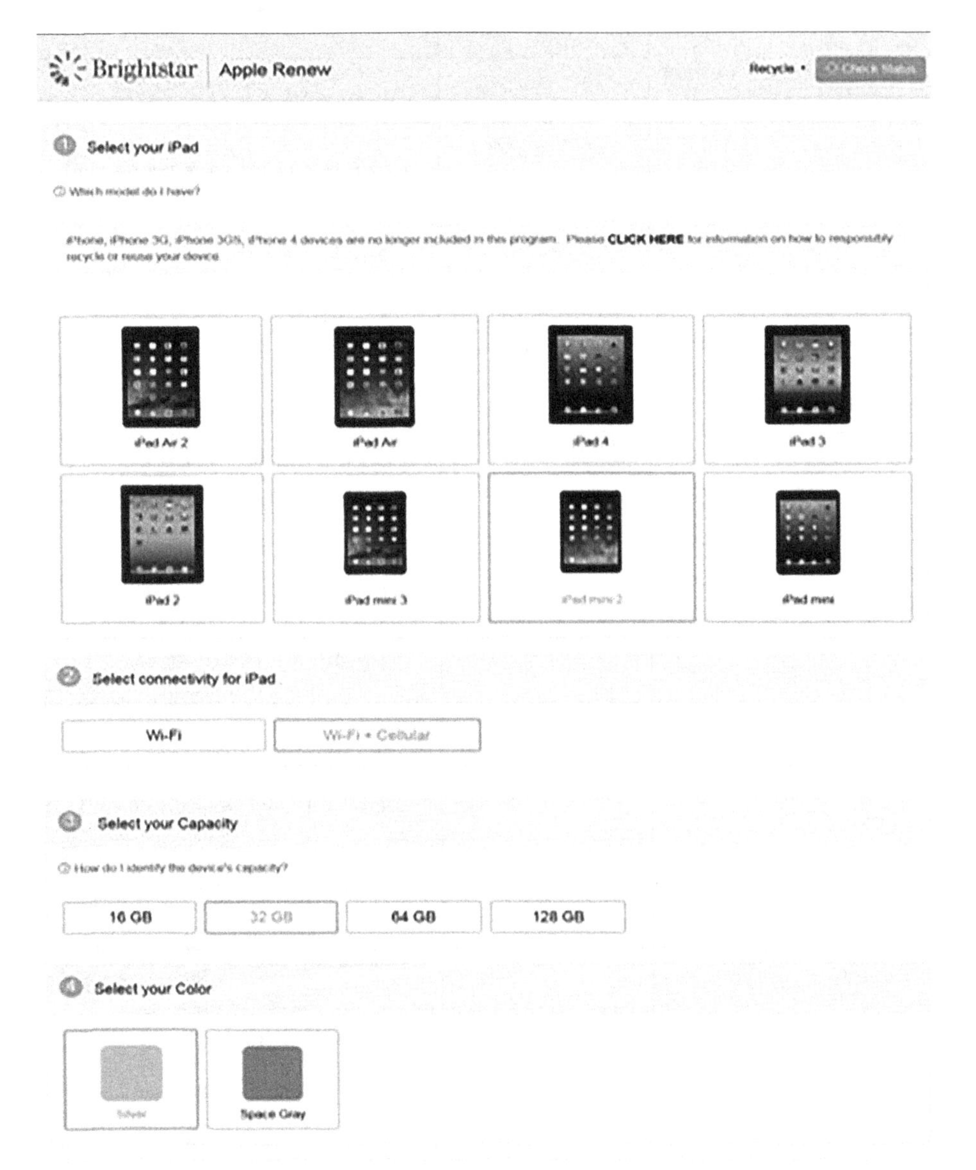
Brightstar
Apple Renew
Recycle
Select your iPad
iPad Air 2
iPad Air
iPad 4
iPad 3
iPad 2
iPad mini 3
iPad mini
Select connectivity for iPad
Wi-Fi
Wi-Fi + Cellular
Select your Capacity
16 GB
32 GB
64 GB
128 GB
Select your Color
Space Gray

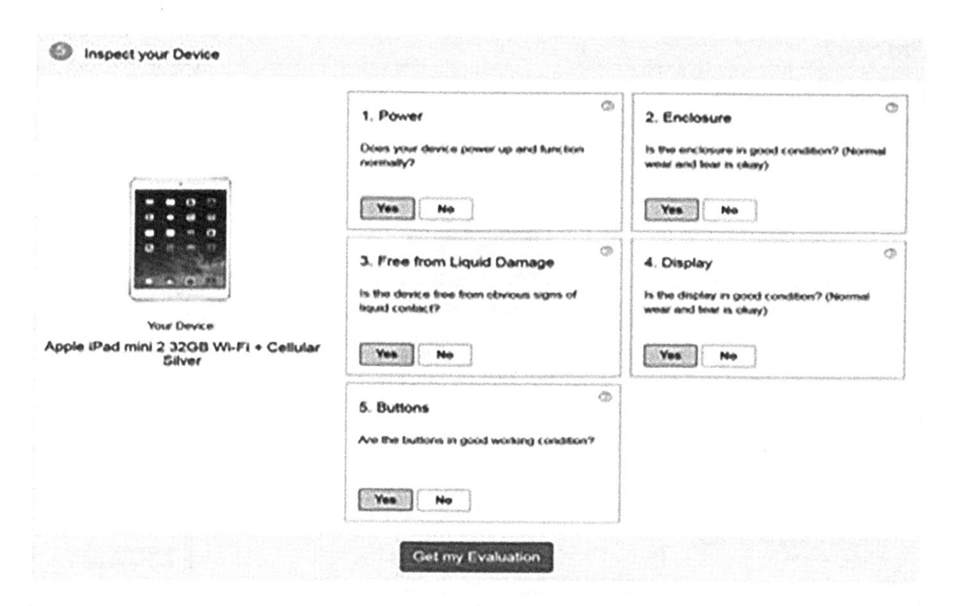

Inspect your Device
1. Power
Does your device power up and function normally?
Yes
No
2. Enclosure
Is the enclosure in good condition? (Normal wear and tear is okay)
Yes
No
3. Free from Liquid Damage
Is the device free from obvious signs of liquid contact?
Yes
No
4. Display
Is the display in good condition? (Normal wear and tear is okay)
Yes
No
5. Buttons
Are the buttons in good working condition?
Yes
No
Your Device
Apple iPad mini 2 32GB Wi-Fi + Cellular Silver
Get my Evaluation

$85*

Apple Store Gift Card

*Subject to quality verification by Brightstar, when a final value will be determined

Continue

About Brightstar Terms & Conditions Privacy Policy FAQ Contact Us

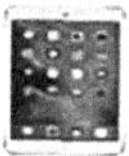

Refurbished iPad mini 2 Wi-Fi + Cellular for AT&T 32GB - Silver
Originally released October 2013
Wi-Fi (802.11a/b/g/n)
Bluetooth 4.0 technology
7.9-inch Retina display
5-megapixel iSight camera
FaceTime HD camera
1080p HD video recording
A7 chip with 64-bit architecture
10-hour battery life
Smart covers (sold separately), instant on
Multi-Touch screen
.75 pound and 0.29 inch

$339.00
Save $60.00
15% off
Select

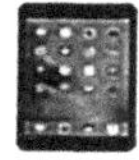

Refurbished iPad mini 2 Wi-Fi + Cellular for AT&T 32GB - Space Gray
Originally released October 2013
Wi-Fi (802.11a/b/g/n)
Bluetooth 4.0 technology
7.9-inch Retina display
5-megapixel iSight camera
FaceTime HD camera
1080p HD video recording
A7 chip with 64-bit architecture
10-hour battery life
Smart covers (sold separately), instant on
Multi-Touch screen
.75 pound and 0.29 inch

$339.00
Save $60.00
15% off
Select

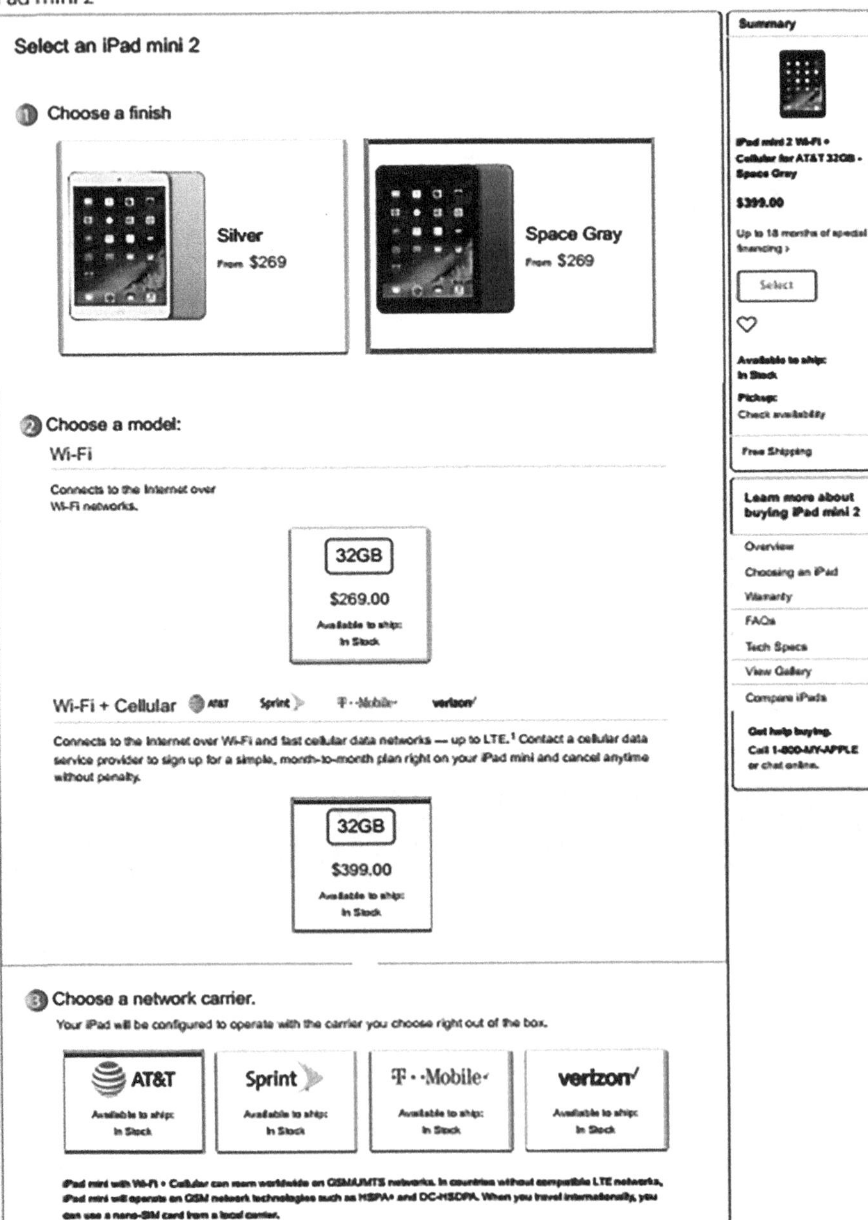

iPad mini 2
Select an iPad mini 2
Choose a finish
Silver
From $269
Space Gray
From $269
Choose a model:
Wi-Fi
Connects to the Internet over Wi-Fi networks.
32GB
$269.00
Available to ship:
In Stock
Wi-Fi + Cellular
AT&T
Sprint
T-Mobile
verizon
Connects to the Internet over Wi-Fi and fast cellular data networks — up to LTE.1 Contact a cellular data service provider to sign up for a simple, month-to-month plan right on your iPad mini and cancel anytime without penalty.
32GB
$399.00
Available to ship:
In Stock
Choose a network carrier.
Your iPad will be configured to operate with the carrier you choose right out of the box.
AT&T
Available to ship:
In Stock
Sprint
Available to ship:
In Stock
T-Mobile
Available to ship:
In Stock
verizon
Available to ship:
In Stock
iPad mini with Wi-Fi + Cellular can roam worldwide on GSM/UMTS networks. In countries without compatible LTE networks, iPad mini will operate on GSM network technologies such as HSPA+ and DC-HSDPA. When you travel internationally, you can use a nano-SIM card from a local carrier.
Summary
iPad mini 2 Wi-Fi + Cellular for AT&T 32GB - Space Gray
$399.00
Up to 18 months of special financing ›
Select
Available to ship:
In Stock
Pickup:
Check availability
Free Shipping
Learn more about buying iPad mini 2
Overview
Choosing an iPad
Warranty
FAQs
Tech Specs
View Gallery
Compare iPads
Get help buying.
Call 1-800-MY-APPLE
or chat online.